Aritificial Intelligence: Principles & Applications

人工智能及其应用

（第6版）

（Sixth Edition）

蔡自兴　刘丽珏　蔡竞峰　陈白帆　编著

清华大学出版社

北 京

内 容 简 介

本书共 8 章。第 1 章叙述人工智能的定义、起源与发展,简介人工智能不同学派的认知观,列举人工智能的研究与应用领域。第 2 章和第 3 章研究传统人工智能的知识表示方法和搜索推理技术。第 4 章阐述计算智能的基本知识,包含神经计算、模糊计算、进化计算、人工生命、粒群优化和蚁群计算等内容。第 5 章至第 8 章讨论人工智能的主要应用领域,包括专家系统、机器学习、自动规划和自然语言理解等。与第 5 版相比,许多内容都是第一次出现,例如,人工智能的核心技术、基于本体的知识表示、各种基于生物行为的算法、新型专家系统、语音识别和语料库语言学以及深度学习等。其他章节也在第 5 版的基础上作了相应的修改、精简或补充。

本书可作为高等院校有关专业本科生和研究生的人工智能课程教材,也可供从事人工智能研究与应用的科技工作者学习参考。

图书在版编目(CIP)数据

人工智能及其应用/蔡自兴等编著.—6 版.—北京:清华大学出版社,2020.8(2023.8 重印)
ISBN 978-7-302-55681-7

Ⅰ.①人… Ⅱ.①蔡… Ⅲ.①人工智能—研究 Ⅳ.①TP18

中国版本图书馆 CIP 数据核字(2020)第 100823 号

责任编辑: 王 倩
封面设计: 何凤霞
责任校对: 王淑云
责任印制: 曹婉颖

出版发行: 清华大学出版社
  网 址: http://www.tup.com.cn,http://www.wqbook.com
  地 址: 北京清华大学学研大厦 A 座   **邮 编:** 100084
  社 总 机: 010-83470000   **邮 购:** 010-62786544
  投稿与读者服务: 010-62776969,c-service@tup.tsinghua.edu.cn
  质量反馈: 010-62772015,zhiliang@tup.tsinghua.edu.cn
印 装 者: 北京鑫海金澳胶印有限公司
经 销: 全国新华书店
开 本: 185mm×260mm **印 张:** 27   **字 数:** 657 千字
版 次: 1987 年 9 月第 1 版 2020 年 8 月第 6 版 **印 次:** 2023 年 8 月第 9 次印刷
定 价: 89.00 元

产品编号:085105-01

第一版 序

近 20 年来，人们对人工智能的兴趣与日俱增。 人工智能是一门具有实用价值的跨学科的科目。 具有不同背景和专业的人们，正在这个年轻的领域内发现某些新思想和新方法。 编著本书的一个目的就是为计算机科学家和工程师们提供一些有关人工智能问题和技术的入门知识。 另一个目的在于填补人工智能理论与实践的间隙。

本书包括两大部分。 第一章至第六章介绍人工智能的基本技术和主要问题；第七章至第十二章叙述人工智能的各种应用和程序设计方法。 此书计划用来作为人工智能的研究生课程的导论性教材。 这两部分内容可以在一个学期内授完，也可以在增加补充材料之后供两个学期教学用。 本书是以我在普度大学为研究生讲授的两门课程"人工智能"和"专家系统与知识工程"的讲稿为基础发展而来的。

如果没有蔡自兴先生和徐光祐先生的勤奋工作，本书就不可能与读者见面；他们作为访问学者，从 1982 年至 1985 年在普度大学度过一段时间。我们要感谢常迥教授和边肇祺教授对本书感兴趣和提供帮助，他们卓有成效地使本书在短期内可供使用。

傅京孙

1984 年 10 月于美国印第安纳州

西拉法叶特　普度大学

(Purdue University, West

Lafayette, Indiana, USA)

湖南，长沙，中南工业大学

蔡自兴同志：

喜读 您们的大作 《AI and Applications》十分高兴。在 傅京孙先生的直接关照下，您和徐光祐同志能抓紧时间编译中文本，使这一前沿学科的最精彩的成就迅速与中国读者见面，这对 AI 在中国的传播和发展必定会起到重大推动作用。我衷心向 您和徐光祐同志致以谢忱。

京孙先生生前多次回国内讲学，给大家留下了非常深刻的印象。戴汝为同志从 Purdue U. 回来后也曾率先介绍这一新学科的基础，并组织了一些新的研究工作。常迥和胡启恒同志的大力推动，使我国 AI 和 PR. 有了前进的基础。现在有了这本书，千百万的青年学家得以一览这门学科的系统的、精选的要义，是中国科学界的一件大事，也是中国科学界对 京孙先生的重要纪念。

十年前，当我们和钱先生修订工程控制论时，尚无系统参考书可言，只我断续地介绍一些思路。现在钱先生看到此书，也一定会欣喜万分。

您要写的和已写的12本书，都是十分重要的。我深信，以 AI 和 Pattern Recognition 为学头的这门新学科，将为人类迈进智能自动化时期做正真基业之战。

希望有机会见到您，敬礼

宋健 1988 2月8日

大安

1988 年 2 月 8 日国务委员宋健致蔡自兴教授函

前沿学科的最精彩成就 *

湖南，长沙，中南工业大学

蔡自兴同志：

　　喜读您们的大作《AI and Applications》[1]，十分高兴。在傅京孙[2]先生的直接关照下，您和徐光祐[3]同志能抓紧时间编出中文本[4]，使这一前沿学科的最精彩的成就迅速与中国读者见面，这对 AI 在中国的传播和发展必定会起到重大推动作用。我衷心向您和徐光祐同志致以谢忱。

　　京孙先生生前多次回国内讲学，给大家留下了非常深刻的印象。戴汝为[5]同志从 Purdue U.[6] 回来后也曾率先介绍这一门新学科的基础并组织了一些新的研究工作。常迥[7]和启恒[8]等同志的大力推动，使我国 AI 和 P. R.[9] 有了前进的基础。现在有了这本书，千千万万的青年科学家得以一览这门学科的系统的、精选的要义，是中国科学界的一件大事。也是中国科学界对京孙先生的重要纪念。

　　十年前，当我们和钱先生[10]修订工程控制论[11]时，尚无系统参考书可言，只能断断续续介绍一点思路。现在钱先生看到此书，也一定会欣喜万分。

　　您要写的和已写的几本书[12]，都是十分重要的。我深信，以 AI 和 Pattern Recognition 为带头的这门新学科，将为人类迈进智能自动化时期做出奠基性贡献。

　　希望有机会见到您。敬颂

大安

宋　健

1988 年 2 月 8 日

注释：

　　* 这是时任国务委员兼国家科委主任的中国科学院院士、中国工程院院士宋健教授 1988 年 2 月 8 日给蔡自兴教授的亲笔信。本标题取自《清华书讯》1988 年 8 月 25 日报道所用标题。

　　[1] 指由傅京孙、蔡自兴、徐光祐编著的《人工智能及其应用》一书，该书于 1987 年 9 月由清华大学出版社出版后，受到专家与读者的好评。该书第 1 版至第 5 版已印刷 60 多次，发行数近 100 万册。

　　[2] 傅京孙（King-Sun Fu），国际模式识别之父，国际智能控制的奠基者，美国国家工程科学院院士，

美国普度大学教授,我国清华大学、北京大学和复旦大学等校名誉教授。蔡自兴等曾在他的指导和合作下进行人工智能和机器人学研究。

[3] 徐光祐,清华大学计算机科学与技术系教授,也曾在傅京孙教授指导下进行人工智能和模式识别研究。

[4] 在傅京孙教授指导和参与下,蔡自兴和徐光祐于 1984 年在美国普度大学编出该书。

[5] 戴汝为,中国科学院院士,中国科学院自动化研究所研究员,《工程控制论》译者,也曾作为访问学者,在傅先生的指导与合作下进行模式识别研究。

[6] 美国普度大学。戴汝为、徐光祐、蔡自兴等曾于 20 世纪 80 年代作为访问学者,先后在该校进修及研究。

[7] 常迥,中国科学院学部委员(院士)、国际模式识别学会主席团成员、清华大学教授。

[8] 胡启恒,原中国科学院副院长、中国自动化学会理事长、中国计算机学会理事长、中国科学院自动化研究所所长,中国工程院院士。

[9] 人工智能与模式识别,两个高技术领域。

[10] 钱学森教授,原中国科学技术协会主席、全国政协副主席,中国科学院院士。

[11]《工程控制论》,钱学森著,曾获中国科学院 1956 年度一等科学奖金。其修订版(1980,科学出版社)系由钱学森、宋健合著。

[12] 指蔡自兴教授编著的《人工智能及其应用》《机器人原理及其应用》《智能控制》等。这些著作曾先后获得国家级和省部级多项奖励。

代序

计算机时代的脑力劳动机械化与科学技术现代化

西方在 18 世纪的工业革命中，以机器代替或减轻人的体力劳动，使科学技术突飞猛进。 而在东方，从元明以来中国各方面本已落后于西方。 清代更因种种原因未能赶上工业革命的潮流，使本已落后的局面更为严重，几乎陷于万劫不复的局面。 现在由于计算机的出现，人类正在进入一个崭新的工业革命时代，它以机器代替或减轻人的脑力劳动为其重要标志。 中国是否能认清形势，借此契机重新崛起，这是每一个中华儿女应该深长思考的问题。

试先就过去和正在到来的两次工业革命借用控制理论奠基人维纳（N. Wiener）的话来加以说明。 维纳先生说（据钱学森、宋健著《工程控制论》）：

第一次工业革命是人手由于机器竞争而贬值。

现在的工业革命则在于人脑的贬值。至少人脑所起的简单的较具体较具有常规性质的判断作用将要贬值。

我把维纳所说人手和人脑的贬值，改成体力劳动与脑力劳动的代替或减轻。 说法有异，但其内容实质，基本上应该是相同的。

事实上，这种提法早已有之。 例如，周恩来总理在 1956 年 1 月 14 日《关于知识分子问题报告》中就提出：

由于电子学和其他科学的进步而产生的电子自动控制机器，已经可以开始有条件地代替一部分特定的脑力劳动，就像其他机器代替体力劳动一样，从而大大提高了自动化技术的水平。这些最新的成就，使人类面临着一个新的科学技术革命和工业革命的前夕。这个革命，就它的意义来说，远远超过蒸汽机和电的出现而产生的工业革命。

在《科学技术八年规划纲要》中有这样的说法：

现代科学技术……正经历着一场伟大的革命。特别是电子计算机技术的发展和应用，使机器不仅能够代替脑力劳动，而且能够代替脑力劳动的某些职能，成为记忆、运算和逻辑推理的辅助工具。

体力劳动以机器来代替或减轻，通常称为体力劳动的**机械化**。 因而脑力劳动用适当的设备来代替或减轻，在以下也将称为脑力劳动的**机械化**。

应该指出，体力劳动千差万别，不同类型的体力劳动，只能用不同类型的机器来代替或减轻。 其次，体力劳动的机械化，是一个漫长而几乎无终点可言的过程，根本谈不上完成二字。 脑力劳动远比体力劳动复杂。 我们对它的认识还停留在表面上，它的机械化路程的复杂与漫长将远远超过体力劳动的机械化，是可想而知的。

尽管如此，历史上减轻脑力劳动的尝试却是由来已久。 略举数例如下：

例 1. J. Napier（1550—1617）在 1614 年发明对数，使繁复的乘除计算转化为简单得多的加减计算。

例 2. R. Descartes（1596—1650）在 1637 年的《几何学》一书中，引进相当于坐标的方法，使艰难的几何推理，转化为易于驾驭的代数运算。 这使艰深的脑力劳动有望减轻。

例 3. B. Pascal（1623—1662）与 L. Leibniz（1646—1716）分别于 1642 年与 1672 年造出了加法计算器与加乘计算器，为用适当机器进行某种脑力劳动做出范例。 Leibniz 甚至说，把计算交给机器去做，可以使优秀人才从繁重的计算中解脱出来。

两位伟大的思想家 Descartes 与 Leibniz，不仅进行了某些具体的减轻脑力劳动的尝试，还对一般的脑力劳动的代替与减轻即我们所说脑力劳动的机械化提出了许多有普遍意义的思想与主张。 现据美国数学史家 M. Kline 所著《古今数学思想》一书所提到的某些片段，抄录如下：

［Descartes］代数使数学机械化，因而使思考和运算步骤变得简单，而无须花很大的脑力。 这可能使数学创造变成一种几乎是自动化的工作。

［Descartes］甚至逻辑上的原理和方法也可能用符号来表达，而整个体系则可用之于使一切推理过程机械化。

［Leibniz］为一种宽广演算的可能性所激动。 这种运算将使人们在一切领域中能够机械地、轻易地去推理。

自 Descartes 与 Leibniz 在 17 世纪提出脑力劳动机械化并做出某些具体成就外，此后 200 余年间，后来者在他们指引的道路上不断有所前进。 略举若干进展如下。

G. Boole（1815—1864）创立了逻辑代数即现今所称的布尔代数，基本上完成了 Descartes 与 Leibniz 所提出的一种"用符号表达使一切推理过程机械化的、宽广的演算"。

Boole 所开创的工作后来为 W. S. Jevons，C. S. Peirce，F. W. Schnoden，G. Frege，G. Peano，A. N. Whitehead 与 B. Russell 等所继承与发展。 特别是 D. Hilbert（1862—1943）在 20 世纪初开创了数理逻辑这一学科，建立了证明论。 又提出了数学相容性的命题，它相当于认为整个数学可以机械化。 但是，与 Hilbert 的预期相反，1930 年时，奥地利 K. Godel（1906—1978）证明了形式系统的不完全定理，使 Hilbert 的相容性命题完全破产。 Godel 的发现成为 20 世纪数学史上最惊人的一项成果，它隐含了许多数学领域机械化的不可能性。 Godel 与其后的许多数理逻辑学家，就证明了不少具体的数学领域与问题用逻辑的惯用语言来说是不可判定的，或用我们所使用的语言来说是不能机械化的。 举例来说，Hilbert 在他有名的 23 个问题中，第 10 个问题相当于要求机械化地解任意不定方程组，但经过几十年的努力，最后的结论却是：这种机械化的解法是不可能有的。

与以上相反，波兰的数学家 A. Tarski（1901—1983）在 1950 年却证明了初等代数与初等几何的定理证明都是逻辑上可判定的，也就是说是可以机械化的。这似乎出人意料。

但是，上面所列举的许多成果，基本上都是理论上的探讨。20 世纪 40 年代出现了计算机，使局面为之改观。计算机为机械化提供了一种现实可行的工具手段。它使原来的理论探讨可以考虑如何通过计算机来具体实现。例如 Tarski 曾提出为初等代数与初等几何定理的机械化证明方法专门制造一种判断机或证明机。到 20 世纪 70 年代美国还曾利用当时的计算机对 Tarski 的方法进行过实验。但是由于方法过于复杂远远超出计算机的计算能力而终止。1976 年，美国的 K. Appel 与 W. Haken 借助于计算机证明了地图四色定理，引起了数学界的震动。但这只是说明计算机可以对特殊的个别问题起到辅助作用而已。真正的成功应该是在 1959 年。当时我国留美的王浩（1921—1995）在一台计算机上只用了几分钟的计算时间，就证明了 Whitehead-Russell 的名著《数学原理》中的几百条命题。这可以说是开创了数学机械化的新时代。

计算机的出现对现代数学这种脑力劳动的发展带来了不可估量的影响。计算机不仅可以代替繁重的人工计算，而且 Tarski，Appel 与 Haken，特别是王浩等的工作说明计算机还可以至少帮助人们进行看来与机械化很不相容的定理证明这一类的工作。计算机将使数学面临脱离传统的一张纸一支笔方式，而代之以不仅计算且能推理的全新形式。例如在 20 世纪的 70 年代，对于计算机的发明有过重要贡献的波兰数学家 S. Ulam 就曾说过："将来会出现一个数学研究的新时代，计算机将成为数学研究必不可少的工具。"

事实上，王浩早在他 1959 年划时代的工作之后，就曾写有专文说明计算机对于数学研究的重要意义。现据王浩原文试译片段如下：

"可以认为一门新的应用逻辑分支已经趋于成熟。它可以称为'推理'分析，用以处理证明，就像数值分析之处理计算那样。可以相信，这一学科将在不远的将来，导致用机器来证明艰难的新定理。

适用于一切数学问题的普遍的判定程序已知是不可能有的。但是形式化使我们相信，机器能完成当代数学研究所需的大部分工作。"

计算机的发明使人类进入计算机时代以后，脑力劳动的机械化具有了某种程度的现实可行性。除了上面所说的种种成就外，另一项有着重大意义的成就是在 20 世纪 50 年代人工智能这一新学科的诞生。

所谓人工智能，意指人类的各种脑力劳动或智能行为，诸如判断、推理、证明、识别、感知、理解、通信、设计、思考、规划、学习和问题求解等思维活动，可用某种智能化的机器来予以人工的实现（见本书第 1 章中定义 1.3）。诸如机器编译、机器诊断、机器推理、机器下棋以及各种专家系统，在 20 世纪 60 年代后，都不断出现，并有相应的软件与器件问世。特别是世界国际象棋冠军卡斯帕罗夫与计算机的人机大战，曾引起轰动。

2003 年 11 月，在广州召开了全国人工智能大会的第 10 届全国学术年会，笔者有幸参加。在会议期间，参观了广东工业大学举办的一次机器人足球比赛。目前，具有某种智能行为的各种机器蛇、机器人等已频繁出现。 总之，人工智能已成为一个受到广泛重视与认可并有广阔应用潜能的庞大学科。 另一方面，又由于学科所牵涉的许多概念与方法的不确定性，引发了学科内部的许多争论。 总之，关于人工智能的方方面面，包括笔者在内，读者可从本书获得充分的了解。

在脑力劳动的机械化中，数学家们起了特殊的作用。 在计算机的发明与发展过程中，数学家如 J. von Neumann，A. Turing，K. Godel 等都有着特殊的贡献。 对于脑力劳动机械化的认识，前面已提到过 Descartes 与 Leibniz 的思想影响与实际作为。 这两位既是思想家又是数学家。 此外在前面提到过的许多人物，大多也是数学家。 这绝不是因为笔者本人是数学工作者，对数学情有独钟而有意提到那些数学家。 事实上此事绝非偶然，而是有着深层次的原因，使得数学家们自然而然地要在脑力劳动机械化的伟大事业中扮演重要的角色。 首先，数学研究现实世界中的数与形。 由于数与形无处不在，因而数学也就通过数与形渗透到形形色色几乎所有的不同领域，成为具有最广泛的基础性的学问。 这说明了数学在各种脑力劳动的机械化中，显得更为迫切，而应享有机械化的最高优先权。 其次，数学作为一种典型的脑力劳动，它与前面人工智能中所提到的各种智能型脑力劳动相比较，具有表达严密精确，且又极其简明等特点。 因而在各种脑力劳动的机械化中，理应更为容易取得突破。 Tarski，Appel-Haken，王浩等人的工作，以及笔者在 20 世纪 70 年代以来在几何定理证明方面所做的工作，足可说明易于突破之说绝非妄言。

人们在中学时代的学习中，都熟知几何定理证明的一般方式。 一个几何定理包含假设与结论两部分。 为了证明这一定理，需要从假设这一叙述出发，根据某些已给公理或是某些已经证明过的定理，得出另一个叙述。 然后再据某些已给的公理，或是某些已经证明过的定理，得出又一个新的叙述。 如此逐次进行，如果到某一步所得的叙述恰好是原来已给的结论，定理就算是获得了证明。 在证明的过程中，每一步已给公理或已证定理的选择，漫无依据可言。 总之定理的这种证明方式，与机械化毫无共同之处，而是极端非机械化的。 它是一种超高强度的脑力劳动。

然而，笔者在 20 世纪 70 年代有幸学习中国古代的数学，开始发现中国古代的传统数学遵循了一条与源自古希腊的现代所谓公理化数学完全不相同的途径。 它与源于古希腊的所谓演绎体系相反而无共同之处。 简言之，中国的古代数学是高度机械化的。它使数学研究这种脑力劳动的强度大大减轻。 这具体表现在几何定理的证明上面。 试说明如下。

源于古希腊的现代公理化数学体系主要内容是证明定理。 它的成果往往以定理的形式出现。 与之相反，中国古代的传统数学根本不考虑定理的证明，根本没有公理、定理与证明这样的概念，自然也没有什么演绎体系。 中国的古代数学重视的是解决问题，而考虑的问题主要来自客观实际，虽然也有例外。 由于问题的原始数据与所求的结果数据总是用某种类似现代所谓方程的形式联系起来，而多项式方程是这种最根本也是最自然的形式，因而解多项式方程（组）的问题自然成为我国古代数学几千年研究与发展的核心。 这一发展到元代（1271—1368）朱世杰时达到了顶峰。 朱世杰在所著《四元玉鉴（1303）》一书中给出了解任意多项式方程组的思路与具体的方法。 朱所提出的思路与方法在原则上应该说是完满无缺的。尤其应该指出的是：中国古代在解决问题时，结果数据往往用原始数据的某种公式的形式表示出来。这可以认为是某种形式的"定理"。因之中国古代的方程解法，实质上也已隐含了至少是某种形式的定理证明。事实上，朱在他的著作中已经指出了这一点，且已具体使用在某些著名的问题上。下面将再作具体说明。

笔者由于学习中国古代数学史而得到启发，在 1976 年冬季进行用机械化方法证明几何定理的尝试。首先是引进适当坐标，在通常的情况下，定理的假设与结论将各转化为一个多项式方程组与一个多项式方程。于是定理变成一个纯代数的问题：如何从相当于假设的多项式组得出相当于终结的多项式。从朱世杰的著作得知有一机械化的算法，可从杂乱无章的假设多项式组得到另一颇有条理的有序多项式组，由此即容易验证是否可导出终结多项式来。循此途径，笔者对某些已知定理进行相应的计算验证。但出于意外的是，其间总是会遇到一些不合理的意外情况。经过几个月的反复计算与深入思考，才发现了问题的症结所在。终于在 1977 年春节期间获得了恰当的证明几何定理的机械化方法。在此后的许多年间，即致力于置备适当的计算机使这一定理证明方法得以在机器上予以实现。在此期间曾得王浩先生的许多鼓励与协作。特别是当时留美的周成青先生，利用美国的良好设备，在计算机上用上述方法证明甚至发现了几百条艰深的几何定理，每条定理的证明所需时间以微秒计。这成为周在美获得博士学位的主要内容，并已写成专著于 1988 年在国外出版。这说明王浩先生预测有一新学科"将在不远的将来导致用机器来证明艰难的新定理"，事实上已经实现。

笔者在机器证明几何定理上取得了成功。前面笔者曾说过：数学作为一种典型的脑力劳动，在各种脑力劳动中，它的机械化应最为迫切而有最大的优先权。又说过：数学的机械化较之其他脑力劳动的机械化，应更易取得成功。几何定理机器证明的成功足见笔者所言非虚。

在几何定理机器证明取得成功之后的 20 多年来，笔者与许多志同道合的同仁在（国家）科技部、（中国）科学院、（国家自然科学）基金委等大力支持下，开展了一场可谓"数学机械化"的"运动"。它在理论与应用诸多方面都已取得了若干成功。但总的说来还只能说是刚开始起步。漫长而更为艰难的路程正等着我们。

需要郑重指出的是：我们工作的起点来自于对中国古代数学的认识。这是有深刻的道理的。中国古代数学以解多项式方程（组）为其主要目标。解方程的方法以依据确定步骤逐步机械地来进行。这种机械进程在我国经典著作中通称为"术"，相当于现代辞条中的"算法"。如果有一台计算机，即可依据"术"编成程序，将原始数据输入后，即可机械地进行计算以解所设的方程。这种机械进行的"术"贯穿在中国古代的数学经典之中。因此，中国的古代数学是一种算法型数学，或即是一门适合于现代计算机的"机械化"数学。

不仅如此，中国不仅具有作为典型脑力劳动的数学机械化的合适的土壤，而且也是各种脑力劳动机械化的沃土。原因是，古代的中国是脑力劳动机械化的故乡，也是脑力劳动机械化的发源地。它有着为发展脑力劳动机械化所需的坚实基础、有效手段与丰富经验。

我们都知道0与1的二进制对于计算机的关键作用。 虽然中国未真正进入到二进制，但完善的十进位位值制则早已在中国的远古做出了典范。 这一十进位位值制通过印度和阿拉伯传入西方后，曾被西方的科学家誉为亘古以来最伟大的一项发明创造。仿制为位值制二进制后，成为制造计算机以至脑力劳动机械化的不可或缺的组成部分。追本溯源，应该归之于中国古代位值制十进制的创造。 至于西方往往把这一创造归之于印度，自然是一种历史性的错误，是张冠李戴。

其次，在作为典型脑力劳动的数学方面，有过许多重大的大幅度减轻脑力劳动强度的特殊成就。 除有关定理证明者外，还试举数例如下：

中国古代的十进位位值制，不仅可以使不论多大的整数有简明的表达形式，而且加、减、乘、除以至分数运算甚至开方都可变得轻而易举，因而大大减轻了计算中脑力劳动的强度。 这是位值制被西方有识之士誉为最伟大创造的根本原因。

中华人民共和国成立前，我国的小学六年级或初中一年级往往要花整整一年的时间学习各种四则难题的解法，这是一种极度非机械化的超高强度脑力劳动。 但至少早在公元前2世纪时，我国就创造了解线性联立方程组的各种消去算法。 它使解四则难题变得轻而易举。 这些算法已被吸收进入初中代数教科书中，使年轻学子解除了不必要的脑力负担。 这是用机械化的方法大幅度减轻脑力劳动强度的又一实例，而这一实例来自古代中国。

解方程必须先列出方程。 但列方程并无成法。 事实上这是一个难题，它无必然的途径可以遵循，也就是高度非机械化的。 但中国在宋元时代，在过去已引进了的整数、分数或有理数、正负数以及小数、无理数、实数之外，又引进了一种新型的数，称之为天元、地元等，相当于现代的未知数。 这种天元、地元等可以作为通常的数那样进行各种运算。 由此产生了与现代多项式与有理函数等相当的概念及其运算方法，成为现代代数与代数几何的先驱。 不仅如此，天元、地元等的引入，使列方程这种非机械化的脑力劳动，从此变为容易得多的接近于机械化的脑力劳动。 这是中国古代脑力劳动机械化的又一实例。

以上是笔者认为古代中国是脑力劳动机械化的故乡与发源地的一些理由，是否言之过当，甚至有浮夸之嫌，愿各家学者有以教之。

科学技术是第一生产力，科技兴国，在四个现代化中，科学技术的现代化具有特殊的关键地位。 而科学技术的现代化，是与脑力劳动的机械化密不可分的。 宋健同志曾作对联说："人智能则国智，科技强则国强"，把智能与科技并列，可谓一语道出了真谛。

自然，我们真正的意图绝不在于口舌之争，在字面上夸夸其谈。 真正应该做的事是实干巧干，借计算机时代来临的大好契机，率先在全世界推行脑力劳动机械化，以具体成就来说明我们的主张与我们的成功。

吴文俊

中国科学院数学与系统科学研究院

2004年3月

前言

在 1859 年出版的达尔文（Darwin）名著《物种起源》（*The Origin of Species*）第一版扉页上写道，"作为生物进化论的完整理论体系，《物种起源》主要讨论两个问题：一是形形色色的生命是否由进化而来，二是进化的主要机理是什么。"达尔文对第一个问题的回答是肯定的，对第二个问题的回答是"自然选择"。达尔文的进化学说如同哥白尼（Copernicus）的《天体运行论》一样，长期受到创神论的激烈反对和无情扼杀。1996 年，罗马教皇约翰·保罗二世致函教廷科学院说："天主教信仰并不反对生物进化论。……进化论不仅仅是一种假设。事实上，由于各学科的一系列发现，这一理论已被科学家普遍接受。"时隔 137 年之后，教廷才被迫放弃了"上帝创造世界和人类始祖"的信条。一项重大的科学发现，要得到人们的普遍赞同，谈何容易啊！

我们有幸生活在一个研究和解答智能问题的时代。在这个时代，一方面，有关领域的科技资料数据有了丰富的积累，整个科技水平能够为相关研究提供空前有效的支持和服务；另一方面，社会各界能够允许对相关科技问题展开深入的自由讨论，再也不会出现哥白尼和达尔文时代那种对科学发现的质疑。我们曾经指出：近代科学技术的许多重大进展都是人类智慧、思维、幻想和拼搏的成果；同时，这些科技进步反过来又促进人们思想的解放，或者称为思想革命。人类历史上从来没有出现过像今天这样的思想大解放，关于宇宙、地球、生命、人类、时空、进化、智能的论点和著作，如雨后春笋破土而出，似百花争艳迎春怒放。

据研究结果称：大约 6 亿年前，地球上发生过一次异乎寻常的大爆炸，生物学家把它称为寒武纪爆炸。这次爆炸的最重要意义在于发现了数量颇大和种类繁多的生物，这是地球生态史上任何一个时期都无法比拟的。

大脑是衡量进化水平的最重要标志。有了人类的大脑，我们就能够有思想、思维和梦想，有发明、创造和创业，有美术、音乐和诗歌，也才可能有"九天揽月"、火星探测、"五洋捉鳖"以及基因和克隆研究之壮举。

地球上早期生物是比较低级的，它们经历了长期的和不断的进化历程，并最终得到进化的最新高级产品——人类。人类经过长期进化，通过自然竞争和自然选择，成为当今最有智慧的高级生物种群。人类智能是这种自然过程的创造物，具有传感性能的分布特性和控制机制的鲁棒特性。人类的认知能力包藏在以大脑为中心的"碳素计算机"中。 大脑通过诸如视觉、听觉、触觉、味觉和嗅觉等各种自然传感机制来获取环境信息,借助智能而集成这些信息,并对信息进行适当的解释。 然后,认知过程进一步提升这类特性为学习、记忆和推理能力,并通过分布在中枢神经系统内的复杂神经网络产生适当的肌肉控制,产生相应的行为或动作。 正是这种认知过程和智能特性,使人类在许多方面成为有别于其他生灵的高级动物。

伴随着人类的进化,人类智慧逐步提高。 人类正从大自然学习并力图通过机器来模仿自身的认知过程和智能。 人类已经发明了目前称之为计算机和自动机之类的高级机器,创建了能够为人类的进化和发展服务的智能机器和智能系统,并应用机器智能来模仿人类智能,扩展了人脑的功能。 在这一领域,形形色色的"智能制品"正在大放异彩,为经济、科技、教育、文化和人民生活服务。 基因、纳米、CAD、CAM、CAI、CAP、CIMS、互联网、数据挖掘、大数据、真体(agent)、本体、计算智能、智能机器人、不确定推理、机器学习、机器翻译和智能软件包等,已成为我们学习、工作和生活的组成部分。

生命的进化也出现新的挑战。 一方面,智能机器人与人工生命的结合,可能创造出具有生命现象的生物机器人。 一个拟人机器人能够用它的眼睛跟踪人群通过人行横道; 一台自主机器人车能够辨识道路的边缘,绕过障碍物,在探索中前进。 机器人打乒乓球和机器人辅助外科手术等例子,则是早已众所周知了。 有些好心人担心,有朝一日,智能机器的人工智能会超过人类的自然智能,使人类沦为智能机器和智能系统的奴隶。 另一方面,某些不负责任的人或犯罪分子却利用智能技术进行罪恶活动,如制造计算机病毒和盗取银行存款等"智能犯罪"活动。 面对机器智能的进化,人类切不可怠慢。 作为机器的主人,我们要以新的成就和实力,继续赢得智能机器对人类的尊敬,使智能机器和智能系统永远听从人类的指挥,与人类和谐共处,忠诚地为人类服务。

人类的进化归根结底是智能的进化,而智能反过来又为人类的进一步进化服务。我们学习与研究人工智能、智能系统、智能机器和智能控制等,其目的就在于创造和应用智能技术和智能系统为人类进步服务。 因此,可以说,对智能科学的钟情、期待、开发和应用,是科技发展和人类进步的必然。

人类在进入21世纪以来对未来充满新的、更大的希望。 科技进步必将为各国的可持续发展提供根本保障,科技新成果必将在更大的广度和深度上造福于人类。 人工智能学科及其"智能制品"的重要作用已被人们普遍重视。

国际上人工智能研究作为一门前沿和交叉学科,伴随着社会进步和科技发展的步伐,与时俱进,在过去60多年中已取得长足进展。 在国内,人工智能已得到迅速传播与发展,并促进其他学科的发展。 吴文俊院士的定理证明的几何方法研究成果就是一个例证。 2015年智能机器人研究热潮澎湃神州大地,显示出诱人魅力和强大生命力。2016年3月AlphaGo与李世石的国际围棋人机大战将人工智能的关注度推至前所未有的高度,引发一轮新的人工智能研究和创业高潮; 包括我国在内的许多国家,竞相制订人工智能发展战略,极大地推动人工智能的发展。

作为智能科学领域的探索者,我们对地球这一自然界的生命、进化与智能深感兴趣。我有幸亲历了 30 余年人工智能的研究和发展进程，深为珍惜。这是一种缘分，也是一种机遇。借此机会，谨向读者汇报如下。

1982—1985 年，我和徐光祐先生以访问学者身份赴美国普度大学研修人工智能，与美国国家工程科学院院士、国际人工智能开拓者和国际模式识别之父傅京孙（K.S. Fu）教授合作研究人工智能，受到国际大师的熏陶和指点，开始踏上研究智能科学的征程。那时，人工智能在西方得到重视，迅速发展，而在当时的苏联却受到批判，在中国也不敢冲破这一禁锢，不能公开立项研究和公开出版教材。为了突破这一"禁区"，为我国高等学校提供一部优秀的人工智能教材，在傅京孙院士的建议和指导下，由我和徐光祐两人执笔编著了《人工智能及其应用》一书，于 1987 年在清华大学出版社出版发行，成为国内率先出版的具有自主知识产权的人工智能教材。该教材的编著和出版，不仅为我国人工智能课程提供了一部新教材，而且促进了人工智能课程在国内高校的普遍开设和建设。

1992 年台湾儒林图书有限公司受权出版该书的海外版，供海外读者使用。

随着人工智能学科和技术的发展及计算机等专业的发展，研究应用人工智能的科技工作者和研读人工智能课程的学生与年俱增。总结 10 年教学经验，听取各方意见，吸取"百家"营养，我们于 1996 年编著出版了《人工智能及其应用》第 2 版，继续得到国内同行肯定和赞许，并获得 1999 年度国家教育部科技进步一等奖等奖励。

进入 21 世纪之后，一方面，我们在教育部支持下，于 2002 年精心设计和开发了具有智能化、个性化、情境化和形象化等课程特色的"人工智能网络课程"，通过了教育部组织的质量认证和验收，被评为全国优秀网络课程，为人工智能课程建设提供了一个有力的手段和有特色的环境，也为以后的国家级精品课程和精品资源共享课的网络课程建设提供了宝贵经验。另一方面，我们与时俱进着手编写《人工智能及其应用》第 3 版，并分别编著出版"本科生用书"（2003 年）和"研究生用书"（2004 年）。该教材第 3 版反映人工智能各学派的观点和人工智能的最新进展，能更好地满足课程建设和教学改革的需要。2005 年又为人工智能网络课程编著出版了配套教材《人工智能基础》，由高等教育出版社出版。2010 年又修订出版了《人工智能及其应用》第 4 版和《人工智能基础》第 2 版，2016 年再修订出版《人工智能及其应用》第 5 版。增补了许多新内容。这些人工智能教材已先后印刷 60 多次，发行近 100 万册，不仅成为笔者主持的首批国家精品课程（2003 年）、全国双语教学示范课程（2007 年）和国家级"智能科学基础系列课程教学团队"（2008 年）、国家级精品资源共享课程（2016 年）的人工智能课程配套教材，而且被国内高校广泛用作人工智能课程教材和考研参考书，得到众多专家好评和广大师生欢迎，为人工智能课程建设和创新型人才培养做出了突出贡献。

本教材第 4 版和第 5 版作为"十一五"和"十二五"国家级规划教材，编出了特色和水平。为了编好本教材，近年来作者在国内外进行了深入的调研和充分的准备。除了查阅大量相关文献资料外，笔者主持和参加了国家级科研项目研究，取得了一些具有较高水平的研究成果。我们借助国家教育部多种"质量工程"平台，对本课程和本教材进行教学改革，积累了不少经验和体会。这些都为第 4 版和第 5 版教材的编写提供了难得的翔实材料。我们的出国访问和学术交流，包括 2012 年、2013 年、2016 年、

2019 年赴美国访问交流和 2015 年到日本出席 IEEE 计算智能大会，也为本教材第 5 版和第 6 版的修订提供了大量的一手宝贵资料。

在第 1 版序言中，傅京孙先生曾指出编写该书的目的有二：其一，为计算机科学家和工程师们提供一些人工智能的技术和基础知识；其二，填补人工智能理论与实践的间隙。我们始终遵循这些宗旨来修订本书的各个版本，并力求反映人工智能研究和应用的最新进展。

本书第 6 版共 8 章。第 1 章叙述人工智能的定义、起源与发展，简介人工智能不同学派的认知观，列举人工智能的研究与应用领域。第 2 章和第 3 章主要研究人工智能的知识表示方法和搜索推理技术。第 4 章阐述计算智能的基本知识，包含神经计算、模糊计算、进化计算、人工生命、粒群优化和蚁群计算等内容。第 5 章至第 8 章讨论人工智能的主要应用领域，包括专家系统、机器学习、自动规划和自然语言理解等。与第 5 版相比，许多内容都是第一次出现的，例如，基于本体的知识表示、各种基于生物行为的算法、新型专家系统、深度学习算法、语料库语言学和语音识别等。其他章节也在第 5 版的基础上作了相应的修改、精简或补充。

承蒙广大读者厚爱，本书被数百所院校用作教材或教学参考书。我国科技教育界的许多专家以及一些外国教授，对本书给予充分肯定。部分专家和读者（包括学生）还对本书提出不少有益的修订建议。时任国务委员兼国家科委主任、中国科学院院士和中国工程院院士宋健教授，在极其繁忙的国务活动中，曾于 1988 年 2 月亲笔致函笔者，指出本书的编著和出版"使这一前沿学科的最精彩的成就迅速与中国读者见面，这对人工智能在中国的传播和发展必定会起到重大的推动作用"。他对本书做出的高度评价，体现出他对发展我国人工智能的关注和对作者的鼓励。时隔 15 年后，本书第 3 版公开发表了这封亲笔信件，这对我国人工智能的发展具有重要的指导意义和现实意义。1993 年 5 月，宋主任又赐赠"人智能则国智，科技强则国强"的题词，很好地阐明了人工智能与提高民族素质、增强科技实力和建设现代化强国的辩证关系，也是对全国人工智能工作者的殷切期望。本书第 2 版和第 3 版出版发行后，继续受到广大高校师生的欢迎和专家教授的肯定。中国科学院院士、清华大学李衍达教授在百忙中分别为本书第 2 版、第 3 版和第 4 版作序，为本书增添光彩。所有这些，都使作者深受鼓舞。在此，谨向诸位专家和广大读者，包括使用本书和对本书提出宝贵建议的师生们，表示诚挚的感谢。

我们特别感激和怀念我们的导师、合作者傅京孙先生和我们的老师、指导者常迵先生。他们不但为本书的编著提供了悉心指导和有力帮助，而且为本书冲破"禁锢"获得公开出版做出功不可没的贡献。

我们还要衷心感谢中南大学、清华大学、湖南省自兴人工智能研究院和清华大学出版社有关领导、专家和编辑。如果没有他们的智慧才干、辛勤劳动和大力合作，本书第 6 版就不可能迅速与读者见面。

我们要特别感谢国家教育部'十一五'和'十二五'国家级教材规划、国家级精品课程、国家级精品视频公开课、国家级精品资源共享课、新世纪网络课程建设工程和国家级教学团队等"质量工程"的大力支持。

　　我们诚挚感谢国内外人工智能专著、教材和许多高水平论文报告的作者们。他们的作品或与他们的讨论为我们修订本书提供了丰富营养，使我们受益匪浅。我们在本书中引用了他们的部分材料，使本书能够取各家之长，较全面地反映人工智能各个研究领域的最新进展。

　　本书第6版是在第5版基础上修订而成，全书由蔡自兴执笔与统稿。刘丽珏和陈白帆参与第2章和第3章修订，蔡竞峰负责第4章编写。由于作者学识有限，修订成文时间仓促，加上近年来人工智能发展很快，对有些领域的最新发展我们尚不够熟悉；因此，书中不当之处在所难免。我们诚恳地希望各位专家和读者不吝指教和帮助。

　　本课程的网址：https://www.icourses.cn/sCourse/course_6696.html（精品资源共享课），相关资源已上网服务，可与本书配套使用。使用本教材的教师可向出版社申请本课程（教材）的电子课件，供讲授时参考。

蔡自兴

2020 年 6 月 17 日

于长沙德怡园

目录

第 *1* 章

绪　　论

人工智能学科自 1956 年诞生以来,在 60 多年岁月里获得了很大发展,引起众多学科和不同专业背景的学者们以及各国政府和企业家的空前重视,已成为一门具有日臻完善的理论基础、日益广泛的应用领域和广泛交叉的前沿科学。伴随着社会进步和科技发展的步伐,人工智能与时俱进,不断取得新的进展。近年来,出现了开发与应用人工智能的新热潮。

到底什么是人工智能,如何理解人工智能,人工智能研究什么,人工智能的理论基础是什么,人工智能能够在哪些领域得到应用,等等,都将是人工智能学科或人工智能课程需要研究和回答的问题,也是广大读者关心的问题。让我们对这些问题逐一展开讨论。

本章着重介绍人工智能的定义、发展概况及相关学派和他们的认知观,以及人工智能的研究和应用领域,并简介本书的主要内容和编排。

1.1　人工智能的定义与发展

60 多年来,人工智能获得了重大进展,众多学科和不同专业背景的学者们投入人工智能研究行列,并引起各国政府、研究机构和企业的日益重视,发展成为一门广泛的交叉和前沿科学。近十多年来,现代信息技术,特别是计算机技术、大数据和网络技术的发展已使信息处理容量、速度和质量大为提高,能够处理海量数据,进行快速信息处理,软件功能和硬件实现均取得长足进步,使人工智能获得更为广泛的应用。网络化、机器人化的升级和大数据的参与促进人工智能进入更多的科技、经济和民生应用领域。尽管人工智能在发展过程中还面临不少困难和挑战,然而这些困难终将被解决,这些挑战始终与机遇并存,并将推动人工智能的可持续发展。人工智能已发展成为一门广泛的交叉和前沿学科,并有力地推动其他学科的发展。可以预言:人工智能的研究成果将能够创造出更多更高级的人造智能产品,并使之在越来越多的领域及某种程度上超越人类智能;人工智能将为社会进步、经济建设和人类生活做出更大贡献。

1.1.1　人工智能的定义

众所周知,相对于天然河流(如亚马孙河和长江),人类开凿了叫做运河(如苏伊士运河和中国京杭大运河)的人工河流;相对于天然卫星(如地球的卫星——月亮),人类制造了人造卫星;相对于天然纤维(如棉花、蚕丝和羊毛),人类发明了维尼纶和涤纶等人造纤维；相对于天然心脏、天然婴儿、自然受精和自然四肢等，人类创造了人工心脏、试管婴儿、人工授精和假肢等人造物品（artifacts）……2009年7月8日，英国一个科学研究小组宣布首次成功地利用人类干细胞培育出成熟精子，这就是人工精子，一种很高级的人工制品。我们要探讨的人工智能（artificial intelligence），又称为机器智能或计算机智能，无论它取哪个名字，都表明它所包含的"智能"都是人为制造的或由机器和计算机表现出来的一种智能，以区别于自然智能，特别是人类智能。由此可见，人工智能本质上有别于自然智能，是一种由人工手段模仿的人造智能；至少在可见的未来应当这样理解。

像许多新兴学科一样，人工智能至今尚无统一的定义，要给人工智能下个准确的定义是困难的。人类的自然智能（人类智能）伴随着人类活动处时时存在。人类的许多活动，如下棋、竞技、解算题、猜谜语、进行讨论、编制计划和编写计算机程序，甚至驾驶汽车和骑自行车，等等，都需要"智能"。如果机器能够执行这种任务，就可以认为机器已具有某种性质的"人工智能"。不同科学或学科背景的学者对人工智能有不同的理解，提出不同的观点，人们称这些观点为符号主义（symbolism）、连接主义（connectionism）和行为主义（actionism）等，或者叫做逻辑学派（logicism）、仿生学派（bionicsism）和生理学派（physiologism）。在1.2节将综述他们的基本观点。

哲学家们对人类思维和非人类思维的研究工作已经进行了2000多年，然而，至今还没有获得满意的解答。下面，我们将结合自己的理解来定义人工智能。

定义1.1　智能（intelligence）

人的智能是他们理解和学习事物的能力，或者说，智能是思考和理解能力，而不是本能做事的能力。

另一种定义为：智能是一种应用知识处理环境的能力或由目标准则衡量的抽象思考能力。

定义1.2　智能机器（intelligent machine）

智能机器是一种能够呈现出人类智能行为的机器。而这种智能行为是人类用大脑考虑问题或创造思想。

另一种定义为：智能机器是一种能够在不确定环境中执行各种拟人任务（anthropomorphic tasks）达到预期目标的机器。

定义1.3　人工智能（学科）

长期以来，人工智能研究者们认为：人工智能（学科）是计算机科学中涉及研究、设计和应用智能机器的一个分支。它的近期主要目标在于研究用机器来模仿和执行人脑的某些智力功能，并开发相关理论和技术。

近年来，许多人工智能和智能系统研究者认为：人工智能（学科）是智能科学（intelligence science）中涉及研究、设计及应用智能机器和智能系统的一个分支，而智能科学是一门与计算机科学并行的学科。

人工智能到底属于计算机科学还是智能科学，可能还需要一段时间的探讨与实践，而实践是检验真理的标准，实践将做出权威的回答。

定义1.4　人工智能（能力）

人工智能（能力）是智能机器所执行的通常与人类智能有关的智能行为，这些智能行为涉及学习、感知、思考、理解、识别、判断、推理、证明、通信、设计、规划、行动和问题求解等活动。

1950 年图灵(Turing)设计和进行的著名实验(后来被称为图灵实验,Turing test),提出并部分回答了"机器能否思维"的问题,也是对人工智能的一个很好的注释。

为了让读者对人工智能的定义进行讨论,以便更深刻地理解人工智能,下面综述其他几种关于人工智能的定义。

定义 1.5　人工智能是一种使计算机能够思维,使机器具有智力的激动人心的新尝试(Haugeland,1985)。

定义 1.6　人工智能是那些与人的思维、决策、问题求解和学习等有关活动的自动化(Bellman,1978)。

定义 1.7　人工智能是用计算模型研究智力行为(Charniak 和 McDermott,1985)。

定义 1.8　人工智能是研究那些使理解、推理和行为成为可能的计算(Winston,1992)。

定义 1.9　人工智能是一种能够执行需要人的智能的创造性机器的技术(Kurzwell,1990)。

定义 1.10　人工智能研究如何使计算机做事让人过得更好(Rick 和 Knight,1991)。

定义 1.11　人工智能是研究和设计具有智能行为的计算机程序,以执行人或动物所具有的智能任务(Dean,et al.,1995)。

定义 1.12　人工智能是一门通过计算过程力图理解和模仿智能行为的学科(Schalkoff,1990)。

定义 1.13　人工智能是计算机科学中与智能行为的自动化有关的一个分支(Luger 和 Stubblefield,1993)。

下面给出两个新近提供的定义。

定义 1.14　人工智能是能够执行通常需要人类智能的任务,诸如视觉感知、语音识别、决策和语言翻译的计算机系统理论和开发(Google,2017)。

简单地说,人工智能指的是应用计算机做通常需要人类智能的事。

定义 1.15　人工智能是具有学习机理的软件或计算机程序,它应用知识对新的情况进行如同人类所做的决策。构建这种软件的研究者力图编写代码来阅读图像、文本、视频或音频,并从中学习某些东西。一旦机器能够学习,知识就能够用于别的地方(Quartz,2017)。

换句话说,人工智能是机器应用算法进行数据学习和使用所学进行如同人类进行决策的能力。不过,与人类不同的是,人工智能机器不需要休息,能够一次全部分析大量信息,其误差率明显低于执行同样任务的人类计算员。

其中,定义 1.5 和定义 1.6 涉及拟人思维;定义 1.7 和定义 1.8 与理性思维有关;定义 1.9~定义 1.11 涉及拟人行为;定义 1.12 和定义 1.13 与理性行为有关,定义 1.14 和定义 1.15 比较注重人工智能理论与应用的结合。

1.1.2　人工智能的起源与发展

不妨按时期来说明国际人工智能的发展过程,尽管这种时期划分方法有时难以严谨,因为许多事件可能跨接不同时期,另外一些事件虽然时间相隔甚远但又可能密切相关。

1. 孕育时期(1956 年前)

人类对智能机器和人工智能的梦想和追求可以追溯到 3000 多年前。早在我国西周时代(公元前 1066 年—前 771 年),就流传有关巧匠偃师献给周穆王一个歌舞艺伎的故事。作为第一批自动化动物之一的能够飞翔的木鸟是在公元前 400—前 350 年间制成的。在公元前 2 世纪出现的书籍中,描写过一个具有类似机器人角色的机械化剧院,这些人造角色能够在宫廷仪式上进行舞蹈和列队表演。我国东汉时期(公元 25—220 年),张衡发明的指南车是世界上最早的机器人雏形。

我们不打算列举 3000 多年来人类在追梦智能机器和人工智能道路上的万千遐想、实践和成果,而是跨越 3000 年转到 20 世纪。时代思潮直接帮助科学家去研究某些现象。对于人工智能的发展来说,20 世纪 30 年代和 40 年代的智能界,发生了两件最重要的事:数理逻辑(它从 19 世纪末起就获得迅速发展)和关于计算的新思想。弗雷治(Frege)、怀特赫德(Whitehead)、罗素(Russell)和塔斯基(Tarski)以及另外一些人的研究表明,推理的某些方面可以用比较简单的结构加以形式化。1913 年,年仅 19 岁的维纳(Wiener)在他的论文中把数理关系理论简化为类理论,为发展数理逻辑做出贡献,并向机器逻辑迈进一步,与后来图灵(Turing)提出的逻辑机不谋而合。1948 年维纳创立的控制论(cybernetics),对人工智能早期思潮产生了重要影响,后来成为人工智能行为主义学派。数理逻辑仍然是人工智能研究的一个活跃领域,其部分原因是一些逻辑演绎系统已经在计算机上实现过。不过,即使在计算机出现之前,逻辑推理的数学公式就为人们建立了计算与智能关系的概念。

丘奇(Church)、图灵和其他一些人关于计算本质的思想,提供了形式推理概念与即将发明的计算机之间的联系。在这方面的重要工作是关于计算和符号处理的理论概念。1936 年,年仅 26 岁的图灵创立了自动机理论(后来人们又称为图灵机),提出一个理论计算机模型,为电子计算机设计奠定基础,促进人工智能,特别是思维机器的研究。第一批数字计算机(实际上为数字计算器)看来不包含任何真实智能。早在这些机器设计之前,丘奇和图灵就已发现,数字并不是计算的主要方面,它们仅仅是一种解释机器内部状态的方法。被称为人工智能之父的图灵,不仅创造了一个简单、通用的非数字计算模型,而且直接证明了计算机可能以某种被理解为智能的方法工作。

事过 20 年之后,道格拉斯·霍夫施塔特(Douglas Hofstadter)在 1979 年写的《永恒的金带》(*An Eternal Golden Braid*)一书对这些逻辑和计算的思想以及它们与人工智能的关系给予了透彻而又引人入胜的解释。

麦卡洛克(McCulloch)和皮茨(Pitts)于 1943 年提出的"似脑机器"(mindlike machine)是世界上第一个神经网络模型(称为 MP 模型),开创了从结构上研究人类大脑的途径。神经网络连接机制,后来发展为人工智能连接主义学派的代表。

值得一提的是控制论思想对人工智能早期研究的影响。正如艾伦·纽厄尔(Allen Newell)和赫伯特·西蒙(Herbert Simon)在他们的优秀著作《人类问题求解》(*Human Problem Solving*)的"历史补篇"中指出的那样,20 世纪中叶人工智能的奠基者们在人工智能研究中出现了几股强有力的思潮。维纳、麦卡洛克和其他一些人提出的控制论和自组织系统的概念集中地讨论了"局部简单"系统的宏观特性。尤其重要的是,1948 年维纳所著的《控制论——或关于动物和机器中控制和通信的科学》一书,不但开创了近代控制论,而且为人工智能的控制论学派(即行为主义学派)树立了新的里程碑。控制论影响了许多领域,因为控制论的概念跨接了许多领域,把神经系统的工作原理与信息理论、控制理论、逻辑以及计算联系起来。控制论的这些思想是时代思潮的一部分,而且在许多情况下影响了许多早期和近期人工智能工作者,成为他们的指导思想。

从上述情况可以看出,人工智能开拓者们在数理逻辑、计算本质、控制论、信息论、自动机理论、神经网络模型和电子计算机等方面做出的创造性贡献,奠定了人工智能发展的理论基础,孕育了人工智能的胎儿。人们将很快听到人工智能婴儿呱呱坠地的哭声,看到这个宝贝降临人间的可爱身影!

2. 形成时期(1956—1970 年)

到了 20 世纪 50 年代,人工智能已躁动于人类科技社会的母胎,即将分娩。1956 年夏季,年轻的美国数学家和计算机专家麦卡锡(McCarthy)、数学家和神经学家明斯基(Minsky)、IBM 公司信息中心主任朗彻斯特(Lochester)以及贝尔实验室信息部数学家和信息学家香农(Shannon)共同发起,邀请 IBM 公司莫尔(More)和塞缪尔(Samuel)、麻省理工学院(MIT)的塞尔夫里奇(Selfridge)索罗蒙夫(Solomonff)以及兰德公司和卡内基·梅隆大学(CMU)的纽厄尔(Newell)和西蒙(Simon)共 10 人,在美国的达特茅斯(Dartmouth)大学举办了一次长达 2 个月的研讨会,认真热烈地讨论用机器模拟人类智能的问题。会上,由麦卡锡提议正式使用了"人工智能"这一术语。这是人类历史上第一次人工智能研讨会,标志着人工智能学科的诞生,具有十分重要的历史意义。这些从事数学、心理学、信息论、计算机科学和神经学研究的杰出年轻学者,后来绝大多数都成为著名的人工智能专家,为人工智能的发展做出了重要贡献。

最终把这些不同思想连接起来的是由巴贝奇(Babbage)、图灵、冯·诺依曼(von Neumann)和其他一些人所研制的计算机本身。在机器的应用成为可行之后不久,人们就开始试图编写程序以解决智力测验难题、数学定理和其他命题的自动证明、下棋以及把文本从一种语言翻译成另一种语言。这是第一批人工智能程序。对于计算机来说,促使人工智能发展的是什么?是出现在早期设计中的许多与人工智能有关的计算概念,包括存储器和处理器的概念、系统和控制的概念以及语言的程序级别的概念。不过,引起新学科出现的新机器的惟一特征是这些机器的复杂性,它促进了对描述复杂过程方法的新的更直接的研究(采用复杂的数据结构和具有数以百计的不同步骤的过程来描述这些方法)。

1965 年,被誉为"专家系统和知识工程之父"的费根鲍姆(Feigenbaum)所领导的研究小组,开始研究专家系统,并于 1968 年研究成功第一个专家系统 DENDRAL,用于质谱仪分析有机化合物的分子结构。后来又开发出其他一些专家系统,为人工智能的应用研究做出开创性贡献。

被誉为"国际模式识别之父"的傅京孙(King-sun Fu)除了在句法模式识别方面的创

新性贡献外,又于1965年把人工智能的启发式推理规则用于学习控制系统,并论述了人工智能与自动控制的交接关系,为智能控制做出奠基性贡献,成为国际公认的"智能控制奠基者"。

1969年召开了第一届国际人工智能联合会议(International Joint Conference on AI, IJCAI),标志着人工智能作为一门独立学科登上国际学术舞台。此后,IJCAI每两年召开一次。1970年《人工智能》(*International Journal of AI*)创刊。这些事件对开展人工智能国际学术活动和交流、促进人工智能的研究和发展起到积极作用。

上述事件表明,人工智能经历了从诞生到成人的热烈(形成)期,已成为一门独立学科,为人工智能建立了良好的环境,打下进一步发展的重要基础。虽然人工智能在前进的道路上仍将面临不少困难和挑战,但是有了这个基础,就能够迎接挑战,抓住机遇,推动人工智能不断发展。

3. 暗淡时期(1966—1974年)

在形成期和后面的知识应用期之间,交叠地存在一个人工智能的暗淡(低潮)期。在取得"热烈"发展的同时,人工智能也遇到一些困难和问题。

一方面,由于一些人工智能研究者被"胜利冲昏了头脑",盲目乐观,对人工智能的未来发展和成果做出了过高的预言,而这些预言的失败,给人工智能的声誉造成重大伤害。同时,许多人工智能理论和方法未能得到通用化和推广应用,专家系统也尚未获得广泛开发。因此,看不出人工智能的重要价值。究其原因,当时的人工智能主要存在下列三个局限性。

(1)知识局限性。早期开发的人工智能程序包含太少的主题知识,甚至没有知识,而且只采用简单的句法处理。例如,对于自然语言理解或机器翻译,如果缺乏足够的专业知识和常识,就无法正确处理语言,甚至会产生令人啼笑皆非的翻译。

(2)解法局限性。人工智能试图解决的许多问题因其求解方法和步骤的局限性,往往使得设计的程序在实际上无法求得问题的解答,或者只能得到简单问题的解答,而这种简单问题并不需要人工智能的参与。

(3)结构局限性。用于产生智能行为的人工智能系统或程序存在一些基本结构上的严重局限,如没有考虑不良结构,无法处理组合爆炸问题,因而只能用于解决比较简单的问题,影响到推广应用。

另一方面,科学技术的发展对人工智能提出新的要求甚至挑战。例如,当时认知生理学研究发现,人类大脑含有10^{11}个以上神经元,而人工智能系统或智能机器在现有技术条件下无法从结构上模拟大脑的功能。此外,哲学、心理学、认知生理学和计算机科学各学术界,对人工智能的本质、理论和应用各方面,一直抱有怀疑和批评,也使人工智能四面楚歌。例如,1971年英国剑桥大学数学家詹姆士(James)按照英国政府的旨意,发表一份关于人工智能的综合报告,声称"人工智能不是骗局,也是庸人自扰"。在这个报告的影响下,英国政府削减了人工智能研究经费,解散人工智能研究机构。在人工智能的发源地美国,连在人工智能研究方面颇有影响的IBM公司,也被迫取消了该公司的所有人工智能研究。由此可见一斑,人工智能研究在世界范围内陷入困境,处于低潮。

任何事物的发展都不可能一帆风顺,冬天过后,春天就会到来。通过总结经验教训,开展更为广泛、深入和有针对性的研究,人工智能必将走出低谷,迎来新的发展时期。

4. 知识应用时期(1970—1988 年)

费根鲍姆(Feigenbaum)研究小组自 1965 年开始研究专家系统,并于 1968 年研究成功第一个专家系统 DENDRAL。1972—1976 年,他们又开发成功 MYCIN 医疗专家系统,用于抗生素药物治疗。此后,许多著名的专家系统,如斯坦福国际人工智能研究中心的杜达(Duda)开发的 PROSPECTOR 地质勘探专家系统,拉特格尔大学的 CASNET 青光眼诊断治疗专家系统,MIT 的 MACSYMA 符号积分和数学专家系统,以及 R1 计算机结构设计专家系统、ELAS 钻井数据分析专家系统和 ACE 电话电缆维护专家系统等被相继开发,为工矿数据分析处理、医疗诊断、计算机设计、符号运算等提供了强有力的工具。在 1977 年举行的第五届国际人工智能联合会议上,费根鲍姆正式提出了知识工程(knowledge engineering)的概念,并预言 20 世纪 80 年代将是专家系统蓬勃发展的时代。

事实果真如此,整个 80 年代,专家系统和知识工程在全世界得到迅速发展。专家系统为企业等用户赢得巨大的经济效益。例如,第一个成功应用的商用专家系统 R1,1982 年开始在美国数字装备集团公司(DEC)运行,用于进行新计算机系统的结构设计。到 1986 年,R1 每年为该公司节省了 400 万美元。到 1988 年,DEC 公司的人工智能团队开发了 40 个专家系统。更有甚者,杜珀公司已使用 100 个专家系统,正在开发 500 个专家系统。几乎每个美国大公司都拥有自己的人工智能小组,并应用专家系统,或投资专家系统技术。在 80 年代,日本和西欧也争先恐后地投入对专家系统的智能计算机系统的开发,并应用于工业部门。其中,日本 1981 年发布的"第五代智能计算机计划"就是一例。在开发专家系统过程中,许多研究者获得共识,即人工智能系统是一个知识处理系统,而知识表示、知识利用和知识获取则成为人工智能系统的三个基本问题。

5. 集成发展时期(1986—2010 年)

到 20 世纪 80 年代后期,各个争相进行的智能计算机研究计划先后遇到严峻挑战和困难,无法实现其预期目标。这促使人工智能研究者们对已有的人工智能和专家系统思想和方法进行反思。已有的专家系统存在缺乏常识、应用领域狭窄、知识获取困难、推理机制单一、未能分布处理等问题。他们发现,困难反映出人工智能和知识工程的一些根本问题,如交互问题、扩展问题和体系问题等,都没有很好解决。对存在问题的探讨和对基本观点的争论,有助于人工智能摆脱困境,迎来新的发展机遇。

人工智能应用技术应当以知识处理为核心,实现软件的智能化。知识处理需要对应用领域和问题求解任务有深入的理解,扎根于主流计算环境。只有这样,才能促使人工智能研究和应用走上持续发展的道路。

20 世纪 80 年代后期以来,机器学习、计算智能、人工神经网络和行为主义等研究的深入开展,不时形成高潮。有别于符号主义的连接主义和行为主义的人工智能学派也乘势而上,获得新的发展。不同人工智能学派间的争论推动了人工智能研究和应用的进一步发展。以数理逻辑为基础的符号主义,从命题逻辑到谓词逻辑再至多值逻辑,包括模糊逻辑和粗糙集理论,已为人工智能的形成和发展做出历史性贡献,并已超出传统符号运算的范畴,表明符号主义在发展中不断寻找新的理论、方法和实现途径。传统人工智能(我们称之为 AI)的数学计算体系仍不够严格和完整。除了模糊计算外,近年来,许多模仿人脑思维、自然特征和生物行为的计算方法(如神经计算、进化计算、自然计算、免疫计算和群计算等)已被引入人工智能学科。我们把这些有别于传统人工智能的智能计算理论和方法称为计算智能(computational intelligence,CI)。计算智能弥补了传统 AI 缺乏数学理论和计算的不足,更新并丰富了人工智能的理论框架,使人工智能进入一个新的发展时期。人工智能不同观点、方法和技术的集成,是人工智能发展所必需,也是人工智能发展的必然。

在这个时期,特别值得一提的是神经网络的复兴和智能真体(intelligent agent)的突起。

麦卡洛克和皮茨 1943 年提出的"似脑机器",构造了一个表示大脑基本组成的神经元模型。由于当时神经网络的局限性,特别是硬件集成技术的局限性,使人工神经网络研究在 20 世纪 70 年代进入低潮。直到 1982 年霍普菲尔德(Hopfield)提出离散神经网络模型,1984 年又提出连续神经网络模型,促进了人工神经网络研究的复兴。布赖森(Bryson)和何(He)提出的反向传播(back propagation,BP)算法及鲁梅尔哈特(Rumelhart)和麦克莱伦德(McClelland)1986 年提出的并行分布处理(parallel distributed processing,PDP)理论是人工神经网络研究复兴的真正推动力,人工神经网络再次出现研究热潮。1987 年在美国召开了第一届神经网络国际会议,并发起成立了国际神经网络学会(INNS)。这表明神经网络已置身于国际信息科技之林,成为人工智能的一个重要子学科。如果人工神经网络硬件能够在大规模集成上取得突破,那么其作用不可估量。

智能真体(以前称为智能主体)是 20 世纪 90 年代随着网络技术特别是计算机网络通信技术的发展而兴起的,并发展为人工智能又一个新的研究热点。人工智能的目标就是要建造能够表现出一定智能行为的真体,因此,真体(agent)应是人工智能的一个核心问题。人们在人工智能研究过程中逐步认识到,人类智能的本质是一种具有社会性的智能,社会问题,特别是复杂问题的解决需要各方面人员共同完成。人工智能,特别是比较复杂的人工智能问题的求解也必须要各个相关个体协商、协作和协调来完成。人类社会中的基本个体"人"对应于人工智能系统中的基本组元"真体",而社会系统所对应的人工智能"多真体系统"也就成为人工智能新的研究对象。

上述这些新出现的人工智能理论、方法和技术,其中包括人工智能三大学派,即符号主义、连接主义和行为主义,已再不是单枪匹马打天下,而是携手合作,走综合集成,优势互补,共同发展的康庄大道。人工智能学界那种势不两立的激烈争论局面,可能一去不复返了。

6. 融合发展时期(2011 年至今)

人类进入 21 世纪后,迎来了第二次机器革命的新时期和人工智能的新时代。这个新时期和新时代的重要特征是:初步形成人工智能产业化基础,人工智能企业数量大幅增长;人工智能的投融资环境空前看好,投融资金额不断攀升;国家出台先进工业与科技政策助推人工智能发展,人工智能行业发展机遇空前;人工智能产业化技术起点更高,感知智能领域相对成熟,认知智能有待突破;人工智能人才紧缺,高端人工智能人才争夺激烈等。

上述特征能够保证人工智能产业化持续发展,保证新一代人工智能产业起点高、规模大、质量优、平稳快速地全面发展。

与人工智能历史上各次发展时期不同的是,实现人工智能各个核心技术的大融合以及人工智能与实体经济的深度融合。知识(如原知识、宏知识、专业知识和常识)、算法(如深度学习算法和进化算法)、大数据(如海量数据和活数据)、网络(互联网和物联网)、云计算、算力(如超大规模集成 CPU 和 GPU)的快速发展及其相互渗透,促进人工智能进入一个崭新的融合发展新时期,推动新一代人工智能科技与产业前所未有地蓬勃发展。

上述人工智能融合发展过程是逐步形成的。计算智能的出现使人工智能与数据紧密结合;智能计算实现了"知识+算法+数据"的融合;大数据为"知识+大数据+算法"的融合创造条件;网络的升级使"知识+大数据+算法+网络"的人工智能融合成为可能。

算法研究的突破性进展为人工智能注入了新的活力,其中尤以深度学习(deep learning)算法最为突出。十多年来,深度学习的研究逐步深入,并已在自然语言处理和图像处理等领域获得比较广泛的应用。这些研究成果活跃了学术氛围,推动了机器学习和整个人工智能的发展。

2006 年,加拿大多伦多大学杰弗里·欣顿(Geoffrey Hinton)提出:①多隐含层的人工神经网络具有非常突出的特征学习能力,得到的特征数据能够更深层次和有效地描述数据的本质特征。②深度神经网络在训练上的难度可以通过"逐层预训练"(layer-wise pre-training)来有效克服。这些思想开启了深度学习在学术界和工业界的研究与应用热潮。深度学习算法已在图像处理、语音识别和大数据处理等领域获得日益广泛的应用。

人工智能已获得越来越广泛的应用,深入渗透到其他学科和科学技术领域,为这些学科和领域的发展做出功不可没的贡献,并为人工智能理论和应用研究提供新的思路与借鉴。例如,对生物信息学、生物机器人学和基因组的研究就是如此。

产业的提质改造与升级、智能制造和服务民生的需求,促进了人工智能产业的发展,一股人工智能产业化的热潮正在全球汹涌澎湃,席卷全世界。展望新时期人工智能发展的新趋势,可以归纳出下列几个热点:人工智能核心技术加速突破,人工智能产业强劲发展;智能化应用场景从单一向多元发展;人工智能和实体经济深度融合进程进一步加快;智能服务呈现线下和线上的无缝结合;逐步实现人工智能的全产业链布局;加快高素质人工智能人才培养步伐;重视开发应用人工智能共享平台;加紧人工智能法律研究与建设等。

我们有理由相信,在人工智能发展新时期,人工智能一定能创造出更多更大的新成果,开创人工智能融合发展的新时期。

1.1.3 中国人工智能的发展

中国的人工智能到底经历了怎样的发展过程?

与国际上人工智能的发展情况相比,中国的人工智能研究不仅起步较晚,而且发展道路曲折坎坷,历经了质疑、批评甚至打压的十分艰难的发展历程。直到改革开放之后,中国人工智能才逐渐走上发展之路。

1. 迷雾重重

20 世纪 50—60 年代,人工智能在西方国家得到重视和发展,而在苏联却受到批判,将其斥为"资产阶级的反动伪科学"。60 年代后期和 70 年代,虽然苏联解禁了控制论和人工智能,但因中苏关系恶化,中国学术界将苏联的这种解禁斥之为"修正主义",人工智能研究继续停滞。那时,人工智能在中国要么受到质疑,要么与"特异功能"一起受到批判。

1978 年 3 月,全国科学大会提出"向科学技术现代化进军"的战略决策,开启了思想解放的先河,促进中国科学事业的发展,使中国科技事业迎来了科学的春天,人工智能也在酝酿着进一步的解禁。

80 年代初期,中国的人工智能研究进一步活跃起来。但是,由于当时社会上把"人工智能"与"特异功能"混为一谈,使中国人工智能走过一段很长的弯路。

2. 艰难起步

20 世纪 70 年代末至整个 80 年代,知识工程和专家系统在欧美发达国家得到迅速发展,并取得重大的经济效益。而在中国仍然处于艰难起步阶段。不过,一些人工智能的基础性工作得以开展。

(1) 派遣留学生出国研究人工智能

改革开放后,自 1980 年起中国派遣大批留学生赴西方发达国家研究现代科技,学习科技新成果,其中包括人工智能和模式识别等学科领域。这些人工智能"海归"专家,已成为中国人工智能研究与开发应用的学术带头人和中坚力量,为发展中国人工智能做出举足轻重的贡献。

(2) 成立中国人工智能学会

1981 年 9 月,来自全国各地的科学技术工作者 300 余人在长沙出席了中国人工智能学会(CAAI)成立大会,秦元勋当选第一任理事长。1982 年,中国人工智能学会刊物《人工智能学报》在长沙创刊,成为中国首份人工智能学术刊物。

直到 2004 年,中国人工智能学会才得以"返祖归宗",挂靠到中国科学技术协会。这足以表明 CAAI 成立后经历的 20 多年岁月是多么艰辛。

(3) 开始人工智能的相关项目研究

20 世纪 70 年代末至 80 年代前期,一些人工智能相关项目已经纳入国家科研计划,这表明中国人工智能研究已开始起步,打开了思想禁区。

3. 迎来曙光

20 世纪 80 年代中期,中国的人工智能迎来曙光,开始走上比较正常的发展道路。国防科工委于 1984 年召开了全国智能计算机及其系统学术讨论会,1985 年又召开了全国首届第五代计算机学术研讨会。1986 年起把智能计算机系统、智能机器人和智能信息处理等重大项目列入国家高技术研究发展计划(863 计划)。

1986 年前后,清华大学校务委员会经过三次讨论后,决定同意在清华大学出版社出版《人工智能及其应用》。科学出版社也同意出版该专著。1987 年 7 月《人工智能及其应用》在清华大学出版社公开出版,成为中国首部具有自主知识产权的人工智能专著,标志着中国人工智能著作的开禁。中国首部人工智能、机器人学和智能控制著作分别于 1987年、1988 年和 1990 年问世。1988 年 2 月,主管国家科技工作的国务委员兼国家科委主任宋健亲笔致信蔡自兴,对《人工智能及其应用》的公开出版和人工智能学科给予高度评价,体现出他对发展中国人工智能的关注和对作者的鼓励,对中国人工智能的发展产生了重大的和深远的影响。

1987 年《模式识别与人工智能》杂志创刊。1989 年首次召开了中国人工智能控制联合会议(CJCAI),至 2004 年共召开了 8 次。此外,还联合召开了六届中国机器人学联合会议。1993 年起,把智能控制和智能自动化等项目列入国家科技攀登计划。

4. 蓬勃发展

进入 21 世纪后,更多的人工智能与智能系统研究课题获得国家自然科学基金重点项目和重大项目、国家 863 计划和 973 计划项目、科技部科技攻关项目、工信部重大项目等各种国家基金计划支持,并与中国国民经济和科技发展的重大需求相结合,力求为国家做出更大贡献。

2006 年 8 月,中国人工智能学会联合兄弟学会和有关部门,在北京举办了"庆祝人工智能学科诞生 50 周年"大型庆祝活动。除了人工智能国际会议外,纪念活动的一台重头戏是由中国人工智能学会主办的首届中国象棋计算机博弈锦标赛暨首届中国象棋人机大战。同年,《智能系统学报》创刊,这是继《人工智能学报》和《模式识别与人工智能》之后中国第 3 份人工智能类期刊。它们为国内人工智能学者和高校师生提供了一个学术交流平台,对我国人工智能研究与应用起到促进作用。

5. 国家战略

从 2014 年起,中国的人工智能已发展成为国家战略。国家最高领导人发表重要讲话,对发展中国人工智能给予高屋建瓴的指示与支持。

2016 年 5 月,国家发改委和科技部等 4 部门联合印发《"互联网＋"人工智能三年行动实施方案》,明确未来 3 年智能产业的发展重点与具体扶持项目,进一步体现出人工智能已被提升至国家战略高度。

2016 年 4 月由中国人工智能学会发起,联合 20 余家国家一级学会,在北京举行"2016 全球人工智能技术大会暨人工智能 60 周年纪念活动启动仪式"。这次活动恰逢国际人工智能诞辰 60 周年,谷歌 AlphaGo 与世界围棋冠军李世石上演"世纪人机大战",将人工智能的关注度推到了前所未有的高度。启动仪式共同庆祝国际人工智能诞辰 60 周年,传承和弘扬人工智能的科学精神,开启智能化时代的新征程。

2017 年 7 月 8 日,中华人民共和国国务院发布《新一代人工智能发展规划》,提出了面向 2030 年中国新一代人工智能发展的指导思想、战略目标、重点任务和保障措施,部署构筑中国人工智能发展的先发优势,加快建设创新型国家和世界科技强国。

国家最高领导人对人工智能的高度评价和对发展中国人工智能的指示,《新一代人工智能发展规划》和《"互联网+"人工智能三年行动实施方案》的发布与实施,体现了中国已把人工智能技术提升到国家发展战略的高度,为人工智能的发展创造了前所未有的优良环境,也赋予人工智能艰巨而光荣的历史使命。

2019 年 3 月 19 日,习近平主持召开了中央全面深化改革委员会第七次会议,通过了《关于促进人工智能和实体经济深度融合的指导意见》,提出构建"智能经济形态"的决策。2020 年 3 月 4 日,中央政治局常委会会议,强调要加快推进包括人工智能在内的新型基础设施建设(新基建),对于全面夯实人工智能基础建设,更好地服务经济和社会,具有重大意义。

现在,人工智能已发展成为国家发展战略,中国已有数以十万计的科技人员和高等院校师生从事不同层次人工智能相关领域的研究、学习、开发与应用,人工智能研究与应用已在中国空前开展,在机器定理证明、机器学习、机器博弈、自动规划、虹膜识别、语音识别、进化优化、可拓数据挖掘等方面取得一些重要成果,具有较大的国际影响力;人工智能产业化勃勃生机,欣欣向荣,已在图像处理、语音识别、智能制造、智慧医疗、智能驾驶等领域落地生根,成果累累,必将为促进其他学科的发展和中国的现代化建设以及国际人工智能的发展做出新的重大贡献。

1.2 人工智能的各种认知观

目前人工智能的主要学派有下列 3 家:

(1) 符号主义(symbolicism),又称为逻辑主义(logicism)、心理学派(psychlogism)或计算机学派(computerism),其原理主要为物理符号系统假设和有限合理性原理。

(2) 连接主义(connectionism),又称为仿生学派(bionicsism)或生理学派(physiologism),其原理主要为神经网络及神经网络间的连接机制与学习算法。

(3) 行为主义(actionism),又称进化主义(evolutionism)或控制论学派(cyberneticsism),其原理为控制论及感知-动作型控制系统。

1.2.1 人工智能各学派的认知观

人工智能各学派对人工智能发展历史具有不同的看法。

1. 符号主义

符号主义认为人工智能源于数理逻辑。数理逻辑从 19 世纪末起就获迅速发展;到 20 世纪 30 年代开始用于描述智能行为。计算机出现后,又在计算机上实现了逻辑演绎系统。其有代表性的成果为启发式程序 LT 逻辑理论家,证明了 38 条数学定理,表明了可以应用计算机研究人的思维过程,模拟人类智能活动。正是这些符号主义者,早在 1956 年首先采用"人工智能"这个术语。后来又发展了启发式算法—专家系统—知识工程理论与技术,并在 20 世纪 80 年代取得很大发展。符号主义曾长期一枝独秀,为人工智能的发展做出重要贡献,尤其是专家系统的成功开发与应用,为人工智能走向工程应用和实现理论联系实际具有特别重要意义。在人工智能的其他学派出现之后,符号主义仍然是人工智能的主流学派。这个学派的代表有纽厄尔、肖、西蒙和尼尔逊(Nilsson)等。

2. 连接主义

连接主义认为人工智能源于仿生学,特别是人脑模型的研究。它的代表性成果是1943 年由生理学家麦卡洛克和数理逻辑学家皮茨创立的脑模型,即 MP 模型,开创了用电子装置模仿人脑结构和功能的新途径。它从神经元开始进而研究神经网络模型和脑模型,开辟了人工智能的又一发展道路。20 世纪 60—70 年代,连接主义,尤其是对以感知机(perceptron)为代表的脑模型的研究曾出现过热潮,由于当时的理论模型、生物原型和技术条件的限制,脑模型研究在 70 年代后期至 80 年代初期落入低潮。直到前述Hopfield 教授在 1982 年和 1984 年发表两篇重要论文,提出用硬件模拟神经网络时,连接主义又重新抬头。1986 年鲁梅尔哈特(Rumelhart)等人提出多层网络中的反向传播(BP)算法。此后,连接主义势头大振,从模型到算法,从理论分析到工程实现,为神经网络计算机走向市场打下基础。现在,对 ANN 的研究热情仍然较高,但研究成果未能如预想的那样好。

3. 行为主义

行为主义认为人工智能源于控制论。控制论思想早在 20 世纪 40—50 年代就成为时代思潮的重要部分,影响了早期的人工智能工作者。维纳和麦卡洛克等人提出的控制论和自组织系统以及钱学森等人提出的工程控制论和生物控制论,影响了许多领域。控制论把神经系统的工作原理与信息理论、控制理论、逻辑以及计算机联系起来。早期的研究工作重点是模拟人在控制过程中的智能行为和作用,如对自寻优、自适应、自校正、自镇定、自组织和自学习等控制论系统的研究,并进行"控制论动物"的研制。到 60—70 年代,上述这些控制论系统的研究取得一定进展,播下智能控制和智能机器人的种子,并在 80年代诞生了智能控制和智能机器人系统。行为主义是 20 世纪末才以人工智能新学派的面孔出现的,引起许多人的兴趣与研究。这一学派的代表作首推布鲁克斯(Brooks)的六足行走机器人,它被看做新一代的"控制论动物",是一个基于感知-动作模式的模拟昆虫行为的控制系统。

以上三个人工智能学派将长期共存与合作,取长补短,并走向融合和集成,为人工智能的发展做出贡献。

1.2.2　人工智能的争论

1. 对人工智能理论的争论

人工智能各学派对于 AI 的基本理论问题,诸如定义、基础、核心、要素、认知过程、学科体系以及人工智能与人类智能的关系等,均有不同观点。

（1）符号主义

符号主义认为人的认知基元是符号，而且认知过程即符号操作过程。它认为人是一个物理符号系统，计算机也是一个物理符号系统，因此，我们就能够用计算机来模拟人的智能行为，即用计算机的符号操作来模拟人的认知过程。也就是说，人的思维是可操作的。它还认为，知识是信息的一种形式，是构成智能的基础。人工智能的核心问题是知识表示、知识推理和知识运用。知识可用符号表示，也可用符号进行推理，因而有可能建立起基于知识的人类智能和机器智能的统一理论体系。

（2）连接主义

连接主义认为人的思维基元是神经元，而不是符号处理过程。它对物理符号系统假设持反对意见，认为人脑不同于电脑，并提出连接主义的大脑工作模式，用于取代符号操作的电脑工作模式。

（3）行为主义

行为主义认为智能取决于感知和行动（所以被称为行为主义），提出智能行为的"感知-动作"模式。行为主义者认为智能不需要知识、不需要表示、不需要推理；人工智能可以像人类智能一样逐步进化（所以称为进化主义）；智能行为只能在现实世界中与周围环境交互作用而表现出来。行为主义还认为：符号主义（还包括连接主义）对真实世界客观事物的描述及其智能行为工作模式是过于简化的抽象，因而是不能真实地反映客观存在的。

2. 对人工智能方法的争论

不同人工智能学派对人工智能的研究方法问题也有不同的看法。这些问题涉及：人工智能是否一定采用模拟人的智能的方法？若要模拟又该如何模拟？对结构模拟和行为模拟、感知思维和行为、对认知与学习以及逻辑思维和形象思维等问题是否应分离研究？是否有必要建立人工智能的统一理论系统？若有，又应以什么方法为基础？

（1）符号主义

符号主义认为人工智能的研究方法应为功能模拟方法。通过分析人类认知系统所具备的功能和机能，然后用计算机模拟这些功能，实现人工智能。符号主义力图用数学逻辑方法来建立人工智能的统一理论体系，但遇到不少暂时无法解决的困难，并受到其他学派的否定。

（2）连接主义

连接主义主张人工智能应着重于结构模拟，即模拟人的生理神经网络结构，并认为功能、结构和智能行为是密切相关的。不同的结构表现出不同的功能和行为。已经提出多种人工神经网络结构和众多的学习算法。

（3）行为主义

行为主义认为人工智能的研究方法应采用行为模拟方法，也认为功能、结构和智能行为是不可分的。不同行为表现出不同功能和不同控制结构。行为主义的研究方法也受到其他学派的怀疑与批判，认为行为主义最多只能创造出智能昆虫行为，而无法创造出人的智能行为。

1.3 人类智能与人工智能

人类的认知过程是非常复杂的行为,至今仍未能被完全解释。人们从不同的角度对它进行研究,不仅形成了三个学派,而且还形成了诸如认知生理学、认知心理学和认知工程学等相关学科。对这些学科的深入研究已超出本书范围。这里仅讨论几个与传统人工智能,即与符号主义有密切关系的一些问题。

1.3.1 智能信息处理系统的假设

人的心理活动具有不同的层次,它可与计算机的层次相比较,见图1.1。心理活动的最高层级是思维策略,中间一层是初级信息处理,最低层级为生理过程,即中枢神经系统、神经元和大脑的活动。与此相应的是计算机的程序、语言和硬件。

研究认知过程的主要任务是探求高层次思维决策与初级信息处理的关系,并用计算机程序来模拟人的思维策略水平,而用计算机语言模拟人的初级信息处理过程。

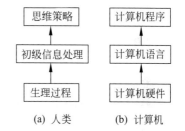

图 1.1　人类认知活动与计算机的比较

令 T 表示时间变量,x 表示认知操作(cognitive operation),x 的变化 Δx 为当时机体状态 S(机体的生理和心理状态以及脑子里的记忆等)和外界刺激 R 的函数。当外界刺激作用到处于某一特定状态的机体时,便发生变化,即

$$T \to T+1$$
$$x \to x + \Delta x$$
$$\Delta x = f(S,R)$$

计算机也以类似的原理进行工作。在规定时间内,计算机存储的记忆相当于机体的状态;计算机的输入相当于机体施加的某种刺激。在得到输入后,计算机便进行操作,使得其内部状态随时间发生变化。可以从不同的层次来研究这种计算机系统。这种系统以人的思维方式为模型进行智能信息处理(intelligent information processing)。显然,这是一种智能计算机系统。设计适用于特定领域的这种高水平智能信息处理系统,是研究认知过程的一个具体而又重要的目标。例如,一个具有智能信息处理能力的自动控制系统就是一个智能控制系统,它可以是专家控制系统,或者是智能决策系统等。

可以把人看成一个智能信息处理系统。

信息处理系统又叫符号操作系统(symbol operation system)或物理符号系统(physical symbol system)。所谓符号就是模式(pattern)。任一模式,只要它能与其他模式相区别,它就是一个符号。例如,不同的汉语拼音字母或英文字母就是不同的符号。对符号进行操作就是对符号进行比较,从中找出相同的和不同的符号。物理符号系统的基本任务和功能就是辨认相同的符号和区别不同的符号。为此,这种系统就必须能够辨别出不同符号之间的实质差别。符号既可以是物理符号,也可以是头脑中的抽象符号,或者

是电子计算机中的电子运动模式,还可以是头脑中神经元的某些运动方式。一个完善的符号系统应具有下列 6 种基本功能:

(1) 输入符号(input);

(2) 输出符号(output);

(3) 存储符号(store);

(4) 复制符号(copy);

(5) 建立符号结构:通过找出各符号间的关系,在符号系统中形成符号结构;

(6) 条件性迁移(conditional transfer):根据已有符号,继续完成活动过程。

如果一个物理符号系统具有上述全部 6 种功能,能够完成这个全过程,那么它就是一个完整的物理符号系统。人能够输入信号,如用眼睛看,用耳朵听,用手触摸等。计算机也能通过卡片或纸带打孔、磁带或键盘打字等方式输入符号。人具有上述 6 种功能,现代计算机也具备物理符号系统的这 6 种功能。

假设 任何一个系统,如果它能表现出智能,那么它就必定能够执行上述 6 种功能。反之,任何系统如果具有这 6 种功能,那么它就能够表现出智能;这种智能指的是人类所具有的那种智能。把这个假设称为物理符号系统的假设。

物理符号系统的假设伴随有 3 个推论,或称为附带条件。

推论 1.1 既然人具有智能,那么他(她)就一定是个物理符号系统。

人之所以能够表现出智能,就是基于他的信息处理过程。

推论 1.2 既然计算机是一个物理符号系统,它就一定能够表现出智能。这是人工智能的基本条件。

推论 1.3 既然人是一个物理符号系统,计算机也是一个物理符号系统,那么就能够用计算机来模拟人的活动。

值得指出的是,推论 1.3 并不一定是从推论 1.1 和推论 1.2 推导出来的必然结果。因为人是物理符号系统,具有智能;计算机也是一个物理符号系统,也具有智能,但它们可以用不同的原理和方式进行活动。所以,计算机并不一定都是模拟人活动的,它可以编制出一些复杂的程序来求解方程式,进行复杂的计算。不过,计算机的这种运算过程未必就是人类的思维过程。

可以按照人类的思维过程来编制计算机程序,这项工作就是人工智能的研究内容。如果做到了这一点,就可以用计算机在形式上来描述人的思维活动过程,或者建立一个理论来说明人的智力活动过程。

人的认知活动具有不同的层次,对认知行为的研究也应具有不同的层次,以便不同学科之间分工协作,联合攻关,早日解开人类认知本质之谜。可以从下列 4 个层次开展对认知本质的研究。

(1) 认知生理学。研究认知行为的生理过程,主要研究人的神经系统(神经元、中枢神经系统和大脑)的活动,是认知科学研究的底层。它与心理学、神经学、脑科学有密切关系,且与基因学、遗传学等有交叉联系。

(2) 认知心理学。研究认知行为的心理活动,主要研究人的思维策略,是认知科学研究的顶层。它与心理学有密切关系,且与人类学、语言学交叉。

（3）认知信息学。研究人的认知行为在人体内的初级信息处理，主要研究人的认知行为如何通过初级信息自然处理，由生理活动变为心理活动及其逆过程，即由心理活动变为生理行为。这是认知活动的中间层，承上启下。它与神经学、信息学、计算机科学有密切关系，并与心理学、生理学有交叉关系。

（4）认知工程学。研究认知行为的信息加工处理，主要研究如何通过以计算机为中心的人工信息处理系统，对人的各种认知行为（如知觉、思维、记忆、语言、学习、理解、推理、识别等）进行信息处理。这是研究认知科学和认知行为的工具，应成为现代认知心理学和现代认知生理学的重要研究手段。它与人工智能、信息学、计算机科学有密切关系，并与控制论、系统学等交叉。

只有开展大跨度的多层次、多学科交叉研究，应用现代智能信息处理的最新手段，认知科学和人工智能才可能较快地取得突破性成果。

1.3.2　人类智能的计算机模拟

上面已经得出"能够用计算机来模拟人的活动"的结论，也就是说，能够用机器智能来模拟人类智能。机器智能的应用研究已取得可喜进展，其前景令人鼓舞。

帕梅拉·麦考达克（Pamela McCorduck）在她的著名的人工智能历史研究著作《机器思维》（*Machine Who Think*，1979）中曾经指出：在复杂的机械装置与智能之间存在着长期的联系。从几世纪前出现的神话般的复杂巨钟和机械自动机开始，人们已对机器操作的复杂性与自身的智能活动进行直接联系。今天，新技术已使所建造的机器的复杂性大为提高。现代电子计算机要比以往的任何机器复杂几十倍、几百倍、几千倍、几万倍以至几亿倍以上。

计算机的早期工作主要集中在数值计算方面。然而，人类最主要的智力活动并不是数值计算，而在逻辑推理方面。物理符号系统假设的推论1.1也告诉人们，人有智能，所以他是一个物理符号系统；推论1.3指出，可以编写出计算机程序去模拟人类的思维活动。这就是说，人和计算机这两个物理符号系统所使用的物理符号是相同的，因而计算机可以模拟人类的智能活动过程。计算机的确能够很好地执行许多智能功能，如下棋、证明定理、翻译语言文字和解决难题等。这些任务是通过编写与执行模拟人类智能的计算机程序来完成的。当然，这些程序只能接近于人的行为，而不可能与人的行为完全相同。此外，这些程序所能模拟的智能问题，其水平还是很有限的。

作为例子，考虑下棋的计算机程序。1997年以前的所有国际象棋程序是十分熟练的、具有人类专家棋手水平的最好实验系统，但是下得没有像人类国际象棋大师那样好。该计算机程序对每个可能的走步空间进行搜索，它能够同时搜索几千种走步。进行有效搜索的技术是人工智能的核心思想之一。不过，以前的计算机不能战胜最好的人类棋手，其原因在于：向前看并不是下棋所必须具有的一切，需要彻底搜索的走步又太多；在寻找和估计替换走步时并不能确信能够导致博弈的胜利。国际象棋大师们具有尚不能解释的能力。一些心理学家指出，当象棋大师们盯着一个棋位时，在他们的脑子里出现了几千盘重要的棋局；这大概能够帮助他们决定最好的走步。

近十多年来，智能计算机的研究取得许多重大进展。随着计算机技术日新月异的发展,包括自学习、并行处理、启发式搜索、机器学习、智能决策等人工智能技术已用于博弈程序设计,使"计算机棋手"的水平大为提高。1997 年 5 月,IBM 公司研制的深蓝(Deep Blue)智能计算机在 6 局比赛中以 2 胜 1 负 3 平的结果,战胜国际象棋大师卡斯帕罗夫(Kasparov)。人工智能的先驱们在 20 世纪 50 年代末提出的"在国际象棋比赛中,计算机棋手要战胜象棋冠军"的预言得以实现。这一成就表明:可以通过人脑与电脑协同工作,以人-机结合的模式,为解决复杂系统问题寻找解决方案。2003 年 1 月 26 日至 2 月 7 日,国际象棋人机大战在纽约举行。卡斯帕罗夫大师与比深蓝更强大的"小深"(Deep Junior)先后进行了 6 局比赛,最终以 1 胜 1 负 4 平的结果握手言和。2006 年 8 月,在"首届中国象棋人机大战"中,中国象棋超级计算机——浪潮天梭迎战中国棋院的 5 位中国象棋大师,以 3 胜 5 平 2 负的不俗战绩和 11∶9 的总比分首胜大师联盟。"中国象棋人机大战"具有中国特色,已引起众多中国象棋爱好者和计算机博弈研究者的关注,发展成为常态化的赛事,是对机器学习的一大贡献。2016 年 3 月,谷歌公司的人工智能程序AlphaGo 以 4∶1 战胜世界顶级围棋选手李世石。

对神经型智能计算机的研究是又一个新的范例,其研究进展必将为模拟人类智能做出新的贡献。神经计算机(neural computer)能够以类似人类的方式进行"思考",它力图重建人脑的形象。据日本通产省(MITI)报导,对神经计算机系统的可行性研究于 1989 年 4 月底完成,并提出了该系统的长期研究计划的细节。在美国、英国、中国和其他一些国家,都有众多的研究小组投入对神经网络和神经计算的研究,"神经网络热"已持续了30 多年。对量子计算机的研究也已起步。近年来,对光子计算机的基础研究也取得突破。

人脑这个神奇的器官能够复制大量的交互作用,快速处理极其大量的信息,同时执行几项任务。迄今为止的所有计算机,基本上都未能摆脱冯·诺依曼机的结构,只能依次对单个问题进行"求解"。即使是现有的并行处理计算机,其运行性能仍然十分有限。人们期望,对神经计算(neural computing)的研究将开发出神经计算机,对量子计算(quantum computing)的研究将诞生量子计算机,对光计算的研究将发明光子计算机。人们期望在不太久的将来,将使用光子或量子计算机取代现有的电子计算机,而光子和量子计算机将大大提高信息处理能力,模仿和呈现出更为高级的人工智能。

1.4　人工智能的要素和系统分类

1.4.1　人工智能的要素

人工智能要素是什么? 在人工智能学界对此有不尽相同的观点。经过学习与研究后我们认为,从人工智能学科发展的角度看,人工智能应当包含四个要素,即知识、数据、算法和算力(计算能力),如图 1.2 所示。

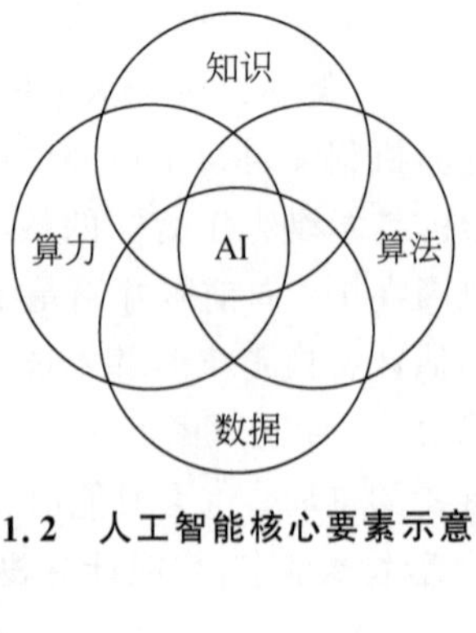

1. 知识

什么是知识? 知识是人工智能之源。知识是人们

图 1.2　人工智能核心要素示意图

通过体验、学习或联想而认识的世界客观规律性。

人工智能源于知识,并依赖知识;知识是人工智能的重要基础,专家系统,模糊计算等知识工程都是以知识为基础而发展起来的。

人工智能研究知识就是研究知识表示、知识推理和知识应用问题,而知识获取是知识工程的瓶颈问题。

知识的发展途径:对于知识表示包括从表层知识表示到深层知识表示、从语言(图)表示到语义表示、从显式表示到隐式表示、从单纯知识表示到知识＋数据表示等方法的发展。对于知识推理,涉及从确定性推理发展到不确定性推理和从经典推理发展到非经典推理等。而对于知识应用,则是从传统知识工程发展到知识＋数据全面融合,如知识库、知识图谱、知识挖掘、知识发现等。

2. 数据

什么是数据?数据是人工智能之基。数据是事实或观察的结果,指所有能输入计算机并被程序处理的数字、字母、符号、影像信号和模拟量等各种介质的总称。

计算智能取决于数据而不是知识;神经计算,进化计算等计算智能都是以数据为基础而发展起来的。

数据已从神经网络的计算智能数据迅速发展到互联网带来的海量数据。

数据的发展途径:从经典数据到大数据、从大数据到活数据、从互联网到物联网及两网发展带来的海量数据、从监督学习和半监督学习到无监督学习和增强学习以及通过新的计算架构(GPU及其并行计算、可编门阵列、云计算、量子计算、专业人工智能芯片等)获取的数据等。

5G网络(5th generation mobile networks)使数据传输速度更快、时延更小,应用更广泛与有效。新一代数据将为人工智能的发展做出更大贡献。

3. 算法

什么是算法?算法是人工智能之魂。算法是解题方案准确而完整的描述,是一系列求解问题的清晰指令,代表着用系统方法描述问题求解的策略机制。

简而言之,算法是问题求解的指令描述;深度学习算法、遗传算法等智能算法是算法的代表。

现有算法,如深度学习算法等已经解决了很多实际问题,但认知层的算法研究进展甚微,有待突破。

算法的发展途径:数据＋知识,深度学习与知识图谱、逻辑推理、符号学习相结合,从非结构化或未标记的数据进行无监督学习,开发认知计算、认知决策层算法和类脑计算,发展普适计算(ubiquitous computing)与普适算法,以及进化计算与基于群体迭代进化思想的进化算法等。

4. 算力

什么是算力?算力是人工智能之力。算力即计算能力,机器在数学上的归纳和转化能力,即把抽象复杂的数学表达式或数字通过数学方法转换为可以理解的数学式的能力。

算力的发展途径:创建新的计算架构,包括研发新芯片,如 GPU、FPGA 专业人工智能芯片和神经网络芯片等;开拓新计算,如云计算系统、量子计算机等。此外,并行计算加速数据计算速度,提高数据处理能力。

计算能力的不断增强和计算速度的不断提高,极大地促进人工智能的发展,特别是人工智能产业化的蓬勃发展。

以上各个人工智能要素正在逐步走上深度融合发展的道路,但这种融合发展需要一个过程。随着这些要素的迅速发展及其深度融合,人工智能及其产业化的情景十分看好,必将给人类带来更多、更好和更满意的服务。

5. 人才

知识、数据、算法和算力是人工智能的要素,但不是发展人工智能的关键;人工智能的要素和核心技术要通过人发挥作用,发展人工智能的关键是人才。

我们与许多国内外人工智能同行在研究中有共同的发现:人工智能发展存在的问题和人工智能的基础建设问题,都与人工智能人才问题密不可分。只有培养好足够多的各个层次高素质人工智能人才,才能保证人工智能的顺利发展,攀登国际人工智能的高峰。高素质人工智能人才培养是人工智能科技和人工智能产业赖以发展的强大动力和根本保证。

由于人工智能产业迅速发展,现在专业人才已成为人工智能发展的最大瓶颈,人工智能人才存在很大缺口。据《国际金融报》报道,人工智能尤其是深度学习的人才严重供不应求。即使再增加 10 倍的毕业生,人才市场也能吸收。

1.4.2　人工智能系统的分类

分类学与科学学研究科学技术学科的分类问题,本是十分严谨的学问,但对于一些新学科却很难确切地对其进行分类或归类。例如,至今多数学者把人工智能看做计算机科学的一个分支;但从科学长远发展的角度看,人工智能可能要归类于智能科学的一个分支。智能系统也尚无统一的分类方法,下面按其作用原理可分为下列几种系统。

1. 专家系统

专家系统(expert system,ES)是人工智能和智能系统应用研究最活跃和最广泛的领域之一。自从 1965 年第一个专家系统 DENDRAL 在美国斯坦福大学问世以来,经过 20 年的研究开发,到 20 世纪 80 年代中期,各种专家系统已遍布各个专业领域,取得很大的成功。现在,专家系统得到更为广泛的应用,并在应用开发中得到进一步发展。

专家系统是把专家系统技术和方法,尤其是工程控制论的反馈机制有机结合而建立的。专家系统已广泛应用于故障诊断、工业设计和过程控制。专家系统一般由知识库、推理机、控制规则集和算法等组成。专家系统所研究的问题一般具有不确定性,是以模仿人类智能为基础的。

2. 模糊逻辑系统

扎德(L. Zadeh)于 1965 年提出的模糊集合理论成为处理现实世界各类物体的方法,

意味着模糊逻辑技术的诞生。此后,对模糊集合和模糊控制的理论研究和实际应用获得广泛开展。1965—1975 年间,扎德对许多重要概念进行研究,包括模糊多级决策、模糊近似关系、模糊约束和语言学界限等。此后十年许多数学结构借助模糊集合实现模糊化。这些数学结构涉及逻辑、关系、函数、图形、分类、语法、语言、算法和程序等。

模糊逻辑系统是一类应用模糊集合理论的智能系统。模糊逻辑系统的价值可从两个方面来考虑。一方面,模糊逻辑系统提出一种新的机制用于实现基于知识(规则)甚至语义描述的表示、推理和操作规律。另一方面,模糊逻辑系统为非线性系统提出一个比较容易的设计方法,尤其是当系统含有不确定性而且很难用常规非线性理论处理时,更是有效。模糊逻辑系统已经获得十分广泛的应用。

3. 神经网络系统

人工神经网络(artificial neural networks,ANN)研究的先锋麦卡洛克和皮茨曾于 1943 年提出一种叫做“似脑机器”(mindlike machine)的思想,这种机器可由基于生物神经元特性的互连模型来制造;这就是神经学网络的概念。到了 20 世纪 70 年代,格罗斯伯格(Grossberg)和科霍恩(Kohonen)以生物学和心理学证据为基础,提出几种具有新颖特性的非线性动态系统结构和自组织映射模型。沃博斯(Werbos)在 70 年代开发了一种反向传播算法。霍普菲尔德在神经元交互作用的基础上引入一种递归型神经网络(霍普菲尔德网络)。在 80 年代中叶,作为一种前馈神经网络的学习算法,帕克(Parker)和鲁梅尔哈特(Rumelhart)等重新发现了反回传播算法。近十多年来,神经网络,特别是分层神经网络,已在从家用电器到工业对象的广泛领域找到它的用武之地,主要应用涉及模式识别、图像处理、自动控制、机器人、信号处理、管理、商业、医疗和军事等领域。

4. 机器学习系统

学习(learning)是一个非常普遍的术语,人和计算机都通过学习获取和增加知识,改善技术和技巧。具有不同背景的人们对“学习”具有不同的看法和定义。

学习是人类的主要智能之一,在人类进化过程中,学习起到了很大作用。

进入 21 世纪以来,对机器学习的研究取得新的进展,尤其是一些新的学习方法,如深度学习算法,为学习系统注入新鲜血液,必将推动学习系统研究的进一步开展。

5. 仿生进化系统

科学家和工程师们应用数学和科学来模仿自然,包括人类和生物的自然智能。人类智能已激励出高级计算、学习方法和技术。仿生智能系统就是模仿与模拟人类和生物行为的智能系统。试图通过人工方法模仿人类智能已有很长的历史了。

生物通过个体间的选择、交叉、变异来适应大自然环境。生物种群的生存过程普遍遵循达尔文的物竞天择、适者生存的进化准则。种群中的个体根据对环境的适应能力而被大自然所选择或淘汰。进化过程的结果反映在个体结构上,其染色体包含若干基因,相应的表现型和基因型的联系体现了个体的外部特性与内部机理间的逻辑关系。把进化计算(evolutionary computation),特别是遗传算法(generic algorithm,GA)机制用于人工系统和过程,则可实现一种新的智能系统,即仿生智能系统(bionic intelligent systems)。

6. 群体智能系统

可把群体(swarm)定义为某种交互作用的组织或智能体的结构集合。在群体智能计算研究中,群体的个体组织包括蚂蚁、白蚁、蜜蜂、黄蜂、鱼群和鸟群等。在这些群体中,个体在结构上是很简单的,而它们的集体行为却可能变得相当复杂。社会组织的全局群体行为是由群内个体行为以非线性方式实现的。于是,在个体行为和全局群体行为间存在某个紧密的联系。这些个体的集体行为构成和支配了群体行为。另一方面,群体行为又决定了个体执行其作用的条件。这些作用可能改变环境,因而也可能改变这些个体自身的行为和它的地位。

群体社会网络结构形成该群体存在的一个集合,它提供了个体间交换经验知识的通信通道。群体社会网络结构的一个惊人的结果是它们在建立最佳蚁巢结构、分配劳力和收集食物等方面的组织能力。群体计算建模已获得许多成功的应用,从不同的群体研究得到不同的应用。

7. 分布式智能系统

计算机技术、人工智能、网络技术的出现与发展,突破了集中式系统的局限性,并行计算和分布式处理等技术(包括分布式人工智能)和分布式智能系统(multiple agent system,MAS)应运而生。可把智能体看做能够通过传感器感知其环境,并借助执行器作用于该环境的任何事物。当采用分布式智能系统进行操作时,其操作原理随着真体结构的不同而有所差异,难以给出一个通用的或统一的分布式智能系统结构。

分布式智能系统具有分布式系统的许多特性,如交互性、社会性、协作性、适应性和分布性等。分布式智能系统包括移动(migration)分布式系统、分布式智能、计算机网络、通信、移动模型和计算、编程语言、安全性、容错和管理等关键技术。

分布式智能系统已获得十分广泛的应用,涉及机器人协调、过程控制、远程通信、柔性制造、网络通信、网络管理、交通控制、电子商务、数据库、远程教育和远程医疗等。

8. 集成智能系统

前面介绍的几种智能系统,各自具有固有优点和缺点。例如,模糊逻辑擅长于处理不确定性,神经网络主要用于学习,进化计算是优化的高手。在真实世界中,不仅需要不同的知识,而且需要不同的智能技术。这种需求导致了混合智能系统的出现。单一智能机制往往无法满足一些复杂、未知或动态系统的系统要求,就需要开发某些混合的(或称为集成的、综合的、复合的)智能技术和方法,以满足现实问题提出的要求。

集成智能系统在相长的一段时间成为智能系统研究与发展的一种趋势,各种集成智能方案如雨后春笋般破土而出,纷纷面世。集成能否成功,不仅取决于结合前各方的固有特性和结合后"取长补短"或"优势互补"的效果,而且也需要经受实际应用的检验。

9. 自主智能系统

自主意味着具有自我管理的能力。自主智能系统是一类能够通过先进的人工智能技术进行操作而无需人工干预的人工系统。自主智能系统也是由机械、控制、计算机、通信、材料等多种技术融合而成的复杂系统。自主性和智能性是自主智能系统最重要的两个特征。利用人工智能的各种技术,如图像识别、人机交互、智能决策、推理和学习,是实现和不断提高系统这两个特征的最有效的方法。近年来,随着航天技术、深海探测技术、智能制造和智能交通技术的发展,自主智能系统的研发达到前所未有的高度和深度,也促进了人工智能技术的发展。

人工智能无疑是发展自主智能系统的关键技术之一。自主智能系统是人工智能的重要应用之一,其发展可大大推动人工智能技术的创新。各种类型的自主智能系统,包括无人车、无人机、服务机器人、空间机器人、海洋机器人和无人车间/智能工厂,将对人类生活和社会产生显著影响。

10. 人机协同智能系统

人机协同智能系统通过人机交互实现人类智慧与人工智能的有机结合。人机协同智能是混合智能以及人脑机理研究的高级应用,也是混合智能研究发展的必然趋势。人机协同智能意味着人脑和机器完全融为一体,解决了底层的信号采集、信号解析、信息互通、信息融合以及智能决策等关键技术问题,使人脑和机器真正地成为一个完整的系统。在人机协同智能的研究方法中,人类智慧的表现方式有所不同。有的研究以数据形式来表达,通过使用人类智慧形成的数据训练机器智能模型来达到人机协同的目标。这种协同方式通常采用离线融合的方式,即人类智慧不能实时地对机器智能进行指导和监督。例如,基于互适应脑机接口系统,利用大脑给出奖惩机制进行调节,机器通过强化学习算法自适应调整机械臂控制参数,实现人机协同的机械臂运动控制。这种类型的混合智能将人类智慧集成到人工智能中,弥补现有人工智能技术的缺陷,并可收集人类的反馈,实现系统不断学习的良性改善循环。

此外,还可以按照应用领域来对智能系统进行分类,如智能机器人系统、智能决策系统、智能制造系统、智能控制系统、智能规划系统、智能交通系统、智能管理系统、智能家电系统等。

1.5 人工智能的研究目标和内容

本节探讨人工智能的研究目标和主要研究内容。

1.5.1 人工智能的研究目标

在前面定义人工智能学科和能力时,我们曾指出:人工智能的近期研究目标在于"研究用机器来模仿和执行人脑的某些智力功能,并开发相关理论和技术"。而且这些智力功能涉及"学习、感知、思考、理解、识别、判断、推理、证明、通信、设计、规划、行动和问题求解等活动"。下面进一步探讨人工智能的研究目标问题。

人工智能的一般研究目标为：

(1) 更好地理解人类智能，通过编写程序来模仿和检验有关人类智能的理论。

(2) 创造有用的灵巧程序，该程序能够执行一般需要人类专家才能实现的任务。

一般地，人工智能的研究目标又可分为近期研究目标的远期研究目标两种。

人工智能的近期研究目标是建造智能计算机以代替人类的某些智力活动。通俗地说，就是使现有的计算机更聪明和更有用，使它不仅能够进行一般的数值计算和非数值信息的数据处理，而且能够使用知识和计算智能，模拟人类的部分智力功能，解决传统方法无法处理的问题。为了实现这个近期目标，就需要研究开发能够模仿人类的这些智力活动的相关理论、技术和方法，建立相应的人工智能系统。

人工智能的远期研究目标是用自动机模仿人类的思维活动和智力功能。也就是说，是要建造能够实现人类思维活动和智力功能的智能系统。实现这一宏伟目标还任重道远，这不仅是由于当前的人工智能技术远未达到应有的高度，而且还由于人类对自身的思维活动过程和各种智力行为的机理还知之甚少，我们还不知道要模仿问题的本质和机制。

人工智能研究的近期目标和远期目标具有不可分割的关系。一方面，近期目标的实现为远期目标研究做好理论和技术准备，打下必要的基础，并增强人们实现远期目标的信心。另一方面，远期目标则为近期目标指明了方向，强化了近期研究目标的战略地位。

对于人工智能研究目标，除了上述认识外，还有一些比较具体的提法，例如李艾特(Leeait)和费根鲍姆提出人工智能研究的 9 个"最终目标"，包括深入理解人类认知过程、实现有效的智能自动化、有效的智能扩展、建造超人程序、实现通用问题求解、实现自然语言理解、自主执行任务、自学习与自编程、大规模文本数据的存储和处理技术。又如，索罗门(Sloman)给出人工智能的 3 个主要研究目标，即智能行为的有效的理论分析、解释人类智能、构造智能的人工制品。

1.5.2　人工智能研究的基本内容

人工智能学科有着十分广泛和极其丰富的研究内容。不同的人工智能研究者从不同的角度对人工智能的研究内容进行分类。例如，基于脑功能模拟、基于不同认知观、基于应用领域和应用系统、基于系统结构和支撑环境等。因此，要对人工智能研究内容进行全面和系统的介绍也是比较困难的，而且可能也是没有必要的。下面综合介绍一些得到诸多学者认同并具有普遍意义的人工智能研究的基本内容。

1. 认知建模

浩斯顿(Houston)等把认知归纳为如下 5 种类型：

(1) 信息处理过程；

(2) 心理上的符号运算；

(3) 问题求解；

(4) 思维；

(5) 诸如知觉、记忆、思考、判断、推理、学习、想象、问题求解、概念形成和语言使用等关联活动。

人类的认知过程是非常复杂的。作为研究人类感知和思维信息处理过程的一门学科,认知科学(或称思维科学)就是要说明人类在认知过程中是如何进行信息加工的。认知科学是人工智能的重要理论基础,涉及非常广泛的研究课题。除了浩斯顿提出的知觉、记忆、思考、学习、语言、想象、创造、注意和问题求解等关联活动外,还会受到环境、社会和文化背景等方面的影响。人工智能不仅要研究逻辑思维,而且还要深入研究形象思维和灵感思维,使人工智能具有更坚实的理论基础,为智能系统的开发提供新思想和新途径。

2. 知识表示

知识表示、知识推理和知识应用是传统人工智能的三大核心研究内容。其中,知识表示是基础,知识推理实现问题求解,而知识应用是目的。

知识表示是把人类知识概念化、形式化或模型化。一般地,就是运用符号知识、算法和状态图等来描述待解决的问题。已提出的知识表示方法主要包括符号表示法和神经网络表示法两种。我们将在第 2 章中集中讨论知识表示问题,涉及状态空间法、问题归约法、谓词演算法、语义网络法、框架表示法、本体表示法、过程表示法和神经网络表示法等。

3. 知识推理

推理是人脑的基本功能。几乎所有的人工智能领域都离不开推理。要让机器实现人工智能,就必须赋予机器推理能力,进行机器推理。

所谓推理就是从一些已知判断或前提推导出一个新的判断或结论的思维过程。形式逻辑中的推理分为演绎推理、归纳推理和类比推理等。我们将在第 3 章中探讨逻辑演绎推理的各种方法和技术,并在专家系统和机器学习等后续篇章中研究归纳推理和类比推理等方法。知识推理,包括不确定性推理和非经典推理等,似乎已是人工智能的一个永恒研究课题,仍有很多尚未发现和解决的问题值得研究。

4. 计算智能

信息科学与生命科学的相互交叉、相互渗透和相互促进是现代科学技术发展的一个显著特点。计算智能是一个有说服力的示例。计算智能涉及神经计算、模糊计算、进化计算、粒群计算、蚁群算法、自然计算、免疫计算和人工生命等领域,它的研究和发展正反映了当代科学技术多学科交叉与集成的重要发展趋势。

人类的所有发明,几乎都有它们的自然界配对物。原子能科技与出现在星球上的热核爆炸相对应;各种电子脉冲系统则与人类神经系统的脉冲调制相似;蝙蝠的声呐和海豚的发声启发人类发明了声呐传感器和雷达;鸟类的飞行行为激发人类发明了飞机和飞船。科学家和工程师们应用数学和科学来模仿自然、扩展自然。人类智能已激励出计算智能的计算理论、方法和技术;我们将在第 4 章探讨计算智能的主要分支。

5. 知识应用

人工智能能否获得广泛应用是衡量其生命力和检验其生存力的重要标志。20 世纪

70 年代,正是专家系统的广泛应用,使人工智能走出低谷,获得快速发展。后来的机器学习和近年来的自然语言理解应用研究取得重大进展,又促进人工智能的进一步发展。当然,应用领域的发展是离不开知识表示和知识推理等基础理论和基本技术的进步的。

我们将在第 5～8 章中逐一介绍人工智能的一些重要应用领域,包括专家系统(第 5 章)、机器学习(第 6 章)、自动规划(第 7 章)和自然语言理解(第 8 章)等。

6. 机器感知

机器感知就是使机器具有类似于人的感觉,包括视觉、听觉、力觉、触觉、嗅觉、痛觉、接近感和速度感等。其中,最重要的和应用最广的要算机器视觉(计算机视觉)和机器听觉。机器视觉要能够识别与理解文字、图像、场景以至人的身份等;机器听觉要能够识别与理解声音和语言等。

机器感知是机器获取外部信息的基本途径。要使机器具有感知能力,就要为它安上各种传感器。机器感知已经催生了人工智能的两个研究领域——模式识别和自然语言理解或自然语言处理。实际上,随着这两个研究领域的进展,它们已逐步发展成为相对独立的学科。

7. 机器思维

机器思维是对传感信息和机器内部的工作信息进行有目的的处理。要使机器实现思维,需要综合应用知识表示、知识推理、认知建模和机器感知等方面研究成果,开展如下各方面研究工作。

(1) 知识表示,特别是各种不确定性知识和不完全知识的表示。

(2) 知识组织、积累和管理技术。

(3) 知识推理,特别是各种不确定性推理、归纳推理、非经典推理等。

(4) 各种启发式搜索和控制策略。

(5) 人脑结构和神经网络的工作机制。

8. 机器学习

机器学习是继专家系统之后人工智能应用的又一重要研究领域,也是人工智能和神经计算的核心研究课题之一。现有的计算机系统和人工智能系统大多数没有什么学习能力,至多也只有非常有限的学习能力,因而不能满足科技和生产提出的新要求。

学习是人类具有的一种重要智能行为。机器学习就是使机器(计算机)具有学习新知识和新技术,并在实践中不断改进和完善的能力。机器学习能够使机器自动获取知识,向书本等文献资料和与人交谈或观察环境中进行学习。

9. 机器行为

机器行为指智能系统(计算机、机器人)具有的表达能力和行动能力,如对话、描写、刻画以及移动、行走、操作和抓取物体等。研究机器的拟人行为是人工智能的高难度的任务。机器行为与机器思维密切相关,机器思维是机器行为的基础。

10. 智能系统构建

上述直接的实现智能研究,离不开智能计算机系统或智能系统,离不开对新理论、新技术和新方法以及系统的硬件和软件支持。需要开展对模型、系统构造与分析技术、系统开发环境和构造工具以及人工智能程序设计语言的研究。一些能够简化演绎、机器人操作和认知模型的专用程序设计以及计算机的分布式系统、并行处理系统、多机协作系统和各种计算机网络等的发展,将直接有益于人工智能的开发。

1.6 人工智能的研究与计算方法

1.6.1 人工智能的研究方法

我们已在 1.2 节介绍过人工智能的 3 个学派和他们的认知观。长期以来,由于研究者的专业和研究领域的不同以及他们对智能本质的理解有异,因而形成了不同的人工智能学派,各自采用不同的研究方法。与符号主义、连接主义和行为主义相应的人工智能研究方法为功能模拟法、结构模拟法和行为模拟法。此外,还有综合这 3 种模拟方法的集成模拟法。

1. 功能模拟法

符号主义学派也可称为功能模拟学派。他们认为:智能活动的理论基础是物理符号系统,认知的基元是符号,认知过程是符号模式的操作处理过程。功能模拟法是人工智能最早和应用最广泛的研究方法。功能模拟法以符号处理为核心对人脑功能进行模拟。本方法根据人脑的心理模型,把问题或知识表示为某种逻辑结构,运用符号演算,实现表示、推理和学习等功能,从宏观上模拟人脑思维,实现人工智能功能。功能模拟法已取得许多重要的研究成果,如定理证明、自动推理、专家系统、自动程序设计和机器博弈等。功能模拟法一般采用显式知识库和推理机来处理问题,因而它能够模拟人脑的逻辑思维,便于实现人脑的高级认知功能。

功能模拟法虽能模拟人脑的高级智能,但也存在不足之处。在用符号表示知识的概念时,其有效性很大程度上取决于符号表示的正确性和准确性。当把这些知识概念转换成推理机构能够处理的符号时,将可能丢失一些重要信息。此外,功能模拟难于对含有噪声的信息、不确定性信息和不完全性信息进行处理。这些情况表明,单一使用符号主义的功能模拟法是不可能解决人工智能的所有问题的。

2. 结构模拟法

连接主义学派也可称为结构模拟学派。他们认为:思维的基元不是符号而是神经元,认知过程也不是符号处理过程。他们提出对人脑从结构上进行模拟,即根据人脑的生理结构和工作机理来模拟人脑的智能,属于非符号处理范畴。由于大脑的生理结构和工作机理还远未搞清,因而现在只能对人脑的局部进行模拟或进行近似模拟。

人脑是由极其大量的神经细胞构成神经网络。结构模拟法通过人脑神经网络、神经元之间的连接以及在神经元间的并行处理,实现对人脑智能的模拟。与功能模拟法不同,结构模拟法是基于人脑的生理模型,通过数值计算从微观上模拟人脑,实现人工智能。本方法通过对神经网络的训练进行学习,获得知识,并用于解决问题。结构模拟法已在模式识别和图像信息压缩获得成功应用。结构模拟法也有缺点,它不适合模拟人的逻辑思维过程,而且受大规模人工神经网络制造的制约,尚不能满足人脑完全模拟的要求。

3. 行为模拟法

行为主义学派也可称为行为模拟学派。他们认为:智能不取决于符号和神经元,而取决于感知和行动,提出智能行为的"感知-动作"模式。行为模拟法认为智能不需要知识、不需要表示、不需要推理;人工智能可以像人类智能一样逐步进化;智能行为只能在现实世界中与周围环境交互作用而表现出来。

智能行为的"感知-动作"模式并不是一种新思想,它是模拟自动控制过程的有效方法,如自适应、自寻优、自学习、自组织等。现在,把这个方法用于模拟智能行为。行为主义的祖先应算维纳的控制论,而布鲁克斯(Brooks)的六足行走机器虫只不过是一件行为模拟法(即控制进化方法)研究人工智能的代表作,为人工智能研究开辟了一条新的途径。

尽管行为主义受到广泛关注,但布鲁克斯的机器虫模拟的只是低层智能行为,并不能导致高级智能控制行为,也不可能使智能机器从昆虫智能进化到人类智能。不过,行为主义学派的兴起表明了控制论和系统工程的思想将会进一步影响人工智能的研究和发展。

4. 集成模拟法

上述 3 种人工智能的研究方法各有长短,既有擅长的处理能力,又有一定的局限性。仔细学习和研究各个学派思想和研究方法之后,不难发现,各种模拟方法可以取长补短,实现优势互补。过去在激烈争论时期,那种企图完全否定对方而以一家的主义和方法包打人工智能天下和主宰人工智能世界的氛围,正被互相学习、优势互补、集成模拟、合作共赢、和谐发展的新氛围所代替。

采用集成模拟方法研究人工智能,一方面各学派密切合作,取长补短,可把一种方法无法解决的问题转化为另一方法能够解决的问题;另一方面,逐步建立统一的人工智能理论体系和方法论,在一个统一系统中集成了逻辑思维、形象思维和进化思想,创造人工智能更先进的研究方法。要完成这个任务,任重道远。

1.6.2 人工智能的计算方法

人工智能各个学派,不仅其理论基础不同,而且计算方法也不尽相同。因此,人工智能和智能系统的计算方法也不尽相同。

基于符号逻辑的人工智能学派强调基于知识的表示与推理,而不强调计算,但并非没有任何计算。图搜索、谓词演算和规则运算都属于广义上的计算。显然,这些计算是与传统的采用数理方程、状态方程、差分方程、传递函数、脉冲传递函数和矩阵方程等数值分析计算有根本区别的。随着人工智能的发展,出现了各种新的智能计算技术,如模糊计算、神经计算、进化计算、免疫计算和粒子群计算等,它们是以算法为基础的,也与数值分析计算方法有所不同。

归纳起来,人工智能和智能系统中采用的主要计算方法如下。

(1)概率计算。在专家系统中,除了进行知识推理外,还经常采用概率推理、贝叶斯推理、基于可信度推理、基于证据理论推理等不确定性推理方法。在递阶智能机器和递阶智能系统中,用信息熵计算各层级的作用。实质上,这些都是采用概率计算,属于传统的数学计算方法。

(2)符号规则逻辑运算。一阶谓词逻辑的消解(归结)原理、规则演绎系统和产生式系统,都是建立在谓词符号演算基础上的 IF→THEN(如果→那么)规则运算。这种运算方法在基于规则的专家系统和专家控制系统中得到普遍应用。这种基于规则的符号运算特别适于描述过程的因果关系和非解析的映射关系等。

(3)模糊计算。利用模糊集合及其隶属度函数等理论,对不确定性信息进行模糊化、模糊决策和模糊判决(解模糊)等,实现模糊推理与问题求解。根据智能系统求解过程的一些定性知识,采用模糊数学和模糊逻辑中的概念与方法,建立系统的输入和输出模糊集以及它们之间的模糊关系。从实际应用的观点来看,模糊理论的应用大部分集中在模糊系统上,也有一些模糊专家系统将模糊计算应用于医疗诊断和决策支持。模糊控制系统主要应用模糊计算技术。

(4)神经计算。认知心理学家通过计算机模拟提出的一种知识表征理论,认为知识在人脑中以神经网络形式储存,神经网络由可在不同水平上被激活的节点组成,节点间有连接作用,并通过学习对神经网络进行训练,形成了人工神经网络学习模型。

(5)进化计算与免疫计算。可将进化计算和免疫计算用于智能系统。这两种新的智能计算方法都是以模拟计算模型为基础的,具有分布并行计算特征,强调自组织、自学习与自适应。

此外,还有群优化计算、蚁群算法等。

1.7　人工智能的研究与应用领域

在大多数学科中存在着几个不同的研究领域,每个领域都有其特有的感兴趣的研究课题、研究技术和术语。在人工智能中,这类比较传统的领域包括自然语言处理、自动定理证明、自动程序设计、智能检索、智能调度与指挥、机器学习、机器人学、专家系统、智能控制、模式识别、机器视觉、自然语言理解、神经网络、机器博弈、分布式智能、计算智能、问题求解、人工生命、人工智能程序设计语言等。在过去 60 多年中,已经建立了一些具有人工智能的计算机系统,例如,能够求解微分方程的,下棋的,设计分析集成电路的,合成人类自然语言的,检索情报的,诊断疾病以及控制太空飞行器、地面移动机器人和水下机器人的具有不同程度人工智能的计算机系统。

本书不是首先以这些应用研究领域来讨论人工智能的,而是首先介绍人工智能一些最基本的概念和基本原理,为后面几章中各种应用建立基础。下面对人工智能研究和应用的讨论,试图把有关各个子领域直接联接起来,辨别某些方面的智能行为,并指出有关的人工智能研究和应用的状况。

值得指出的是,正如不同的人工智能子领域不是完全独立的一样,这里简介的各种智能特性也不是互不相关的。把它们分开来介绍只是为了便于指出现有的人工智能程序能够做些什么和还不能做什么。大多数人工智能研究课题都涉及许多智能领域。

1. 问题求解与博弈

人工智能的第一个大成就是发展了能够求解难题的下棋(如国际象棋和围棋)程序。在下棋程序中应用的某些技术,如向前看几步,并把困难的问题分成一些比较容易的子问题,发展成为搜索和问题消解(归约)这样的人工智能基本技术。今天的计算机程序能够下锦标赛水平的各种方盘棋、十五子棋、中国象棋和国际象棋,并取得战胜国际冠军的成绩。另一种问题求解程序把各种数学公式符号汇编在一起,其性能达到很高的水平,并正在为许多科学家和工程师所应用。有些程序甚至还能够用经验来改善其性能。

如前所述,这个问题中未解决的问题包括人类棋手具有的但尚不能明确表达的能力,如国际象棋大师们洞察棋局的能力。另一个未解决的问题涉及问题的原概念,在人工智能中叫做问题表示的选择。人们常常能够找到某种思考问题的方法从而使求解变得比较容易,进而解决该问题。到目前为止,人工智能程序已经知道如何考虑它们要解决的问题,即搜索解答空间,寻找较优的解答。

2. 逻辑推理与定理证明

早期的逻辑演绎研究工作与问题和难题的求解相当密切。已经开发出的程序能够借助于对事实数据库的操作来"证明"某些断定;其中每个事实由分立的数据结构表示,就像数理逻辑中由分立公式表示一样。与人工智能的其他技术的不同之处是,这些方法能够完整地和一致地加以表示。也就是说,只要本原事实是正确的,那么程序就能够证明这些从事实得出的定理,而且证明这些定理。

逻辑推理是人工智能研究中最持久的子领域之一。特别重要的是要找到一些方法,只把注意力集中在一个大型数据库中的有关事实上,留意可信的证明,并在出现新信息时适时修正这些证明。

对数学中臆测的定理寻找一个证明或反证,确实称得上是一项智能任务。为此不仅需要有根据假设进行演绎的能力,而且需要某些直觉技巧。1976 年 7 月,美国的阿佩尔(K. Appel)等人合作解决了长达 124 年之久的难题——四色定理。他们用三台大型计算机,花费 1200 小时 CPU 时间,并对中间结果进行人为反复修改 500 多处。四色定理的成功证明曾轰动计算机界。中国吴文俊提出并实现了几何定理机器证明的方法,被国际上承认为"吴氏方法",是定理证明的又一标志性成果。

3. 计算智能

计算智能(computational intelligence)涉及神经计算、模糊计算、进化计算、粒群计算、自然计算、免疫计算和人工生命等研究领域。

进化计算(evolutionary computation)是指一类以达尔文进化论为依据来设计、控制和优化人工系统的技术和方法的总称,它包括遗传算法(genetic algorithms)、进化策略(evolutionary strategy)和进化规划(evolutionary programming)。自然选择的原则是适者生存,即物竞天择,优胜劣汰。

自然进化的这些特征早在20世纪60年代就引起了美国的霍兰(Holland)的极大兴趣。受达尔文进化论思想的影响,他逐渐认识到在机器学习中,为获得一个好的学习算法,仅靠单个策略的建立和改进是不够的,还要依赖于一个包含许多候选策略的群体的繁殖。他还认识到,生物的自然遗传现象与人工自适应系统行为的相似性,因此他提出在研究和设计人工自主系统时可以模仿生物自然遗传的基本方法。20世纪70年代初,霍兰提出了"模式理论",并于1975年出版了《自然系统与人工系统的自适应》专著,系统地阐述了遗传算法的基本原理,奠定了遗传算法研究的理论基础。

遗传算法、进化规划、进化策略具有共同的理论基础,即生物进化论。因此,把这三种方法统称为进化计算,而把相应的算法称为进化算法。

人工生命是1987年提出的,旨在用计算机和精密机械等人工媒介生成或构造出能够表现自然生命系统行为特征的仿真系统或模型系统。自然生命系统行为具有自组织、自复制、自修复等特征以及形成这些特征的混沌动力学、进化和环境适应。

4. 分布式人工智能与智能体

分布式人工智能(distributed AI,DAI)是分布式计算与人工智能结合的结果。DAI系统以鲁棒性作为控制系统质量的标准,并具有互操作性,即不同的异构系统在快速变化的环境中具有交换信息和协同工作的能力。

分布式人工智能的研究目标是要创建一种能够描述自然系统和社会系统的精确概念模型。DAI中的智能并非独立存在的概念,只能在团体协作中实现,因而其主要研究问题是各真体间的合作与对话,包括分布式问题求解和分布式智能系统(multi-agent system,MAS)两领域。MAS更能体现人类的社会智能,具有更大的灵活性和适应性,更适合开放和动态的世界环境,因而倍受重视,已成为人工智能以至计算机科学和控制科学与工程的研究热点。

5. 自动程序设计

自动程序设计能够以各种不同的目的描述来编写计算机程序。对自动程序设计的研究不仅可以促进半自动软件开发系统的发展,而且也使通过修正自身数码进行学习的人工智能系统得到发展。程序理论方面的有关研究工作对人工智能的所有研究工作都是很重要的。

自动编制一份程序来获得某种指定结果的任务与证明一份给定程序将获得某种指定结果的任务是紧密相关的。后者叫做程序验证。

自动程序设计研究的重大贡献之一是作为问题求解策略的调整概念。已经发现,对程序设计或机器人控制问题,先产生一个不费事的有错误的解,然后再修改它,这种做法要比坚持要求第一个解答就完全没有缺陷的做法有效得多。

6. 专家系统

一般地,专家系统是一个智能计算机程序系统,其内部具有大量专家水平的某个领域知识与经验,能够利用人类专家的知识和解决问题的方法来解决该领域的问题。

发展专家系统的关键是表达和运用专家知识,即来自人类专家的并已被证明对解决有关领域内的典型问题是有用的事实和过程。专家系统和传统的计算机程序的本质区别在于专家系统所要解决的问题一般没有算法解,并且经常要在不完全、不精确或不确定的信息基础上得出结论。

随着人工智能整体水平的提高,专家系统也获得发展。正在开发的新一代专家系统有分布式专家系统和协同式专家系统等。在新一代专家系统中,不但采用基于规则的方法,而且采用基于框架、基于网络和基于模型的原理与技术。

7. 机器学习

学习是人类智能的主要标志和获得知识的基本手段。机器学习(自动获取新的事实及新的推理算法)是使计算机具有智能的根本途径。此外,机器学习还有助于发现人类学习的机理和揭示人脑的奥秘。

传统的机器学习倾向于使用符号表示而不是数值表示,使用启发式方法而不是算法。传统机器学习的另一倾向是使用归纳(induction)而不是演绎(deduction)。前一倾向使它有别于人工智能的模式识别等分支;后一倾向使它有别于定理证明等分支。

按系统对导师的依赖程度可将学习方法分类为:机械式学习、讲授式学习、类比学习、归纳学习、观察发现式学习等。

近 20 多年来又发展了下列各种学习方法:基于解释的学习、基于事例的学习、基于概念的学习、基于神经网络的学习、遗传学习、增强学习、深度学习、超限学习以及数据挖掘和知识发现等。

8. 自然语言理解

语言处理也是人工智能的早期研究领域之一,并引起进一步的重视。目前已经编写出能够从内部数据库回答问题的程序,这些程序通过阅读文本材料和建立内部数据库,能够把句子从一种语言翻译为另一种语言,执行给出的指令和获取知识等。自然语言处理程序已经能够翻译从话筒输入的口头指令和口语,其准确率达到可以接受的水平。

当人们用语言互通信息时,他们几乎不费力地进行极其复杂却又只需要一点点理解的过程。语言已经发展成为智能动物之间的一种通信媒介,它在某些环境条件下把一点"思维结构"从一个头脑传输到另一个头脑,而每个头脑都拥有庞大的、高度相似的周围思维结构作为公共的文本。这些相似的、前后有关的思维结构中的一部分允许每个参与者知道对方也拥有这种共同结构,并能够在通信"动作"中用它来执行某些处理。语言的生成和理解是一个极为复杂的编码和解码问题。

9. 机器人学

人工智能研究日益受到重视的另一个分支是机器人学。一些并不复杂的动作控制问题,如移动式机器人的机械动作控制问题,表面上看并不需要很多智能。然而人类几乎下意识就能完成的这些任务,要是由机器人来实现,就要求机器人具备在求解需要较多智能的问题时所用到的能力。

机器人和机器人学的研究促进了许多人工智能思想的发展。它所导致的一些技术可用来模拟世界的状态,用来描述从一种世界状态转变为另一种世界状态的过程。

智能机器人的研究和应用体现出广泛的学科交叉,涉及众多的课题,如机器人体系结构、机构、控制、智能、视觉、触觉、力觉、听觉、机器人装配、恶劣环境下的机器人以及机器人语言等。机器人已在各种工矿业、农林业、商业、文化、教育、医疗、娱乐旅游、空中和海洋以及国防等领域获得越来越普遍的应用。近年来,智能机器人的研发与应用已在全世界出现一个新的热潮,极大地推动了智能制造和智能服务等领域的发展。

10. 模式识别

计算机硬件的迅速发展,计算机应用领域的不断开拓,急切地要求计算机能更有效地感知诸如声音、文字、图像、温度、震动等人类赖以发展自身、改造环境所运用的信息资料。着眼于拓宽计算机的应用领域,提高其感知外部信息能力的学科——模式识别便得到迅速发展。

人工智能所研究的模式识别是指用计算机代替人类或帮助人类感知模式,是对人类感知外界功能的模拟,研究的是计算机模式识别系统,也就是使一个计算机系统具有模拟人类通过感官接受外界信息、识别和理解周围环境的感知能力。

实验表明,人类接受的外界信息 80% 以上来自视觉,10% 左右来自听觉。所以,长期以来模式识别研究工作集中在对视觉图像和语音的识别上。

模式识别是一个不断发展的新学科,它的理论基础和研究范围也在不断发展。随着生物医学对人类大脑的初步认识,模拟人脑构造的计算机实验即人工神经网络方法已经成功地用于手写字符的识别、汽车牌照的识别、人脸识别、虹膜识别、步态识别、指纹识别、语音识别、车辆导航、星球探测等方面。

11. 机器视觉

机器视觉或计算机视觉已从模式识别的一个研究领域发展为一门独立的学科。在视觉方面,已经给计算机系统装上电视输入装置以便能够“看见”周围的东西。在人工智能中研究的感知过程通常包含一组操作。

整个感知问题的要点是形成一个精练的表示以取代难以处理的、极其庞大的未经加工的输入数据。最终表示的性质和质量取决于感知系统的目标。不同系统有不同的目标,但所有系统都必须把来自输入的、多得惊人的感知数据简化为一种易于处理的和有意义的描述。

计算机视觉通常可分为低层视觉与高层视觉两类。低层视觉主要执行预处理功能,如边缘检测、动目标检测、纹理分析,通过阴影获得形状、立体造型、曲面色彩等。高层视觉则主要是理解所观察的形象。

机器视觉的前沿研究领域包括实时并行处理、主动式定性视觉、动态和时变视觉、三维景物的建模与识别、实时图像压缩传输和复原、多光谱和彩色图像的处理与解释等。

12. 神经网络

研究结果已经证明,用神经网络处理直觉和形象思维信息具有比传统处理方式好得多的效果。神经网络的发展有着非常广阔的科学背景,是众多学科研究的综合成果。神经生理学家、心理学家与计算机科学家的共同研究得出的结论是:人脑是一个功能特别强大、结构异常复杂的信息处理系统,其基础是神经元及其互联关系。因此,对人脑神经元和人工神经网络的研究,可能创造出新一代人工智能机——神经计算机。

对神经网络的研究始于 20 世纪 40 年代初期,经历了一条十分曲折的道路,几起几落,80 年代初以来,对神经网络的研究再次出现高潮。现在,基于神经网络分层结构的深度学习已风靡全球,广为传播与应用。

对神经网络模型、算法、理论分析和硬件实现的大量研究,为神经网络计算机走向应用提供了物质基础。人们期望神经计算机将重建人脑的形象,极大地提高信息处理能力,在更多方面取代传统的计算机。

13. 智能控制

人工智能的发展促进自动控制向智能控制发展。智能控制是一类无需(或需要尽可能少的)人的干预就能够独立地驱动智能机器实现其目标的自动控制。或者说,智能控制是驱动智能机器自主地实现其目标的过程。许多复杂的系统,难以建立有效的数学模型和用常规控制理论进行定量计算与分析,而必须采用定量数学解析法与基于知识的定性方法的混合控制方式。随着人工智能和计算机技术的发展,已可能把自动控制和人工智能以及系统科学的某些分支结合起来,建立一种适用于复杂系统的控制理论和技术。智能控制正是在这种条件下产生的。智能控制是自动控制的最新发展阶段,也是用计算机模拟人类智能的一个重要研究领域。

智能控制是同时具有以知识表示的非数学广义世界模型和以数学公式模型表示的混合控制过程,也往往是含有复杂性、不完全性、模糊性或不确定性以及不存在已知算法的非数学过程,并以知识进行推理,以启发来引导求解过程。智能控制的核心在高层控制,即组织级控制。其任务在于对实际环境或过程进行组织,即决策和规划,以实现广义问题求解。

14. 智能调度与指挥

确定最佳调度或组合的问题是人们感兴趣的又一类问题。一个古典的问题就是推销员旅行问题(TSP)。许多问题具有这类相同的特性。

在这些问题中有几个(包括推销员旅行问题)是属于计算理论科学家称为 NP 完全性一类的问题。他们根据理论上的最佳方法计算出所耗时间(或所走步数)的最坏情况来排列不同问题的难度。该时间或步数是随着问题大小的某种量度增长的。

人工智能学家们曾经研究过若干组合问题的求解方法。有关问题域的知识再次成为比较有效的求解方法的关键。智能组合调度与指挥方法已被应用于机器博弈、汽车运输调度、列车的编组与指挥、空中交通管制以及军事指挥等系统。它已引起有关部门的重视。

15. 智能检索

随着科学技术的迅速发展,出现了"知识爆炸"的情况。对国内外种类繁多和数量巨大的科技文献之检索远非人力和传统检索系统所能胜任。研究智能检索系统已成为科技持续快速发展的重要保证。

数据库系统是储存某学科大量事实的计算机软件系统,它们可以回答用户提出的有关该学科的各种问题。数据库系统的设计也是计算机科学的一个活跃的分支。为了有效地表示、存储和检索大量事实,已经发展了许多技术。语料库、数据挖掘与知识发现等技术为智能检索提供了有效途径。

智能信息检索系统的设计者们将面临以下几个问题。首先,建立一个能够理解以自然语言陈述的询问系统本身就存在不少问题。其次,即使能够通过规定某些机器能够理解的形式化询问语句来回避语言理解问题,但仍然存在一个如何根据存储的事实演绎出答案的问题。最后,理解询问和演绎答案所需要的知识都可能超出该学科领域数据库所表示的知识。

16. 系统与语言工具

除了直接瞄准实现智能的研究工作外,开发新的方法也往往是人工智能研究的一个重要方面。人工智能对计算机界的某些最大贡献已经以派生的形式表现出来。计算机系统的一些概念,如分时系统、编目处理系统和交互调试系统等,已经在人工智能研究中得到发展。一些能够简化演绎、机器人操作和认识模型的专用程序设计和系统常常是新思想的丰富源泉。几种知识表达语言(把编码知识和推理方法作为数据结构和过程计算机的语言)已在20世纪70年代后期开发出来,以探索各种建立推理程序的思想。20世纪80年代以来,计算机系统,如分布式系统、并行处理系统、多机协作系统和各种计算机网络等,都有了发展。在人工智能程序设计语言方面,除了继续开发和改进通用和专用的编程语言新版本和新语种外,还研究出了一些面向目标的编程语言和专用开发工具。对关系数据库和超级计算机研究所取得的进展,无疑为人工智能程序设计提供了新的有效工具。

除了上述人工智能的"传统"研究领域外,进入人工智能新时期以来,人工智能产业化蓬勃发展,创新创业领域极其广泛。各先进科技国家加紧出台人工智能发展规划,力图在新一轮国际科技竞争中掌握主导权;人工智能产业化基础已基本形成,企业数量大幅增长;人工智能投融资环境空前看好,融资规模逐年扩大;人工智能产业化技术起点高,感知智能技术比较成熟;人工智能高端人才紧缺,争夺激烈。新一代人工智能产业起点高、规模大、质量优、平稳快速。这些人工智能产业化特点保证人工智能产业化持续与全面发展。以下简介人工智能新产业的一些领域。

① 智能制造

智能制造从智能制造系统的本质特征出发,在分布式制造网络环境中,应用分布式人工智能中分布式智能系统的理论与方法,实现制造单元的柔性智能化与基于网络的制造系统柔性智能化集成。智能制造是一种由智能机器和人类专家组成的人机一体化智能系统,能在制造过程中进行分析、推理、判断、构思和决策等智能活动,实现制造过程智能化。

智能制造就是面向产品全生命周期的智能化制造,是在现代传感技术、网络技术、自动化技术、人工智能技术的基础上,通过智能化感知、人机交互、决策和执行技术,实现设计过程、制造过程和制造装备智能化,是信息技术、智能技术与装备制造技术的深度融合与集成。实现智能制造可以缩短产品研制周期、降低资源能源消耗、降低运营成本、提高生产效率、提升产品质量。人工智能为智能制造提供各种智能技术,是智能制造的重要基础和关键技术保障。

② 智慧医疗

智慧医疗是一套融合物联网、云计算等技术,以患者数据为中心的医疗服务模式。智慧医疗采用新型传感器、物联网、通信等技术结合现代医学理念,构建出以电子健康档案为中心的区域医疗信息平台,将医院之间的业务流程进行整合,优化了区域医疗资源,实现跨医疗机构的在线预约和双向转诊,缩短病患就诊流程、缩减相关手续,使得医疗资源合理化分配,真正做到以患者为中心的智慧医疗。智慧医疗由三部分组成,分别为智慧医院系统、区域卫生系统,以及家庭健康系统。智能医疗在辅助诊疗、疾病预测、医疗影像辅助诊断、药物开发等方面发挥了重要作用。

③ 智慧农业

所谓"智慧农业"就是充分应用现代信息技术成果,集成应用人工智能技术、网络技术、物联网技术、音视频技术、3S 技术、无线通信技术及专家智慧与知识,实现农业可视化远程诊断、远程控制、灾变预警等智能管理。实现农业生产环境的智能感知、智能预警、智能决策、智能分析、专家在线指导,为农业生产提供精准化种植、可视化管理、智能化决策。

④ 智能金融

智能金融(或智慧金融)是智能商业的一部分,智能商业又称商业智能(business intelligence,BI)。智慧金融是依托于互联网技术,运用大数据、人工智能、云计算等科技手段,使金融行业在业务流程、业务开拓和客户服务等方面得到全面的智慧提升。人工智能技术在金融业中可以用于服务客户、支持授信、各类金融交易和金融分析决策,并用于风险防控和监督,这将会大幅改变金融现有格局,金融服务将会更加的个性化与智能化。智慧金融有透明性、便捷性、灵活性、即时性、高效性和安全性等特点。

⑤ 智能交通与智能驾驶

智能交通是一种新型的交通系统或装置,是人工智能技术与现代交通系统融合的产物,也是人工智能和智能机器人的一个具有蓬勃发展与广泛应用前景的新科技与产业领域。随着国民经济的发展和科学技术的进步,人民群众的生活水平逐渐提高,他们期盼更为便捷和舒适的交通工具;智能交通能够提供这种保障。智能车辆是一个集环境感知、规划决策、跟踪控制、通信协调和多级辅助驾驶等功能于一体的综合系统。它集中运用了计算机、传感器、信息融合、通信、人工智能及自动控制等技术,是典型的高新技术综合体。智能驾驶车辆能够执行一系列的关键功能,必须知道它的周围发生了什么,它在哪里和它想去哪里,必须具有推理和决策能力,从而制定安全的行驶线路,而且必须具有驱动装置来操纵车辆的转向和控制系统。

⑥ **智慧城市**

智慧城市就是运用人工智能和信息通信技术感测、分析、整合与优化城市运行核心系统的各项关键信息,从而对包括民生、环保、公共安全、城市服务、工商业活动在内的各种需求做出智能响应。其实质是利用先进的智能和信息技术,实现城市智慧式管理和运行,进而为城市人创造更美好的生活,促进城市的和谐、可持续成长。在技术发展方面,智慧城市建设要求通过以移动技术为代表的物联网、云计算等新一代人工智能和信息技术实现全面感知、泛在互联、普适计算与融合应用。在社会发展的视角方面,智慧城市还要求通过维基、社交网络、微型设计制作实验室(fab lab)、微型生活创新实验室(living lab)、综合集成等工具和方法,实现以用户创新、开放创新、大众创新、协同创新为特征的知识社会环境下的可持续创新,强调通过价值创造,以人为本实现经济、社会、环境的全面可持续发展。

⑦ **智能家居**

智能家居以住宅为平台,基于物联网和人工智能技术,由硬件(智能家电、智能硬件、安防控制设备、家具等)、软件系统、云计算平台构成的家居生态圈,实现人远程控制设备、设备间互联互通、设备自我学习等功能,并通过收集、分析用户行为数据为住户提供个性化的安全、节能、便捷生活服务。

⑧ **智能管理**

智能管理(intelligent management)是人工智能与管理科学、系统工程、计算技术、通信技术、软件工程、信息工程等多学科、多技术的相互结合、相互渗透而产生的一门新技术、新学科。它研究如何提高管理系统的智能水平以及智能管理系统的设计理论、方法与实现技术。智能管理是现代管理科学技术发展的新动向。智能管理系统是在管理信息系统、办公自动化系统、决策支持系统的功能集成和技术集成的基础上,应用人工智能专家系统、知识工程、模式识别、人工神经网络等方法和技术,设计和实现的智能化、集成化、协调化的新一代计算机管理系统。

⑨ **智能经济**

智能经济(smart economy)是以智能机器和信息网络为基础、平台和工具的智慧经济,突出了智慧经济中智能机器和信息网络的地位和作用,体现了知识经济形态和信息经济形态的历史衔接与创新发展。

智能经济是以效率、和谐、持续为基本坐标,以物理设备、互联网络、人脑智慧为基本框架,以智能政府、智能经济、智能社会为基本内容的经济结构、增长方式和经济形态。

1.8　本书概要

本书介绍人工智能的理论、方法和技术及其应用,在讨论那些仍然有用的和有效的基本原理和方法之外,着重阐述一些新的和正在研究的人工智能方法与技术,特别是近期内

发展起来的方法和技术。此外,用比较大的篇幅论述人工智能的应用,包括新的应用研究。具体地说,本书包括下列内容:

(1) 简述人工智能的起源与发展,讨论人工智能的定义与分类、人工智能与计算机的关系以及人工智能的要素、研究目标、研究内容、研究与计算方法和研究应用领域。

(2) 论述知识表示的各种主要方法,包括状态空间法、问题归约法、谓词逻辑法、结构化表示法(语义网络法、框架和本体)和过程等。

(3) 讨论常用搜索原理,并研究一些比较高级的推理求解技术,如规则演绎系统、产生式系统、系统组织技术、不确定性推理和非单调推理等。

(4) 介绍人工智能技术和方法,即分布式人工智能与真体、计算智能(含神经计算、逻辑计算、进化计算、粒群计算和蚁群算法)、数据挖掘与知识发现、人工生命等。

(5) 比较详细地分析人工智能的主要应用领域,涉及专家系统、机器学习、自动规划系统、分布式人工智能和自然语言理解等。

(6) 叙述人工智能的主要学派和他们的认知观,概括国内外人工智能的发展过程,展望人工智能的发展。

习 题 1

1-1   什么是人工智能? 试从学科和能力两方面加以说明。

1-2   在人工智能的发展过程中,有哪些思想和思潮起了重要作用?

1-3   人工智能从集成发展时期进入融合发展时期,有何表现?

1-4   在过去20多年中,人工智能发生了什么变化?

1-5   为什么能够用机器(计算机)模仿人的智能?

1-6   现在人工智能有哪些学派? 它们的认知观是什么? 现在这些学派的关系如何?

1-7   你认为应从哪些层次对认知行为进行研究?

1-8   人工智能有哪些要素? 各要素在人工智能中的作用为何?

1-9   人工智能可分为哪些系统? 你对这种分类是否有何建议?

1-10   你是如何理解人工智能的研究目标的?

1-11   人工智能研究包括哪些内容? 这些内容的重要性如何?

1-12   人工智能的基本研究方法有哪几类? 它们与人工智能学派的关系如何?

1-13   人工智能的主要研究和应用领域是什么? 其中,哪些是新的研究热点?

1-14   当前人工智能产业化有哪些新领域?

1-15   你对人工智能课程教学有何意见和建议?

参 考 文 献

1. Agrawal A, Gans J, Goldfarb A. Exploring the impact of artificial intelligence: Prediction versus judgment[J]. Information Economics and Policy, 2019, 47: 1-6.

2. Albus J S. Brains, Behavior and Robotics[M]. New York: McGraw Hill, 1981.

3. Barr A, Feigenbaum E A. Handbook of Artificial Intelligence[M]. Vol. 1 & Vol. 2, William Kaufmann Inc., 1981.

4. Brooks R A. Building brains for bodies[J]. Autonomous Robots，1994，1(1)：7-25.

5. Cai Zixing. Intelligence Science：disciplinary frame and general features. Proceedings[C]. 2003 IEEE International Conference on Robotics，Intelligent Systems and Signal Processing（RISSP），393-398，2003.

6. Cai Zixing. Intelligent Control：Principles，Techniques and Applications[M]. Singapore-New Jersey：World Scientific Publishers，1997.

7. Cawsey A. The Essence of Artificial Intelligence［M］. Harlow，England：Prentice Hall Europe，1998.

8. Cohen P R，Feigenbaum E A. Handbook of Artificial Intelligence[M]. Vol. 3. William Kaufmann. Inc.，1982.

9. Cotterill R M（ed）. Computer Simulation in Brain Science[M]. Cambridge，England：Cambridge University Press，1988.

10. Daron A，Restrepo P. Artificial Intelligence，Automation and Work［M］// The Economics of Artificial Intelligence：An Agenda. University of Chicago Pess，2018：197-236.

11. Dean T，Allen J，Aloimonos Y. Artificial Intelligence：Theory and Practice[M]. Pearson Education North Asia and Publishing House of Electronics Industry，2003.

12. Engelbrecht A P. Computational Intelligence：An Introduction[M]. John Wiley & Sons，2002.

13. Feigenbaum E A，McCorduch P. The Fifth Generation of Artificial Intelligence and Japan's Computer Challenge to the World[M]. Reading，MA，Addison-Wesley，1983.

14. Fu K S，Gonzalez R C，Lee C S G. Robotics：Control，Sensing，Vision and Intelligence[M]. New York：McGraw Hill，1987.

15. Fu K S. Syntactic Pattern Recognition and Applications[M]. Englewood Cliffs，NJ：Prentice Hall Inc.，1982.

16. Fu K S，Walts M. A heuristic approach to reinforcement learning control system［J］. IEEE Transactions，1965，10(4)：390-398.

17. Fu K S. Learning control systems and intelligent control systems：an intersection of artificial intelligence and automatic control[J]. IEEE Transactions 1971，16(1)：70-72.

18. Gershgorn D. The Quartz guide to artificial intelligence：What is it，why is it，important，and should we be afraid?［EB/OL］Quarts September 10，2017，https：//qz. com/1046350/the-quarta-guide-to-artificial-intelligence-what-is-it-why-is-it-important-and-should-we-be-afraid.

19. Gevarter W B. Artificial Intelligence Applications：Expert Systems，Computer Vision and Natural Language Processing[M]. NOYES Publications，1984.

20. Google，2017，www. google. com.

21. Grossburg S. Adaptive pattern classification and universal recording，Ⅱ：feedback，expectation，and illusions[J]. Biol. Cybernetics，1976，(23)：187-202.

22. Helbing D，Frey B S，Gigerenzer G，et al. Will democracy survive big data and artificial intelligence?［M］// Towards Digital Enlightenment. Helbing D，Cham，eds. Switzerland：Springer，2019：73-98.

23. Hopfield J J. Neural Networks and Physical Systems with Emergent Collective Computational Abilities[M]. Ann Arbor：University of Michigan Press，1975.

24. Jason F，Seamans R. AI and the Economy[M]// Innovation Policy and the Economy volume 20. Josh L，Scott S，eds. Chicago：University of Chicago Press，2018.

25. Koch M. Artificial intelligence is becoming natural[J]. Cell, 2018,173(3): 531-533.

26. Kohonen T. Self-organized formation of topologically correct feature maps[J]. Biol. Cybernetics, 1982,(43): 59-69.

27. Leondes C T. Expert Systems, the Technology of Knowledge Management and Decision Making for the 21st Century[M]. Academic Press, 2002.

28. Lu H, Li Y, Chen M, et al. Brain intelligence: go beyond artificial intelligence[J]. Mobile Network Applications, 2018, 23(2): 368-375.

29. Luger G F. Artificial Intelligence: Structures and Strategiesfor Complex Problem Solving[M]. 4th ed. Pearson Education Ltd., 2002.

30. McCulloch W, Pitts W. A logical calculus of the ideals immanent in nervous activity[J]. Bulletin of Mathematical Biology,1943,5(4): 115-133.

31. Meystel A M, Albus J S. Intelligent Systems: Architecture, Design and Control[M]. New York: John Wiley & Sons, 2002.

32. Mitchell T M. Machine Learning[M]. New York: McGraw-Hill, 1997.

33. Morell R, et al. Minds, Brains, and Computers: Perspectives in Cognitive Science and Artificial Intelligence[M]. Ablex Publishing Corporation, 1992.

34. Mosleh A, Bier V M. Systems and Humans [J]. IEEE Transactions on Systems, Man, and Cybernetics Part A, 1996,26(3): 303-310.

35. Nilsson N J. Artificial Intelligence: A New Synthesis[M]. Morgan Kaufmann, 1998.

36. Nilsson N J. Principle of Artificial Intelligence[M]. Tioga Publishing Co, 1980.

37. Rich E. Artificial Intelligence[M]. New York: McGraw Hill Book Company, 1983.

38. Rouhiainen L. Artificial Intelligence: 101 things you must know today about our future[C]. San Bernardino, CA, USA, July,2019.

39. Roumelhart D E, McClelland J L. Parallel Distributed Processing: Explorations in the Microstructures of Cognition, Vol.1: Foundations[M]. Cambridge, MA: MIT Press, 1986.

40. Russell S, Norvig P. Artificial Intelligence: A Modern Approach[M]. New Jersey: Prentice-Hall, 1995,2003.

41. Russell S J, Norvig P. Artificial Intelligence: a Modern Approach[M]. Pearson Education Limited, 2016.

42. Salah K, Rehman M H Ur, Nizamuddin N, et al. Blockchain for AI: Review and open research challenges[J]. IEEE Access, 2019, 7: 10127-10149.

43. Saridis G N. On the Revised Theory of Intelligent Machines[R]. CIRSSI Report No. 58. RPI, NY, USA: 1990.

44. Turing A A. Computing machinery and intelligence[J]. Mind, 1950,59: 433-460.

45. Verghese A, Shah N H, Harrington R A. What this computer needs is a physician: humanism and artificial intelligence[J]. JAMA. 2018, 319(1): 19-20.

46. Werbos P J. Neurocontrol and related techniques [M]// Handbook of Neural Computing Applications. New York: Academic Press, 1990.

47. Wiener N. Cybernetics, or Control and Communication in the Animal and the Machine [M]. Cambridge, MA: MIT Press, 1948.

48. Winston P H. Artificial Intelligence[M]. 3rd ed. Addison Wesley, 1992.

49. Yann LeCun, Yoshua Bengio, Geoffrey Hinton. Deep learning[J]. Nature, 2015, 521: 436-444.

50. Yang K C，Varol O，Davis C A，et al. Arming the public with artificial intelligence to counter social bots[J]. Human Behavior and Emerging Technologies，2019,1(1)：48-61.

51. Zadeh L A. A new direction in AI：toward a computational theory of perceptions[J]. AI Magazine，Spring 2001：73-84.

52. Zadeh L A. Making computers think like people[J]. IEEE Spectrum，1984,8.

53. 贾可荣,张彦铎. 人工智能[M]. 北京：清华大学出版社,2006.

54. 蔡自兴,贺汉根,陈虹. 未知环境中移动机器人导航控制理论与方法[M]. 北京：科学出版社,2009.

55. 蔡自兴,贺汉根. 智能科学发展若干问题[J]. 自动化学报,2002,28(s)：142-150.

56. 蔡自兴. 关于人工智能学派及其在理论、方法上的观点[J]. 高技术通讯,1995,5(5)：55-57.

57. 蔡自兴. 机器人学[M]. 3版. 北京：清华大学出版社,2015.

58. 蔡自兴. 机器人原理及其应用[M]. 长沙：中南工业大学出版社,1988.

59. 蔡自兴. 人工智能产业化的历史、现状与发展趋势[J]. 冶金自动化,2019,43(2)：1-5.

60. 蔡自兴. 人工智能的大势、核心与机遇. 冶金自动化[J]. 2018,42(2)：1-5.

61. 蔡自兴. 人工智能对人类的深远影响[J]. 高技术通讯,1995,5(6)：55-57.

62. 蔡自兴. 人工智能及其应用[M]. 5版. 北京：清华大学出版社,2016.

63. 蔡自兴. 人工智能及其在决策系统中的应用[M]. 长沙：国防科技大学出版社,2006.

64. 蔡自兴. 人工智能研究发展展望[J]. 高技术通讯, 1995, 5(7)：59-61.

65. 蔡自兴. 智能控制[M]. 北京：电子工业出版社,1990.

66. 蔡自兴. 智能控制原理与应用[M]. 3版. 北京：清华大学出版社,2019.

67. 蔡自兴. 智能系统原理、算法与应用[M]. 北京：机械工业出版社,2015.

68. 蔡自兴. 专家系统原理、设计及应用[M]. 2版. 北京：科学出版社,2014.

69. 蔡自兴. 中国机器人学40年[J]. 科技导报,2015,33(21)：13-22.

70. 蔡自兴. 中国人工智能40年[J]. 科技导报,2016,34(15)：13-22.

71. 蔡自兴. 中国智能控制40年[J]. 科技导报,2018,36(17)：23-39.

72. 蔡自兴,陈爱斌. 人工智能辞典[M]. 北京：化学工业出版社,2008.

73. 陈俊. 人工智能是未来发展大势所趋[EB/OL]. 和讯网,2015-07-09,http://www.csai.cn/gupiao/917485.html.

74. 从"互联网＋"走向"人工智能＋",机器人爆发催热资本市场[EB/OL]. 国际金融报,2016年4月5日.

75. 达尔文. 物种起源[M]. 舒德干,等译. 北京：北京大学出版社,2005.

76. 邓力,俞栋. 深度学习方法与应用[M]. 谢磊,译. 北京：机械工业出版社,2016.

77. 第23届人工智能国际联合大会在京隆重召开[EB/OL]. 2013-08-22,http://www.ia.cas.cn/xwzx/ttxw/201308/t20130822_3916955.html.

78. 冯天瑾. 智能学简史[M]. 北京：科学出版社,2007.

76. 傅京孙,蔡自兴,徐光祐. 人工智能及其应用[M]. 北京：清华大学出版社,1987.

77. 高济,朱淼良,何钦铭. 人工智能基础[M]. 北京：高等教育出版社,2002.

78. 格雷厄姆. 人工智能使机器思维[M]. 戎志盛,高育德,译. 北京：机械工业出版社,1985.

79. 谷歌宣布升级版AlphaGo Zero,人类在围棋上再也毫无胜算[EB/OL]. 超能网,2017-10-19,https://www.expreview.com/57499.html.

80. 顾凡及. 欧盟和美国两大脑研究计划之近况[J]. 科学,2014,66(5)：16-21.

81. 何华灿. 人工智能导论[M]. 西安：西北工业大学出版社,1988.

82. 霍金斯,布拉克斯莉. 人工智能的未来[M]. 贺俊杰,等译. 西安:陕西科学技术出版社,2006.

83. 继燕. 中国人工智能学会成立[J]. 自然辩证法通讯,1981,6:7.

84. 贾仲良. 前沿学科的最精彩的成就[J]. 清华书讯,1988 年 8 月 25 日.

85. 库兹韦尔. 灵魂机器的时代:当计算机超过人类智能时[M]. 沈志彦,等译. 上海:上海译文出版社,2002.

86. 雷建平. 人机大战结束:AlphaGo 4:1 击败李世石[EB/OL]. 腾讯科技,2016 年 3 月 15 日,http://tech.qq.com/a/20160315/049899.htm.

87. 李德毅,杜鹢. 不定性人工智能[M]. 北京:国防工业出版社,2005.

88. 李陶深. 人工智能[M]. 重庆:重庆大学出版社,2002.

89. 李应潭. 生命与智能[M]. 沈阳:沈阳出版社,1999.

90. 廉师友. 人工智能技术导论[M]. 2 版. 西安:西安电子科技大学出版社,2002.

91. 林健,黄鸿,刘进长. 人工智能烽火点燃中国象棋——记首届中国象棋人机大赛[J]. 机器人技术与应用,2006,5:39-41.

92. 林尧瑞,郭木河. 人类智慧与人工智能[M]. 北京:清华大学出版社,2001.

93. 陆汝钤. 世纪之交的知识工程与知识科学[M]. 北京:清华大学出版社,2001.

94. 马少平,朱小燕. 人工智能[M]. 北京:清华大学出版社,2004.

95. 钱学森,宋健. 工程控制论(修订版)[M]. 北京:科学出版社,1980.

96. 全球 2016 人工智能技术大会(GAITC)[EB/OL]. 办公自动化,2016 年第 9 期. http://news.sciencenet.cn/htmlnews/2016/4/344452.shtm.

97. 史忠植,王文杰. 人工智能[M]. 北京:国防工业出版社,2007.

98. 史忠植. 智能科学[M]. 北京:清华大学出版社,2006.

99. 宋健. 前沿学科的最精彩成就[M]//蔡自兴,徐光祐. 人工智能及其应用. 3 版. 北京:清华大学出版社,2003.

100. 宋健. 智能控制——超越世纪的目标[J]. 中国工程学报,1999,1(1):1-5.

101. 谭冰玥. 人工智能的 2017——AI 几乎在所有的游戏领域都战胜了人类玩家[EB/OL]. 科技力网,2017-12-29,https://baijiahao.baidu.com/s? id=1588090853019844023.

102. 王万良. 人工智能及其应用[M]. 北京:高等教育出版社,2005.

103. 王万森. 人工智能原理及其应用[M]. 3 版. 北京:电子工业出版社,2013.

104. 王永庆. 人工智能原理与方法[M]. 西安:西安交通大学出版社,1998.

105. 吴文俊. 初等几何判定问题与机械化证明[J]. 中国科学,1977,6:507-516.

106. 吴文俊. 计算机时代的脑力劳动机械化与科学技术现代化[M]//蔡自兴,徐光祐. 人工智能及其应用. 3 版. 北京:清华大学出版社,2004.

107. 西蒙. 人类的认知:思维的信息加工理论[M]. 荆其诚,张厚粲,译. 北京:科学出版社,1986.

108. 习近平在全国科技创新大会、两院院士大会、中国科协第九次全国代表大会上的讲话[EB/OL]. 新华社,2016 年 5 月 30 日.

109. 一夏末. AlphaGo 完胜人类:中国人工智能落后多少?[EB/OL]. Yesky 天极新闻 2016-03-18,http://news.yesky.com/15/101267515.shtml.

110. 尹朝庆,尹皓. 人工智能与专家系统[M]. 北京:中国水利水电出版社,2002.

111. 用户 1914693396. 什么是人机协同智能系统[EB/OL]. 资讯快览,2019-01-06. https://baijiahao.baidu.com/s? id=1621920800449537851.

112. 袁振东. 1978 年的全国科学大会:中国当代科技史上的里程碑[J]. 科学文化评论,2008,5(2):37-57.

113. 张钹，张铃. 问题求解理论及应用[M]. 北京：清华大学出版社，1990.

114. 张书志. 宋健写信赞扬《人工智能及其应用》出版[J]. 湖南日报，1988 年 7 月 20 日.

115. 张涛，李清，等. 智能无人自主系统的发展趋势[J]. 刊载自《无人系统技术》2018 年第 1 期，海鹰资讯，2018-07-19. http://wemedia.ifeng.com/69925435/wemedia.shtml.

116. 张仰森. 人工智能原理与应用[M]. 北京：高等教育出版社，2004.

117. 中国报告大厅. 2016 年人工智能行业发展前景预测分析[EB/OL]. 2016 年 02 月 04 日，http://www.chinabgao.com/freereport/70654.html.

118. 中国人工智能学会. 纪念"人工智能诞生 50 周年"大型系列学术活动[J]. 智能系统学报，2006(1)：92.

119. 中国象棋人机大战[EB/OL]. 搜狐体育，2006-09-19 http://sports.sohu.com/s2006/2006lcbzgxq/.

120. 中投顾问产业研究中心. 我国人工智能产业链及行业发展前景分析[EB/OL]. 百度文库，2016-01-21. https://wenku.baidu.com/view/eae43d9cad02de80d5d8407e.html.

121. 宗合. 人工智能曾被视为"伪科学"[J]. 文史博览，2016，5：40.

第 **2** 章

知识表示方法

知识是一个抽象的术语,用于尝试描述人对某种特定对象的理解。柏拉图在《泰阿泰德篇》中将"知识"定义为:真实的(true)、确信的(belief)、逻辑成立的(justification)。其后的亚里士多德、笛卡儿、康德等西方哲学家也对知识论进行了研究探讨。知识论(Epistemology)早已超出哲学的范畴成为西方文明的基石之一。

在智能系统中,知识通常是特定领域的。为了能让智能系统理解、处理知识,并完成基于知识的任务,首先得对知识构建模型,即知识的表示。尽管知识表示是人工智能中最基本的,某种程度上来讲最熟悉的概念,但对于"什么是知识表示"这个问题却很少有直接的回答。Davis试图通过知识在各种任务中扮演的角色来回答这个问题。

根据不同的任务、不同的知识类型,会有不同的知识表示方法。目前常用的知识表示方法有状态空间法、问题归约法、谓词逻辑、语义网络、本体技术等。

对于传统人工智能问题,任何比较复杂的求解技术都离不开两方面的内容——表示与搜索。对于同一问题可以有多种不同的表示方法,这些表示具有不同的表示空间。问题表示的优劣,对求解结果及求解效率影响甚大。

为解决实际复杂问题,通常需要用到多种不同的表示方法。这是因为,每种数据结构都有其优缺点,而且没有哪一种单独拥有一般需要的多种不同功能。

2.1　状态空间表示

问题求解(problem solving)是个大课题,它涉及归约、推断、决策、规划、常识推理、定理证明和相关过程等核心概念。在分析了人工智能研究中运用的问题求解方法之后,就会发现许多问题求解方法是采用试探搜索方法的。也就是说,这些方法是通过在某个可能的解空间内寻找一个解来求解问题的。这种基于解答空间的问题表示和求解方法就是状态空间法,它是以状态和算符(operator)为基础来表示和求解问题的。

2.1.1　问题状态描述

首先对状态和状态空间下个定义。

状态(state)是为描述某类不同事物间的差别而引入的一组最少变量 $q_0, q_1, \cdots, q_n$ 的有序集合,其矢量形式如下:

$$Q = [q_0, q_1, \cdots, q_n]^\mathrm{T} \qquad (2.1)$$

式中每个元素 $q_i(i=0,1,\cdots,n)$ 为集合的分量,称为状态变量。给定每个分量的一组值就得到一个具体的状态,如

$$Q_k=[q_{0k},\ q_{1k},\cdots,q_{nk}]^{\mathrm{T}} \tag{2.2}$$

使问题从一种状态变化为另一种状态的手段称为操作符或算符。操作符可为走步、过程、规则、数学算子、运算符号或逻辑符号等。

问题的状态空间(state space)是一个表示该问题全部可能状态及其关系的图,它包含三种说明的集合,即所有可能的问题初始状态集合 S、操作符集合 F 以及目标状态集合 G。因此,可把状态空间记为三元状态 (S,F,G)。

用十五数码难题(15 puzzle problem)来说明状态空间表示的概念。十五数码难题由 15 个编有 1 至 15 并放在 4×4 方格棋盘上的可走动的棋子组成。棋盘上总有一格是空的,以便让空格周围的棋子走进空格,这也可以理解为移动空格。十五数码难题如图 2.1 所示。图中绘出了两种棋局,即初始棋局和目标棋局,它们对应于该问题的初始状态和目标状态。

11	9	4	15
1	3		12
7	5	8	6
13	2	10	14

1	2	3	4
5	6	7	8
9	10	11	12
13	14	15	

(a) 初始棋局　　(b) 目标棋局

图 2.1　十五数码难题

如何把初始棋局变换为目标棋局呢?问题的解答就是某个合适的棋子走步序列,如"左移棋子 12,下移棋子 15,右移棋子 4,……",等等。

十五数码难题最直接的求解方法是尝试各种不同的走步,直到偶然得到该目标棋局为止。这种尝试本质上涉及某种试探搜索。从初始棋局开始,试探由每一合法走步得到的各种新棋局,然后计算再走一步而得到的下一组棋局。这样继续下去,直至达到目标棋局为止。把初始状态可达到的各状态所组成的空间设想为一幅由各种状态对应的节点组成的图。这种图称为状态图或状态空间图。图 2.2 说明了十五数码难题状态空间图的一部分。图中每个节点标有它所代表的棋局。首先把适用的算符用于初始状态,以产生新的状态;然后,再把另一些适用算符用于这些新的状态;这样继续下去,直至产生目标状态为止。

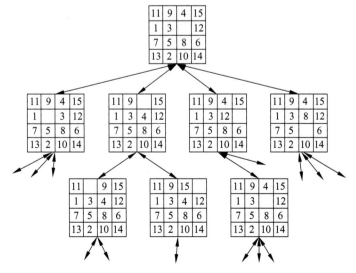

图 2.2　十五数码难题部分状态空间图

一般用状态空间法这一术语来表示下述方法：从某个初始状态开始，每次加一个操作符，递增地建立起操作符的试验序列，直到达到目标状态止。

寻找状态空间的全部过程包括从旧的状态描述产生新的状态描述，以及此后检验这些新的状态描述，看其是否描述了该目标状态。这种检验往往只是查看某个状态是否与给定的目标状态描述相匹配。不过，有时还要进行较为复杂的目标测试。对于某些最优化问题，仅仅找到到达目标的任一路径是不够的，还必须找到按某个准则实现最优化的路径（例如，下棋的走步最少）。

综上讨论可知，要完成某个问题的状态描述，必须确定 3 件事：①该状态描述方式，特别是初始状态描述；②操作符集合及其对状态描述的作用；③目标状态描述的特性。

2.1.2 状态图示法

为了对状态空间图有更深入的了解，这里介绍一下图论中的几个术语和图的正式表示法。

图由节点（不一定是有限的节点）的集合构成。一对节点用弧线连接起来，从一个节点指向另一个节点。这种图叫做有向图（directed graph）。如果某条弧线从节点 n_i 指向节点 n_j，那么节点 n_j 就叫做节点 n_i 的后继节点或后裔，而节点 n_i 叫做节点 n_j 的父辈节点或祖先。一个节点一般只有有限个后继节点。一对节点可能互为后裔，这时，该对有向弧线就用一条棱线代替。当用一个图来表示某个状态空间时，图中各节点标上相应的状态描述，而有向弧线旁边标有算符。

某个节点序列$(n_{i1}, n_{i2}, \cdots, n_{ik})$当 $j = 2, 3, \cdots, k$ 时，如果对于每一个 $n_{i,j-1}$ 都有一个后继节点 n_{ij} 存在，那么就把这个节点序列叫做从节点 n_{i1} 至节点 n_{ik} 的长度为 k 的路径。如果从节点 n_i 至节点 n_j 存在一条路径，那么就称节点 n_j 是从节点 n_i 可达到的节点，或者称节点 n_j 为节点 n_i 的后裔，而且称 n_i 为节点 n_j 的祖先。可以发觉，寻找从一种状态变换为另一种状态的某个算符序列问题等价于寻求图的某一路径问题。

给各弧线指定代价（cost）以表示加在相应算符上的代价。用 $c(n_i, n_j)$ 来表示从节点 n_i 指向节点 n_j 的那段弧线的代价。两节点间路径的代价等于连接该路径上各节点的所有弧线代价之和。对于最优化问题，要找到两节点间具有最小代价的路径。

对于最简单的一类问题，需要求得某指定节点 s（表示初始状态）与另一节点 t（表示目标状态）之间的一条路径（可能具有最小代价）。

一个图可由显式说明也可由隐式说明。对于显式说明，各节点及其具有代价的弧线由一张表明确给出。此表可能列出该图中的每一节点、它的后继节点以及连接弧线的代价。显然，显示说明对于大型的图是不切实际的，而对于具有无限节点集合的图则是不可能的。

对于隐式说明，节点的无限集合$\{s_i\}$作为起始节点是已知的。此外，引入后继节点算符的概念是方便的。后继节点算符 Γ 也是已知的，它能作用于任一节点以产生该节点的全部后继节点和各连接弧线的代价。把后继算符应用于$\{s_i\}$的成员和它们的后继节点以及这些后继节点的后继节点，如此无限地进行下去，最后使得由 Γ 和$\{s_i\}$所规定的隐式图变为显示图。把后继算符应用于节点的过程，就是扩展一个节点的过程。因此，搜索某个状态空间以求得算符序列的一个解答的过程,就对应于使隐式图足够大一部分变为显式以便包含目标节点的过程。这样的搜索图是状态空间问题求解的主要基础。

问题的表示对求解工作量有很大的影响。人们显然希望有较小的状态空间表示。许多似乎很难的问题,当表示适当时就可能具有小而简单的状态空间。

根据问题状态、操作(算)符和目标条件选择各种表示,是高效率问题求解所需要的。首先需要表示问题,然后改进提出的表示。在问题求解过程中,会不断取得经验,获得一些简化的表示。例如,看出对称性或合并为宏规则等有效序列。对于十五数码难题的初始状态表示,可规定 $15 \times 4 = 60$ 条规则,即左移棋子 1,右移棋子 1,上移棋子 1,下移棋子 1,左移棋子 2,……,下移棋子 15 等。很快就会发现,只要左右上下移动空格,那么就可用 4 条规则代替上述 60 条规则。可见,移动空格是一种较好的表示。

各种问题都可用状态空间加以表示,并用状态空间搜索法来求解。

2.2 问题归约表示

问题归约(problem reduction)是另一种基于状态空间的问题描述与求解方法。已知问题的描述,通过一系列变换把此问题最终变为一个本原问题集合;这些本原问题的解可以直接得到,从而解决了初始问题。

问题归约表示可由下列 3 部分组成:

(1) 一个初始问题描述;

(2) 一套把问题变换为子问题的操作符;

(3) 一套本原问题描述。

从目标(要解决的问题)出发逆向推理,建立子问题以及子问题的子问题,直至最后把初始问题归约为一个平凡的本原问题集合,这就是问题归约的实质。

2.2.1 问题归约描述

1. 梵塔难题

为了证明如何用问题归约法求解问题,考虑另一种难题——"梵塔难题"(tower of Hanoi puzzle),其提法如下:

有 3 个柱子(1,2 和 3)和 3 个不同尺寸的圆盘(A,B 和 C)。在每个圆盘的中心有个孔,所以圆盘可以堆叠在柱子上。最初,全部 3 个圆盘都堆在柱子 1 上:最大的圆盘 C 在底部,最小的圆盘 A 在顶部。要求把所有圆盘都移到柱子 3 上,每次只许移动一个,而且只能先搬动柱子顶部的圆盘,还不许把尺寸较大的圆盘堆放在尺寸较小的圆盘上。这个问题的初始配置和目标配置如图 2.3 所示。

如果采用状态空间法来求解这个问题,其状态空间图含有 27 个节点,每个节点代表柱子上圆盘的一种正当配置。

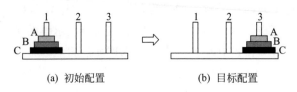

(a) 初始配置   (b) 目标配置

图 2.3   梵塔难题

也可以用问题归约法来求解此问题。对图 2.3 所示的原始问题从目标出发逆向推理,其过程如下:

(1) 要把所有圆盘都移至柱子 3,必须首先把圆盘 C 移至柱子 3;而且在移动圆盘 C 至柱子 3 之前,要求柱子 3 必须是空的。

(2) 只有在移开圆盘 A 和 B 之后,才能移动圆盘 C;而且圆盘 A 和 B 最好不要移至柱子 3,否则就不能把圆盘 C 移至柱子 3。因此,首先应该把圆盘 A 和 B 移到柱子 2 上。

(3) 然后才能够进行关键的一步,把圆盘 C 从柱子 1 移至柱子 3,并继续解决难题的其余部分。

上述论证允许把原始难题归约(简化)为下列 3 个子难题:

(1) 移动圆盘 A 和 B 至柱子 2 的双圆盘难题,如图 2.4(a)所示。

(2) 移动圆盘 C 至柱子 3 的单圆盘难题,如图 2.4(b)所示。

(3) 移动圆盘 A 和 B 至柱子 3 的双圆盘难题,如图 2.4(c)所示。

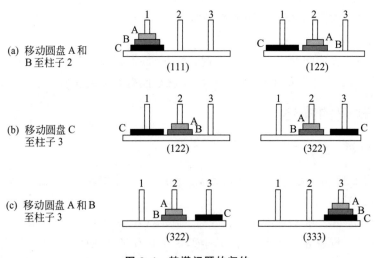

图 2.4   梵塔问题的归约

由于 3 个简化了的难题中的每一个都是较小的,所以都比原始难题容易解决些。子问题 2 可作为本原问题考虑,因为它的解只包含一步移动。应用一系列相似的推理,子问题 1 和子问题 3 也可被归约为本原问题,如图 2.5 所示。这种图式结构,叫做与或图(AND/OR graph)。它能有效地说明如何由问题归约法求得问题的解答。

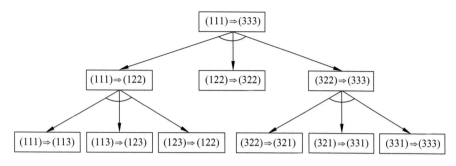

图 2.5　梵塔问题归约图

2. 问题归约描述

问题归约方法应用算符来把问题描述变换为子问题描述。问题描述可以有各种数据结构形式，表列、树、字符串、矢量、数组和其他形式都曾被采用过。对于梵塔难题，其子问题可用一个包含两个数列的表列来描述。于是，问题描述[(113),(333)]就意味着"把配置(113)变换为配置(333)"。其中，数列中的项表示 3 个圆盘依大小从左到右排列，每一项的数字值表示圆盘所在的柱子的编号。

可以用状态空间表示的三元组合(S、F、G)来规定与描述问题。子问题可描述为两个状态之间寻找路径的问题。梵塔问题归约为子问题[(111)⇒(122)]，[(122)⇒(322)]以及[(322)⇒(333)]，可以看出该问题的关键中间状态是(122)和(322)。

问题归约方法可以应用状态、算符和目标这些表示法来描述问题，这并不意味着问题归约法和状态空间法是一样的。

把一个问题描述变换为一个归约或后继问题描述的集合，这是由问题归约算符进行的。变换得到的所有后继问题的解就是父辈问题的一个解。

所有问题归约的目的是最终产生具有明显解答的本原问题。这些问题可能是能够由状态空间搜索中走动一步来解决的问题，或者可能是其他具有已知解答的更复杂的问题。本原问题除了对终止搜索过程起着明显的作用外，有时还被用来限制归约过程中产生后继问题的替换集合。当一个或多个后继问题属于某个本原问题的指定子集时，就出现这种限制。

2.2.2　与或图表示

与或图能够方便地用一个类似于图的结构来表示把问题归约为后继问题的替换集合，画出归约问题图。例如，设想问题 A 既可由求解问题 B 和 C，也可由求解问题 D、E 和 F，或者由单独求解问题 H 来解决。这一关系可由图 2.6 所示的结构来表示，图中节点表示问题。

问题 B 和 C 构成后继问题的一个集合；问题 D、E 和 F 构成另一后继问题集合；而问题 H 则为第三个集合。对应于某个给定集合的各节点，用一个连接它们的弧线的特别标记来指明。

通常把某些附加节点引入此结构图,以便使含有一个以上后继问题的集合能够聚集在它们各自的父辈节点之下。根据这一约定,图 2.6 的结构变为图 2.7 所示的结构。其中,标记为 N 和 M 的附加节点分别作为集合{B,C}和{D,E,F}的惟一父辈节点。如果 N 和 M 理解为具有问题描述的作用,那么可以看出,问题 A 被归约为单一替换子问题 N、M 和 H。因此,把节点 N、M 和 H 叫做或节点。然而,问题 N 被归约为子问题 B 和 C 的单一集合,要求解 N 就必须求解所有的子问题。因此,把节点 B 和 C 叫做与节点。同理,把节点 D、E 和 F 也叫做与节点。各个与节点用跨接指向它们后继节点的弧线的小段圆弧加以标记。这种结构图叫做与或图。

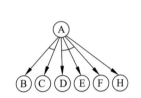

图 2.6　子问题替换集合结构图

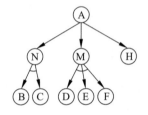

图 2.7　一个与或图

在与或图中,如果一个节点具有任何后继节点,那么这些后继节点既可全为或节点,也可全为与节点(当某个节点只含有单个后继节点时,这个后继节点当然既可看做或节点,也可看做与节点)。

在状态空间搜索中,应用的普通图不会出现与节点。由于在与或图中出现了与节点,其结构与普通图的结构大为不同。与或图需要有其特有的搜索技术,而且是否存在与节点也就成为区别两种问题求解方法的主要依据。

在描述与或图时,将继续采用如父辈节点、后继节点和连接两节点的弧线之类的术语,给予它们以明确的意义。

通过与或图,把某个单一问题归约算符具体应用于某个问题描述,依次产生出一个中间或节点及其与节点后裔(例外的情况是当子问题集合只含有单项时,在这种情况下,只产生或节点)。

与或图中的起始节点对应于原始问题描述。对应本原问题的节点叫做终叶节点。

在与或图上执行的搜索过程,其目的在于表明起始节点是有解的。

定义 2.1　与或图中一个可解节点的一般定义可以归纳如下:

(1) 终叶节点是可解节点。

(2) 如果某个非终叶节点含有或后继节点,那么只要当其后继节点至少有一个是可解的,此非终叶节点才是可解的。

(3) 如果某个非终叶节点含有与后继节点,那么只有当其后继节点全部为可解的,此非终叶节点才是可解的。

于是,一个解图被定义为那些可解节点的子图,这些节点能够证明其初始节点是可解的。

图 2.8 给出与或图的一些例子。图中,终叶节点用字母 t 标示,有解节点用小圆点表

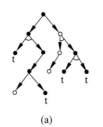 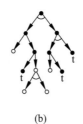 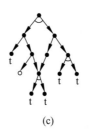

(a)　　　　　　　(b)　　　　　　　(c)

图 2.8　与或图例子(图(c)有一个以上的解)

示,而有解图用实线表示。

当与或图中某些非终叶节点完全没有后继节点时,就说它是不可解的。这种不可解节点的出现可能意味着图中另外一些节点(甚至起始节点)也是不可解的。

定义 2.2　与或图中一个不可解节点的一般定义可以归纳如下:

(1) 没有后裔的非终叶节点为不可解节点。

(2) 如果某个非终叶节点含有或后继节点,那么只有当其全部后裔为不可解时,此非终叶节点才是不可解的。

(3) 如果某个非终叶节点含有与后继节点,那么只要当其后裔至少有一个为不可解时,此非终叶节点才是不可解的。

在图 2.8 中,不可解节点用小圆圈表示。

图 2.8 所示的与或图为显式图。与状态空间问题求解一样,很少使用显式图来搜索,而是用由初始问题描述和消解算符所定义的隐式图来搜索。这样,一个问题求解过程是由生成与或图的足够部分,并证明起始节点是有解而得以完成的。

综上所述,可把与或图的构成规则概括如下:

(1) 与或图中的每个节点代表一个要解决的单一问题或问题集合。图中所含起始节点对应于原始问题。

(2) 对应于本原问题的节点,叫做终叶节点,它没有后裔。

(3) 对于把算符应用于问题 A 的每种可能情况,都把问题变换为一个子问题集合;有向弧线自 A 指向后继节点,表示所求得的子问题集合。

(4) 对于代表两个或两个以上子问题集合的每个节点,有向弧线从此节点指向此子问题集合中的各个节点。由于只有当集合中所有的项都有解时,这个子问题的集合才能获得解答,所以这些子问题节点叫做与节点。为了区别于或节点,把具有共同父辈的与节点后裔的所有弧线用另外一段小弧线连接起来。

(5) 在特殊情况下,当只有一个算符可应用于问题,而且这个算符产生具有一个以上子问题的某个集合时,由上述规则(3)和规则(4)所产生的图可以得到简化。因此,代表子问题集合的中间或节点可以省略,如图 2.9 所示。

在上述图形中,每个节点代表一个明显的问题或问题集合。除了起始节点外,每个节点只有一个父辈节点。因此,实际上,这些图是与或树。

图 2.9　单算符与或树

2.3　谓词逻辑表示

虽然命题逻辑(propositional logic)能够把客观世界的各种事实表示为逻辑命题,但是它具有较大的局限性,不适合于表示比较复杂的问题。谓词逻辑(predicate logic)允许表达那些无法用命题逻辑表达的事情。逻辑语句,更具体地说,一阶谓词演算(predicate calculus)是一种形式语言,其根本目的在于把数学中的逻辑论证符号化。如果能够采用数学演绎的方式证明一个新语句是从那些已知正确的语句导出的,那么也就能够断定这个新语句也是正确的。

2.3.1　谓词演算

下面简要地介绍谓词逻辑的语言与方法。

1. 语法和语义

谓词逻辑的基本组成部分是谓词符号、变量符号、函数符号和常量符号,并用圆括弧、方括弧、花括弧和逗号隔开,以表示论域内的关系。例如,要表示"机器人(ROBOT)在 1 号房间(ROOM1)内",可应用简单的原子公式:

$$INROOM(ROBOT, r_1)$$

式中,ROBOT 和 r_1 为常量符号,INROOM 为谓词符号。一般,原子公式由谓词符号和项组成。常量符号是最简单的项,用来表示论域内的物体或实体,它可以是实际的物体和人,也可以是概念或具有名字的任何事情。变量符号也是项,并且不必明确涉及是哪一个实体。函数符号表示论域内的函数。例如,函数符号 mother 可用来表示某人与他(或她)的母亲之间的一个映射。用下列原子公式表示"李(LI)的母亲与他的父亲结婚"这个关系:

$$MARRIED[father(LI), mother(LI)]$$

在谓词演算中,一个合式公式可以通过规定语言的元素在论域内的关系,实体和函数之间的对应关系来解释。对于每个谓词符号,必须规定定义域内的一个相应关系;对每个常量符号必须规定定义域内相应的一个实体;对每个函数符号,则必须规定定义域内相应的一个函数。这些规定确定了谓词演算语言的语义。在应用中,用谓词演算明确表示有关论域内的确定语句。对于已定义了的某个解释的一个原子公式,只有当其对应的语句在定义域内为真时,才具有值 T(真);而当其对应的语句在定义域内为假时,该原子公式才具有值 F(假)。因此,INROOM(ROBOT, r1)具有值 T,而 INROOM(ROBOT, r2)则具有值 F。

当一个原子公式含有变量符号时,对定义域内实体的变量可能有几个设定。对某几个设定的变量,原子公式取值 T;而对另外几个设定的变量,原子公式则取值 F。

2. 连词和量词

原子公式是谓词演算的基本积木块,应用连词 ∧(与)、∨(或)以及 ⇒(蕴涵,或隐含)

等(在某些文献中,也用→来表示隐含关系),能够组合多个原子公式以构成比较复杂的合式公式。

连词∧用来表示复合句子。例如,句子"我喜爱音乐和绘画"可写成:

$$LIKE(I, MUSIC) \wedge LIKE(I, PAINTING)$$

此外,某些较简单的句子也可写成复合形式。例如,"李住在一幢黄色的房子里"即可用

$$LIVES(LI, HOUSE\text{-}1) \wedge COLOR(HOUSE\text{-}1, YELLOW)$$

来表示,其中谓词 LIVES 表示人与物体(房子)间的关系,而谓词 COLOR 则表示物体与其颜色之间的关系。用连词∧把几个公式连接起来而构成的公式叫做合取(式),而此合取式的每个组成部分叫做合取项。一些合式公式所构成的任一合取也是一个合式公式。

连词∨用来表示可兼有的"或"。例如,句子"李明打篮球或踢足球"可表示为

$$PLAYS(LIMING, BASKETBALL) \vee PLAYS(LIMING, FOOTBALL)$$

用连词∨把几个公式连接起来所构成的公式叫做析取(式),而此析取式的每一组成部分叫做析取项。由一些合式公式所构成的任一析取也是一个合式公式。

合取和析取的真值由其组成部分的真值决定。如果每个合取项均取值 T,则其合取值为 T,否则合取值为 F。如果析取项中至少有一个取 T 值,则其析取值为 T,否则取值 F。

连词符号⇒用来表示"如果-那么"的词句。例如,"如果该书是何平的,那么它是蓝色(封面)的"可表示为

$$OWNS(HEPING, BOOK\text{-}1) \Rightarrow COLOR(BOOK\text{-}1, BLUE)$$

又如,"如果刘华跑得最快,那么他取得冠军"可表示为

$$RUNS(LIUHUA, FASTEST) \Rightarrow WINS(LIUHUA, CHAMPION)$$

用连词⇒连接两个公式所构成的公式叫做蕴涵。蕴涵的左式叫做前项,右式叫做后项。如果前项和后项都是合式公式,那么蕴涵也是合式公式。如果后项取值 T(不管其前项的值为何),或者前项取值 F(不管后项的真值如何),则蕴涵取值 T;否则,蕴涵取值 F。

符号~(非)用来否定一个公式的真值,也就是说,把一个合式公式的取值从 T 变为 F,或从 F 变为 T。例如,子句"机器人不在 2 号房间内"可表示为

$$\sim INROOM(ROBOT, r_2)$$

前面具有符号~的公式叫做否定。一个合式公式的否定也是合式公式。

在某些文献中,也有用符号¬来表示否定的,它与符号~的作用完全一样。

如果把句子限制为至今已介绍过的造句法所能表示的那些句子,而且也不使用变量项,那么可以把这个谓词演算的子集叫做命题演算。命题演算对于许多简化了的定义域来说,是一种有效的表示,但它缺乏用有效的方法来表达多个命题(如"所有的机器人都是灰色的")的能力。要扩大命题演算的能力,需要使公式中的命题带有变量。

有时,一个原子公式如 $P(x)$,对于所有可能的变量 x 都具有值 T。这个特性可由在 $P(x)$ 前面加上全称量词($\forall x$)来表示。如果至少有一个 x 值可使 $P(x)$ 具有值 T,那么这一特性可由在 $P(x)$ 前面加上存在量词($\exists x$)来表示。例如,句子"所有的机器人都是灰色的"可表示为

$$(\forall x)[ROBOT(x) \Rightarrow COLOR(x, GRAY)]$$

而句子"1 号房间内有个物体"可表示为

$$(\exists x)\,\mathrm{INROOM}(x,\ \mathrm{r_1})$$

这里,x 是被量化了的变量,即 x 是经过量化的。量化一个合式公式中的某个变量所得到的表达式也是合式公式。如果一个合式公式中某个变量是经过量化的,就把这个变量叫做约束变量,否则就叫它为自由变量。在合式公式中,感兴趣的主要是所有变量都是受约束的。这样的合式公式叫做句子。

　　值得指出的是,本书中所用到的谓词演算为一阶谓词演算,不允许对谓词符号或函数符号进行量化。例如,在一阶谓词演算中,$(\forall P)P(A)$ 这样一些公式就不是合式公式。

2.3.2　谓词公式

1. 谓词公式的定义

定义 2.3　用 $P(x_1,x_2,\cdots,x_n)$ 表示一个 n 元谓词公式,其中 P 为 n 元谓词,$x_1,x_2,\cdots,$ x_n 为客体变量或变元。通常把 $P(x_1,x_2,\cdots,x_n)$ 叫做谓词演算的原子公式,或原子谓词公式。可以用连词把原子谓词公式组成复合谓词公式,并把它叫做分子谓词公式。为此,用归纳法给出谓词公式的定义。在谓词演算中合式公式的递归定义如下:

(1) 原子谓词公式是合式公式。

(2) 若 A 为合式公式,则 $\sim A$ 也是一个合式公式。

(3) 若 A 和 B 都是合式公式,则 $(A \wedge B)$,$(A \vee B)$,$(A \Rightarrow B)$ 和 $(A \longleftrightarrow B)$ 也都是合式公式。

(4) 若 A 是合式公式,x 为 A 中的自由变元,则 $(\forall x)A$ 和 $(\exists x)A$ 都是合式公式。

(5) 只有按上述规则(1)~(4)求得的那些公式,才是合式公式。

例 2.1　试把下列命题表示为谓词公式:任何整数或者为正或者为负。

解　把上述命题意译如下:

对于所有的 x,如果 x 是整数,则 x 或为正的或者为负的。

用 $I(x)$ 表示"x 是整数",$P(x)$ 表示"x 是正数",$N(x)$ 表示"x 是负数"。于是,可把给定命题用下列谓词公式来表示:

$$(\forall x)(I(x) \Rightarrow (P(x) \vee N(x)))$$

2. 合式公式的性质

如果 P 和 Q 是两个合式公式,则由这两个合式公式所组成的复合表达式可由下列真值表(表 2.1)给出。

表 2.1　真值表

P	Q	$P \vee Q$	$P \wedge Q$	$P \Rightarrow Q$	$\sim P$
T	T	T	T	T	F
F	T	T	F	T	T
T	F	T	F	F	F
F	F	F	F	T	T

如果两个合式公式,无论如何解释,其真值表都是相同的,那么就称此两合式公式是等价的。应用上述真值表,能够确立下列等价关系:

(1) 否定之否定

$$\sim(\sim P) \text{等价于} P$$

(2) $P \lor Q$ 等价于 $\sim P \Rightarrow Q$

(3) 狄·摩根定律

$$\sim(P \lor Q) \text{等价于} \sim P \land \sim Q$$

$$\sim(P \land Q) \text{等价于} \sim P \lor \sim Q$$

(4) 分配律

$$P \land (Q \lor R) \text{等价于} (P \land Q) \lor (P \land R)$$

$$P \lor (Q \land R) \text{等价于} (P \lor Q) \land (P \lor R)$$

(5) 交换律

$$P \land Q \text{等价于} Q \land P$$

$$P \lor Q \text{等价于} Q \lor P$$

(6) 结合律

$$(P \land Q) \land R \text{等价于} P \land (Q \land R)$$

$$(P \lor Q) \lor R \text{等价于} P \lor (Q \lor R)$$

(7) 逆否律

$$P \Rightarrow Q \text{等价于} \sim Q \Rightarrow \sim P$$

此外,还可建立下列等价关系:

(8) $\sim(\exists x)P(x)$ 等价于 $(\forall x)[\sim P(x)]$

$\sim(\forall x)P(x)$ 等价于 $(\exists x)[\sim P(x)]$

(9) $(\forall x)[P(x) \land Q(x)]$ 等价于 $(\forall x)P(x) \land (\forall x)Q(x)$

$(\exists x)[P(x) \lor Q(x)]$ 等价于 $(\exists x)P(x) \lor (\exists x)Q(x)$

(10) $(\forall x)P(x)$ 等价于 $(\forall y)P(y)$

$(\exists x)P(x)$ 等价于 $(\exists y)P(y)$

上述最后两个等价关系说明,在一个量化的表达式中的约束变量是一类虚元,它可以用任何一个不在表达式中出现过的其他变量符号来代替。

下面举个用谓词演算来表示的英文句子的实例:

For every set x, there is a set y, such that the cardinality of y is greater than the cardinality of x.

这个英文句子可用谓词演算表示为

$(\forall x)\{\text{SET}(x) \Rightarrow (\exists y)(\exists u)(\exists v)[\text{SET}(y) \land \text{CARD}(x, u) \land \text{CARD}(y, v) \land G(v, u)]\}$

2.3.3 置换与合一

1. 置换

在谓词逻辑中,有些推理规则可应用于一定的合式公式和合式公式集,以产生新的合式公式。一个重要的推理规则是假元推理,这就是由合式公式 W_1 和 $W_1 \Rightarrow W_2$ 产生合式公式 W_2 的运算。另一个推理规则叫做全称化推理,它是由合式公式 $(\forall x)W(x)$ 产生合式公式 $W(A)$,其中 A 为任意常量符号。同时应用假元推理和全称化推理,例如,可由合式公式 $(\forall x)[W_1(x) \Rightarrow W_2(x)]$ 和 $W_1(A)$ 生成合式公式 $W_2(A)$。这就是寻找的 A 对 x 的置换(substitution),使 $W_1(A)$ 与 $W_1(x)$ 一致。

一个表达式的项可为变量符号、常量符号或函数表达式。函数表达式由函数符号和项组成。一个表达式的置换就是在该表达式中用置换项置换变量。

例 2.2 表达式 $P[x,f(y),B]$ 的 4 个置换为

$$s1 = \{z/x, w/y\}$$
$$s2 = \{A/y\}$$
$$s3 = \{q(z)/x, A/y\}$$
$$s4 = \{c/x, A/y\}$$

用 Es 来表示一个表达式 E 用置换 s 所得到的表达式的置换。于是,我们可得到 $P[x,f(y),B]$ 的 4 个置换的例,如下:

$$P(x,f(y),B)s1 = P(z, f(w), B)$$
$$P(x,f(y),B)s2 = P(x, f(A), B)$$
$$P(x,f(y),B)s3 = P(q(z), f(A), B)$$
$$P(x,f(y),B)s4 = P(c, f(A), B)$$

置换是可结合的。用 $s1s2$ 表示两个置换 $s1$ 和 $s2$ 的合成。L 表示一表达式,则有

$$(Ls1)s2 = L(s1s2)$$

以及

$$(s1s2)s3 = s1(s2s3)$$

即用 $s1$ 和 $s2$ 相继作用于表达式 L 与用 $s1s2$ 作用于 L 是一样的。

一般来说,置换是不可交换的,即

$$s1s2 \neq s2s1$$

2. 合一

寻找项对变量的置换,以使两表达式一致,叫做合一(unification)。合一是人工智能中很重要的过程。

如果一个置换 s 作用于表达式集 $\{E_i\}$ 的每个元素,则用 $\{E_i\}s$ 来表示置换例的集。称表达式集 $\{E_i\}$ 是可合一的。如果存在一个置换 s 使得

$$E_{1s} = E_{2s} = E_{3s} = \cdots$$

那么称此 s 为 $\{E_i\}$ 的合一者,因为 s 的作用是使集合 $\{E_i\}$ 成为单一形式。

例 2.3 表达式集 $\{P[x,f(y),B], P[x,f(B),B]\}$ 的合一者为

$$s = \{A/x, B/y\}$$

因为

$$P[x,f(y),B]s = P[x,f(B),B]s$$
$$= P[A,f(B),B]$$

即 s 使表达式成为单一形式

$$P[A, f(B), B]$$

如果 s 是 $\{E_i\}$ 的任一合一者,又存在某个 s',使得

$$\{E_i\}s = \{E_i\}gs'$$

成立,则称 g 为 $\{E_i\}$ 的最通用(最一般)的合一者,记为 mgu。

例如,对于上例,尽管 $s = \{A/x, B/y\}$ 是集 $\{P[x, f(y), B], P[x, f(B), B]\}$ 的一个合一者,但它不是最简单的合一者;最简单的合一者应为

$$g = \{B/y\}$$

2.4 语义网络表示

语义网络是知识的一种结构化图解表示,它由节点和弧线或链线组成。节点用于表示实体、概念和情况等,弧线用于表示节点间的关系。

语义网络表示由下列 4 个相关部分组成:

(1) 词法部分。决定词汇表中允许有哪些符号,它涉及各个节点和弧线。

(2) 结构部分。叙述符号排列的约束条件,指定各弧线连接的节点对。

(3) 过程部分。说明访问过程,这些过程能用来建立和修正描述,以及回答相关问题。

(4) 语义部分。确定与描述相关的(联想)意义的方法,即确定有关节点的排列及其占有物和对应弧线。

语义网络具有下列特点:

(1) 能把实体的结构、属性与实体间的因果关系显式和简明地表达出来,与实体相关的事实、特征和关系可以通过相应的节点弧线推导出来。这样便于以联想方式实现对系统的解释。

(2) 由于与概念相关的属性和联系被组织在一个相应的节点中,因而使概念易于受访和学习。

(3) 表现问题更加直观,更易于理解,适于知识工程师与领域专家沟通。语义网络中的继承方式也符合人类的思维习惯。

(4) 语义网络结构的语义解释依赖于该结构的推理过程而没有结构的约定,因而得到的推理不能保证像谓词逻辑法那样有效。

(5) 节点间的联系可能是线状、树状或网状的,甚至是递归状的结构,使相应的知识存储和检索可能需要比较复杂的过程。

2.4.1 二元语义网络的表示

首先用语义网络来表示一些简单的事实。例如,所有的燕子(swallow)都是鸟(bird)。建立两个节点,SWALLOW 和 BIRD,分别表示燕子和鸟。两节点以"是一个"(ISA)链相连,如图 2.10(a)所示。再如,希望表示小燕(xiaoyan)是一只燕子。那么,只需要在语义网络上增加一个节点(XIAOYAN)和一根 ISA 链,如图 2.10(b)所示。除了按分类学对物体进行分类以外,人们通常需要表示有关物体性质的知识。例如,要用语义网络表示鸟

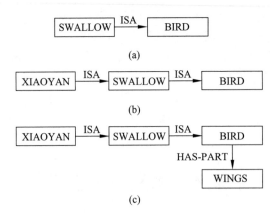

图 2.10   语义网络示例 1

有翅膀的事实,可按图 2.10(c)来建立语义网络。

　　假设希望表示小燕有一个巢(nest)这个事实,那么,可用所有权链 OWNS 连到表示是小燕的巢的节点巢-1(NEST-1),如图 2.11 所示。巢-1 是巢中的一个,即 NEST 节点表示物体的种类,而 NEST-1 表示这种物体中的一个例子。如果希望把小燕从春天到秋天占有一个巢的信息加到语义网络中去,但是现有的语义网络不能实现这一点。因为占有关系在语义网络中表示为一根链,它只能表示二元关系。如果用谓词运算来表示所讨论的例子,则要用一个四元的谓词演算。现在所需要的是一个和这样的四元谓词演算等价的,能够表示占有关系的起始时间、终止时间、占有者和所有物的语义网络。

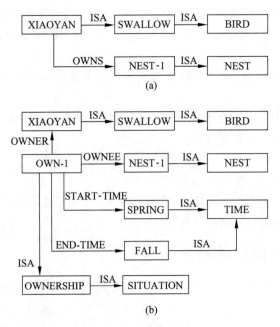

图 2.11   语义网络示例 2

由西蒙斯(Simmons)和斯洛克姆(Slocum)提出来的方法允许节点既可以表示一个物体或一组物体,也可以表示情况和动作。每一情况节点可以有一组向外的弧(事例弧),称为事例框,用以说明与该事例有关的各种变量。例如,应用具有事例弧的情况节点表示"小燕从春天到秋天占有一个巢"这个事实的语义网络就如图 2.11(b)所示。图中设立了"占有权-1"(OWN-1)节点,表示小燕有自己的巢。当然,小燕还可以有其他东西。所以,占有权-1 只是占有权(ownership)的一个实例。而占有权又只是一种特定的"情况"(situation)。小燕是占有权-1 的一个特定的"物主"(owner),而巢-1 是占有权-1 的一个特定的"占有物"(ownee)。小燕占有"占有权-1"的时间"从春天(spring)到秋天(fall)""春天"和"秋天"又被定为"时间"(time)的实例。

在选择节点时,首先要弄清节点是用于表示基本的物体或概念的,或是用于多种目的的。否则,如果语义网络只被用来表示一个特定的物体或概念,那么当有更多的实例时就需要更多的语义网络。这样就使问题复杂化。例如,如果把"我的汽车是棕黄色的"这一事实表示为一个如图 2.12(a)所示的语义网络。那么如果要表示"李华的汽车是绿色的"这一事实,就需要另外建立一个网络。如果,把汽车作为一个通用的概念,而把我的汽车作为汽车的一个实例,并表示我的汽车是棕黄色的。这时,语义网络就如图 2.12(b)所示。如果要进一步表示"李华的汽车是绿色的",只需扩展这个网络即可。如果要表示更多的汽车颜色,可以进一步扩展这个

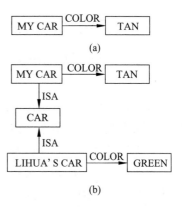

图 2.12 概念节点与实例节点

网络,这样做的优点是当寻找有关汽车的信息时,只要首先找到汽车这个节点就可以了。在图 2.12 中,像 CAR 这样的节点被称为概念节点;像 MY CAR 这样的节点被称为实例节点。

通常把有关一个物体或概念,或一组有关物体或概念的知识用一个语义网络表示出来。不然的话,会造成过多的网络,使问题复杂化。与此相关的是寻找基本概念和某些基本弧的问题,称为"选择语义基元"问题。选择语义基元就是试图用一组基元来表示知识。这些基元描述基本知识,并以图解表示的形式相互联系。用这种方式,可以用简单的知识来表达更复杂的知识。例如,希望定义一个语义网络来表示椅子的概念。为说明这个椅子是我的,建立"我的椅子"(MY CHAIR)节点。为进一步说明我的椅子是咖啡色的,增加一个"咖啡色"(BROWN)节点,并且用"颜色"(COLOR)链与我的椅子节点相连。为说明我的椅子是皮面的,引入了"皮革"(LEATHER)节点,并和"包套"(COVERING)链相连。要说明椅子是一种家具,则引入"家具"(FURNITURE)节点;要说明椅子是座位的一部分,加入"座位"(SEAT)节点。为表示椅子所有者的身份,设立了 X 节点,并以"所有者"(OWNER)链相连。然后,用"个人"(PERSON)节点表示椅子所有者的身份。这样建立的关于椅子的语义网络就如图 2.13 所示。

图 2.13   椅子的语义网络

2.4.2   多元语义网络的表示

语义网络是一种网络结构。节点之间以链相连。从本质上讲,节点之间的连接是二元关系。如果所要表示的知识是一元关系,例如,要表示李明是一个人,这在谓词逻辑中可表示为 MAN(LI MING)。用语义网络,这就可以表示为 LI MING $\xrightarrow{\text{ISA}}$ MAN。和这样的表示法相等效的关系在谓词逻辑中表示为 ISA(LIMING,MAN)。这说明语义网络可以毫无困难地表示一元关系。

如果所要表示的事实是多元关系的,例如,要表达北京大学(Peking University,简称 PKU)和清华大学(Tsinghua University,简称 TU)两校篮球队在北京大学进行的一场比赛的比分是 85 比 89。若用谓词逻辑可表示为 SCORE(PKU,TU,(85—89))。这个表示式中包含 3 项,而语义网络从本质上来说,只能表示二元关系。解决这个矛盾的一种方法是把这个多元关系转化成一组二元关系的组合,或二元关系的合取。具体来说,多元关系 $R(X_1,X_2,\cdots,X_n)$ 总可以转换成 $R_1(X_{11},X_{12}) \wedge R_2(X_{21},X_{22}) \wedge \cdots \wedge R_n(X_{n1},X_{n2})$,例如,三根线 a,b,c 组成一个三角形。这可表示成 TRIANGLE(a,b,c)。这个三元关系可转换成一组二元关系的合取,即

$$\text{CAT}(a,b) \wedge \text{CAT}(b,c) \wedge \text{CAT}(c,a)$$

式中,CAT 表示串行连接。

要在语义网络中进行这种转换需要引入附加节点。对于上述球赛,可以建立一个 G25 节点来表示这场特定的球赛。然后,把有关球赛的信息和这场球赛联系起来。这样的过程如图 2.14 所示。

可以用语义网络表示谓词逻辑法中的各种连词及量化。

图 2.14   多元关系的语义网络表示

2.4.3 语义网络的推理过程

在语义网络知识表达方法中,没有形式语义,也就是说,与谓词逻辑不同,对所给定的表达结构表示什么语义没有统一的表示法。赋予网络结构的含义完全决定于管理这个网络的过程的特性。已经设计了很多种以网络为基础的系统,它们各自采用完全不同的推理过程。

为了便于以下的叙述,对所用符号作进一步的规定。区分在链的头部和在链的尾部的节点,把在链的尾部的节点称为值节点。另外,还规定节点的槽相当于链,不过取不同的名字而已。在图 2.15 中砖块 12(BRICK12)有 3 个链,构成两个槽。其中一个槽只有一个值,另外一个槽有两个值。颜色槽(COLOR)填入红色(RED),ISA 槽填入了砖块(BRICK)和玩具(TOY)。

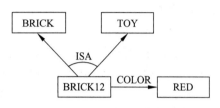

图 2.15 语义网络的槽与数值

语义网络中的推理过程主要有两种,一种是继承,另一种是匹配。以下分别介绍这两种过程。

1. 继承

在语义网络中所谓的继承是把对事物的描述从概念节点或类节点传递到实例节点。例如在图 2.16 所示的语义网络中,BRICK 是概念节点,BRICK12 是一个实例节点。BRICK 节点在 SHAPE(外形)槽,其中填入了 RECTANGULAR(矩形),说明砖块的外形是矩形的。这个描述可以通过 ISA 链传递给实例节点 BRICK12。因此,虽然 BRICK12 节点没有 SHAPE 槽,但可以从这个语义网络推理出 BRICK12 的外形是矩形的。

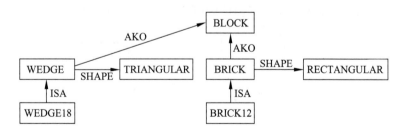

图 2.16 语义网络的值继承

这种推理过程,类似于人的思维过程。一旦知道了某种事物的身份以后,可以联想起很多关于这件事物的一般描述。例如,通常认为鲸鱼很大,鸟比较小,城堡很古老,运动员很健壮。这就像用每种事物的典型情况来描述各种事物——鲸鱼、鸟、城堡和运动员那样。

一共有 3 种继承过程:值继承、"如果需要"继承和"缺省"继承。

（1）值继承

除了 ISA 链以外，另外还有一种 AKO（是某种）链也可被用于语义网络中的描述或特性的继承。AKO 是 A-KIND-OF 的缩写。

总之，ISA 和 AKO 链直接地表示类的成员关系以及子类和类之间的关系，提供了一种把知识从某一层传递到另一层的途径。

为了能利用语义网络的继承特性进行推理还需要一个搜索程序用来在合适的节点寻找合适的槽。

（2）"如果需要"继承

当不知道槽值时，可以利用已知信息来计算。例如，可以根据体积和物质的密度来计算积木的质量。进行上述计算的程序称为 if-needed（如果需要）程序。

为了储存进行上述计算的程序，需要改进节点-槽-值的结构，允许槽有几种类型的值，而不只是一个类型。为此，每个槽又可以有若干个侧面，以储存这些不同类型的值。这样，以前讨论的原始意义上的值就放在"值侧面"中，if-needed 程序存放在 IF-NEEDED 侧面中。

（3）"缺省"继承

某些情况下，当对事物所作的假设不是十分有把握时，最好对所作的假设加上"可能"这样的字眼。例如，可以认为法官可能是诚实的，但不一定是；或认为宝石可能是很昂贵的，但不一定是。把这种具有相当程度的真实性，但又不能十分肯定的值称为"缺省"值。这种类型的值被放入槽的 DEFAULT（缺省）侧面中。

2. 匹配

至今所讨论的是类节点和实例节点。现在转向讨论更为困难一些的问题。当解决涉及由几部分组成的事物时，如图 2.17 中的玩具房（TOY-HOUSE）和玩具房-77（TOY-HOUSE77），继承过程将如何进行。不仅必须制定如何把值从玩具房传递到玩具房-77 的路径，而且必须制定把值从玩具房部件传递到玩具房-77 部件的路径。

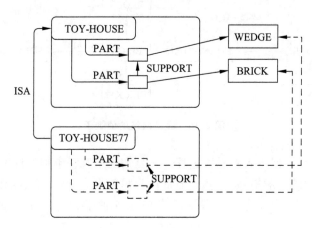

图 2.17　虚节点和虚链

例如,很明显,由于 TOY-HOUSE77 是 TOY-HOUSE 的一个实例,所以它必须有两个部件,一个是砖块,另一个是楔块(wedge)。另外,作为玩具房的一个部件的砖块必须支撑楔块。在图 2.17 中,玩具房-77 部件以及它们之间的链,都用虚线画的节点的箭头来表示。因为这些知识是通过继承而间接知道的,并不是通过实际的节点和链直接知道的。因此,虚线所表示的节点和箭头表示的链是虚节点和虚链。

没有必要从 TOY-HOUSE 节点把这些节点和链复制到 TOY-HOUSE77 节点上去,除非需要在这些复制节点加上玩具房-77 所特有的信息。例如,如果要表示玩具房-77 的砖块的颜色是红的,就必须为 TOY-HOUSE77 建立一个 BRICK 节点,并把 RED 放在这个 BRICK 节点的 COLOR 槽中。假设把 RED 放在作为玩具房部件的 BRICK 节点的 COLOR 槽中,这将意味着所有玩具房的砖都是红色的,而不是只在由玩具房-77 所描述的特定房子中的砖是红色的。

现在来研究图 2.18 中的结构 35(STRUCTURE35)。已知这个结构有两个部件,一个砖块 BRICK12 和一个楔块 WEDGE18。一旦在 STRUCTURE35 和 TOY-HOUSE 之间放上 ISA 链,就知道 BRICK12 必须支撑 WEDGE18。在图 2.18 上用虚线箭头表示 BRICK12 和 WEDGE18 之间的 SUPPORT 虚链。因为很容易做部件匹配,所以虚线箭头的位置和方向很容易确定。WEDGE18 肯定和作为 TOYHOUSE 的一个部件的楔块相匹配,而 BRICK12 肯定和砖块相匹配。

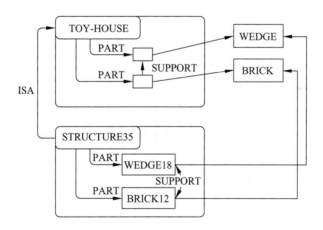

图 2.18　部件匹配

2.5　框 架 表 示

心理学的研究结果表明,在人类日常的思维和理解活动中,当分析和解释遇到新情况时,要使用过去经验积累的知识。这些知识规模巨大而且以很好的组织形式保留在人们的记忆中。例如,当走进一家从未来过的饭店时,根据以往的经验,可以预见在这家饭店将会看到菜单、桌子、服务员等等。当走进教室时,可以预见在教室里可以看到椅子、黑板等。人们试图用以往的经验来分析解释当前所遇到的情况,但无法把过去的经验一一都存在脑子里,而只能以一个通用的数据结构的形式存储以往的经验。这样的数据结构称为框架(frame)。框架提供了一个结构,一种组织。在这个结构或组织中,新的资料可以用经验中得到的概念来分析和解释。因此,框架也是一种结构化表示法。

通常框架采用语义网络中的节点、槽、值表示结构。所以框架也可以定义为是一组语义网络的节点和槽,这组节点和槽可以描述格式固定的事物、行动和事件。语义网络可看做节点和弧线的集合,也可以视为框架的集合。

2.5.1   框架的构成

框架通常由描述事物的各个方面的槽组成,每个槽可以拥有若干个侧面,而每个侧面又可以拥有若干个值。这些内容可以根据具体问题的具体需要来取舍,一个框架的一般结构如下:

〈框架名〉
    〈槽 1〉〈侧面 11〉〈值 111〉…
            〈侧面 12〉〈值 121〉…
            …
    〈槽 2〉〈侧面 21〉〈值 211〉…
            …
    …
    〈槽 n〉〈侧面 $n1$〉〈值 $n11$〉…
            …
            〈侧面 nm〉〈值 $nm1$〉…

较简单的情景是用框架来表示诸如人和房子等事物。例如,一个人可以用其职业、身高和体重等项描述,因而可以用这些项目组成框架的槽。当描述一个具体的人时,再将这些项目的具体值填入到相应的槽中。表 2.2 给出的是描述 John 的框架。

表 2.2   简单框架示例

JOHN				
ISA	:	PERSON	Height	:	1.8m
Profession	:	PROGRAMMER	Weight	:	79kg

对于大多数问题,不能这样简单地用一个框架表示出来,必须同时使用许多框架,组成一个框架系统(frame system)。图 2.19 所示的就是一个立方体视图框架表示。图中,最高层的框架,用 ISA 槽说明它是一个立方体,并由 region 槽指示出它所拥有的 3 个可见面 A、B、E。而 A、B、E 又分别用 3 个框架来具体描述。用 must-be 槽指示出它们必须是一个平行四边形。

为了能从各个不同的角度来描述物体,可以对不同角度的视图分别建立框架,然后再把它们联系起来组成一个框架系统。图 2.20 所示的就是从 3 个不同的角度来研究一个立方体的例子。为了简便起见,图中略去了一些细节,在表示立方体表面的槽中,用实线与可见面连接,用虚线与不可见面连接。

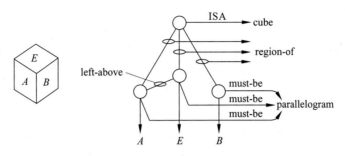

图 2.19　一个立方体视图的框架表示

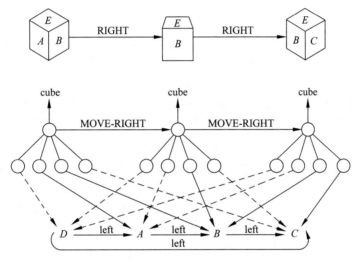

图 2.20　表示立方体的框架系统

　　从图 2.20 可见,一个框架结构可以是另一个框架的槽值,并且同一个框架结构可以作为几个不同的框架的槽值。这样,一些相同的信息可以不必重复存储,节省了存储空间。框架的一个重要特性是其继承性。为此,一个框架系统常被表示成一种树形结构,树的每一个节点是一个框架结构,子节点与父节点之间用 ISA 或 AKO 槽连接。所谓框架的继承性,就是当子节点的某些槽值或侧面值没有被直接记录时,可以从其父节点继承这些值。例如,椅子一般都有 4 条腿,如果一把具体的椅子没有说明它有几条腿,则可以通过一般椅子的特性,得出它也有 4 条腿。

　　框架是一种通用的知识表达形式,对于如何运用框架系统还没有一种统一的形式,常常由各种问题的不同需要来决定。

　　框架系统具有树状结构。树状结构框架系统的每个节点具有如下框架结构形式:

框架名
AKO VALUE〈值〉
PROP DEFAULT〈表 1〉
SF IF-NEEDED〈算术表达式〉
CONFLICT ADD〈表 2〉

其中框架名用类名表示。AKO 是一个槽，VALUE 是它的侧面，通过填写〈值〉的内容表示出该框架属于哪一类。PROP 槽用来记录该节点所具有的特性，其侧面DEFAULT 表示该槽的内容是可以进行缺省继承的，即当〈表1〉为非 NIL 时，PROP 的槽值为〈表1〉，当〈表1〉为 NIL 时，PROP 的槽值用其父节点的 PROP 槽值来代替。

2.5.2 框架的推理

如前所述，框架是一种复杂结构的语义网络。因此语义网络推理中的匹配和特性继承在框架系统中也可以实行。除此以外，由于框架用于描述具有固定格式的事物、动作和事件，因此可以在新的情况下，推论出未被观察到的事实。框架用以下几种途径来帮助实现这一点：

（1）框架包含它所描述的情况或物体的多方面的信息。这些信息可以被引用，就像已经直接观察到这些信息一样。例如，当一个程序访问一个 ROOM 框架时，不论是否有证据说明屋子里有门，都可以推论出，在屋子里至少有一个门。之所以能这样做，是因为ROOM 框架中包含对屋子的描述，其中包括在屋子里必须有门的事实。

（2）框架包含物体必须具有的属性。在填充框架的各个槽时，要用到这些属性。建立对某一情况的描述要求先建立对此情况的各个方面的描述。与描述这个情况的框架中的各个槽有关的信息可用来指导如何建立这些方面的描述。

（3）框架描述它们所代表的概念的典型事例。如果某一情况在很多方面和一个框架相匹配，只有少部分相互之间存在不同之处。这些不同之处很可能对应于当前情况的重要方面，也许应该对这些不同之处做出解答。因此，如果一个椅子被认为应有 4 条腿，而某一椅子只有 3 条腿，那么或许这把椅子需要修理。

当然，在以某种方式应用框架以前，首先要确认这个框架是适用于当前所研究的情况的。这时可以利用一定数量的部分证据来初步选择候选框架。这些候选框架就被具体化，以建立一个描述当前情况的实例。这样的框架将包含若干个必须填入填充值的槽。然后程序通过检测当前的情况，试图找到合适的填充值。如果可以找到满足要求的填充值，就把它们填入到这个具体框架的相应槽中去。如果找不到合适的填充值，就必须选择新的框架。从建立第一个具体的框架试验失败的原因中可为下一个应该试验什么框架提供有用的线索。在另一方面，如果找到了合适的值，框架就被认为适合于描述当前的情况。当然，当前的情况可能改变。那么，关于产生什么变化的信息（例如，可以按顺时针方向沿屋子走动）可用来帮助选择描述这个新情况的框架。

用一个框架来具体体现一个特定情况的过程，经常不是很顺利的。但当这个过程碰到障碍时，经常不必放弃原来的努力去从头开始，而是有很多办法可想的：

（1）选择和当前情况相对应的当前的框架片断，并把这个框架片断和候补框架相匹配。选择最佳匹配。如果当前的框架总的来说差不多是可以接受的，则许多已经做的、有关建立子结构以填入这个框架的工作将可保留。

（2）尽管当前的框架和所要描述的情况之间有不相匹配的地方，但是仍然可以继续应用这个框架。例如，所研究的只有 3 条腿的椅子，可能是一个破椅子或是有另一个在椅子前面的物体挡住了一条腿。框架的某一部分包含关于哪些特性是允许不相匹配的信息。同样的,也有一般的启发性原则,比如一个漏失某项期望特性的框架(可能由于被挡住视线造成的)比另一个多了某一项不应有的特性的框架更适合当前的情况。举例来说,一个人只有一条腿比说一个人有 3 条腿或有尾巴更合乎情理些。

(3) 查询框架之间专门保存的链,以提出应朝哪个方向进行试探的建议。这种链的例子与图 2.21 所示的网络相似。例如,如果和 CHAIR 框架匹配时,发现没有靠背,并且太宽,这时就建议用 BENCH(条凳)框架;如果太高,并且没有靠背,就建议用 STOOL(凳子)框架。

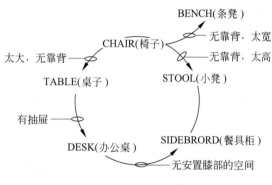

图 2.21 相似网络

(4) 沿着框架系统排列的层次结构向上移动(即从狗框架→哺乳动物框架→动物框架),直到找到一个足够通用,并不与已有事实矛盾的框架。如果框架足够具体,可以提供所要求的知识,那就采用这个框架。或者建立一个新的、正好匹配下一层的框架。

2.6 本 体 技 术

本节讨论本体(ontology)的基本概念、组成及其分类,并简要介绍本体的建模方法。

2.6.1 本体的概念

格鲁伯(Gruber)于 1993 年指出:"本体是概念化的一个显式的规范说明或表示"。格里诺(Guarino)和贾雷塔(Giaretta)为了澄清对本体的认识,针对本体的 7 种不同概念解释进行了深入的分析,于 1995 年给出了如下定义:"本体是概念化某些方面的一个显式规范说明或表示"。博斯特(Borst)于 1997 年给出了一个类似的定义,即"本体可定义为被共享的概念化的一个形式规范说明"。

这三个定义已成为经常被引用的定义,它们都强调了对"概念化"的形式解释和规范说明。同时,反映出本体所描述的知识是具有共享性的。

在这些本体定义中,对所用到的"概念化"一词并没有给出明确的解释。格里诺对上述定义中的"概念化"给出了一种比较合理的解释,同时对概念化和本体的关系作了进一步的阐释。以下简要说明他对"概念化"的解释。

定义 2.4 领域空间(domain space) 领域空间定义为 $\langle D, W \rangle$,其中 D 表示领域,W

表示该领域事件最大状态的集合(也称为可能世界)。

定义 2.5 概念关系(conceptual relation) $\langle D,W \rangle$ 上的 n 元概念关系定义为 ρ^n:$W \rightarrow 2^{D^n}$,表示集合 W 在领域 D 上所有 n 元关系集合的全函数。

对于概念上的关系 ρ,集合 $E\rho = \{\rho(w) \mid w \in W\}$ 包含 ρ 可接受的所有外延 (admittable extensions)。

定义 2.6 概念化(conceptualization) 领域空间 $\langle D,W \rangle$ 中 D 的概念化定义为一个有序三元组 $C = \langle D,W,\acute{R} \rangle$,其中 $\langle D,W \rangle$ 为领域空间,$\acute{R}$ 为 $\langle D,W \rangle$ 上概念关系的集合。

从上述定义可见,概念化是定义在一个领域空间上的所有概念关系的集合。

定义 2.7 意图结构(intended structure) $\forall w \in W$,S_{wC} 是可能世界 w 关于 C 的意图结构,$S_{wC} = \langle D,R_{wC} \rangle$,其中 $R_{wC} = \{\rho(w) \mid \rho \in \acute{R}\}$,表示 $\acute{R}$ 中概念关系的关于 w 的外延集合。

符号 S_C 表示概念化 C 的所有意图世界结构,$S_C = \{S_{wC} \mid w \in W\}$。

定义 2.8 模型(model) 假定逻辑语言 L 具有词汇表 V,词汇表 V 由常量符号集合和谓词符号集合构成。逻辑语言 L 的模型定义为结构 $\langle S,I \rangle$,其中 $S = \langle D,R \rangle$ 表示一个世界结构;$I:V \rightarrow D \cup R$ 表示一个解释函数,把 V 中的常量符号映射为 D 中的元素,把 V 中的谓词符号映射为 R 中的元素。

由以上定义可见,一个模型确定了一种语言的特定外延解释。类似地,通过概念化可以确定内涵解释 $\langle C,\Im \rangle$ 为一个结构 $\langle C,\Im \rangle$,其中 $C = \langle D,W,\acute{R} \rangle$ 是一个概念化,$\Im:V \rightarrow D \cup \acute{R}$ 表示一个解释函数,把 V 中的常量符号映射为 D 中的元素,把 V 中的谓词符号映射为 $\acute{R}$ 中的元素。

定义 2.9 本体承诺(ontological commitment) 逻辑语言 L 的一个本体承诺 $K = \langle C,\Im \rangle$ 定义为 L 的一个内涵解释模型,其中 $C = \langle D,W,\acute{R} \rangle$,$\Im:V \rightarrow D \cup \acute{R}$ 表示一个解释函数,把 V 中的常量符号映射为 D 中的元素,把 V 中的谓词符号映射为 $\acute{R}$ 中的元素。

如果 $K = \langle C,\Im \rangle$ 是逻辑语言 L 的本体承诺,称逻辑语言 L 通过本体承诺 K 承诺于概念化 C,同时,C 是 K 的基本概念化。

已知逻辑语言 L 及其词汇表 V,$K = \langle C,\Im \rangle$ 是逻辑语言的本体承诺,则模型 $\langle S,I \rangle$ 与 K 兼容需要满足以下条件:

- $S \in S_C$;
- 对每一个常量 c,$I(c) = \Im(c)$;
- 存在一个可能世界 w,对于每个谓词符号 p,满足 I 把谓词 p 映射为 $\Im(p)$ 允许的外延。即存在一个概念上的关系 ρ,满足 $\Im(p) = \rho \wedge \rho(w) = I(p)$。

定义 2.10 意图模型(intended model) 逻辑语言 L 的所有与 K 兼容的模型 $M(L)$ 构成一个集合,称为 L 关于 K 的内涵模型,记作 $I_K(L)$,见图 2.22。

给定逻辑语言 L 及其本体承诺 $K = \langle C,\Im \rangle$,$L$ 的本体是按照使本体的模型集合最逼近于 L 关于 K 的内涵模型集合的方式设计的公理集合。

定义 2.11 本体(ontology) 本体是一种说明形式化词汇内涵的逻辑理论,即一种

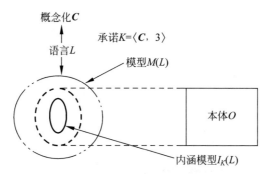

图 2.22　概念化、语言和本体关系图

词汇世界特定概念化的本体承诺。使用该词汇表的逻辑语言 L 的内涵模型受本体承诺 K 的约束。

如果存在本体承诺 $K=\langle C,\Im\rangle$ 使本体 O 包含 L 关于 K 的内涵模型,那么称语言 L 的本体 O 相似于概念化 C。

如果本体 O 的设计目的是为了描述概念化 C 的特征,同时本体 O 相似于概念化 C,那么称本体承诺于 C。如果逻辑语言 L 承诺于某个概念化 C,以至本体 O 承诺于概念化 C,那么逻辑语言 L 承诺于本体 O。

图 2.22 表示语言 L、本体 O 与概念化 C 之间关系的示意图。本体 O 是用于解释形式化词汇内涵意义的逻辑理论,使用这种词汇表的逻辑语言 L 的内涵模型受本体承诺 K 的约束。本体通过接近这些内涵模型间接地反映这些本体承诺,本体 O 是语言相关的,而概念化 C 是语言无关的。

2.6.2　本体的组成与分类

1. 本体的组成

在知识工程领域,本体是一个工程上的人工产物,是由用于描述某种确定现实情况的特定术语集,加上一组关于术语内涵意义的显式假定集合构成。在最简单的情况下,本体只描述概念的分类层次结构;在复杂的情况下,本体可以在概念分类层次的基础上,加入一组合适的关系、公理、规则来表示概念之间的其他关系,约束概念的内涵解释。

概括地讲,一个完整的本体应由概念、关系、函数、公理和实例等五类基本元素构成。

概念是广义上的概念,除了一般意义上的概念外,也可以是任务、功能、行为、策略、推理过程,等等。本体中的这些概念通常构成一个分类层次。

关系表示概念之间的一类关联。典型的二元关联如继承关系形成概念的层次结构。

函数是一种特殊的关系,其中第 n 个元素对于前面 $n-1$ 个元素是惟一确定的。一般地,函数用 $F:C_1\times\cdots\times C_{n-1}\to C_n$ 表示。

公理用于描述一些永真式。更具体地说,公理是领域中在任何条件下都成立的断言。

实例是指属于某个概念的具体实例,特定领域的所有实例构成领域概念类的指称域。

图 2.23 是一个具体说明本体的实例,具体说明 ontology 的内容。图中表示的内容

为某领域研究人员 ontology 库的一部分，是对研究人员（person）和出版物（publication）这两个概念，以及研究人员的合作关系（cooperatesWith）、研究人员与出版物之间相互关系公理的定义。

> FORALL Person1，Person2
> 　　Person1：Researcher[cooperatesWith—≫Person2]
> 　　↔
> 　　Person2：Researcher[cooperatesWith—≫Person1]．
>
> FORALL Person1，Publication1
> 　　Publication1：Publication [author—≫Person1]
> 　　↔
> 　　Person1：Person[Publication—≫Publication1]．

图 2.23　Ontology 的实例

2. 本体的分类

从不同的角度出发，存在多种对本体的分类标准。按照本体的主题，当前常见的本体可以分为如下 5 种类型：

（1）知识表示本体：包括知识的本质特征和基本属性。

（2）通用常识本体：包括通用知识工程和常识知识库等。

（3）领域本体：提供一个在特定领域中可重用的概念、概念的属性、概念之间的关系以及属性和关系的约束，或该领域的主要理论和基本原理等。

（4）语言学本体：是指关于语言、词汇等的本体。

（5）任务本体：主要涉及动态知识，而不是静态知识。

此外，本体还有很多其他的分类。如同本体的概念一样，学术界目前对于本体的分类也有很多不同看法。一些常用的概念对于本体的分类具有指导作用，也会有助于建造本体。

2.6.3　本体的建模

构造出一个领域的本体，可以极大地提高计算机对该领域的信息处理能力以及改善该领域的信息共享效果。目前，本体已经成为知识获取和表示、规划、进程管理、数据库框架集成、自然语言处理和企业模拟等研究领域的核心。

1. 本体建模方法

建立本体模型的过程可分为非形式化阶段和形式化阶段。在非形式化阶段本体模型是用自然语言和图表来描述的，例如用概念图来表示本体，形成本体原型。在形式化阶段通过知识表示语言（例如 RDF、DAML＋OIL、OWL 等）对本体模型进行编码，形成便于人们交流的、无歧义的、可被软件或智能体直接解释的本体。

由于本体工程到目前为止仍处于相对不成熟的阶段,每一个工程拥有自己独立的方法。例如,尤斯乔德(Uschold)和金(King)的"骨架"法、格鲁宁格(Gruninger)福克斯(Fox)的"评价法"(TOVE)、伯内拉斯(Berneras)的 KACTUS 工程法、马德里大学的 Methontology 方法、SENSUS 方法、甘唐(Gandon)的五阶段法等。

本节以甘唐提出的五阶段法为例,说明本体的建模过程。以下建立的 NUDT5 本体描述了某信息系统与管理实验室的状况。该本体可用于信息系统与管理各实验室的知识管理。

阶段 1:数据收集和分析

从组织的文档、报告中抽取出有关的概念:"Something、Entity、Document、Person、OrganizationGroup、SomeRelation、Author、FamilyName、Title"等。

阶段 2:建立一个字典

获取这些概念的定义。

Entity:独立存在的能区别于其他东西的东西;

Document:包含可以表示思想的元素的实体;

Author:表示一个文档被一个人创造的关系;

Title:指定一个文档的文字;

等等。

阶段 3:对字典进行求精,建立内容更丰富的表

对概念进行分类,建立更详细的表,如表 2.3～表 2.6。

表 2.3 顶层概念表

类	父类	自然语言定义
Something		一种有形的、无形的或者抽象的存在的东西
Entity	Something	独立存在的、能区别于其他东西的东西
...	...	......

表 2.4 中间层概念表

类	父类	自然语言定义
Document	Entity	包含可以表示思想的元素的实体
Person	Entity	人类的一个单独的个体
...	...	......

表 2.5 顶层关系表

关系	领域	范围	父辈关系	自然语言定义
SomeRelation	Something			两个事物之间属于、连接、刻画等抽象
...	...	...	...	......

表 2.6　中间层关系表

关系	领域	范围	父辈关系	自然语言定义
Author	Document	Person	SomeRelation	表示一个文档被一个人创造的关系
Title	Document	Literal(RDF)	SomeRelation	指定一个文档的文字
…	…	…	…	……

本体概念的层次结构如图 2.24 所示。

图 2.24　本体概念的层次结构图

本体关系的层次结构如图 2.25 所示。

图 2.25　本体关系的层次结构图

阶段 4：用 RDFS 语言描述上述各表

其中 rdfs 和 rdf 是 W3C 定义的两个 RDFS。

```
<?xml version="1.0" encoding="ISO-9999-9" ?>
<rdf:RDF xmlns:rdfs=http://www.w3.org/2000/01/rdf-schema#
    xmlns: rdf="http://www.w3.org/1999/02/22-rdf-syntax-ns#" >
```

用 RDFS 语言分别描述顶层概念、中间层概念、扩展层概念、顶层关系、中间层关系和扩展层关系。本体分为三层:顶层概念和关系、中间层概念和关系、扩展层概念和关系。其中顶层本体是最抽象的一层,它对于所有的问题和领域都是可以重用的;中间层本体对于相似领域是可以重用的;扩展层本体只是在本领域内可用,对于其他领域,需要重新建立这部分本体。

阶段 5:定义关系的代数属性,定义知识的推理规则

```
< rdf:Property rdf:ID="Author">
    < rdfs:inverse rdf:resource="#hasWrited" />
</rdf:Property>
< rdf:Property rdf:ID="hasWrited">
    < rdfs:inverse rdf:resource="#Author" />
</rdf:Property>
```

本体 NUDT5 的建立过程如图 2.26,可以在它的基础上进行扩充。

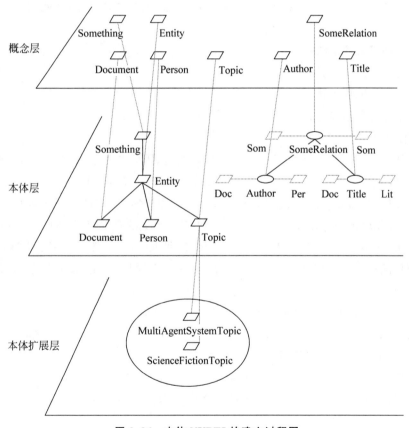

图 2.26 本体 NUDT5 的建立过程图

2. 本体建模语言

互联网最初的设计是提供一个分布的共享信息空间,通过超级链接来支持人类的信息查询和信息通信。但是这样的信息表示和组织方法缺乏结构化,机器程序无法理解信息的内容和进行自动处理。近年来出现的语义网(Semantic Web)技术,其目标在于建立一个"与计算机对话的 Web",使计算机能够充分利用 Web 的资源,为人类提供更好的服务。语义网技术超越了传统互联网的限制,它使用一个结构化和逻辑链接的表示方法对信息进行编码,使得 Web 上的信息具有计算机可以理解的语义,满足 agent 对 Web 上异构和分布信息的有效访问、搜索和推理。W3C 是 Web 标准的主要制订者和新技术的主要倡导者,该组织专门成立了语义 Web 的专题研究组 Semantic Web WorkGroup,并将XML 协议族作为实现语义 Web 的基础之一。

语义网的核心概念之一就是本体,本体定义了组成主题领域词汇的基本术语和关系,以及用于组合术语和关系以定义词汇外延的规则。本节使用本体来获取某一领域的知识,用本体描述该领域的概念,以及这些概念之间的关系。在建立了本体之后,应该按照一定的规范格式对本体进行描述和存储,称用来描述本体的语言为本体描述语言。本体描述语言使得用户能够为领域模型编写清晰的、形式化的概念描述,因此它应该满足以下要求:

(1) 良好定义的语法;

(2) 良好定义的语义;

(3) 有效的推理支持;

(4) 充分的表达能力;

(5) 便于表达。

许多研究工作者都在致力于研究本体描述语言,因此产生了许多种本体描述语言,它们各有千秋,包括 RDF 和 RDF-S、OIL、DAML、DAML+OIL、OWL、XML、KIF、SHOE、XOL、OCML、Ontolingua、CycL、Loom 等。其中,和具体系统相关的(基本上只在相关项目中使用的)有 Ontolingua、CycL、Loom 等。和 Web 相关的有 RDF 和 RDF-S、OIL、DAML、DAML+OIL、OWL、SHOE、XOL 等。其中 RDF 和 RDF-S、OIL、DAML、OWL、XOL 之间有着密切的联系,是 W3C 的本体语言标准中的不同层次,也都是基于 XML 的。而SHOE 是基于 HTML 的,是 HTML 的一个扩展。

实现 Web 数据的语义表示和自动处理是未来互联网技术发展的一个长期的目标。目前,DARPA、W3C、Standford、MIT、Harvard、TC&C 等众多研究机构都在为实现语义Web 的远景目标而努力,从不同的角度探讨解决这一问题的方案。以智能体技术为代表的智能处理模式被认为是在广泛分布、异构和不确定性信息环境中具有良好应用前景的模式,而多智能体在语义 Web 上运行时需要使用本体,因此,本体技术已成为当前语义Web 技术的研究热点。

目前,在信息系统领域本体(ontology)的应用变得越来越重要与广泛,其主要应用包括知识工程、数据库设计与集成、信息系统互操作、仿真、信息检索与抽取、语义 Web、知识管理、智能信息处理等多个领域。

2.7 过 程 表 示

语义网络和框架等知识表示方法,均是对知识和事实的一种静止的表达方法,称这类知识表达方式为陈述式知识表达,它所强调的是事物所涉及的对象是什么,是对事物有关知识的静态描述,是知识的一种显式表达形式。而对于如何使用这些知识,则通过控制策略来决定。

与知识的陈述式表示相对应的是知识的过程(procedure)表示。所谓过程表示就是将有关某一问题领域的知识,连同如何使用这些知识的方法,均隐式地表达为一个求解问题的过程。过程表示所给出的是事物的一些客观规律,表达的是如何求解问题。知识的描述形式就是程序,所有信息均隐含在程序之中。从程序求解问题的效率上来说,过程式表达的效率要比陈述式表达高得多。但因其知识均隐含在程序中,因而难于添加新知识和扩充功能,适用范围较窄。

过程式不像陈述式那样具有固定的形式,如何描述知识完全取决于具体的问题。下面以八数码问题为例,给出一种求解该问题的过程式描述。

用一个 3×3 的方格阵来表示该问题的一个状态,为叙述上的方便,用 a~i 来标记这 9 个方格,如图 2.27(a)所示。问题的目标状态设定为图 2.27(b)。当任意给定一初始状态后,求解该问题的过程如下:

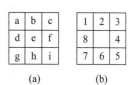

图 2.27 八数码问题状态的
描述及其目标状态

(1) 首先移动棋牌,使得棋子 1 和空格均不在位置 c 上。

(2) 依次移动棋牌,使得空格位置沿图 2.28(a)所示的箭头方向移动,直到棋子 1 位于 a 为止。

(3) 依次移动棋牌,使得空格位置沿 2.28(b)所示的箭头方向移动,直到数码 2 位于 b 为止。若这时数码 3 刚好在位置 c,则转(6)。

(4) 依次移动棋牌,使得空格位置沿 2.28(c)所示的箭头方向移动,直到数码 3 位于 e 为止。这时空格刚好在位置 d。

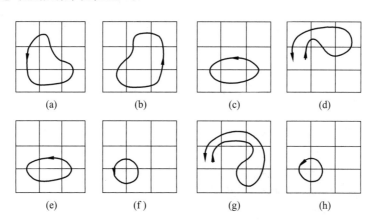

图 2.28 空格移动方向示意图

经过以上4步,得到的状态如图 2.29(a)所示。其中"×"表示除空格以外的任何棋牌。

(5) 依次移动棋牌,使得空格位置沿图 2.28(d)所示的箭头方向移动,直到空格又回到 d 为止。此时状态如图 2.29(b)所示。

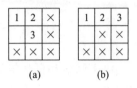

图 2.29   空格移动示意图

(6) 依次移动棋牌,使得空格位置沿图 2.28(e)所示的箭头方向移动,直到数码 4 在位置 f 为止。若这时数码 5 刚好在位置 i 则转(9)。

(7) 依次移动棋牌,使得空格位置沿图 2.28(f)所示的箭头方向移动,直到数码 5 位于 e 为止。这时空格刚好在位置 d。

(8) 依次移动棋牌,使得空格位置沿图 2.28(g)所示的箭头方向移动,直到空格又回到位置 d 为止。

(9) 依次移动棋牌,使得空格位置沿图 2.28(h)所示的箭头方向移动,直到数码 6 在位置 h 为止,若这时数码 7 和 8 分别在位置 g 和 d,则问题得解,否则,说明由所给初始状态达不到所要求的目标状态。

图 2.30 给出了应用以上过程求解一个具体的八数码问题的例子,其中(1)~(9)的 9 个状态分别对应了以上过程(1)~(9)的 9 个步骤结束时所达到的状态。

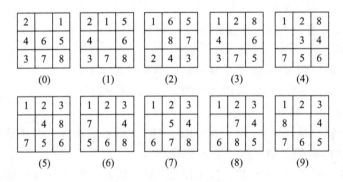

图 2.30   八数码问题示例

从图 2.30 可以看出,这样得到的解路显然不是最佳的,但是按这样的一种过程编写的计算机程序具有非常高的求解效率。

2.8 小   结

本章所讨论的知识表示问题是人工智能研究的核心问题之一。对知识表示新方法和混合表示方法的研究仍然是许多人工智能专家学者们感兴趣的研究方向。适当选择和正确使用知识表示方法将极大地提高人工智能问题求解效率。人们总是希望能够使用行之有效的知识表示方法解决面临的问题。

知识表示方法很多,本章介绍了其中的 7 种,有图示法、公式法、结构化方法、陈述式表示和过程式表示等。

状态空间法是一种基于解答空间的问题表示和求解方法,它是以状态和操作符为基础的。在利用状态空间图表示时,从某个初始状态开始,每次加一个操作符,递增地建立起操作符的试验序列,直到达到目标状态为止。由于状态空间法需要扩展过多的节点,容易出现"组合爆炸",因而只适用于表示比较简单的问题。

问题归约法从目标(要解决的问题)出发,逆向推理,通过一系列变换把初始问题变换为子问题集合和子子问题集合,直至最后归约为一个平凡的本原问题集合。这些本原问题的解可以直接得到,从而解决了初始问题,用与或图来有效地说明问题归约法的求解途径。问题归约法能够比状态空间法更有效地表示问题。状态空间法是问题归约法的一种特例。在问题归约法的与或图中,包含有与节点和或节点,而在状态空间法中只含有或节点。

谓词逻辑法采用谓词合式公式和一阶谓词演算把要解决的问题变为一个有待证明的问题,然后采用消解定理和消解反演来证明一个新语句是从已知的正确语句导出的,从而证明这个新语句也是正确的。谓词逻辑是一种形式语言,能够把数学中的逻辑论证符号化。谓词逻辑法常与其他表示方法混合使用,灵活方便,可以表示比较复杂的问题。

语义网络是一种结构化表示方法,它由节点和弧线或链线组成。节点用于表示物体、概念和状态,弧线用于表示节点间的关系。语义网络的解答是一个经过推理和匹配而得到的具有明确结果的新的语义网络。语义网络可用于表示多元关系,扩展后可以表示更复杂的问题。

框架是一种结构化表示方法。框架通常由指定事物各个方面的槽组成,每个槽拥有若干个侧面,而每个侧面又可拥有若干个值。大多数实用系统必须同时使用许多框架,并可把它们联成一个框架系统。框架表示已获广泛应用,然而并非所有问题都可以用框架表示。

本体是概念化的一个显式规范说明或表示。本体可定义为被共享的概念化的一个形式规范说明。本节在论述了本体的基本概念后,讨论了本体的组成、分类与建模。本体是一种比框架更有效的表示方法。

过程是一种知识的过程式表示,它将某一有关问题领域知识同这些使用方法一起,隐式地表示为一个问题求解过程。过程表示用程序来描述问题,具有很高的问题求解效率。由于知识隐含在程序中难以操作,所以适用范围较窄。

对于同一问题可以有许多不同的表示方法。不过对于特定问题,有的表示方法比较有效,其他表示方法可能不大适用,或者不是好的表示方法。

在表示和求解比较复杂的问题时,采用单一的知识表示方法是远远不够的。往往必须采用多种方法混合表示。例如,综合采用框架、本体、语义网络、谓词逻辑的过程表示方法(两种以上),可使所研究的问题获得更有效的解决。

此外,在选择知识表示方法时,还要考虑所使用的程序设计语言所提供的功能和特点,以便能够更好地描述这些表示方法。

习　题　2

2-1　状态空间法、问题归约法、谓词逻辑法和语义网络法的要点是什么?它们有何本质上的联系及异同点?

2-2 设有 3 个传教士和 3 个野人来到河边,打算乘一只船从右岸渡到左岸去。该船的负载能力为两人。在任何时候,如果野人人数超过传教士人数,那么野人就会把传教士吃掉。如何用状态空间法来表示该问题?给出具体的状态表示和算符。

2-3 利用图 2.31,用状态空间法规划一个最短的旅行路程:此旅程从城市 A 开始,访问其他城市不多于一次,并返回 A。选择一个状态表示,表示出所求得的状态空间的节点及弧线,标出适当的代价,并指明图中从起始节点到目标节点的最佳路径。

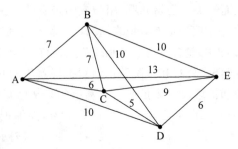

图 2.31 推销员旅行问题

2-4 试说明怎样把一棵与或解树用来表达图 2.32 所示的电网络阻抗的计算。单独的 R、L 或 C 可分别用 R、$j\omega L$ 或 $1/j\omega C$ 来计算,这个事实用作本原问题。后继算符应以复合并联和串联阻抗的规则为基础。

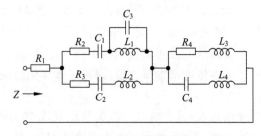

图 2.32 电网络阻抗图

2-5 试用四元数列结构表示四圆盘梵塔问题,并画出求解该问题的与或图。

2-6 用谓词演算公式表示下列英文句子(多用而不是省用不同谓词和项。例如不要用单一的谓词字母来表示每个句子)。

A computer system is intelligent if it can perform a task which, if performed by a human, requires intelligence.

2-7 把下列语句表示成语义网络描述:

(1) All men are mortal.

(2) Every cloud has a silver lining.

(3) All branch managers of DEC participate in a profit-sharing plan.

2-8 试构造一个描述你的寝室或办公室的框架系统。

2-9 框架和本体有何关系与区别?

2-10 过程表示有何特点和局限性?

参 考 文 献

1. Barr A, Feigenbaum E A. Handbook of Artificial Intelligence[M]. Vol. 1 & Vol. 2. William Kaufmann Inc.,1981.

2. Bengio Y, Courville A, Vincent P. Representation learning: A review and new perspectives[J]. IEEE Trans. PAMI, Special Issue Learning Deep Architectures, 2013.

3. Bobrow D G, Hayes P J. Special issues on nonmonotonic reasoning[J]. Artificial Intelligence,1980, 13(2).

4. Bobrow D G. Special issue on qualitative reasoning[J]. Artificial Intelligence,1984,24.

5. Bonatti P A,et al. Knowledge graphs: New directions for knowledge representation on the semantic web[R]. Dagstuhl Seminar 18371. Dagstuhl Reports 8. 9, 2019: 29-111.

6. Cai Zixing. Intelligence Science: disciplinary frame and general features[C]. 2003 IEEE International Conference on Robotics, Intelligent Systems and Signal Processing(RISSP), 2003: 393-398.

7. Cai Zixing. Intelligent Control: Principles, Techniques and Applications[M]. Singapore-New Jersey: World Scientific Publishers, 1997.

8. Cawsey A. The Essence of Artificial Intelligence[M]. Harlow, England: Prentice Hall Europe,1998.

9. Cohen P R, Feigenbaum E A. Handbook of Artificial Intelligence[M]. Vol. 3. William Kaufmann. Inc., 1982.

10. Davis R, Shrobe H, Szolovits P. What is a knowledge representation? [J]. AI Magazine, 1993, 14 (1): 17-33.

11. Dean T, Allen J, Aloimonos Y. Artificial Intelligence: Theory and Practice[M]. Pearson Education North Asia and Publishing House of Electronics Industry, 2003.

12. Ernst G W, Newll A. GPS, A Case Study in Generality and Problem Solving[M]. New York: Academic Press,1969.

13. Hearst M A, Hirsh H. AI's greatest trends and controversies[J]. IEEE Intelligent Systems, 2000, 15(1): 8-17.

14. Lieto A, Lebiere C, Oltramari A. The knowledge level in cognitive architectures: Current limitations and possible developments[J]. Cognitive Systems Research, 2018, 48: 39-55.

15. Liu Huchen, You Jianxin, Li Zhiwu, et al. Fuzzy Petri nets for knowledge representation and reasoning: A literature review[J]. Engineering Applications of Artificial Intelligence, 2017, 60: 45-56.

16. Luckman D C, Nilsson N J. Extracting information from resolution proof trees[J]. Artificial Intelligent,1971,2(1): 27-54.

17. Luger G F. Artificial Intelligence: Structures and Strategies for Complex Problem Solving[M]. 4th Edition. Pearson Education Ltd., 2002.

18. Luger G F. Cognitive Science: The Science of Intelligent Systems[M]. San Diego and New York: Academic Press,1994.

19. Meystel A M, Albus J S. Intelligent Systems: Architecture, Design and Control[M]. New York: John Wiley & Sons,2002.

20. Mingers J. An empirical comparison of selection measures for decision tree induction[J]. Machine Learning,1989,3(3): 319-342.

21. Morell R,et al. Minds, Brains, and Computers: Perspectives in Cognitive Science and Artificial Intelligence[M]. Ablex Publishing Corporation, 1992.

22. Murthy S K. Automatic construction of decision trees from data：A multi-disciplinary survey[J]. Data Mining and Knowledge Discovery，1998，(2)：345-389.

23. Nilsson N J. Artificial Intelligence：A New Synthesis[M]. Morgan Kaufmann，1998.

24. Nilsson N J. Principle of Artificial Intelligence[M]. Tioga Publishing Co，1980.

25. Nilsson N J. Problem Solving Methods in Artificial Intelligence[M]. New York：McGraw Hill Book Company，1971.

26. Reed R. Pruning algorithms：A survey[J]. IEEE Trans actions on Neural Networks and Learning Systems,1993(4)：740-747.

27. Rich E. Artificial Intelligence[M]. New York：McGraw Hill Book Company，1983.

28. Russell S，Norvig P. Artificial Intelligence：A Modern Approach[M]. New Jersey：Prentice-Hall，1995,2003.

29. Saridis G N，Valavanis K P. Analytical design of intelligent machine[J]. Automatica，1988，24：123.

30. Sun Y，Wang X，Tang X. Deep learning face representation from predicting 10,000 classes[R]. IEEE Conference on Computer Vision and Pattern Recognition，USA：IEEE，2014：1891-1898.

31. Tenorth M，Beetz M. Representations for robot knowledge in the KnowRob framework[J]. Artificial Intelligence，2017，247：151-169.

32. Traub J F，Werschulz A G. Complexity and Information[M]. Cambridge：Cambridge University Press，1998.

33. Vassev E，Hinchey M. Toward artificial intelligence through knowledge representation for awareness[M]// Software Technology：10 Years of Innovation in IEEE Computer. John Wiley & Sons，2018.

34. Wiener N. Cybernetics，or Control and Communication in the Animal and the Machine[M]. Cambridge，MA：MIT Press，1948.

35. Winston P H. Artificial Intelligence[M]. 3rd ed. Addison Wesley，1992.

36. Xie Ruobing，Liu Zhiyuan，Jia Jia，et al. Representation Learning of Knowledge Graphs with Entity Descriptions[C]. The 30th AAAI Conference on Artificial Intelligence (AAAI'2016)，2016：2659-2665.

37. 贾可荣，张彦铎. 人工智能[M]. 北京：清华大学出版社,2006.

38. 蔡自兴，徐光祐. 人工智能及其应用[M]. 3版，研究生用书. 北京：清华大学出版社，2004.

39. 蔡自兴,陈爱斌. 人工智能辞典[M]. 北京：化学工业出版社,2008.

40. 蔡自兴. 智能控制导论[M]. 3版. 北京：中国水利水电出版社,2019.

41. 蔡自兴. 智能控制原理与应用[M]. 3版. 北京：清华大学出版社,2019.

42. 傅京孙，蔡自兴，徐光祐. 人工智能及其应用[M]. 北京：清华大学出版社，1987.

43. 霍金斯，布拉克斯莉. 人工智能的未来[M]. 贺俊杰,等译. 西安：陕西科学技术出版社,2006.

44. 程伟良. 广义专家系统[M]. 北京：北京理工大学出版社,2005.

45. 达尔文. 物种起源[M]. 舒德干,等译. 北京：北京大学出版社,2005.

46. 戴汝为，王珏,田捷. 智能系统的综合集成[M]. 杭州：浙江科技出版社,1995.

47. 戴汝为. 人工智能[M]. 北京：化学工业出版社，2002.

48. 单锦辉. 面向路径的测试数据自动生成方法研究[D]. 长沙：国防科技大学,2002.

49. 德尔金，蔡竞峰，蔡自兴. 决策树技术及其当前研究方向[J]. 控制工程,2005,12(1)：15-18.

50. 迪安，Allen J，Aloimonos Y. 人工智能理论与实践[M]. 顾国昌，等译. 北京：电子工业出版社,2004.

51. 尚福华，李军,王梅，等. 人工智能及其应用[M]. 北京：石油工业出版社,2005.

52. 佘玉梅，段鹏. 人工智能及其应用[M]. 上海：上海交通大学出版社,2007.

53. 史忠植，王文杰. 人工智能[M]. 北京：国防工业出版社,2007.

54. 唐稚松. 时序逻辑程序设计与软件工程[M]. 北京：科学出版社,2002.

55. 王万森. 人工智能原理及其应用[M]. 3 版. 北京：电子工业出版社,2015.

56. 西蒙. 人类的认知：思维的信息加工理论[M]. 荆其诚,张厚粲,译. 北京：科学出版社,1986.

57. 张钹，张铃. 问题求解理论及应用[M]. 北京：清华大学出版社,1990.

58. 朱福喜，杜友福,夏定纯. 人工智能引论[M]. 武汉：武汉大学出版社,2006.

第 3 章

搜索推理技术

第 2 章研究的知识表示方法是问题求解所必需的。表示问题是为了进一步解决问题。从问题表示到问题的解决,有个求解的过程。也就是搜索过程。在这一过程中,采用适当的搜索技术,包括各种规则、过程和算法等推理技术,力求找到问题的解答。本章首先讨论一些用于解决比较简单问题的搜索原理,然后研究一些比较新的、能够求解比较复杂问题的推理技术,包括不确定性推理和概率推理等问题。

3.1   图搜索策略

在 2.1 节的状态空间表示法中已经看到了,状态空间法用图结构来描述问题的所有可能状态,其问题的求解过程转化为在状态空间图中寻找一条从初始节点到目标节点的路径。从本节起,将要研究如何通过网络寻找路径,进而求解问题。首先研究图搜索的一般策略,它给出图搜索过程的一般步骤,并可从中看出无信息搜索和启发式搜索的区别。

可把图搜索控制策略看成一种在图中寻找路径的方法。初始节点和目标节点分别代表初始数据库和满足终止条件的目标数据库。求得把一个数据库变换为另一数据库的规则序列问题就等价于求得图中的一条路径问题。在图搜索过程中涉及的数据结构除了图本身之外,还需要两个辅助的数据结构,即存放已访问但未扩展节点的 OPEN 表,以及存放已扩展节点的 CLOSED 表。搜索的过程实际是从隐式的状态空间图中不断生成显示的搜索图和搜索树,最终找到路径的过程。为实现这一过程,图中每个节点除了自身的状态信息外,还需存储诸如父节点是谁,由其父节点是通过什么操作可到达该节点,以及节点位于搜索树的深度、从起始节点到该节点的路径代价等信息。每个节点的数据结构参考如图 3.1 所示,图中一个节点的数据结构包含 5 个域,即 STATE——节点所表示状态的基本信息;PARENT NODE——指针域,指向当前节点的父节点;ACTION——从父节点表示的状态转换为当前节点状态所使用的操作;DEPTH——当前节点在搜索树中的深度;PATH COST——从起始节点到当前节点的路径代价。

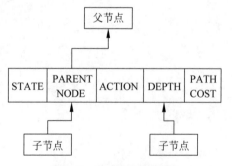

图 3.1   节点数据结构图

图搜索(GRAPHSEARCH)的一般过程如下：

(1) 建立一个只含有起始节点 S 的搜索图 G，把 S 放到 OPEN 表中。

(2) 初始化 CLOSED 表为空表。

(3) LOOP：若 OPEN 表是空表，则失败退出。

(4) 选择 OPEN 表上的第一个节点，把它从 OPEN 表移出并放进 CLOSED 表中。称此节点为节点 n。

(5) 若 n 为一目标节点，则有解并成功退出，此解是追踪图 G 中沿着指针从 n 到 S 这条路径而得到的(指针将在第 7 步中设置)。

(6) 扩展节点 n，生成后继节点集合 M。

(7) 对那些未曾在 G 中出现过的(既未曾在 OPEN 表上，也未在 CLOSED 表上出现过的) M 成员设置其父节点指针指向 n 并加入 OPEN 表。对已经在 OPEN 或 CLOSED 表中出现过的每一个 M 成员，确定是否需要将其原来的父节点更改为 n。对已在 CLOSED 表上的每个 M 成员，若修改了其父节点，则将该节点从 CLOSED 表中移出，重新加入 OPEN 表中。

(8) 按某一任意方式或按某个探试值，重排 OPEN 表。

(9) GO LOOP。

以上搜索过程可用图 3.2 的程序框图来表示。

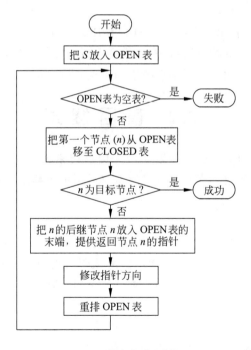

图 3.2 图搜索过程框图

这个过程一般包括各种各样的具体的图搜索算法。此过程生成一个显式的图 G(称为搜索图)和一个 G 的子集 T(称为搜索树)，树 T 上的每个节点也在图 G 中。搜索树是由第 7 步中设置的指针来确定的。由于在搜索过程中每次都会根据需要来确定是否修改当前节点指向其父节点的指针,所以已经被扩展出来的 G 中的每个节点(除 S 外)都有且仅有惟一一个父节点,即形成了一棵树,也就是搜索树 T。由于在树结构中,任意两点间只存在惟一一条路径,所以可以从 T 中找到到达任意节点的惟一路径。搜索过程中使用的 OPEN 表存储的都是当前搜索树的叶子节点,因此也被称为 Fronge 表,即前沿表。较确切地说,在过程的第 3 步,OPEN 表上的节点都是搜索树上未被扩展的那些节点;在 CLOSED 表上的节点,或者是几个已被扩展但是在搜索树中没有生成后继节点的叶子节点,或者是搜索树的非叶子节点。

过程的第 8 步对 OPEN 表上的节点进行排序,以便能够从中选出一个"最好"的节点作为第 4 步扩展用。这种排序可以是任意的(即盲目的,属于盲目搜索),也可以用以后要讨论的各种启发思想或其他准则为依据(属于启发式搜索)。每当被选作扩展的节点为目标节点时,这一过程就宣告成功结束。这时,能够重现从起始节点到目标节点的这条成功路径,其办法是从目标节点按指针向 S 返回追溯。当搜索树不再剩有未被扩展的叶子节点时,过程就以失败告终(某些节点最终可能没有后继节点,所以 OPEN 表可能最后变成空表)。在失败终止的情况下,从起始节点出发,一定达不到目标节点。

GRAPHSEARCH 算法同时生成一个节点的所有后继节点。为了说明图搜索过程的某些通用性质,将继续使用同时生成所有后继节点的算法,而不采用修正算法。在修正算法中,一次只生成一个后继节点。

从图搜索过程可以看出,是否重新安排 OPEN 表,即是否按照某个试探值(或准则、启发信息等)重新对未扩展节点进行排序,将决定该图搜索过程是无信息搜索或启发式搜索。本章后续各节,将依次讨论无信息搜索和启发式搜索策略。

3.2   盲 目 搜 索

不需要重新安排 OPEN 表的搜索叫做无信息搜索或盲目搜索,它包括宽度优先搜索、深度优先搜索和等代价搜索等。盲目搜索只适用于求解比较简单的问题。

3.2.1   宽度优先搜索

如果搜索是以接近起始节点的程度依次扩展节点的,那么这种搜索就叫做宽度优先搜索(breadth-first search),如图 3.3 所示。由该图可见,这种搜索是逐层进行的;在对下一层的任一节点进行搜索之前,必须搜索完本层的所有节点。

宽度优先搜索算法如下:

(1) 把起始节点放到 OPEN 表中(如果该起始节点为一目标节点,则求得一个解答)。

(2) 如果 OPEN 是个空表,则没有解,失败退出;否则继续。

(3) 把第一个节点(节点 n)从 OPEN 表移出,并把它放入 CLOSED 的扩展节点表中。

(4) 扩展节点 n。如果没有后继节点,则转向上述步骤(2)。

(5) 把 n 的所有后继节点放到 OPEN 表的末端,并提供从这些后继节点回到 n 的指针。

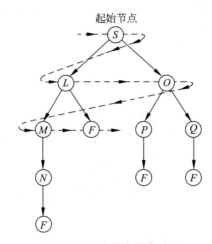

起始节点

图 3.3 宽度优先搜索过程

（6）如果 n 的任一个后继节点是个目标节点，则找到一个解答，成功退出；否则转向步骤（2）。

上述宽度优先算法如图 3.4 示。

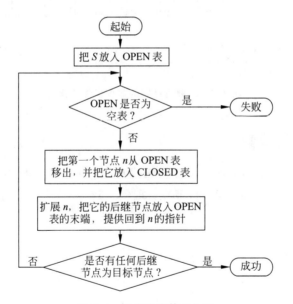

图 3.4 宽度优先算法框图

这一算法假定起始节点本身不是目标节点。要检验起始节点是目标节点的可能性，只要在步骤（1）的最后，加上一句"如果起始节点为一目标节点，则求得一个解答"即可做到，正如步骤（1）括号内所写的。

显而易见，宽度优先搜索方法在假定没一次操作的代价都相等的情况下，能够保证在搜索树中找到一条通向目标节点的最短途径；在宽度优先搜索中，节点进出 OPEN 表的顺序是先进先出，因此其 OPEN 表是一个队列结构。

　　图 3.5 绘出把宽度优先搜索应用于八数码难题时所生成的搜索树。这个问题就是要把初始棋局变为如下目标棋局的问题：

$$
\begin{matrix}
1 & 2 & 3 \\
8 & & 4 \\
7 & 6 & 5
\end{matrix}
$$

　　搜索树上的所有节点都标记它们所对应的状态描述，每个节点旁边的数字表示节点扩展的顺序（按顺时针方向移动空格）。图 3.5 中的第 26 个节点是目标节点。

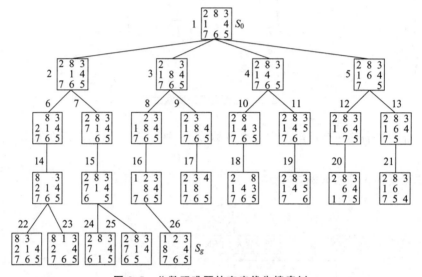

图 3.5　八数码难题的宽度优先搜索树

3.2.2　深度优先搜索

　　另一种盲目（无信息）搜索叫做深度优先搜索（depth-first search）。在深度优先搜索中，首先扩展最新产生的（即最深的）节点，如图 3.6 所示。深度相等的节点可以任意排列。定义节点的深度如下：

　　(1) 起始节点（即根节点）的深度为 0。

　　(2) 任何其他节点的深度等于其父节点深度加 1。

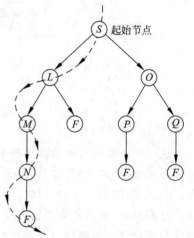

　　首先，扩展最深的节点的结果使得搜索沿着状态空间某条单一的路径从起始节点向下进行；只有当搜索到达一个没有后裔的状态时，它才考虑另一条替代的路径。替代路径与前面已经试过的路径的不同之处仅仅在于改变最后 n 步，而且保持 n 尽可能小。

图 3.6　深度优先搜索示意图

　　对于许多问题，其状态空间搜索树的深度可能为无限深,或者可能至少要比某个可接受的解答序列的已知深度上限还要深。为了避免考虑太长的路径(防止搜索过程沿着无益的路径扩展下去),往往给出一个节点扩展的最大深度——深度界限。任何节点如果达到了深度界限,那么都将把它们作为没有后继节点处理。值得说明的是,即使应用了深度界限的规定,所求得的解答路径并不一定就是最短的路径。

含有深度界限的深度优先搜索算法如下:

(1)把起始节点 S 放到未扩展节点 OPEN 表中。如果此节点为一目标节点,则得到一个解。

(2)如果 OPEN 为一空表,则失败退出。

(3)把第一个节点(节点 n)从 OPEN 表移到 CLOSED 表。

(4)如果节点 n 的深度等于最大深度,则转向(2)。

(5)扩展节点 n,产生其全部后裔,并把它们放入 OPEN 表的前头。如果没有后裔,则转向(2)。

(6)如果后继节点中有任一个为目标节点,则求得一个解,成功退出;否则,转向(2)。
有界深度优先搜索算法的程序框图如图 3.7 所示。很显然,深度优先算法中节点进出
OPEN 表的顺序是后进先出,OPEN 表是一个栈。

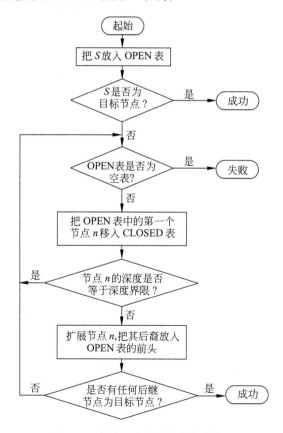

图 3.7 有界深度优先搜索算法框图

图 3.8 绘出按深度优先搜索生成的八数码难题搜索树,其中,设置深度界限为 5。粗线条的路径表明含有 4 条应用规则的一个解。从图可见,深度优先搜索过程是沿着一条路径进行下去,直到深度界限为止,然后再考虑只有最后一步有差别的相同深度或较浅深度可供选择的路径,接着再考虑最后两步有差别的那些路径,等等。

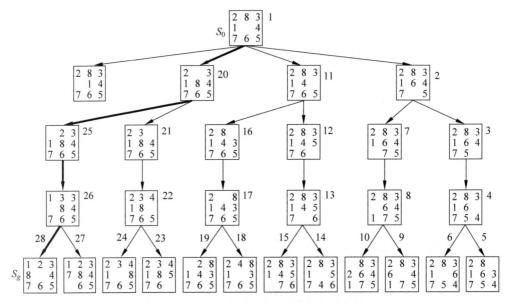

图 3.8   八数码难题的有界深度优先搜索树

3.2.3   等代价搜索

在宽度优先搜索中,假定每一步操作的代价都相同的情况下,它能找到最短路径,这条路径实际就是一条包含最少操作次数或应用算符的解。但对于很多问题来说,应用算符序列最少的解往往并不是想要的解,也不等同于最优解,通常人们希望找的是问题具有某些特性的解,尤其是最小代价解。搜索树中每条连接弧线上的有关代价以及随之而求得的具有最小代价的解答路径,与许多这样的广义准则相符合。宽度优先搜索可被推广用来解决这种寻找从起始状态至目标状态的具有最小代价的路径问题,这种推广了的宽度优先搜索算法叫做等代价搜索算法。如果所有的连接弧线具有相等的代价,那么等代价算法就简化为宽度优先搜索算法。在等代价搜索算法中,不是描述沿着等长度路径进行的扩展,而是描述沿着等代价路径进行的扩展。

在等代价搜索算法中,把从节点 i 到它的后继节点 j 的连接弧线代价记为 $c(i,j)$,把从起始节点 S 到任一节点 i 的路径代价记为 $g(i)$。在搜索树上,假设 $g(i)$ 也是从起始节点 S 到节点 i 的最少代价路径上的代价,因为它是惟一的路径。等代价搜索方法以 $g(i)$ 的递增顺序扩展其节点,其算法如下:

(1) 把起始节点 S 放到未扩展节点表 OPEN 中。如果此起始节点为一目标节点,则求得一个解。否则令 $g(S)=0$。

(2) 如果 OPEN 是个空表,则没有解而失败退出。

（3）从 OPEN 表中选择一个节点 i，使其 $g(i)$ 为最小。如果有几个节点都合格，那么就要选择一个目标节点作为节点 i（要是有目标节点的话）；否则，就从中选一个作为节点 i。把节点 i 从 OPEN 表移至扩展节点表 CLOSED 中。

（4）如果节点 i 为目标节点，则求得一个解。

（5）扩展节点 i。如果没有后继节点，则转向（2）。

（6）对于节点 i 的每个后继节点 j，计算 $g(j)=g(i)+c(i,j)$，并把所有后继节点 j 放进 OPEN 表。提供回到节点 i 的指针。

（7）转向（2）。

等代价搜索算法框图如图 3.9 所示。

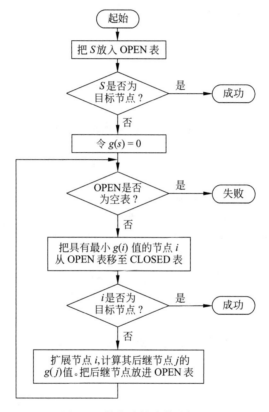

图 3.9　等代价搜索算法框图

3.3　启发式搜索

　　盲目搜索的效率低,耗费过多的计算空间与时间。如果能够找到一种方法用于排列待扩展节点的顺序,即选择最有希望的节点加以扩展,那么,搜索效率将会大为提高。在许多情况下,能够通过检测来确定合理的顺序。本节所介绍的搜索方法就是优先考虑这类检测。称这类搜索为启发式搜索(heuristically search)或有信息搜索(informed search)。

3.3.1 启发式搜索策略和估价函数

要在盲目搜索中找到一个解,所需要扩展的节点数目可能是很大的。因为这些节点的扩展次序完全是随意的,而且没有利用已解决问题的任何特性。因此,除了那些最简单的问题之外,一般都要占用很多时间或空间(或者两者均有)。这种结果是组合爆炸的一种表现形式。

有关具体问题领域的信息常常可以用来简化搜索。假设初始状态、算符和目标状态的定义都是完全确定的,然后决定一个搜索空间。因此,问题就在于如何有效地搜索这个给定空间。进行这种搜索的技术一般需要某些有关具体问题领域的特性的信息。已把此种信息叫做启发信息,并把利用启发信息的搜索方法叫做启发式搜索方法。

利用启发信息来决定哪个是下一步要扩展的节点。这种搜索总是选择"最有希望"的节点作为下一个被扩展的节点。这种搜索叫做有序搜索(ordered search),也称为最佳优先搜索(best-first search)。

通常对于图的搜索问题总希望应使解路径的代价与求得此路径所需要的搜索代价的某些综合指标为最小,一个比较灵活(但代价也较大)的利用启发信息的方法是应用某些准则来重新排列每一步 OPEN 表中所有节点的顺序。然后,搜索就可能沿着某个被认为是最有希望的边缘区段向外扩展。应用这种排序过程,需要某些估算节点"希望"的量度,这种量度叫做估价函数(evolution function)。估价函数的值越小,意味着该节点位于最优解路径上的"希望"越大,最后找到的最优路径即平均综合指标为最小的路径。

实际上,确定一种搜索方法是否比另一种搜索方法具有更强的启发能力的问题,往往就变成在实际应用这些方法的经验中获取有关信息的直观知识问题。

估价函数能够提供一个评定候选扩展节点的方法,以便确定哪个节点最有可能在通向目标的最佳路径上。启发信息可用在 GRAPHSEARCH 第 8 步中来重新排列 OPEN 表上的节点,使得搜索沿着那些被认为最有希望的区段扩展。一个估量某个节点"希望"程度的重要方法是对各个节点使用估价函数的实值函数。估价函数的定义方法有很多,比如:试图确定一个处在最佳路径上的节点的概率;提出任意节点与目标集之间的距离量度或差别量度;或者在棋盘式的博弈和难题中根据棋局的某些特点来决定棋局的得分数。这些特点被认为与向目标节点前进一步的希望程度有关。

用符号 f 来标记估价函数,用 $f(n)$ 表示节点 n 的估价函数值。暂时令 f 为任意函数,以后将会提出 f 是从起始节点约束地通过节点 n 而到达目标节点的最小代价路径上的一个估算代价。

用函数 f 来排列 GRAPHSEARCH 第 8 步中 OPEN 表上的节点。根据习惯,OPEN 表上的节点按照它们 f 函数值的递增顺序排列。根据推测,某个具有低的估价值的节点较有可能处在最佳路径上。应用某个算法(例如等代价算法)选择 OPEN 表上具有最小 f 值的节点作为下一个要扩展的节点。这种搜索方法叫做有序搜索或最佳优先搜索,而其算法就叫做有序搜索算法或最佳优先算法。

3.3.2　有序搜索

有序搜索(ordered search)又称为最佳优先搜索(best-first search)，它总是选择最有希望的节点作为下一个要扩展的节点。

尼尔逊(Nilsson)曾提出一个有序搜索的基本算法，该算法可以看成是启发式图搜索算法的一般策略。估价函数 f 是这样确定的：一个节点的希望程序越大，其 f 值就越小。被选为扩展的节点，是估价函数最小的节点。

有序状态空间搜索算法如下：

(1) 把起始节点 S 放到 OPEN 表中，计算 $f(S)$ 并把其值与节点 S 联系起来。

(2) 如果 OPEN 是个空表，则失败退出，无解。

(3) 从 OPEN 表中选择一个 f 值最小的节点 i。结果有几个节点合格，当其中有一个为目标节点时，则选择此目标节点，否则就选择其中任一个节点作为节点 i。

(4) 把节点 i 从 OPEN 表中移出，并把它放入 CLOSED 的扩展节点表中。

(5) 如果 i 是个目标节点，则成功退出，求得一个解。

(6) 扩展节点 i，生成其全部后继节点。对于 i 的每一个后继节点 j：

(a) 计算 $f(j)$。

(b) 如果 j 既不在 OPEN 表中，又不在 CLOSED 表中，则用估价函数 f 把它添入 OPEN 表。从 j 加一指向其父节点 i 的指针，以便一旦找到目标节点时记住一个解答路径。

(c) 如果 j 已在 OPEN 表上或 CLOSED 表上，则比较刚刚对 j 计算过的 f 值和前面计算过的该节点在表中的 f 值。如果新的 f 值较小，则

(i) 以此新值取代旧值。

(ii) 从 j 指向 i，而不是指向它的父节点。

(iii) 如果节点 j 在 CLOSED 表中，则把它移回 OPEN 表。

(7) 转向步骤(2)，即 GO TO(2)。

步骤(6.c)是一般搜索图所需要的，该图中可能有一个以上的父辈节点。具有最小估价函数值 $f(j)$ 的节点被选为父节点。但是，对于树搜索来说，它最多只有一个父节点，所以步骤(6.c)可以略去。值得指出的是，即使搜索空间是一般的搜索图，其显式子搜索图总是一棵树，因为节点 j 从来没有同时记录过一个以上的父节点。

有序搜索算法框图示于图 3.10。

宽度优先搜索、等代价搜索和深度优先搜索都是有序搜索技术的特例。对于宽度优先搜索，选择 $f(i)$ 作为节点 i 的深度。对于等代价搜索，$f(i)$ 是从起始节点至节点 i 这段路径的代价。

当然，与盲目搜索方法比较，有序搜索目的在于减少被扩展的节点数。有序搜索的有效性直接取决于 f 的选择，这将敏锐地辨别出有希望的节点和没有希望的节点。不过，如果这种辨别不准确，那么有序搜索就可能失去一个最好的解甚至全部的解。如果没有适用的、准确的希望量度，那么 f 的选择将涉及两方面的内容：一方面是一个时间和空间之间的折中方案；另一方面是保证有一个最优的解或任意解。

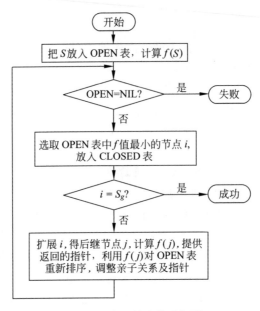

图 3.10　有序搜索算法框图

节点希望量度以及某个具体估价函数的合适程度取决于手头的问题情况。根据所要求的解答类型,可以把问题分为下列 3 种情况。第一种情况假设该状态空间含有几条不同代价的解答路径,其问题是要求得最优(即最小代价)解答。这种情况有代表性的例子为 A^* 算法。

第二种情况与第一种情况相似,但有一个附加条件:此类问题有比较难的,如果按第一种情况加以处理,则搜索过程很可能在找到解答之前就超过了时间和空间界限。这种情况下的关键问题是:①如何通过适当的搜索试验找到好的(但不是最优的)解答;②如何限制搜索试验的范围和所产生的解答与最优解答的差异程度。

第三种情况是不考虑解答的最优化;或许只存在一个解,或者任何一个解与其他的解一样好。这时,问题是如何使搜索试验的次数最少,而不像第二种情况那样试图使某些搜索试验和解答代价的综合指标最小。

常见的第三类问题的例子是定理证明问题。第二类问题的一个例子是推销员旅行问题。在这个问题中,寻求一些经过一个城市集合的旅行路线是很烦琐的,其困难也是很大的。这个困难在于寻找一条最短的或接近于最短的路径,同时要求路径上的点不重复。不过,在大多数情况下很难清楚地区别这两种类型。一个通俗的试验问题——八数码难题可以作为任何一类问题来处理。

下面再次用八数码难题的例子来说明有序搜索是如何应用估价函数排列节点的。采用了简单的估价函数

$$f(n) = d(n) + W(n)$$

其中,$d(n)$ 是搜索树中节点 n 的深度,这个深度实际就等同于从初始节点到节点 n 所需

要进行的操作次数；$W(n)$用来计算节点 n 相对于目标棋局错放的棋子个数，一般来说，错放的棋子数量越少越接近于目标状态，因此这个值相当于描述了当前节点 n 与目标节点之间的距离。在这种估价函数定义下。起始节点棋局

$$
\begin{array}{ccc}
2 & 8 & 3 \\
1 & & 4 \\
7 & 6 & 5
\end{array}
$$

的 f 值等于 $0+3=3$。

图 3.11 表示出利用这个估价函数把有序搜索应用于八数码难题的结果。图中圆圈内的数字表示该节点的 f 值。从图可见，这里所求得的解答路径和用其他搜索方法找到的解答路径相同。不过，估价函数的应用显著地减少了被扩展的节点数〔如果只用估价函数 $f(n)=d(n)$，那么就得到宽度优先搜索过程〕。

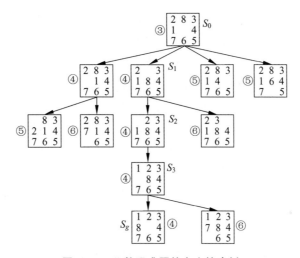

图 3.11　八数码难题的有序搜索树

正确地选择估价函数对确定搜索结果具有决定性的作用。使用不能识别某些节点真实希望的估价函数会形成非最小代价路径；而使用一个过多地估计了全部节点希望的估价函数（就像宽度优先搜索方法得到的估价函数一样）又会扩展过多的节点。实际上不同的估价函数定义会直接导致搜索算法具有完全不同的性能。

3.3.3　A* 算法

令估价函数 f 使得在任意节点上其函数值 $f(n)$ 能估算出从节点 S 到节点 n 的最小代价路径的代价与从节点 n 到某一目标节点的最小代价路径的代价之总和，也就是说，$f(n)$ 是约束通过节点 n 的一条最小代价路径的代价的一个估计。因此，OPEN 表上具有最小 f 值的那个节点就是所估计的加有最少严格约束条件的节点，而且下一步要扩展这个节点是合适的。

在正式讨论 A* 算法之前，先介绍几个有用的记号。令 $k(n_i,n_j)$ 表示任意两个节点 n_i 和 n_j 之间最小代价路径的实际代价（对于两节点间没有通路的节点，函数 k 没有定

义)。于是,从节点 n 到某个具体的目标节点 t_i,某一条最小代价路径的代价可由 $k(n,t_i)$ 给出。令 $h^*(n)$ 表示整个目标节点集合 $\{t_i\}$ 上所有 $k(n,t_i)$ 中最小的一个,因此,$h^*(n)$ 就是从 n 到目标节点最小代价路径的代价,而且从 n 到目标节点的代价为 $h^*(n)$ 的任一路径就是一条从 n 到某个目标节点的最佳路径(对于任何不能到达目标节点的节点 n,函数 h^* 没有定义)。

通常感兴趣的是想知道从已知起始节点 S 到任意节点 n 的一条最佳路径的代价 $k(S,n)$。为此,引进一个新函数 g^*,这将使记号得到某些简化。对所有从 S 开始可达到 n 的路径来说,函数 g^* 定义为

$$g^*(n)=k(S,n)$$

其次,定义函数 f^*,使得在任一节点 n 上其函数值 $f^*(n)$ 就是从节点 S 到节点 n 的一条最佳路径的实际代价,加上从节点 n 到某目标节点的一条最佳路径的代价之和,即

$$f^*(n)=g^*(n)+h^*(n)$$

因而 $f^*(n)$ 值就是从 S 开始约束通过节点 n 的一条最佳路径的代价,而 $f^*(S)=h^*(S)$ 是一条从 S 到某个目标节点中间无约束的一条最佳路径的代价。

估价函数 f 是 f^* 的一个估计,此估计可由下式给出:

$$f(n)=g(n)+h(n)$$

其中,g 是 g^* 的估计;h 是 h^* 的估计。对于 $g(n)$ 来说,一个明显的选择就是搜索树中从 S 到 n 这段路径的代价,这一代价可以由从 n 到 S 寻找指针时,把所遇到的各段弧线的代价加起来给出(这条路径就是到目前为止用搜索算法找到的从 S 到 n 的最小代价路径)。这个定义包含了 $g(n) \geqslant g^*(n)$。$h^*(n)$ 的估计 $h(n)$ 依赖于有关问题的领域的启发信息。这种信息可能与八数码难题中的函数 $W(n)$ 所用的那种信息相似。把 h 叫做启发函数。

A* 算法是一种有序搜索算法,其特点在于对估价函数的定义上。对于一般的有序搜索,总是选择 f 值最小的节点作为扩展节点。因此,f 是根据需要找到一条最小代价路径的观点来估算节点的。可考虑每个节点 n 的估价函数值为两个分量:从起始节点到节点 n 的代价以及从节点 n 到达目标节点的代价。

在讨论 A* 算法前,先做出下列定义:

定义 3.1　在 GRAPHSEARCH 过程中,如果第 8 步的重排 OPEN 表是依据 $f(x)=g(x)+h(x)$ 进行的,则称该过程为 A 算法。

定义 3.2　在 A 算法中,如果对所有的 x 存在 $h(x) \leqslant h^*(x)$,则称 $h(x)$ 为 $h^*(x)$ 的下界,它表示某种偏于保守的估计。

定义 3.3　采用 $h^*(x)$ 的下界 $h(x)$ 为启发函数的 A 算法,称为 A* 算法。当 $h=0$ 时,A* 算法就变为等代价搜索算法。

A* 算法

(1) 把 S 放入 OPEN 表,记 $f=h$,令 CLOSED 为空表。

(2) 重复下列过程,直至找到目标节点止。若 OPEN 为空表,则宣告失败。

(3) 选取 OPEN 表中未设置过的具有最小 f 值的节点为最佳节点 BESTNODE,并

把它移入 CLOSED 表。

(4) 若 BESTNODE 为一目标节点,则成功求得一解。

(5) 若 BESTNODE 不是目标节点,则扩展之,产生后继节点 SUCCSSOR。

(6) 对每个 SUCCSSOR 进行下列过程:

(a) 建立从 SUCCSSOR 返回 BESTNODE 的指针。

(b) 计算 $g(\mathrm{SUC})=g(\mathrm{BES})+g(\mathrm{BES,SUC})$。

(c) 如果 SUCCSSOR$\in$OPEN,则称此节点为 OLD,并把它添至 BESTNODE 的后继节点表中。

(d) 比较新旧路径代价。如果 $g(\mathrm{SUC})<g(\mathrm{OLD})$,则重新确定 OLD 的父节点为 BESTNODE,记下较小代价 $g(\mathrm{OLD})$,并修正 $f(\mathrm{OLD})$ 值。

(e) 若至 OLD 节点的代价较低或一样,则停止扩展节点。

(f) 若 SUCCSSOR 不在 OPEN 表中,则看其是否在 CLOSED 表中。

(g) 若 SUCCSSOR 在 CLOSED 表中,比较新旧路径代价。如果 $g(\mathrm{SUC})<g(\mathrm{OLD})$,则重新确定 OLD 的父节点为 BESTNODE,记下较小代价 $g(\mathrm{OLD})$,并修正 $f(\mathrm{OLD})$ 值,并将 OLD 从 CLOSED 表中移出,移入 OPEN 表。

(h) 若 SUCCSSOR 既不在 OPEN 表中,又不在 CLOSED 表中,则把它放入 OPEN 表中,并添入 BESTNODE 后裔表,然后转向(7)。

(7) 计算 f 值。

(8) GO LOOP。

A*算法参考框图,如图 3.12 所示。

前面已经提到过,A*算法中估价函数的定义是非常重要的,尤其是其中的启发函数 $h(n)$,由于启发信息在算法中就是通过 $h(n)$ 体现,如果在估价函数的定义中恰好令 $h(n)=h^*(n)$,则可以看到搜索树将只扩展出最佳路径,也就是最理想的情况,但一般情况下必须满足 $h(n)$ 不超过 $h^*(n)$ 算法才能保证找到最优解,$h(n)$ 的这种特性称为可纳性,即 $h(n)$ 的定义必须满足可纳性才能保证算法的最优性。对于同一个问题,如果有两种不同的启发函数定义均能满足可纳性,且对于所有节点 x 来说,都有 $h_1(x)\leqslant h_2(x)$,则称 h_2 比 h_1 占优,采用 h_2 的算法将比采用 h_1 的算法更加高效。例如,3.3.2 节中用有序搜索求解八数码问题的例子中,放错的棋子数 $W(n)$ 相当于启发函数 $h(n)$,显然该定义可满足可纳性要求,在上述问题中,若将 $h(n)$ 定义为所有棋子距离目标位置的曼哈顿距离(与目标位置的水平距离和垂直距离之和)之和,则该定义会比放错的棋子数占优,在这种估价函数定义下起始节点棋局

$$\begin{matrix} 2 & 8 & 3 \\ 1 & & 4 \\ 7 & 6 & 5 \end{matrix}$$

的 h 值等于 $1+1+2=4$,显然该定义也能满足可纳性要求。利用该函数来计算 f 值,搜索效率要更高,读者可以试着画出搜索树,比较两种不同估价函数对算法的影响。

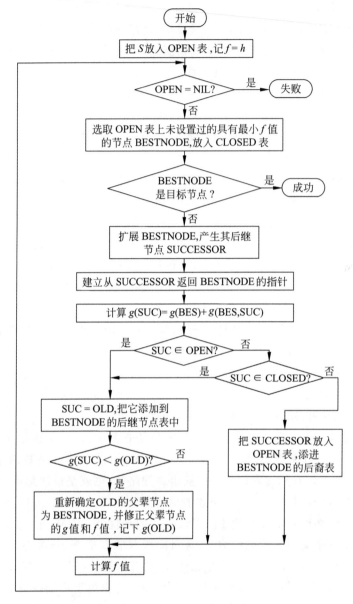

图 3.12   A* 算法参考框图

3.4 消 解 原 理

第 2 章中讨论过谓词公式、某些推理规则以及置换合一等概念。在这个基础上，能够进一步研究消解原理（resolution principle）。有些专家把它叫做归结原理。

消解是一种可用于一定的子句公式的重要推理规则。一子句定义为由文字的析取组成的公式（一个原子公式和原子公式的否定都叫做文字）。当消解可使用时，消解过程被应用于母体子句对,以产生一个导出子句。例如,如果存在某个公理 $E_1 \vee E_2$ 和另一公理 $\sim E_2 \vee E_3$,那么 $E_1 \vee E_3$ 在逻辑上成立。这就是消解,而称 $E_1 \vee E_3$ 为 $E_1 \vee E_2$ 和 $\sim E_2 \vee E_3$ 的消解式(resolvent)。

3.4.1 子句集的求取

在说明消解过程之前,首先说明任一谓词演算公式可以化成一个子句集。变换过程由下列步骤组成:

(1) 消去蕴涵符号

只应用 $\vee$ 和 $\sim$ 符号,以 $\sim A \vee B$ 替换 $A \rightarrow B$。

(2) 减少否定符号的辖域

每个否定符号 $\sim$ 最多只用到一个谓词符号上,并反复应用狄·摩根定律。例如:

$$\text{以} \sim A \vee \sim B \text{ 代替} \sim (A \wedge B)$$
$$\text{以} \sim A \wedge \sim B \text{ 代替} \sim (A \vee B)$$
$$\text{以} A \text{ 代替} \sim (\sim A)$$
$$\text{以} (\exists x)(\sim A) \text{ 代替} \sim (\forall x)A$$
$$\text{以} (\forall x)(\sim A) \text{ 代替} \sim (\exists x)A$$

(3) 对变量标准化

在任一量词辖域内,受该量词约束的变量为一哑元(虚构变量),它可以在该辖域内处处统一地被另一个没有出现过的任意变量所代替,而不改变公式的真值。合式公式中变量的标准化意味着对哑元改名以保证每个量词有其自己惟一的哑元。例如,把

$$(\forall x)(P(x)(\exists x)Q(x))$$

标准化而得到

$$(\forall x)(P(x)(\exists y)Q(y))$$

(4) 消去存在量词

在公式 $(\forall y)((\exists x)P(x,y))$ 中,存在量词是在全称量词的辖域内,人们允许所存在的 x 可能依赖于 y 值。令这种依赖关系明显地由函数 $g(y)$ 所定义,它把每个 y 值映射到存在的那个 x。

这种函数叫做 Skolem 函数。如果用 Skolem 函数代替存在的 x,就可以消去全部存在量词,并写成

$$(\forall y)P(g(y),y)$$

从一个公式消去一个存在量词的一般规则是以一个 Skolem 函数代替每个出现的存在量词的量化变量,而这个 Skolem 函数的变量就是由那些全称量词所约束的全称量词量化变量,这些全称量词的辖域包括要被消去的存在量词的辖域在内。Skolem 函数所使用的函数符号必须是新的,即不允许是公式中已经出现过的函数符号。例如:

$(\forall y)(\exists x)P(x,y)$ 被 $((\forall y)P(g(y),y))$ 代替,其中 $g(y)$ 为一 Skolem 函数。

如果要消去的存在量词不在任何一个全称量词的辖域内,那么就用不含变量的 Skolem 函数即常量。例如,$(\exists x)P(x)$ 化为 $P(A)$,其中常量符号 A 用来表示人们知道的存在实体。A 必须是个新的常量符号,它未曾在公式中其他地方使用过。

（5）化为前束形

到这一步，已不留下任何存在量词，而且每个全称量词都有自己的变量。把所有全称量词移到公式的左边，并使每个量词的辖域包括这个量词后面公式的整个部分。所得公式称为前束形。前束形公式由前缀和母式组成，前缀由全称量词串组成，母式由没有量词的公式组成，即

$$前束形＝\underbrace{（前缀）}_{全称量词串}\quad\underbrace{（母式）}_{无量词公式}$$

（6）把母式化为合取范式

任何母式都可写成由一些谓词公式和（或）谓词公式的否定的析取的有限集组成的合取。这种母式叫做合取范式。可以反复应用分配律。把任一母式化成合取范式。

例如，把 $A \lor (B \land C)$ 化为

$$(A \lor B) \land (A \lor C)$$

（7）消去全称量词

到了这一步，所有余下的量词均被全称量词量化了。同时，全称量词的次序也不重要了。因此，可以消去前缀，即消去明显出现的全称量词。

（8）消去连词符号 $\land$

用 (A,B) 代替 $(A \land B)$，以消去明显的符号 $\land$。反复代替的结果，最后得到一个有限集，其中每个公式是文字的析取。任一个只由文字的析取构成的合式公式叫做一个子句。

（9）更换变量名称

可以更换变量符号的名称，使一个变量符号不出现在一个以上的子句中。

下面举个例子来说明把谓词演算公式化为一个子句集的过程。这个化为子句集的过程遵照上述 9 个步骤。这个例子如下：

$$(\forall x)(P(x) \rightarrow ((\forall y)(P(y) \rightarrow P(f(x,y)))$$
$$\land \sim (\forall y)(Q(x,y) \rightarrow P(y))))$$

(1) $(\forall x)(\sim P(x) \lor ((\forall y)(\sim P(y) \lor P(f(x,y)))$
　　　　$\land \sim (\forall y)(\sim Q(x,y) \lor P(y))))$

(2) $(\forall x)(\sim P(x) \lor ((\forall y)(\sim P(y) \lor P(f(x,y)))$
　　　　$\land (\exists y)(\sim (\sim Q(x,y) \lor P(y))))$
　　$(\forall x)(\sim P(x) \lor ((\forall y)(\sim P(y) \lor P(f(x,y)))$
　　　　$\land (\exists y)(Q(x,y) \land \sim P(y))))$

(3) $(\forall x)(\sim P(x) \lor ((\forall y)(\sim P(y) \lor P(f(x,y)))$
　　　　$\land (\exists w)(Q(x,w) \land \sim P(w))))$

(4) $(\forall x)(\sim P(x) \lor ((\forall y)(\sim P(y) \lor P(f(x,y)))$
　　　　$\land (Q(x,g(x)) \land \sim P(g(x)))))$

其中，$w = g(x)$ 为一个 Skolem 函数。

(5) $(\forall x)(\forall y)(\sim P(x) \lor ((\sim P(y) \lor P(f(x,y))) \land (Q(x,g(x)) \land \sim P(g(x)))))$
　　$\underbrace{\qquad\qquad}_{前缀}\underbrace{\qquad\qquad\qquad\qquad\qquad\qquad\qquad\qquad}_{母式}$

(6) $(\forall x)(\forall y)((\sim P(x) \vee \sim P(y) \vee P(f(x,y)))$
$\wedge (\sim P(x) \vee Q(x,g(x))) \wedge (\sim P(x) \vee \sim P(g(x))))$

(7) $(\sim P(x) \vee \sim P(y) \vee P(f(x,y)))$
$\wedge (\sim P(x) \vee Q(x,g(x))) \wedge (\sim P(x) \vee \sim P(g(x)))$

(8) $\sim P(x) \vee \sim P(y) \vee P(f(x,y))$
$\sim P(x) \vee Q(x,g(x))$
$\sim P(x) \vee \sim P(g(x))$

(9) 更改变量名称,在上述第 8 步的 3 个子句中,分别以 $x1, x2$ 和 $x3$ 代替变量 x。这种更改变量名称的过程,有时称为变量分离标准化。于是,可以得到下列子句集:

$$\sim P(x1) \vee \sim P(y) \vee P(f(x1, y))$$
$$\sim P(x2) \vee Q(x2, g(x2))$$
$$\sim P(x3) \vee \sim P(g(x3))$$

必须指出,一个句子内的文字可含有变量,但这些变量总是被理解为全称量词量化了的变量。如果一个表达式中的变量被不含变量的项所置换,则得到称为文字基例的结果。例如,$Q(A, f(g(B)))$ 就是 $Q(x,y)$ 的一个基例。在定理证明系统中,消解作为推理规则使用时,希望从公式集来证明某个定理,首先就要把公式集化为子句集。可以证明,如果公式 X 在逻辑上遵循公式集 S,那么 X 在逻辑上也遵循由 S 的公式变换成的子句集。因此,子句是表示公式的一个完善的一般形式。

并不是所有问题的谓词公式化为子句集都需要上述 9 个步骤。对于某些问题,可能不需要其中的一些步骤。

3.4.2 消解推理规则

令 L_1 为任一原子公式,L_2 为另一原子公式;L_1 和 L_2 具有相同的谓词符号,但一般具有不同的变量。已知两子句 $L_1 \vee \alpha$ 和 $\sim L_2 \vee \beta$,如果 L_1 和 L_2 具有最一般合一者 σ,那么通过消解可以从这两个父辈子句推导出一个新子句 $(\alpha \vee \beta)\sigma$。这个新子句叫做消解式。它是由取这两个子句的析取,然后消去互补对而得到的。

下面举出几个从父辈子句求消解式的例子。

例 3.1 假言推理

例 3.2 合并

例 3.3　重言式

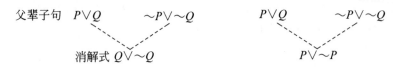

例 3.4　空子句(矛盾)

例 3.5　链式(三段论)

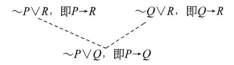

从以上各例可见,消解可以合并几个运算为一简单的推理规则。

3.4.3　含有变量的消解式

上述简单的对基子句的消解推理规则可推广到含有变量的子句。为了对含有变量的子句使用消解规则,必须找到一个置换,作用于父辈子句使其含有互补文字。

下面举几个对含有变量的子句使用消解的例子。

例 3.6

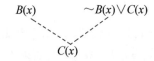

例 3.7

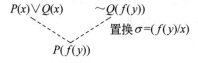

例 3.8

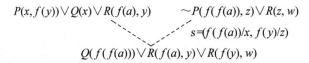

本节中所列举的对基子句和对含有变量的子句进行消解的例子,其父辈子句和消解式列表示于表 3.1。这些例子表示出消解推理的某些常用规则。

表 3.1　子句和消解式

父 辈 子 句	消 解 式
P 和 $\sim P \vee Q$(即 $P \rightarrow Q$)	Q
$P \vee Q$ 和 $\sim P \vee Q$	Q
$P \vee Q$ 和 $\sim P \vee \sim Q$	$Q \vee \sim Q$ 和 $P \vee \sim P$
$\sim P$ 和 P	NIL
$\sim P \vee Q$(即 $P \rightarrow Q$)和 $\sim Q \vee R$(即 $Q \rightarrow R$)	$\sim P \vee R$(即 $P \rightarrow R$)
$B(x)$ 和 $\sim B(x) \vee C(x)$	$C(x)$
$P(x) \vee Q(x)$ 和 $\sim Q(f(y))$	$P(f(y)), \sigma = \{f(y)/x\}$
$P(x,f(y)) \vee Q(x) \vee R(f(a),y)$ 和	$Q(f(f(a))) \vee R(f(a),y) \vee R(f(y),w)$
$\sim P(f(f(a)),z) \vee R(z,w)$	$\sigma = \{f(f(a))/x, f(y)/z\}$

3.4.4　消解反演求解过程

可以把要解决的问题作为一个要证明的命题。消解通过反演产生证明。也就是说,要证明某个命题,其目标公式被否定并化成子句形,然后添加到命题公式集内,把消解反演系统应用于联合集,并推导出一个空子句(NIL),产生一个矛盾,从而使定理得到证明。这种消解反演的证明思想,与数学中反证法的思想十分相似。

1. 消解反演

给出一个公式集 S 和目标公式 L,通过反证或反演来求证目标公式 L,其证明步骤如下:

(1) 否定 L,得 $\sim L$;

(2) 把 $\sim L$ 添加到 S 中去;

(3) 把新产生的集合 $\{\sim L, S\}$ 化成子句集;

(4) 应用消解原理,力图推导出一个表示矛盾的空子句。

可以简单讨论一下用反演证明过程的正确性。设公式 L 在逻辑上遵循公式集 S,那么按定义满足 S 的每个解释也满足 L。绝不会有满足 S 的解释能够满足 $\sim L$ 的,所以不存在能够满足并集 $S \cup \{\sim L\}$ 的解释。如果一个公式集不能被任一解释所满足,那么这个公式是不可满足的。因此,如果 L 在逻辑上遵循 S,那么 $S \cup \{\sim L\}$ 是不可满足的。可以证明,如果消解反演反复应用到不可满足的子句集,那么最终将要产生空子句 NIL。因此,如果 L 在逻辑上遵循 S,那么由并集 $S \cup \{\sim L\}$ 消解得到的子句,最后将产生空子句;反之,可以证明,如果从 $S \cup \{\sim L\}$ 的子句消解得到空子句,那么 L 在逻辑上遵循 S。

下面举例说明消解反演过程。

例 3.9　前提:每个储蓄钱的人都获得利息。

结论:如果没有利息,那么就没有人去储蓄钱。

证明:令 $S(x,y)$ 表示"x 储蓄 y"

$M(x)$ 表示"x 是钱"

$I(x)$ 表示"x 是利息"

$E(x,y)$ 表示"x 获得 y"

于是可以把上述命题写成下列形式：

前提：
$$(\forall x)(\exists y)(S(x,y)) \wedge M(y) \rightarrow ((\exists y)(I(y) \wedge E(x,y)))$$

结论：
$$\sim(\exists x)I(x) \rightarrow (\forall x)(\forall y)(M(y) \rightarrow \sim S(x,y))$$

把前提化为子句形：
$$(\forall x)(\sim(\exists y)(S(x,y) \wedge M(y)) \vee (\exists y)(I(y) \wedge E(x,y)))$$
$$(\forall x)((\forall y)(\sim(S(x,y) \wedge M(y))) \vee (\exists y)(I(y) \wedge E(x,y)))$$
$$(\forall x)((\forall y)(\sim S(x,y) \vee \sim M(y)) \vee (\exists y)(I(y) \wedge E(x,y)))$$

令 $y = f(x)$ 为 Skolem 函数，则可得子句形如下：

(1) $\sim S(x,y) \vee \sim M(y) \vee I(f(x))$

(2) $\sim S(x,y) \vee \sim M(y) \vee E(x,f(x))$

又结论的否定为
$$\sim(\sim(\exists x)I(x) \rightarrow (\forall x)(\forall y)(S(x,y) \rightarrow \sim M(y)))$$

化为子句形：
$$\sim((\exists x)I(x) \vee (\forall x)(\forall y)(\sim S(x,y) \vee \sim M(y)))$$
$$(\sim(\exists x)I(x) \wedge (\sim(\forall x)(\forall y)(\sim S(x,y) \vee \sim M(y))))$$

变量分离标准化之后得下列各子句：

(3) $\sim I(z)$

(4) $S(a,b)$

(5) $M(b)$

现在可以通过消解反演来求得空子句 NIL。该消解反演可以表示为一棵反演树，如图 3.13 所示，其根节点为 NIL。因此，储蓄问题的结论获得证明。

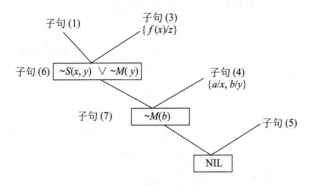

图 3.13　储蓄问题反演树

2. 反演求解过程

从反演树求取对某个问题的答案，其过程如下：

(1) 把由目标公式的否定产生的每个子句添加到目标公式否定之否定的子句中去。

（2）按照反演树，执行和以前相同的消解，直至在根部得到某个子句为止。

（3）用根部的子句作为一个回答语句。

答案求取涉及把一棵根部有 NIL 的反演树变换为在根部带有可用作答案的某个语句的一棵证明树。由于变换关系涉及到把由目标公式的否定产生的每个子句变换为一个重言式，所以被变换的证明树就是一棵消解的证明树，其在根部的语句在逻辑上遵循公理加上重言式，因而也单独地遵循公理。因此被变换的证明树本身就证明了求取办法是正确的。

下面讨论一个简单的问题作为例子：

"如果无论约翰（John）到哪里去，菲多（Fido）也就去那里，那么如果约翰在学校里，菲多在哪里呢？"

很清楚，这个问题说明了两个事实，然后提出一个问题，而问题的答案大概可从这两个事实推导出。这两个事实可以解释为下列公式集 S：

$$(\forall x)(AT(JOHN, x) \to AT(FIDO, x))$$

和

$$AT(JOHN, SCHOOL)$$

如果首先证明公式

$$(\exists x)AT(FIDO, x)$$

在逻辑上遵循 S，然后寻求一个存在 x 的例，那么就能解决"菲多在哪里"的问题。关键想法是把问题化为一个包含某个存在量词的目标公式，使得此存在量词量化变量表示对该问题的一个解答。如果问题可以从给出的事实得到答案，那么按这种方法建立的目标函数在逻辑上遵循 S。在得到一个证明之后，就可求取存在量词量化变量的一个例，作为一个回答。

对于上述例题能够容易地证明 $(\exists x)AT(FIDO, x)$ 遵循 S。也可以说明，用一种比较简单的方法来求取合适的答案。消解反演可用一般方式得到，其办法是首先对被证明的公式加以否定，再把这个否定式附加到集 S 中去，化这个扩充集的所有成员为子句形，然后用消解证明这个子句集是不可满足的。图 3.14 表示出上例的反演树。从 S 中的公式得到的子句叫做公理。

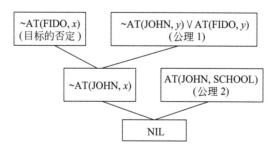

图 3.14 "菲多在哪里"的反演树

注意目标公式 $(\exists x)AT(FIDO, x)$ 的否定产生

$$(\exists x)(\sim AT(FIDO, x))$$

其子句形式为

$$\sim AT(FIDO, x)$$

对本例应用消解反演求解过程,有:

(1) 目标公式否定的子句形式为

$$\sim AT(FIDO, x)$$

把它添加至目标公式的否定之否定的子句中去,得重言式

$$\sim AT(FIDO, x) \lor AT(FIDO, x)$$

(2) 用图 3.15 的反演树进行消解,并在根部得到子句

$$AT(FIDO, SCHOOL)$$

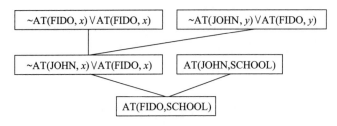

图 3.15　从消解求取答案例题的反演树

(3) 从根部求得答案 AT(FIDO, SCHOOL),用此子句作为回答语句。

因此,子句 AT(FIDO, SCHOOL)就是这个问题的合适答案,如图 3.15 所示。

3.5　规则演绎系统

对于许多比较复杂的系统和问题,如果采用前面讨论过的搜索推理方法,那么很难甚至无法使问题获得解决的。需要应用一些更先进的推理技术和系统求解这种比较复杂的问题,包括规则演绎系统、产生式系统、系统组织技术、不确定性推理和非单调推理等,而对于那些发展特别快的高级求解技术,如计算智能、专家系统、机器学习和智能规划等,则将在第 4 章～第 7 章讨论。

对于许多公式来说,子句形是一种低效率的表达式,因为一些重要信息可能在求取子句形过程中丢失。本章将研究采用易于叙述的 if→then(如果→那么)规则来求解问题。

基于规则的问题求解系统运用下述规则来建立:

$$If \rightarrow Then \tag{3.1}$$

即

$$
\begin{aligned}
&If \qquad if1 \\
&\qquad\quad if2 \\
&\qquad\quad \vdots \\
&Then \quad then1 \\
&\qquad\quad then2 \\
&\qquad\quad \vdots
\end{aligned}
\tag{3.2}
$$

其中,If 部分可能由几个 if 组成,而 Then 部分可能由一个或一个以上的 then 组成。

在所有基于规则系统中,每个 if 可能与某断言(assertion)集中的一个或多个断言匹配。有时把该断言集称为工作内存。在许多基于规则系统中,then 部分用于规定放入工作内存的新断言。这种基于规则的系统叫做规则演绎系统(rule based deduction system)。在这种系统中,通常称每个 if 部分为前项(antecedent),称每个 then 部分为后项(consequent)。

有时,then 部分用于规定动作;这时,称这种基于规则的系统为反应式系统(reaction system)或产生式系统(production system)。将在 3.6 节讨论产生式系统。

3.5.1 规则正向演绎系统

在基于规则的系统中,有两种推理方式,即正向推理(forward chaining)和逆向推理(backward chaining)。对于从 if 部分向 then 部分推理的过程,叫做正向推理。正向推理是从事实或状况向目标或动作进行操作的。反之,对于从 then 部分向 if 部分推理的过程,叫做逆向推理。逆向推理是从目标或动作向事实或状况进行操作的。

1. 正向推理

正向推理从一组表示事实的谓词或命题出发,使用一组产生式规则,用以证明该谓词公式或命题是否成立。设有下列规则集合 $R1$ 至 $R3$:

$$R1: \quad P_1 \rightarrow P_2$$
$$R2: \quad P_2 \rightarrow P_3$$
$$R3: \quad P_3 \rightarrow P_4$$

其中,P_1、P_2、P_3 和 P_4 为谓词公式或命题。设总数据库中已存在事实 P_1,则应用规则 $R1$、$R2$、$R3$ 进行正向推理,其过程如图 3.16 所示。

图 3.16 正向推理过程

实现正向推理的一般策略是:先提供一批事实(数据)到总数据库中。系统利用这些事实与规则的前提相匹配,触发匹配成功的规则,把其结论作为新的事实添加到总数据库中。继续上述过程,用更新过的总数据库的所有事实再与规则库中另一条规则匹配,用其结论再次修改总数据库的内容,直到没有可匹配的新规则,不再有新的事实加到总数据库中。当产生式系统的左部和右部是用谓词表示时,全局规则的前提与总数据库中的事实相匹配意味着对左部谓词中出现的变量进行统一的置换,使置换后的左部谓词成为总数据库中某个谓词的实例,使左部谓词实例与总数据库中的某个事实相同。执行右部是指当左部匹配成功时,用左部匹配时使用的相同变量,并按相同方式对右部谓词进行置换,把置换结果(即右部谓词实例)加入总数据库。

2. 事实表达式的与或形变换

在基于规则的正向演绎系统中,把事实表示为非蕴涵形式的与或形,作为系统的总数据库。不把这些事实化为子句形,而是把它们表示为谓词演算公式,并把这些公式变换为叫做与或形的非蕴涵形式。要把一个公式化为与或形(即子句集)的步骤见 3.4 节。

例如,有事实表达式

$$(\exists u)(\forall v)(Q(v,u) \wedge \sim((R(v) \vee P(v)) \wedge S(u,v)))$$

把它化为

$$Q(v,A) \wedge ((\sim R(v) \wedge \sim P(v)) \vee \sim S(A,v))$$

对变量更名标准化,使得同一变量不出现在事实表达式的不同主要合取式中。更名后得表达式

$$Q(w,A) \wedge ((\sim R(v) \wedge \sim P(v)) \vee \sim S(A,v))$$

必须注意到 $Q(v,A)$ 中的变量 v 可用新变量 w 代替,而合取式($\sim R(v) \wedge \sim P(v)$)中的变量 v 却不可更名,因为后者也出现在析取式 $\sim S(A,v)$ 中。与或形表达式是由符号 $\wedge$ 和 $\vee$ 连接的一些文字的子表达式组成的。呈与或形的表达式并不是子句形,而是接近于原始表达式形式,特别是它的子表达式不是复合产生的。

3. 事实表达式的与或图表示

与或形的事实表达式可用与或图来表示。图 3.17 的与或树表示出上述例子的与或形事实表达式。图中,每个节点表示该事实表达式的一个子表达式。某个事实表达式($E_1 \vee E_2 \vee \cdots \vee E_k$)的析取关系子表达式 $E_1, E_2, \cdots,$ E_k 是用后继节点表示的,并由一个 k 线连接符把它们连接到父节点上。某个事实表达式($E_1 \wedge E_2 \wedge \cdots \wedge E_n$)的每个合取子表达式 $E_1, E_2, \cdots,$ E_n 是由单一的后继节点表示的,并由一个单线连接符接到父节点。在事实表达式中,用 k 线连接符(一个合取记号)来分解析取式,很可能会令人感到意外。在后面的讨论中,将会了解到采用这种约定的原因。

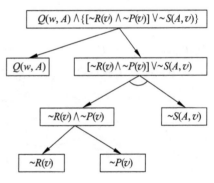

图 3.17　一个事实表达式的与或树表示

表示某个事实表达式的与或图的叶节点均由表达式中的文字来标记。图中标记有整个事实表达式的节点,称为根节点,它在图中没有祖先。

公式的与或图表示有个有趣的性质,即由变换该公式得到的子句集可作为此与或图的解图的集合(终止于叶节点)读出;也就是说,所得到的每个子句是作为解图的各个叶节点上文字的析取。这样,由表达式

$$Q(w,A) \wedge ((\sim R(v) \wedge \sim P(v)) \vee \sim S(A,v))$$

得到的子句为

$$Q(w,A)$$

$$\sim S(A,v) \vee \sim R(v)$$
$$\sim S(A,v) \vee \sim P(v)$$

上述每个子句都是图 3.17 解图之一的叶节点上文字的析取。所以,可把与或图看做是对子句集的简洁表示。不过,实际上表达式的与或图表示此子句集的通用性稍差,因为没有复合出共同的子表达式会妨碍在子句形中可能做到的某些变量的更名。例如,上面的最后一个子句,其变量 v 可全部改为 u,但无法在与或图中加以表示,因而失去了通用性,并且可能带来一些困难。

一般把事实表达式的与或图表示倒过来画,即把根节点画在最下面,而把其后继节点往上画。图 3.17 的与或图表示,就是按通常方式画出的,即目标在上面。

4. 与或图的 F 规则变换

这些规则是建立在某个问题辖域中普通陈述性知识的蕴涵公式基础上的。把允许用作规则的公式类型限制为下列形式:

$$L \rightarrow W \tag{3.3}$$

式中,L 是单文字; W 为与或形的惟一公式。也假设出现在蕴涵式中的任何变量都有全称量化作用于整个蕴涵式。这些事实和规则中的一些变量被分离标准化,使得没有一个变量出现在一个以上的规则中,而且使规则变量不同于事实变量。

单文字前项的任何蕴涵式,不管其量化情况如何,都可以化为某种量化辖域的整个蕴涵式的形式。这个变换过程首先把这些变量的量词局部地调换到前项,然后再把全部存在量词 Skolem 化。举例说明,公式

$$(\forall x)(((\exists y)(\forall z)P(x,y,z)) \rightarrow (\forall u)Q(x,u))$$

可以通过下列步骤加以变换:

(1) 暂时消去蕴涵符号

$$(\forall x)(\sim((\exists y)(\forall z)P(x,y,z)) \vee (\forall u)Q(x,u))$$

(2) 把否定符号移进第一个析取式内,调换变量的量词

$$(\forall x)((\forall y)(\exists z)(\sim P(x,y,z)) \vee (\forall u)Q(x,u))$$

(3) 进行 Skolem 化

$$(\forall x)((\forall y)(\sim P(x,y,f(x,y))) \vee (\forall u)Q(x,u))$$

(4) 把所有全称量词移至前面,然后消去

$$\sim P(x,y,f(x,y)) \vee Q(x,u)$$

(5) 恢复蕴涵式

$$P(x,y,f(x,y)) \rightarrow Q(x,u)$$

用一个自由变量的命题演算情况来说明如何把这类规则应用于与或图。把形式为 $L \rightarrow W$ 的规则应用到任一个具有叶节点 n 并由文字 L 标记的与或图上,可以得到一个新的与或图。在新的图上,节点 n 由一个单线连接符接到后继节点(也由 L 标记),它是表示为 W 的一个与或图结构的根节点。作为例子,考虑把规则 $S \rightarrow (X \wedge Y) \vee Z$ 应用到图 3.18 所示的与或图中标有 S 的叶节点上。所得到的新与或图结构表示于图 3.19,图中标记 S 的两个节点由一条叫做匹配弧的弧线连接起来。

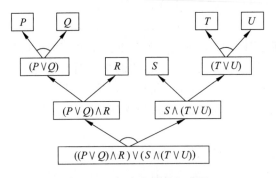

图 3.18   不含变量的与或图

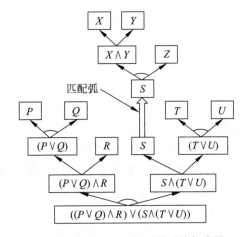

图 3.19   应用 $L{\rightarrow}W$ 规则得到的与或图

在应用某条规则之前,一个与或图(如图 3.18)表示一个具体的事实表达式。其中,在叶节点结束的一组解图表示该事实表达式的子句形。希望在应用规则之后得到的图,既能表示原始事实,又能表示从原始事实和该规则推出的事实表达式。

假设有一条规则 $L{\rightarrow}W$,根据此规则及事实表达式 $F(L)$,可以推出表达式 $F(W)$。$F(W)$ 是用 W 代替 F 中的所有 L 而得到的。当用规则 $L{\rightarrow}W$ 来变换以上述方式描述的 $F(L)$ 的与或图表示时,就产生一个含有 $F(W)$ 表示的新图;也就是说,它的以叶节点终止的解图集以 $F(W)$ 子句形式代表该子句集。这个子句集包括在 $F(L)$ 的子句形和 $L{\rightarrow}W$ 的子句形间对 L 进行所有可能的消解而得到的整集。

再讨论图 3.19 的情况。规则 $S{\rightarrow}((X \wedge Y) \vee Z)$ 的子句形是

$$\sim S \vee X \vee Z$$

和

$$\sim S \vee Y \vee Z$$

$((P \vee Q) \wedge R) \vee (S \wedge (T \vee U))$ 的子句形解图集为

$$P \vee Q \vee S$$

$$R \vee S$$

$$P \lor Q \lor T \lor U$$
$$R \lor T \lor U$$

应用两个规则子句中任一个对上述子句形中的 S 进行消解

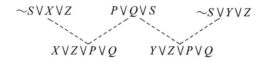

以及

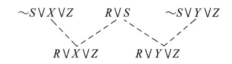

于是得到 4 个子句对 S 进行消解的消解式的完备集为

$$X \lor Z \lor P \lor Q$$
$$Y \lor Z \lor P \lor Q$$
$$R \lor X \lor Z$$
$$R \lor Y \lor Z$$

这些消解式全部包含在图 3.19 的解图所表示的子句之中。

从上述讨论可以得出结论：应用一条规则到与或图的过程，以极其有效的方式达到了用其他方法要进行多次消解才能达到的目的。

要使应用一条规则得到的与或图继续表示事实表达式和推得的表达式，这可利用匹配弧两侧有相同标记的节点来实现。对一个节点应用一条规则之后，此节点就不再是该图的叶节点。不过，它仍然由单一文字标记，而且可以继续具有一些应用于它的规则。把图中标有单文字的任一节点都称为文字节点，由一个与或图表示的子句集就是对应于该图中以文字节点终止的解图集。

5. 作为终止条件的目标公式

应用 F 规则的目的在于从某个事实公式和某个规则集出发来证明某个目标公式。在正向推理系统中，这种目标表达式只限于可证明的表达式，尤其是可证明的文字析取形的目标公式表达式。用文字集表示此目标公式，并设该集各元都为析取关系（在以后各节所要讨论的逆向系统和双向系统，都不对目标表达式作此限制）。目标文字和规则可用来对与或图添加后继节点，当一个目标文字与该图中文字节点 n 上的一个文字相匹配时，就对该图添加这个节点 n 的新后裔，并标记为匹配的目标文字。这个后裔叫做目标节点，目标节点都用匹配弧分别接到它们的父节点上。当产生一个与或图，并包含有终止在目标节点上的一个解图时，系统便成功地结束。此时，实际上已推出一个等价于目标子句的一部分的子句。

图 3.20 给出一个满足以目标公式($C \lor G$)为基础的终止条件的与或图，可把它解释为用一个"以事实来推理"的策略对目标表达式($C \lor G$)的一个证明。最初的事实表达式为($A \lor B$)。由于不知道 A 或 B 哪个为真，因此可以试着首先假定 A 为真，然后再假定

B 为真,分别地进行证明。如果两个证明都成功,那么就得到根据析取式($A \lor B$)的一个证明。而 A 或 B 到底哪个为真都无关紧要。图 3.20 中标有($A \lor B$)的节点,其两个后裔由一个 2 线连接符来连接。因而这两个后裔都必须出现在最后解图中,如果对节点 n 的一个解图通过 k 线连接符包含 n 的任一后裔,那么此解图必须包含通过这个 k 线连接符的所有 k 个后裔。

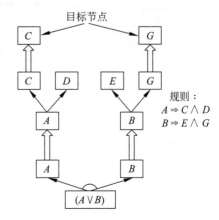

规则:
$A \Rightarrow C \land D$
$B \Rightarrow E \land G$

图 3.20　满足终止条件的与或图

图 3.20 的例子证明过程如下:

事实: $A \lor B$

规则: $A \to C \land D, B \to E \land G$

目标: $C \lor G$

把规则化为子句形,得子句集

$$\sim A \lor C, \sim A \lor D$$
$$\sim B \lor E, \sim B \lor G$$

目标的否定为

$$\sim (C \lor G)$$

其子句形为

$$\sim C, \sim G$$

用消解反演来证明目标公式,如图 3.21 所示。

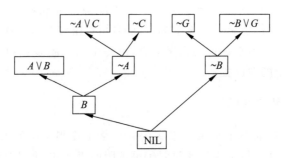

图 3.21　用消解反演求证目标公式的过程

从图 3.20 可推得一个空子句 NIL,从而使目标公式($C \lor G$)得到证明。

得到的结论是:当正向演绎系统产生一个含有以目标节点作为终止的解图时,此系统就成功地终止。

对于表达式含有变量的正向产生式系统,考虑把一条($L \to W$)形式的规则应用到与或图的过程,其中 L 是文字,W 是与或形的一个公式,而且所有表达式都可以包含变量。如果这个与或图含有的某个文字节点 L' 同 L 合一,那么这条规则就是可应用的。设其最一般合一者为 u,那么这条规则的应用能够扩展这个图。为此,建立一个有向的匹配弧,从与或图中标有 L' 的节点出发到达一个新的标有 L 的后继节点。这个后继节点是与或图表示的根节点,用 mgu,或者简写为 u 来标记这段匹配弧。

3.5.2　规则逆向演绎系统

基于规则的逆向演绎系统，其操作过程与正向演绎系统相反，即为从目标到事实的操作过程，从 then 到 if 的推理过程。

1. 逆向推理

逆向推理从表示目标的谓词或命题出发，使用一组产生式规则证明事实谓词或命题成立，即首先提出一批假设目标，然后逐一验证这些假设。如果使用前述三条规则 $R1$ 至 $R3$，则逆向推理过程如图 3.22 所示。

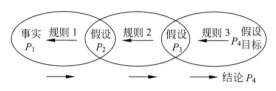

图 3.22　逆向推理过程

首先假设目标 P_4 成立，由规则 $3(P_3 \rightarrow P_4)$ 必须先验证 P_3 成立才能证明 P_4 成立。不过，总数据库中不存在事实 P_3，所以只能假设子目标 P_3 成立。由规则 $2(P_2 \rightarrow P_3)$，应验证 P_2；同样因总数据库中不存在事实 P_2，假设子目标 P_2 成立。再由规则 $1(P1 \rightarrow P2)$，要验证 P_2 成立必须先验证 P_1。因总数据库中没有事实 P_1，所以假设子目标 P_1 成立，并最后得出 P_4 成立的结论。

要实现逆向推理，其策略如下：首先假设一个可能的目标，然后由产生式系统试图证明此假设目标是否在总数据库中。若在总数据库中，则该假设目标成立；否则，若该假设为终叶(证据)节点，则询问用户，若不是，则再假定另一个目标，即寻找结论部分包含该假设的那些规则，把它们的前提作为新的假设，并力图证明其成立。这样反复进行推理，直到所有目标均获证明或者所有路径都得到测试为止。

从上面的讨论可知，正向推理和逆向推理各有其特点和适用场合。正向推理由事实(数据)驱动，从一组事实出发推导结论。其优点是算法简单、容易实现，允许用户一开始就把有关的事实数据存入数据库，在执行过程中系统能很快获得这些数据，而不必等到系统需要数据时才向用户询问。其主要特点是盲目搜索，可能会求解许多与总目标无关的子目标，每当总数据库内容更新后都要遍历整个规则库，推理效率较低。因此，正向推理策略主要用于已知初始数据，而无法提供推理目标，或解空间很大的一类问题，如监控、预测、规划、设计等问题的求解。

逆向推理由目标驱动，从一组假设出发验证结论。其优点是搜索目的性强，推理效率高。缺点是目标的选择具有盲目性，可能会求解许多假的目标；当可能的结论数目很多，即目标空间很大时，推理效率不高；当规则的右部是执行某种动作(如打开阀门)而不是结论时，逆向推理不便使用。因此逆向推理主要用于结论单一或者已知目标结论，而要求验证的系统，如选择、分类、故障诊断等问题的求解。正向推理和逆向推理策略的比较见表 3.2。

表 3.2 正向推理和逆向推理的比较

	正 向 推 理	逆 向 推 理
驱动方式	数据驱动	目标驱动
推理方法	从一组数据出发向前推导结论	从可能的解答出发,向后推理验证解答
启动方法	从一个事件启动	由询问关于目标状态的一个问题而启动
透明程度	不能解释其推理过程	可解释其推理过程
推理方向	由底向顶推理	由顶向底推理
典型系统	CLIPS,OPS	PROLOG

2. 目标表达式的与或形式

逆向演绎系统能够处理任意形式的目标表达式。首先,采用与变换事实表达式同样的过程,把目标公式化成与或形,即消去蕴涵符号→,把否定符号移进括号内,对全称量词 Skolem 化并删去存在量词。留在目标表达式与或形中的变量假定都已存在量词量化。例如,目标表达式

$$(\exists y)(\forall x)(P(x) \rightarrow (Q(x,y) \land \sim (P(x) \land S(y))))$$

化成与或形

$$\sim P(f(y)) \lor (Q(f(y),y) \land (\sim R(f(y)) \lor \sim S(y)))$$

式中,$f(y)$ 为一 Skolem 函数。

对目标的主要析取式中的变量分离标准化可得

$$\sim P(f(z)) \lor (Q(f(y),y) \land (\sim R(f(y)) \lor \sim S(y)))$$

应注意不能对析取的子表达式内的变量 y 改名而使每个析取式具有不同的变量。

与或形的目标公式也可以表示为与或图。不过,与事实表达式的与或图不同的是,对于目标表达式,与或图中的 k 线连接符用来分开合取关系的子表达式。上例所用的目标公式的与或图如图 3.23 所示。在目标公式的与或图中,把根节点的任一后裔叫做子目标节点,而标在这些后裔节点中的表达式叫做子目标。

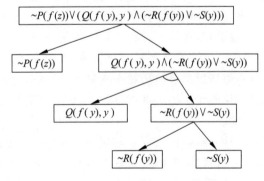

图 3.23 一个目标公式的与或图表示

这个目标公式的子句形表示中的子句集可从终止在叶节点上的解图集读出:

$$\sim P(f(z))$$

$$Q(f(y),y) \wedge \sim R(f(y))$$
$$Q(f(y),y) \wedge \sim S(y)$$

可见目标子句是文字的合取,而这些子句的析取是目标公式的子句形。

3. 与或图的 B 规则变换

现在应用 B 规则即逆向推理规则来变换逆向演绎系统的与或图结构,这个 B 规则是建立在确定的蕴涵式基础上的,正如正向系统的 F 规则一样。不过,现在把这些 B 规则限制为

$$W \rightarrow L$$

形式的表达式。其中,W 为任一与或形公式,L 为文字,而且蕴涵式中任何变量的量词辖域为整个蕴涵式。其次,把 B 规则限制为这种形式的蕴涵式还可以简化匹配,使之不会引起重大的实际困难。此外,可以把像 $W \rightarrow (L1 \wedge L2)$ 这样的蕴涵式化为两个规则 $W \rightarrow L1$ 和 $W \rightarrow L2$。

4. 作为终止条件的事实节点的一致解图

逆向系统中的事实表达式均限制为文字合取形,它可以表示为一个文字集。当一个事实文字和标在该图文字节点上的文字相匹配时,就可把相应的后裔事实节点添加到该与或图中去。这个事实节点通过标有 mgu 的匹配弧与匹配的子目标文字节点连接起来。同一个事实文字可以多次重复使用(每次用不同变量),以便建立多重事实节点。

逆向系统成功的终止条件是与或图包含有某个终止在事实节点上的一致解图。

下面讨论一个简单的例子,看看基于规则的逆向演绎系统是怎样工作的。这个例子的事实、应用规则和问题分别表示于下:

事实:

$F1$:DOG(FIDO);狗的名字叫 Fido

$F2$:～BARKS(FIDO);Fido 是不叫的

$F3$:WAGS-TAIL(FIDO);Fido 摇尾巴

$F4$:MEOWS(MYRTLE);猫咪的名字叫 Myrtle

规则:

$R1$:(WAGS-TAIL$(x1) \wedge$ DOG$(x1)) \rightarrow$ FRIENDLY$(x1)$;摇尾巴的狗是温顺的狗

$R2$:(FRIENDLY$(x2) \wedge \sim$ BARKS$(x2)) \rightarrow \sim$ AFRAID$(y2,x2)$;温顺而又不叫的东西是不值得害怕的

$R3$:DOG$(x3) \rightarrow$ ANIMAL$(x3)$;狗为动物

$R4$:CAT$(x4) \rightarrow$ ANIMAL$(x4)$;猫为动物

$R5$:MEOWS$(x5) \rightarrow$ CAT$(x5)$;猫咪是猫

问题:是否存在这样的一只猫和一条狗,使得这只猫不怕这条狗?

用目标表达式表示此问题为

$$(\exists x)(\exists y)(\text{CAT}(x) \wedge \text{DOG}(y) \wedge \sim \text{AFRAID}(x,y))$$

图 3.24 表示出这个问题的一致解图。图中,用双线框表示事实节点,用规则编号

$R1$、$R2$ 和 $R5$ 等来标记所应用的规则。此解图中有八条匹配弧,每条匹配弧上都有一个置换。这些置换为 $\{x/x5\}$,$\{\text{MYRTLE}/x\}$,$\{\text{FIDO}/y\}$,$\{x/y2, y/x2\}$,$\{\text{FIDO}/y\}$ ($\{\text{FIDO}/y\}$ 重复使用 4 次)。由图 3.24 可见,终止在事实节点前的置换为 $\{\text{MYRTLE}/x\}$ 和 $\{\text{FIDO}/y\}$。把它应用到目标表达式,就得到该问题的回答语句如下:

$$(\text{CAT}(\text{MYRTLE}) \land \text{DOG}(\text{FIDO}) \land \sim \text{AFRAID}(\text{MYRTLE},\text{FIDO}))$$

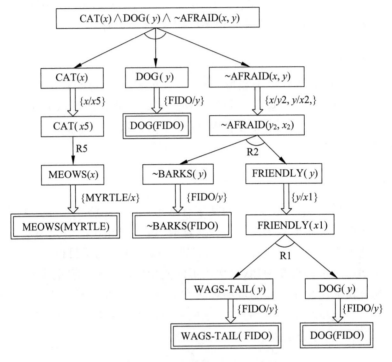

图 3.24   逆向系统的一个一致解图

3.5.3   规则双向演绎系统

1. 双向推理

双向推理又称为正反向混合推理,它综合了正向推理和逆向推理的长处,而克服了两者的短处。双向推理的推理策略是同时从目标向事实推理和从事实向目标推理,并在推理过程中的某个步骤,实现事实与目标的匹配。具体的推理策略有多种。例如,通过数据驱动帮助选择某个目标,即从初始证据(事实)出发进行正向推理,同时以目标驱动求解该目标,通过交替使用正逆向混合推理对问题进行求解。双向推理的控制策略比前两种方法都要复杂。美国斯坦福研究所人工智能中心研制的基于规则的专家系统工具 KAS,就是采用正逆向混合推理的产生式系统的一个典型例子。

图 3.25 给出双向推理过程的示意图。

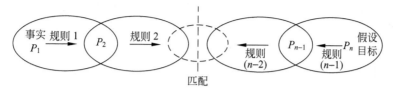

图 3.25　双向推理过程

2. 组合演绎系统

3.5.1 节和 3.5.2 节所讨论的基于规则的正向演绎系统和逆向演绎系统都具有局限性。正向演绎系统能够处理任意形式的 if 表达式,但被限制在 then 表达式为由文字析取组成的一些表达式上。逆向演绎系统能够处理任意形式的 then 表达式,但被限制在 if 表达式为文字合取组成的一些表达式上。希望能够构成一个组合的系统,使它具有正向和逆向两系统的优点,以求克服各自的缺点(局限性)。这个系统就是本节要研究的双向(正向和逆向)组合演绎系统。

正向和逆向组合系统是建立在两个系统相结合的基础上的。此组合系统的总数据库由表示目标和表示事实的两个与或图结构组成。这些与或图最初用来表示给出的事实和目标的某些表达式集合,现在这些表达式的形式不受约束。这些与或图结构分别用正向系统的 F 规则和逆向系统的 B 规则来修正。设计者必须决定哪些规则用来处理事实图以及哪些规则用来处理目标图。尽管新系统在修正由两部分构成的数据库时,实际上只沿一个方向进行,但仍然把这些规则分别称为 F 规则和 B 规则。继续限制 F 规则为单文字前项和 B 规则为单文字后项。

组合演绎系统的主要复杂之处在于其终止条件,终止涉及两个图结构之间的适当交接处。这些结构可由标有合一文字的节点上的匹配棱线来连接。用对应的 mgu 来标记匹配棱线。对于初始图,事实图和目标图间的匹配棱线必须在叶节点之间。当用 F 规则和 B 规则对图进行扩展之后,匹配就可以出现在任何文字节点上。

在完成两个图间的所有可能匹配之后,目标图中根节点上的表达式是否已经根据事实图中根节点上的表达式和规则得到证明的问题仍然需要判定。只有当求得这样的一个证明时,证明过程才算成功地终止。当然,当能够断定在给定方法限度内找不到证明时,过程则以失败告终。

一个简单的终止条件是某个判定与或图根节点是否为可解过程的直接归纳。这个终止条件是建立在事实节点和目标节点间一种叫做 CANCEL 的对称关系的基础上的。CANCEL 的递归定义如下:

定义 3.4　如果 (n,m) 中有一个为事实节点,另一个为目标节点,而且如果 n 和 m 都由可合一的文字所标记,或者 n 有个外向 k 线连接符接至一个后继节点集 $\{S_i\}$ 使得对此集的每个元 $CANCEL(S_i,m)$ 都成立,那么就称这两节点 n 和 m 互相 CANCEL(即互相抵消)。

当事实图的根节点和目标图的根节点互相 CANCEL 时,就得到一个候补解。在事实和目标图内证明该目标根节点和事实根节点互相 CANCEL 的图结构叫做候补 CANCEL 图。如果候补 CANCEL 图中所有匹配的 mgu 都是一致的,那么这个候补解就是一个实际解。

我们应用 F 规则和 B 规则来扩展与或搜索图,因此,置换关系到每条规则的应用。解图中的所有置换,包括在规则匹配中得到的 mgu 和匹配事实与目标文字间所得到的 mgu,都必须是一致的。

3.4 节和 3.5 节讨论的消解反演推理、消解演绎推理和规则演绎推理等推理方法,都是确定性推理。它们建立在经典逻辑基础上,运用确定性知识进行精确推理,也是一种单调性推理。现实中遇到的问题和事物间的关系,往往比较复杂,客观事物存在的随机性、模糊性、不完全性和不精确性,往往导致人们认识上一定程度的不确定性。这时,若仍然采用经典的精确推理方法进行处理,必然无法反映事物的真实性。为此,需要在不完全和不确定的情况下运用不确定知识进行推理,即进行不确定性推理。

下面将介绍一些不确定性推理技术,包括贝叶斯推理、概率推理等,它们已在专家系统、机器人规划和机器学习等领域获得广泛应用。

3.6　不确定性推理

不确定性推理(reasoning with uncertainty)也称不精确推理(inexact reasoning),是一种建立在非经典逻辑基础上的基于不确定性知识的推理,它从不确定性的初始证据出发,通过运用不确定性知识,推出具有一定程度的不确定性的和合理的或近乎合理的结论。

不确定性推理中所用的知识和证据都具有某种程度的不确定性,这就给推理机的设计与实现增加了复杂性和难度。除了必须解决推理方向、推理方法、控制策略等基本问题外,一般还需要解决不确定性的表示与量度、不确定性匹配、不确定性的传递算法以及不确定性的合成等重要问题。

3.6.1　不确定性的表示与度量

1. 不确定性的表示

不确定性推理中存在三种不确定性,即关于知识的不确定性、关于证据的不确定性和关于结论的不确定性。它们都具有相应的表示方式和量度标准。

(1) 知识不确定性的表示

知识的表示与推理是密切相关的,不同的推理方法要求有相应的知识表示模式与之对应。在不确定性推理中,由于知识都具有不确定性,所以必须采用适当的方法把知识的不确定性及不确定的程度表示出来。

在确立不确定性的表示方法时,有两个直接相关的因素需要考虑:一是要能根据领域问题特征把其不确定性比较准确地描述出来,满足问题求解的需要。二是要便于在推理过程中推算不确定性。只有把这两个因素结合起来统筹考虑的表示方法才是实用的。

（2）证据不确定性的表示

观察事物时所了解的事实往往具有某种不确定性。例如,当观察某种动物的颜色时,可能说该动物的颜色是白色的,也可能是灰色的。这就是说,这种观察具有某种程度的不确定性。这种观察时产生的不确定性会导致证据的不确定性。在推理中,有两种来源的证据:一种是用户在求解问题时提供的初始证据,例如患者的症状、化验结果等;另一种是在推理中用前面推出的结论作为当前推理的证据。对于前一种情况,由于这种证据多来源于观察,往往有不确定性,因而推出的结论当然也具有不确定性,当把它用作后面推理的证据时,它也就是具有不确定性的证据。

（3）结论不确定性的表示

上述由于使用知识和证据具有的不确定性,使得出的结论也具有不确定性。这种结论的不确定性也叫做规则的不确定性,它表示当规则的条件被完全满足时,产生某种结论的不确定程度。

2. 不确定性的度量

需要采用不同的数据和方法来量度确定性的程度。首先必须确定数据的取值范围。例如,在 MYCIN 等专家系统中,用可信度来表示知识和证据的不确定性,其取值范围为$[-1,+1]$。也可以用$[0,1]$之间的值来表示某些问题的不确定性。

在确定量度方法及其范围时,必须注意到:

（1）量度要能充分表达相应知识和证据不确定性的程度。

（2）量度范围的指定应便于领域专家和用户对不确定性的估计。

（3）量度要便于对不确定性的传递进行计算,而且对结论算出的不确定性量度不能超出量度规定的范围。

（4）量度的确定应当是直观的,并有相应的理论依据。

3.6.2　不确定性的算法

1. 不确定性的匹配算法

推理是一个不断运用知识的过程。为了找到所需的知识,需要在这一过程中用知识的前提条件与已知证据进行匹配,只有匹配成功的知识才有可能被应用。

在确定性推理中,知识是否匹配成功是很容易确定的。但在不确定性推理中,由于知识和证据都具有不确定性,而且知识所要求的不确定性程度与证据实际具有的不确定性程度不一定相同,因而就出现了"怎样才算匹配成功"的问题。对于这个问题,目前常用的解决方法是:设计一个用来计算匹配双方相似程度的算法,再指定一个相似的限度,用来衡量匹配双方相似的程度是否落在指定的限度内。如果落在指定的限度内,就称它们是可匹配的,相应的知识可被应用,否则就称它们是不可匹配的,相应的知识不可应用。以上用来计算匹配双方相似程度的算法称为不确定性匹配算法,用来指出相似的限度称为阈值。

2. 不确定性的更新算法

不确定性推理的根本目的是根据用户提供的初始证据(这种证据也往往具有不确定性),通过运用不确定性知识,最终推出不确定性的结论,并推算出结论的确定性程度。所以不确定性推理除了要解决前面提出的问题之外,还需要解决不确定性的更新问题,即在推理过程中如何考虑知识不确定性的动态积累和传递。不确定性的更新算法一般包括如下算法:

(1) 已知规则前提即证据 E 的不确定性 $C(E)$ 和规则的强度 $f(H,E)$,其中 H 表示假设,试求 H 的不确定性 $C(H)$。即定义算法 g_1,使得

$$C(H) = g_1[C(E), f(H,E)]$$

(2) 假设的不确定性算法——并行规则算法。根据独立的证据 E_1 和 E_2,分别求得假设 H 的不确定性为 $C_1(H)$ 和 $C_2(H)$。求出证据 E_1 和 E_2 的组合导致结论 H 的不确定性 $C(H)$,即定义算法 g_2,使得

$$C(H) = g_2[C_1(H), C_2(H)]$$

(3) 证据合取的不确定性算法。根据两个证据 E_1 和 E_2 的不确定性值 $C(E_1)$ 和 $C(E_2)$,求出证据 E_1 和 E_2 合取的不确定性,即定义算法 g_3,使得

$$C(E_1 \text{ AND } E_2) = g_3[C(E_1), C(E_2)]$$

(4) 证据析取的不确定性算法。根据两个证据 E_1 和 E_2 的不确定性值 $C(E_1)$ 和 $C(E_2)$,求出证据 E_1 和 E_2 析取的不确定性,即定义算法 g_4,使得

$$C(E_1 \text{ OR } E_2) = g_4[C(E_1), C(E_2)]$$

证据合取和证据析取的不确定性算法统称为组合证据的不确定性算法。实际上,规则的前提可以是用 AND 和 OR 把多个条件连接起来构成的复合条件。目前,关于组合证据的不确定性的计算已经提出了多种方法,其中用得较多的有如下几种:

(1) 最大最小法

$$
\begin{aligned}
C(E_1 \text{ AND } E_2) &= \min\{C(E_1), C(E_2)\} \\
C(E_1 \text{ OR } E_2) &= \max\{C(E_1), C(E_2)\}
\end{aligned}
\tag{3.4}
$$

(2) 概率方法

$$
\begin{aligned}
C(E_1 \text{ AND } E_2) &= C(E_1)C(E_2) \\
C(E_1 \text{ OR } E_2) &= C(E_1) + C(E_2) - C(E_1)C(E_2)
\end{aligned}
\tag{3.5}
$$

(3) 有界方法

$$
\begin{aligned}
C(E_1 \text{ AND } E_2) &= \max\{0, C(E_1) + C(E_2) - 1\} \\
C(E_1 \text{ OR } E_2) &= \min\{1, C(E_1) + C(E_2)\}
\end{aligned}
\tag{3.6}
$$

上述的每一组公式都有相应的适用范围和使用条件,如概率方法只能在事件之间完全独立时使用。

3.7 概 率 推 理

上面讨论了不确定性推理要解决的一些主要问题。不过,并非任何一个不确定性推理都必须包括上述各项内容,而且在不同的不确定性推理模型中,这些问题的解决方法是

各不相同的。目前用得较多的不精确推理模型有概率推理、可信度方法、证据理论、贝叶斯推理和模糊推理等。从本节起将分别对它们加以介绍。

3.7.1 概率的基本性质和计算公式

在一定条件下,可能发生也可能不发生的试验结果叫做随机事件,简称事件。随机事件有两种特殊情况,即必然事件和不可能事件。必然事件是在一定条件下每次试验都必定发生的事件;不可能事件指在一定条件下各次试验都一定不发生的事件。概率论是研究随机现象中数量规律的科学。

随机事件在一次试验中是否发生,固然是无法事先肯定的偶然现象,但当进行多种重复试验时,就可以发现其发生的可能性大小的统计规律性。这一统计规律性表明事件发生的可能性大小是事件本身所固有的一种客观属性。称这种事件发生的可能性大小为事件概率。令 A 表示一个事件,则其概率记为 $P(A)$。概率具有下列基本性质:

(1) 对于任一事件 A,有
$$0 \leqslant P(A) \leqslant 1$$

(2) 必然事件 D 的概率 $P(D)=1$,不可能事件 Φ 概率 $P(\Phi)=0$。

(3) 若 A,B 是两个事件,则
$$P(A \bigcup B) = P(A) + P(B) - P(A \bigcap B) \tag{3.7}$$

(4) 若事件 $A_1, A_2, \cdots, A_k$ 是两两互不相容(或称互斥)的事件,即有 $A_i \bigcap A_j = \varphi (i \neq j)$,则
$$P\left(\bigcup_{i=1}^{k} A_i\right) = P(A_1) + P(A_2) + \cdots + P(A_k) \tag{3.8}$$

若事件 A,B 互斥,则
$$P(A \bigcup B) = P(A) + P(B) \tag{3.9}$$

(5) 若 A,B 是两个事件,且 $A \supset B$(表示事件 B 的发生必然导致事件 A 的发生),则
$$P(A \backslash B) = P(A) - P(B) \tag{3.10}$$

其中,事件 $A \backslash B$ 表示事件 A 发生而事件 B 不发生。

(6) 对任一事件 A,有
$$P(\overline{A}) = 1 - P(A) \tag{3.11}$$

其中,$\overline{A}$ 表示事件 A 的逆,即事件 A 和事件 $\overline{A}$ 有且仅有一个发生。

概率的部分计算公式如下:

(1) 条件概率与乘法公式

在事件 B 发生的条件下,事件 A 发生的概率称为事件 A 在事件 B 已发生的条件下的条件概率,记作 $P(A|B)$。当 $P(B) > 0$ 时,规定
$$P(A \mid B) = \frac{P(A \bigcap B)}{P(B)}$$

当 $P(B)=0$ 时,规定 $P(A|B)=0$,由此得出乘法公式:
$$P(A \bigcap B) = P(B)P(A \mid B) = P(A)P(B \mid A)$$
$$P(A_1 A_2 \cdots A_n) = P(A_1)P(A_2 \mid A_1)P(A_3 \mid A_1 A_2) \cdots P(A_n \mid A_1 A_2 \cdots A_{n-1}),$$
$$(P(A_1 A_2 \cdots A_{n-1}) > 0)$$

$$\tag{3.12}$$

（2）独立性公式

若事件 A 与 B 满足 $P(A|B)=P(A)$，则称事件 A 关于事件 B 是独立的。独立性是相互的性质，即 A 关于 B 独立，B 也一定关于 A 独立，或称 A 与 B 相互独立。

A 与 B 相互独立的充分必要条件是：

$$P(A \cap B) = P(A)P(B) \tag{3.13}$$

（3）全概率公式

若事件 $B_1, B_2, \cdots, B_i$ 满足

$$B_i \cap B_j = \Phi, \quad i \neq j$$

$$P\left(\bigcup_{i=1}^{\infty} B_i\right) = 1, P(B_i) > 0, \quad i = 1, 2, \cdots$$

则对于任意一事件 A，有

$$P(A) = \sum_{i=1}^{\infty} P(A \mid B_i)P(B_i) \tag{3.14}$$

若 B_i 只有 n 个，则此公式也成立，此时右端只有 n 项相加。

（4）贝叶斯（Bayes）公式

若事件 $B_1, B_2, \cdots, B_i$ 满足全概率公式条件，则对于任一事件 $A(P(A)>0)$，有

$$P(B_i \mid A) = \frac{P(B_i)P(A \mid B_i)}{\sum_{i=1}^{\infty} P(B_i)P(A \mid B_i)} \tag{3.15}$$

若 B_i 只有 n 个，则此公式也成立，这时右端分母只有 n 项相加。

3.7.2 概率推理方法

设有如下产生式规则：

$$\text{IF } E \text{ THEN } H$$

则证据（或前提条件）E 不确定性的概率 $P(E)$，概率方法不精确推理的目的就是求出在证据 E 下结论 H 发生的概率 $P(H|E)$。

把贝叶斯方法用于不精确推理的一个原始条件是：已知前提 E 的概率 $P(E)$ 和 H 的先验概率 $P(H)$，并已知 H 成立时 E 出现的条件概率 $P(E|H)$。如果只使用这一条规则进行一步推理，则使用如下最简形式的贝叶斯公式便可以从 H 的先验概率 $P(H)$ 推得 H 的后验概率

$$P(H \mid E) = \frac{P(E \mid H)P(H)}{P(E)} \tag{3.16}$$

若一个证据 E 支持多个假设 $H_1, H_2, \cdots, H_n$，即

$$\text{IF } E \text{ THEN } H_i, \quad i = 1, 2, \cdots, n$$

则可得如下贝叶斯公式

$$\frac{P(H_i)P(E \mid H_i)}{\sum_{j=1}^{n} P(H_j)P(E \mid H_j)}, \quad i = 1, 2, \cdots, n \tag{3.17}$$

若有多个证据 $E_1, E_2, \cdots, E_m$ 和多个结论 $H_1, H_2, \cdots, H_n$，并且每个证据都以一定

程度支持结论,则

$$P(H_i \mid E_1 E_2 \cdots E_m) = \frac{P(E_1 \mid H_i)P(E_2 \mid H_i)\cdots P(E_m \mid H_i)P(H_i)}{\displaystyle\sum_{j=1}^{n} P(E_1 \mid H_j)P(E_2 \mid H_j)\cdots P(E_m \mid H_j)P(H_j)} \quad (3.18)$$

这时,只要已知 H_i 的先验概率 $P(H_i)$ 及 H_i 成立时证据 $E_1, E_2, \cdots, E_m$ 出现的条件概率 $P(E_1|H_i), P(E_2|H_i), \cdots, P(E_m|H_i)$,就可利用上述公式计算出在 $E_1, E_2, \cdots, E_m$ 出现情况下的 H_i 条件概率 $P(H_i|E_1 E_2 \cdots E_m)$。

例 3.10 设 H_1, H_2, H_3 为三个结论,E 是支持这些结论的证据,且已知:

$$P(H_1) = 0.3, \qquad P(H_2) = 0.4, \qquad P(H_3) = 0.5$$
$$P(E \mid H_1) = 0.5, \quad P(E \mid H_2) = 0.3, \quad P(E \mid H_3) = 0.4$$

求:$P(H_1|E), P(H_2|E)$ 及 $P(H_3|E)$ 的值。

解:根据式(4.14)可得

$$P(H_1 \mid E) = \frac{P(H_1) \times P(E \mid H_1)}{P(H_1) \times P(E \mid H_1) + P(H_2) \times P(E \mid H_2) + P(H_3) \times P(E \mid H_3)}$$
$$= \frac{0.15}{0.15 + 0.12 + 0.2}$$
$$= 0.32$$

根据同一公式可求得

$$P(H_2 \mid E) = 0.26$$
$$P(H_3 \mid E) = 0.43$$

计算结果表明,由于证据 E 的出现,H_1 成立的概率略有提高,而 H_2, H_3 成立的概率却有不同程度的下降。

例 3.11 已知:

$$P(H_1) = 0.4, \qquad P(H_2) = 0.3, \qquad P(H_3) = 0.3$$
$$P(E_1 \mid H_1) = 0.5, \quad P(E_1 \mid H_2) = 0.6, \quad P(E_1 \mid H_3) = 0.3$$
$$P(E_2 \mid H_1) = 0.7, \quad P(E_2 \mid H_2) = 0.9, \quad P(E_2 \mid H_3) = 0.1$$

求:$P(H_1|E_1 E_2)$、$P(H_2|E_1 E_2)$ 及 $P(H_3|E_1 E_2)$ 的值。

解:根据 3.17 可得

$$P(H_1 \mid E_1 E_2)$$
$$= \frac{P(E_1 \mid H_1)P(E_2 \mid H_1)P(H_1)}{P(E_1 \mid H_1)P(E_2 \mid H_1)P(H_1) + P(E_1 \mid H_2)P(E_2 \mid H_2)P(H_2) + P(E_1 \mid H_3)P(E_2 \mid H_3)P(H_3)}$$
$$= 0.45$$

同法计算可得

$$P(H_2 \mid E_1 E_2) = 0.52$$
$$P(H_3 \mid E_1 E_2) = 0.03$$

从以上计算可以看出,由于证据 E_1 和 E_2 的出现,使 H_1 和 H_2 成立的概率有不同程度的提高,而 H_3 成立的概率下降了。

概率推理方法具有较强的理论基础和较好的数学描述。当证据和结论彼此独立时,计算不很复杂。但是,应用这种方法时要求给出结论 H_i 的先验概率 $P(H_i)$ 及证据 E_j 的条件概率 $P(E_j \mid H_i)$,而要获得这些概率数据却是相当困难的。此外,贝叶斯公式的应用条件相当严格,即要求各事件彼此独立,如果证据间存在依赖关系,那么就不能直接采用这种方法。

3.8 主观贝叶斯方法

直接用贝叶斯公式求结论 H_i 在存在证据 E 时的概率 $P(H_i \mid E)$,需要给出结论 H_i 的先验概率 $P(H_i)$ 及证据 E 的条件概率 $P(H_i \mid E)$。对于实际应用,这是不易做到的。杜达(Duda)和哈特(Hart)等在贝叶斯公式的基础上,于 1976 年提出主观贝叶斯方法,建立了不精确推理模型,并把它成功的应用于 PROSPECTOR 专家系统。

3.8.1 知识不确定性的表示

在主观贝叶斯方法中,用下列产生式规则表示知识

$$\text{IF } E \text{ THEN } (\text{LS}, \text{LN}) \quad H \tag{3.19}$$

其中,(LS,LN)表示该知识的静态强度,称 LS 为式(3.31)成立的充分性因子,LN 为式(3.19)成立的必要性因子,它们分别衡量证据(前提)E 对结论 H 的支持程度和 $\sim E$ 对结论 H 的支持程度。定义

$$\text{LS} = \frac{P(E \mid H)}{P(E \mid \sim H)} \tag{3.20}$$

$$\text{LN} = \frac{P(\sim E \mid H)}{P(\sim E \mid \sim H)} = \frac{1 - P(E \mid H)}{1 - P(E \mid \sim H)} \tag{3.21}$$

LS 和 LN 的取值范围为 $[0, +\infty)$,其具体数值由领域专家决定。

主观贝叶斯方法的不精确推理过程就是根据前提 E 的概率 $P(E)$,利用规则的 LS 和 LN,把结论 H 的先验概率 $P(H)$ 更新为后验概率 $P(H \mid E)$ 的过程。

由式(4.13)可知

$$P(H \mid E) = \frac{P(E \mid H) P(H)}{P(E)}$$

$$P(\sim H \mid E) = \frac{P(E \mid \sim H) P(\sim H)}{P(E)}$$

以上两式相除,可得

$$\frac{P(H \mid E)}{P(\sim H \mid E)} = \frac{P(E \mid H)}{P(E \mid \sim H)} \cdot \frac{P(H)}{P(\sim H)} \tag{3.22}$$

再定义概率函数为

$$O(X) = \frac{P(X)}{1 - P(X)} \quad \text{或} \quad O(X) = \frac{P(X)}{P(\sim X)} \tag{3.23}$$

即 X 的概率等于 X 的概率与 X 不出现的概率之比。由式(3.23)可知,随着 $P(X)$ 的增大,$O(X)$ 也在增大,且有

$$O(X) = \begin{cases} 0, & \text{若 } P(X) = 0 \\ +\infty, & \text{若 } P(X) = 1 \end{cases} \tag{3.24}$$

这样,就可把取值为$[0,1]$的$P(X)$放大为取值$[0,+\infty)$的$O(X)$。

将式(3.23)代入式(3.22)可得

$$O(H \mid E) = \frac{P(E \mid H)}{P(E \mid \sim H)} \cdot O(H)$$

再把式(3.20)代入上式得

$$O(H \mid E) = \text{LS} \cdot O(H) \tag{3.25}$$

同理可得

$$O(H \mid \sim E) = \text{LN} \cdot O(H) \tag{3.26}$$

公式(3.25)和公式(3.26)就是修改的贝叶斯公式。从该两式可知:当E为真时,可利用LS将H的先验概率$O(H)$更新为其后验概率$O(H \mid E)$;当E为假时,可利用LN将H的先验概率$O(H)$更新为其后验概率$O(H \mid \sim E)$。

从以上三式还可以看出:LS越大,$O(H \mid E)$就越大,且$P(H \mid E)$也越大,这说明E对H的支持越强。当LS$\to\infty$时,$O(H \mid E) \to \infty$,$P(H \mid E) \to 1$,这说明E的存在导致H为真。因此说E对H是充分的,且称LS为充分性因子。同理,可以看出LN反映了$\sim H$的出现对H的支持程度。当LN$=0$时,将使$O(H \mid \sim E) = 0$,这说明E的不存在导致H为假。因此说E对H是必要的,且称LN为必要性因子。

3.8.2 证据不确定性的表示

主观贝叶斯方法中证据的不确定性也是用概率表示的。例如对于初始证据E,用户根据观察S给出$P(E \mid S)$,它相当于动态强度。由于难以给出$P(E \mid S)$,因而在具体应用系统中往往采用适当的变通方法,如在PROSPECTOR中引进了可信度的概念,让用户在$-5 \sim 5$之间的11个整数中根据实际情况选一个数作为初始证据的可信度,表示对所提供证据可以相信的程度。可信度$C(E \mid S)$与概率$P(E \mid S)$的对应关系如下:

$C(E \mid S) = -5$,表示在观察S下证据E肯定不存在,即$P(E \mid S) = 0$。

$C(E \mid S) = 0$,表示S与E无关,即$P(E \mid S) = P(E)$。

$C(E \mid S) = 5$,表示在观察S下证据E肯定存在,即$P(E \mid S) = 1$。

$C(E \mid S)$为其他数时,它与$P(E \mid S)$的对应关系,可通过对上述有三点进行分段线性插值得到,如图3.26所示。

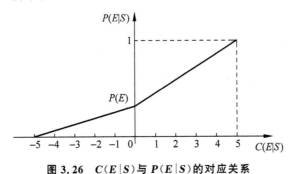

图 3.26 $C(E \mid S)$与$P(E \mid S)$的对应关系

从图 3.26 可求得：

$$P(E \mid S) = \begin{cases} \dfrac{C(E \mid S) + P(E) \times (5 - C(E \mid S))}{5}, & 若 \ 0 \leqslant C(E \mid S) \leqslant 5 \\[3mm] \dfrac{P(E) \times (C(E \mid S) + 5)}{5}, & 若 -5 \leqslant C(E \mid S) \leqslant 0 \end{cases} \tag{3.27}$$

$$C(E \mid S) = \begin{cases} 5 \times \dfrac{P(E \mid S) - P(E)}{1 - P(E)}, & 若 \ P(E) \leqslant P(E \mid S) \leqslant 1 \\[3mm] 5 \times \dfrac{P(E \mid S) - P(E)}{P(E)}, & 若 \ 0 \leqslant P(E \mid S) \leqslant P(E) \end{cases} \tag{3.28}$$

由上面两式可见,只要用户对初始证据给出相应的可信度 $C(E|S)$,系统就会把它转化为 $P(E|S)$,也就相当于给出了证据 E 的概率 $P(E|S)$。

当证据不确定时,要用杜达(Duda)等人证明的下列公式计算后验概率

$$P(H \mid S) = P(H \mid E)P(E \mid S) + P(H \mid \sim E)P(\sim E \mid S) \tag{3.29}$$

当 $P(E|S)=1$ 时

$$P(\sim E \mid S) = 0, \quad P(H \mid S) = P(H \mid E)$$

当 $P(E|S)=0$ 时

$$P(\sim E \mid S) = 1, \quad P(H \mid S) = P(H \mid \sim E)$$

当 $P(E|S)=P(E)$ 时

$$\begin{aligned} P(H \mid S) &= P(H \mid E)P(E \mid S) + P(H \mid \sim E)P(\sim E \mid S) \\ &= P(H \mid E)P(E) + P(H \mid \sim E)P(\sim E) \\ &= P(H) \end{aligned}$$

当 $P(E|S)$ 为其他值时,通过分段线性插值即可得计算 $P(H|S)$ 的公式,如图 3.27 所示。函数的解析式为

$$P(H \mid S) = \begin{cases} P(H \mid \sim E) + \dfrac{P(H) - P(H \mid \sim E)}{P(E)} \times P(E \mid S), & 若 \ 0 \leqslant P(E \mid S) < P(E) \\[3mm] P(H) + \dfrac{P(H \mid E) - P(H)}{1 - P(E)} \times [P(E \mid S) - P(E)], & 若 \ P(E) \leqslant P(E \mid S) \leqslant 1 \end{cases}$$
$$\tag{3.30}$$

并称之为 EH 公式。

将式(3.27)代入式(3.30),可得

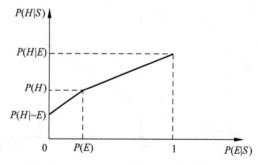

图 3.27   EH 公式的插值计算图

$$P(H \mid S) = \begin{cases} P(H \mid \sim E) + [P(H) - P(H \mid \sim E)] \times \left[\dfrac{1}{5}C(E \mid S) + 1\right], & \text{若 } C(E \mid S) \leqslant 0 \\[3mm] P(H) + [P(H \mid E) - P(H)] \times \dfrac{1}{5}C(E \mid S), & \text{若 } C(E \mid S) > 0 \end{cases}$$

$$(3.31)$$

并称其为 CP 公式。

3.8.3　主观贝叶斯方法的推理过程

当采用初始证据进行推理时,通过提问用户得到 $C(E \mid S)$,通过 CP 公式就可求出 $P(H \mid S)$。当采用推理过程中得到的中间结论作为证据进行推理时,通过 EH 公式可求得 $P(H \mid S)$。

如果有 n 条知识都支持同一结论 H,而且每条知识的前提条件分别是 n 个相互独立的证据 $E_1, E_2, \cdots, E_n$,而这些证据又分别与观察 $S_1, S_2, \cdots, S_n$ 相对应。这时,首先对每条知识分别求出 H 的后验概率 $O(H \mid S_i)$,然后按下述公式求出所有观察下 H 的后验概率:

$$O(H \mid S_1, S_2, \cdots, S_n) = \frac{O(H \mid S_1)}{O(H)} \cdot \frac{O(H \mid S_2)}{O(H)} \cdot \cdots \cdot \frac{O(H \mid S_n)}{O(H)} \cdot O(H) \quad (3.32)$$

下面通过一个实例来进一步说明主观贝叶斯方法的推理过程。

例 3.12　已知下列规则:

$$R_1: \quad \text{IF} \quad E_1 \quad \text{THEN} \quad (2, 0.000001) \quad H_1$$
$$R_2: \quad \text{IF} \quad E_2 \quad \text{THEN} \quad (100, 0.000001) \quad H_1$$
$$R_3: \quad \text{IF} \quad E_3 \quad \text{THEN} \quad (65, 0.01) \quad H_2$$
$$R_4: \quad \text{IF} \quad E_4 \quad \text{THEN} \quad (300, 0.0001) \quad H_2$$

且先验概率 $O(H_1) = 0.1, O(H_2) = 0.01$,通过用户得到 $C(E_1 \mid S_1) = 3, C(E_2 \mid S_2) = 1$,$C(E_3 \mid S_3) = -2$。

试求: $O(H_2 \mid S_1, S_2, S_3)$。

解:由上述规则提供的知识可形成图 3.28 所示的推理网络。

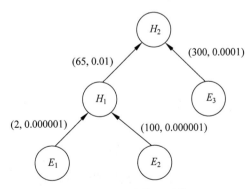

图 3.28　一个推理网络

求解过程如下：

（1）计算 $O(H_1 | S_1)$

$$P(H_1) = \frac{O(H_1)}{1 + O(H_1)} = \frac{0.1}{1 + 0.1} = \frac{1}{11} \approx 0.091$$

$$P(H_1 | E_1) = \frac{O(H_1 | E_1)}{1 + O(H_1 | E_1)} = \frac{LS_1 O(H_1)}{1 + LS_1 O(H_1)} = \frac{2 \times 0.1}{1 + 2 \times 0.1} = \frac{1}{6} \approx 0.167$$

因为 $C(E_1 | S_1) = 3 > 0$，故使用 CP 公式的后一部分进行计算：

$$P(H_1 | S_1) = P(H_1) + [P(H_1 | E_1) - P(H_1)] \times \frac{1}{5} \times C(E_1 | S_1)$$

$$= \frac{1}{11} + \left(\frac{1}{6} - \frac{1}{11} \right) \times \frac{1}{5} \times 3 = \frac{3}{22} \approx 0.158$$

（2）计算 $O(H_1 | S_2)$

$$P(H_1) = \frac{1}{11} \approx 0.09$$

$$P(H_1 | E_2) = \frac{O(H_1 | E_2)}{1 + O(H_1 | E_2)} = \frac{LS_2 O(H_1)}{1 + LS_2 O(H_1)} = \frac{100 \times 0.1}{1 + 100 \times 0.1} = \frac{10}{11} \approx 0.909$$

因为 $C(E_2 | S_2) = 1 > 0$，故使用 CP 公式的后一部分进行计算：

$$P(H_1 | S_2) = P(H_1) + [P(H_1 | E_2) - P(H_1)] \times \frac{1}{5} \times C(E_2 | S_2)$$

$$= \frac{1}{11} + \left(\frac{10}{11} - \frac{1}{11} \right) \times \frac{1}{5} \times 1 = \frac{14}{55} \approx 0.255$$

$$O(H_1 | S_2) = \frac{P(H_1 | S_2)}{1 - P(H_1 | S_2)} = \frac{14/55}{1 - 14/55} = \frac{14}{41} \approx 0.341$$

（3）计算 $O(H_1 | S_1, S_2)$

据式（3.32）可得

$$O(H_1 | S_1, S_2) = \frac{O(H_1 | S_1)}{O(H_1)} \cdot \frac{O(H_1 | S_2)}{O(H_1)} \cdot O(H_1)$$

$$= \frac{3/19}{0.1} \times \frac{14/41}{0.1} \times 0.1 = \frac{7}{13} \approx 0.538$$

（4）计算 $O(H_2 | S_1, S_2)$

$$P(H_2) = \frac{O(H_2)}{1 + O(H_2)} = \frac{0.01}{1 + 0.01} = \frac{1}{101} \approx 0.01$$

$$P(H_1 | S_1, S_2) = \frac{O(H_1 | S_1, S_2)}{1 + O(H_1 | S_1, S_2)} = \frac{7/13}{1 + 7/13} = \frac{7}{20} \approx 0.35$$

$$P(H_2 | H_1) = \frac{O(H_2 | H_1)}{1 + O(H_2 | H_1)} = \frac{LS_3 O(H_2)}{1 + LS_3 O(H_2)} = \frac{65 \times 0.01}{1 + 65 \times 0.01} = \frac{13}{33} \approx 0.394$$

因为 $P(H_1 | S_1, S_2) = \frac{7}{20} > P(H_1)$，故采用 EH 公式的后一部分进行计算：

$$P(H_2 \mid S_1, S_2) = P(H_2) + \frac{P(H_2 \mid S_1, S_2) - P(H_1)}{1 - P(H_1)} \times [P(H_2 \mid H_1) - P(H_2)]$$

$$= \frac{1}{101} + \frac{\frac{7}{20} - \frac{1}{11}}{1 - \frac{1}{11}} \times \left(\frac{13}{33} - \frac{1}{101}\right) = \frac{3}{25} \approx 0.12$$

$$O(H_2 \mid S_1, S_2) = \frac{P(H_2 \mid S_1, S_2)}{1 - P(H_2 \mid S_1, S_2)} = \frac{3/25}{1 - 3/25} = \frac{3}{22} \approx 0.136$$

(5) 计算 $O(H_2 \mid S_3)$

$$P(H_2 \mid \sim E_3) = \frac{O(H_2 \mid \sim E_3)}{1 + O(H_2 \mid \sim E_3)} = \frac{\mathrm{LN_4} O(H_2)}{1 + \mathrm{LN_4} O(H_2)} = \frac{0.0001 \times 0.01}{1 + 0.0001 \times 0.01} \approx 10^{-6}$$

$$P(H_2) = \frac{1}{101} \approx 0.01$$

因为 $C(E_3 \mid S_3) = -2 < 0$，故采用 CP 公式的前一部分进行计算：

$$P(H_2 \mid S_3) = P(H_2 \mid \sim E_3) + [P(H_2) - P(H_2 \mid \sim E_3)]\left[\frac{1}{5}C(E_3 \mid S_3) + 1\right]$$

$$= 10^{-6} + \left[\frac{1}{101} - 10^{-6}\right]\left[\frac{-2}{5} + 1\right] \approx 0.006$$

$$O(H_2 \mid S_3) = \frac{P(H_2 \mid S_3)}{1 - P(H_2 \mid S_3)} = \frac{0.006}{1 - 0.006} \approx 0.006$$

(6) 计算 $O(H_2 \mid S_1, S_2, S_3)$

$$O(H_2 \mid S_1, S_2, S_3) = \frac{O(H_2 \mid S_1, S_2)}{O(H_2)} \cdot \frac{O(H_2 \mid S_3)}{O(H_2)} \cdot O(H_2)$$

$$= \frac{3/22}{0.01} \times \frac{0.006}{0.01} \times 0.01 \approx 0.081$$

从上述计算可以看出，H_2 原来的先验概率 0.01，经过推理后，其后验概率为 0.081，相当于概率增加了 8 倍多。

主观贝叶斯方法具有下列优点：

(1) 主观贝叶斯方法的计算公式大多是在概率论的基础上推导出来的，具有比较坚实的理论基础。

(2) 规则的 LS 和 LN 是由领域专家根据实践经验给出的，避免了大量的数据统计工作。此外，它既用 LS 指出了证据 E 对结论 H 的支持程度，又用 LN 指出了 E 对 H 的必要性程度，比较全面地反映了证据与结论间的因果关系，符合现实中某些领域的实际情况，使推出的结论具有比较准确的确定性。

(3) 主观贝叶斯方法不仅给出了在证据确定情况下由 H 的先验概率更新为后验概率的方法，而且还给出了在证据不确定情况下更新先验概率为后验概率的方法。由其推理过程还可以看出，它实现了不确定性的逐级传递。因此，可以说主观贝叶斯方法是一种比较实用而又灵活的不确定性推理方法，它已成功地应用在专家系统中。

主观贝叶斯方法也存在一些缺点：

（1）它要求领域专家在给出规则的同时，给出 H 的先验概率 $P(H)$，这是比较困难的。

（2）贝叶斯定理中关于事件间独立性的要求使主观贝叶斯方法的应用受到一定限制。

3.9 小   结

本章所讨论的知识的搜索与推理是人工智能研究另一核心问题。对这一问题的研究曾经十分活跃，而且至今仍不乏高层次的研究课题。正如知识表示一样，知识的搜索与推理也有众多的方法，同一问题可能采用不同的搜索策略，而其中有的比较有效，有的不大适合具体问题。

在应用盲目搜索进行求解过程中，一般是"盲目"地穷举的，即不运用特别信息的。盲目搜索包括宽度优先搜索、深度优先搜索和等代价搜索等，其中，有界深度优先搜索在某种意义上讲，是具有一定的启发性的。从搜索效率看，一般来说，有界深度优先搜索较好，宽度优先搜索次之，深度优先搜索较差。不过，如果有解，那么宽度优先搜索和深度优先搜索一定能够找到解答，不管付出多大代价；而有界深度优先搜索则可能丢失某些解。

启发式搜索主要讨论有序搜索（或最好优先搜索）和最优搜索 A^* 算法。与盲目搜索不同的是，启发式搜索运用启发信息，引用某些准则或经验来重新排列 OPEN 表中节点的顺序，使搜索沿着某个被认为最有希望的前沿区段扩展。正确选择估价函数，对于寻求最小代价路径或解树，至关重要。启发式搜索要比盲目搜索有效得多，因而应用较为普遍。

在求解问题时，可把问题表示为一个有待证明的问题或定理，然后用消解原理和消解反演过程来证明。在证明时，采用推理规则进行正向搜索，希望能够使问题（定理）最终获得证明。另一种策略是采用反演方法来证明某个定理的否定是不成立的。为此，首先假定该定理的否定是正确的，接着证明由公理和假定的定理之否定所组成的集合是不成立的，即导致矛盾的结论——该定理的否定是不成立的，因而证明了该定理必定是成立的。这种通过证明定理的否定不能成立的方法叫做反演证明。

有些问题的搜索既可使用正向搜索，又可使用逆向搜索，还可以混合从两个搜索方向进行搜索，即双向搜索。当这两个方向的搜索边域以某种形式会合时，此搜索以成功而告终。

规则演绎系统采用 if-then 规则来求解问题。其中，if 为前项或前提，then 为后项或结论。按照推理方式的不同可把规则演绎系统分为 3 种，即正向规则演绎系统、逆向规则演绎系统和双向规则演绎系统。正向规则演绎系统是从事实到目标进行操作的，即从状况条件到动作进行推理的，也就是从 if 到 then 的方向进行推理的。称这种推理规则为正向推理规则或 F 规则。把 F 规则应用于与或图结构，使与或图结构发生变化，直至求得目标为止。这时，所得与或图包含有终止目标节点，求解过程从求得目标解图而成功地结束，而且目标节点与目标子句等价。

逆向规则演绎系统是从 then 向 if 进行推理的，即从目标或动作向事实或状况条件进行推理的。称这种推理规则为逆向推理规则或 B 规则。把 B 规则应用于与或图结构,使之发生变化,直至求得某个含有终止在事实节点上的一致解图而成功地终止。逆向规则演绎系统能够处理任何形式的目标表达式,因而得到较为普遍的应用。

正向规则演绎系统和反向规则演绎系统都具有局限性。前者能够处理任意形式的事实表达式,但只适用于由文字的析取组成的目标表达式。后者能够处理任意形式的目标表达式,但只适用于由文字的合取组成的事实表达式。双向规则演绎系统组合了正向和逆向两种规则演绎系统的优点,克服了各自的缺点,具有更高的搜索求解效率。双向组合系统是建立在正向和反向两系统相结合的基础上的,其综合数据库是由表示目标和表示事实的两个与或图组成的。分别使用 F 规则和 B 规则来扩展和修正与或图结构。当两个与或图结构之间在某个适当交接处出现匹配时,求解成功,系统即停止搜索。

确定性推理方法在许多情况下,往往无法解决面临的现实问题,因而需要应用不确定性推理等高级知识推理方法,包括非单调推理、时序推理和不确定性推理等。它们均属于非经典推理。

从 3.6 节起阐述不确定性推理包括概率推理(3.7 节)、主观贝叶斯方法(3.8 节)等。

不确定性推理是一种建立在非经典逻辑基础上的基于不确定性知识的推理,它从不确定性的初始证据出发,通过应用不确定性知识,推出具有一定程度的不确定性或近乎合理的结论。

顾名思义,概率推理就是应用概率论的基本性质和计算方法进行推理的,它具有较强的理论基础和较好的数字描述。概率推理主要采用贝叶斯公式进行计算。

对于许多实际问题,直接应用贝叶斯公式计算各种相关概率很难实现。在贝叶斯公式基础上,提出了主观贝叶斯方法,建立了不精确推理模型。应用主观贝叶斯方法可以表示知识的不确定性和证据的不确定性,并通过 CP 公式用初始证据进行推理,通过 EH 公式用推理的中间结论为证据进行推理,求得概率的函数解析式。主观贝叶斯方法已在一些专家系统(如 PROSPECTOR)中得到成功应用。

除了本章介绍与讨论的这些不确定性推理方法外,还有可信度方法、证据理论、可能性理论和模糊推理等方法。限于篇幅,有些方法不予介绍,而另一些方法(如模糊推理等)将在本书的后续章节中进行叙述。

习 题 3

3-1　什么是图搜索过程?其中,重排 OPEN 表意味着什么,重排的原则是什么?

3-2　试举例比较各种搜索方法的效率。

3-3　化为子句形有哪些步骤?请结合例子说明。

3-4　如何通过消解反演求取问题的答案?

3-5　什么叫合式公式?合式公式有哪些等价关系?

3-6　用宽度优先搜索求图 3.29 所示迷宫的出路。

3-7　用有界深度优先搜索方法求解图 3.30 所示八数码难题。

3-8　应用最新的方法来表达传教士和野人问题,编写一个计算机程序,以求得安全渡过

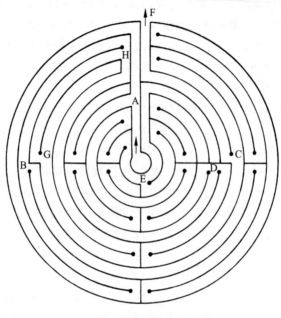

图 3.29 迷宫一例

全部 6 个人的解答。

提示：在应用状态空间表示和搜索方法时，可用 (N_m, N_c) 来表示状态描述，其中 N_m 和 N_c 分别为传教士和野人的人数。初始状态为 $(3,3)$，而可能的中间状态为 $(0,1),(0,2),(0,3),(1,1),(2,1),(2,2),(3,0),(3,1)$ 和 $(3,2)$ 等。

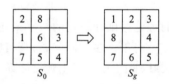

图 3.30 八数码难题

3-9 试比较宽度优先搜索、有界深度优先搜索及有序搜索的搜索效率，并以实例数据加以说明。

3-10 一个机器人驾驶卡车，携带包裹（编号分别为♯1、♯2 和♯3）分别投递到林（LIN）、吴（WU）和胡（HU）3 家住宅。规定了某些简单的操作符，如表示驾驶方位的 drive (x,y) 和表示卸下包裹的 unload(z)；对于每个操作符，都有一定的先决条件和结果。试说明状态空间问题求解系统如何能够应用谓词演算求得一个操作符序列，该序列能够生成一个满足 AT$(♯1,\text{LIN}) \land$ AT$(♯2,\text{WU}) \land$ AT$(♯3,\text{HU})$ 的目标状态。

3-11 规则演绎系统和产生式系统有哪几种推理方式？各自的特点是什么？

3-12 把下列句子变换成子句形式：

(1) $(\forall x)\{P(x) \rightarrow P(x)\}$

(2) $(\forall x)(\forall y)(\text{On}(x,y) \rightarrow \text{Above}(x,y))$

(3) $(\forall x)(\forall y)(\forall z)(\text{Above}(x,y) \land \text{Above}(y,z) \rightarrow \text{Above}(x,z))$

(4) $\sim((\forall x)(P(x) \rightarrow ((\forall y)(P(y) \rightarrow P(f(x,y))) \land (\forall y)(Q(x,y) \rightarrow P(y)))))$

3-13 非经典逻辑、非经典推理与经典逻辑、经典推理有何不同？

3-14　什么是不确定性推理？为什么需要采用不确定性推理？

3-15　不确定性推理可分为哪几种类型？

3-16　设有三个独立的结论 H_1,H_2,H_3 及两个独立的证据 E_1,E_2，它们的先验概率和条件概率分别为

$$P(H_1)=0.4, \qquad P(H_2)=0.3, \qquad P(H_3)=0.3$$
$$P(E_1 \mid H_1)=0.5 \quad P(E_1 \mid H_2)=0.3 \quad P(E_1 \mid H_3)=0.5$$
$$P(E_2 \mid H_1)=0.7 \quad P(E_2 \mid H_2)=0.9 \quad P(E_2 \mid H_3)=0.1$$

试利用概率方法分别求出：

(1) 已知证据 E_1 出现时 $P(H_1|E_1)$、$P(H_2|E_1)$、$P(H_3|E_1)$ 的概率值；说明 E_1 的出现对结论 H_1,H_2 和 H_3 的影响。

(2) 已知 E_1 和 E_2 同时出现时 $P(H_1|E_1E_2)$、$P(H_2|E_1E_2)$、$P(H_3|E_1E_2)$ 的概率值；说明 E_1 和 E_2 同时出现对结论 H_1,H_2 和 H_3 的影响。

3-17　在主观贝叶斯推理中，LS 和 LN 的意义是什么？

3-18　设有如下推理规则：

$$R1: \quad IF \quad E_1 \quad THEN \quad (500,0.01) \quad H_1$$
$$R2: \quad IF \quad E_2 \quad THEN \quad (1,100) \quad H_1$$
$$R3: \quad IF \quad E_3 \quad THEN \quad (1000,1) \quad H_2$$
$$R4: \quad IF \quad H_1 \quad THEN \quad (20,1) \quad H_2$$

而且已知 $P(H_1)=0.1,P(H_2)=0.1,P(H_3)=0.1$，初始证据的概率为 $P(E_1|S_1)=0.5,P(E_2|S_2)=0,P(E_3|S_3)=0.8$。用主观贝叶斯方法求 H_2 的后验概率 $P(H_2|S_1,S_2,S_3)$。

参 考 文 献

1. Barr A，Feigenbaum E A. Handbook of Artificial Intelligence[M]. Vol. 1 & Vol. 2. William Kaufmann Inc.，1981.

2. Baral C，Giacomo G De. Knowledge representation and reasoning：What's hot[C]. Proceedings of the 29th AAAI Conference on Artificial Intelligence，2015：4316-4317.

3. Barley M W，Riddle P J，Linares L C，et al. GBFHS：A generalized breadth-first heuristic search algorithm[C]. Symposium on Combinatorial Search，2018：28-36.

4. Bobrow D G，Hayes P J. Special issues on nonmonotonic reasoning[J]. Artificial Intelligence，1980，13(2).

5. Bobrow D G. Special issue on qualitative reasoning[J]. Artificial Intelligence，1984，24.

6. Burke E K，Hyde M R，Kendall G，et al. A classification of Hyper-Heuristic approaches：Revisited [M]// Handbook of Metaheuristics. Springer，2019：453-477.

7. Cai Zixing. Intelligence Science：disciplinary frame and general features[C]. Proceedings of 2003 IEEE International Conference on Robotics，Intelligent Systems and Signal Processing(RISSP)，2003：393-398.

8. Cai Zixing. Intelligent Control：Principles，Techniques and Applications[M]. Singapore-New Jersey：World Scientific Publishers，1997.

9. Cawsey A. The Essence of Artificial Intelligence[M]. Harlow, England: Prentice Hall Europe,1998.

10. Cerutti F, Thimm M. A general approach to reasoning with probabilities[C]. Proceedings of the 16th International Conference on Principles of Knowledge Representation and Reasoning(KR'18), 2018.

11. Cohen P R, Feigenbaum E A. Handbook of Artificial Intelligence[M]. Vol. 3. William Kaufmann. Inc., 1982.

12. Cohen P R. Heuristic Reasoning about Uncertainty: An Artificial Intelligence Approach[M]. Pitman Advanced Publishing Program,1985.

13. Davis E, Marcus G. Commonsense reasoning and commonsense knowledge in artificial intelligence [J]. Communications of the ACM, 2015, 58(9): 92-103.

14. Dean T, Allen J, Aloimonos Y. Artificial Intelligence: Theory and Practice[M]. Pearson Education North Asia and Publishing House of Electronics Industry,2003.

15. Dechter R. Reasoning with Probabilistic and Deterministic Graphical Models: Exact Algorithms [M]//Synthesis Lectures on Artificial Intelligence and Machine Learning, 2nd ed, Morgan & Claypool Publishers,2018.

16. Duan Y, Edwards J S, Dwivedi Y K. Artificial intelligence for decision making in the era of Big Data—Evolution, challenges and research agenda [J]. International Journal of Information Management, 2019, 48: 63-71.

17. Ernst G W,Newll A. GPS, A Case Study in Generality and Problem Solving[M]. New York: Academic Press,1969.

18. Jun S. Bayesian count data modeling for finding technological sustainability[J]. Sustainability, 2018,10(9): 3220.

19. Kaplan L, Ivanovska M. Efficient belief propagation in second-order Bayesian networks for singly-connected graphs[J]. International Journal of Approximate Reasoning, 2018, 93: 132-152.

20. Kim J, Jun S, Jang D, et al. Sustainable Technology Analysis of Artificial Intelligence Using Bayesian and Social Network Models[J]. Sustainability, 2018, 10: 115.

21. Liu J, Cai Zixing. Learning of goal directed spatial knowledge from temporal experience for navigation[C]. Proceedings of 6th International Conference on Intelligent Engineering Systems, 2002: 57-62.

22. Luckman D C, Nilsson N J. Extracting information from resolution proof trees[J]. Artificial Intelligent,1971,2(1): 27-54.

23. Luger G F. Artificial Intelligence: Structures and Strategies for Complex Problem Solving[M]. 4th ed. Pearson Education Ltd., 2002.

24. Meystel A M, Albus J S. Intelligent Systems: Architecture, Design and Control[M]. New York: John Wiley & Sons, 2002.

25. Mingers J. An empirical comparison of selection measures for decision tree induction[J]. Machine Learning,1989,3(3): 319-342.

26. Murthy S K. Automatic construction of decision trees from data: A multi-disciplinary survey[J]. Data Mining and Knowledge Discovery, 1998,(2): 345-389.

27. Nilsson N J. Artificial Intelligence: A New Synthesis[M]. Morgan Kaufmann, 1998.

28. Nilsson N J. Principle of Artificial Intelligence[M]. Tioga Publishing Co, 1980.

29. Nilsson N J. Problem Solving Methods in Artificial Intelligence[M]. New York: McGraw Hill Book Company, 1971.

30. Potyka N, Thimm M. Probabilistic reasoning with inconsistent beliefs using inconsistency measures [C]. Proceedings of IJCAI'15, 2015: 3156-3163.

31. Raedt L D，Kersting K，Natarajan S，et al. Statistical relational artificial intelligence：Logic，probability，and computation［J］. Synthesis Lectures on Artificial Intelligence and Machine Learning，2016，10(2)：1-189.

32. Razandi Y，Pourghasemi H R，Samani N N，et al. Application of analytical hierarchy process，frequency ratio，and certainty factor models for groundwater potential mapping using GIS［J］. Earth Science Informatics，2015，8(4)：867-883.

33. Reed R. Pruning algorithms：A survey［J］. IEEE Trans，Neural Networks，1993(4)：740-747.

34. Rich E. Artificial Intelligence［M］. New York：McGraw Hill Book Company，1983.

35. Rizzo L，Longo L. Inferential models of mental workload with defeasible argumentation and non-monotonic fuzzy reasoning：a comparative study［C］. Proceedings of the 2nd Workshop on Advances In Argumentation In Artificial Intelligence co-located with XVII International Conference of the Italian Association for Artificial Intelligence(AI＊IA 2018)，Trento，Italy，November 20-23，2018：11-26.

36. Russell S，Norvig P. Artificial Intelligence：A Modern Approach［M］. New Jersey：Prentice-Hall，1995,2003.

37. Shafer G. A mathematical theory of evidence turns 40［J］. International Journal of Approximate Reasoning，2016，79：7-25.

38. Steen A，Wisniewski M，Benzmuller C. Tutorial on reasoning in expressive non-classical logics with Isabelle/HOL［C］. GCAI 2016. EPiC，Series in Computing，Vol. 41. Easy Chair，2016：1-10.

39. Turing A A. Computing machinery and intelligence［J］. Mind，1950,59：433-460.

40. Vassev E，Hinchey M. Toward Artificial Intelligence through Knowledge Representation for Awareness［C］. Software Technology：10 Years of Innovation in IEEE Computer，John Wiley & Sons，Jul 9，2018.

41. Wiener N. Cybernetics，or Control and Communication in the Animal and the Machine［M］. Cambridge，MA：MIT Press，1948.

42. Winston P H. Artificial Intelligence［M］. 3rd ed. Addison Wesley，1992.

43. Xiao X M，Cai Zixing. Quantification of uncertainty and training of fuzzy logic systems［C］. IEEE International Conference on Intelligent Processing Systems，1997：321-326.

44. Xu H，Deng Y. Dependent evidence combination based on shearman coefficient and pearson coefficient［J］. IEEE Access，2018，doi：10.1109/ACCESS.2017.2783320.

45. Yang X F，Gao J，Ni Y D. Resolution principle in uncertain random environment［J］. IEEE Transactions on Fuzzy Systems，2018，26(3)：1578-1588.

46. 蔡自兴，徐光祐. 人工智能及其应用［M］. 2 版. 北京：清华大学出版社，1996.

47. 蔡自兴，姚莉. 人工智能及其在决策系统中的应用［M］. 长沙：国防科技大学出版社，2006.

48. 蔡自兴. 机器人学基础［M］. 北京：机械工业出版社，2009.

49. 蔡自兴. 人工智能研究发展展望［J］. 高技术通讯，1995，5(7)：59-61.

50. 蔡自兴，陈爱斌. 人工智能辞典［M］. 北京：化学工业出版社，2008.

51. 德尔金，蔡竞峰，蔡自兴. 决策树技术及其当前研究方向［J］. 控制工程，2005,12(1)：15-18.

52. 傅京孙，蔡自兴，徐光祐. 人工智能及其应用［M］. 北京：清华大学出版社，1987.

53. 高济，朱淼良，何钦铭. 人工智能基础［M］. 北京：高等教育出版社，2002.

54. 何华灿. 人工智能导论［M］. 西安：西北工业大学出版社，1988.

55. 李德毅，杜鹢. 不定性人工智能［M］. 北京：国防工业出版社，2005.

56. 尚福华，李军，王梅，等. 人工智能及其应用［M］. 北京：石油工业出版社，2005.

57. 佘玉梅，段鹏. 人工智能及其应用［M］. 上海：上海交通大学出版社，2007.

58. 史忠植. 高级人工智能[M]. 北京：科学出版社，1998.

59. 史忠植. 智能科学[M]. 北京：清华大学出版社，2006.

60. 唐稚松. 时序逻辑程序设计与软件工程[M]. 北京：科学出版社，2002.

61. 王宏生. 人工智能及其应用[M]. 北京：国防工业出版社，2006.

62. 王万良. 人工智能及其应用[M]. 北京：高等教育出版社，2005.

63. 王万森. 人工智能原理及其应用[M]. 3版. 北京：电子工业出版社，2016.

64. 杨炳儒. 知识工程与知识发现[M]. 北京：冶金工业出版社，2000.

65. 张钹，张铃. 问题求解理论及应用[M]. 北京：清华大学出版社，1990.

66. 朱福喜，杜友福，夏定纯. 人工智能引论[M]. 武汉：武汉大学出版社，2006.

第*4*章

计 算 智 能

现代科学技术发展的一个显著特点就是信息科学与生命科学的相互交叉、相互渗透和相互促进。生物信息学就是两者结合而形成的新的交叉学科。计算智能则是另一个有说服力的示例。计算智能涉及神经计算、模糊计算、进化计算、粒群计算、蚁群算法、自然计算、免疫计算和人工生命等领域,它的研究和发展正反映了当代科学技术多学科交叉与集成的重要发展趋势。

创造、发明和发现是千千万万科技开拓者的共同品性和永恒追求。包括牛顿、爱因斯坦、图灵和维纳等科学巨匠在内的科学家们,都致力于寻求与发现创造的技术和秩序。人类的所有发明,几乎都有它们的自然界配对物。原子能的和平利用和军事应用与出现在星球上的热核爆炸相对应;各种电子脉冲系统则与人类神经系统的脉冲调制相似;蝙蝠的声呐和海豚的发声起到一种神秘电话的作用,启发人类发明了声呐传感器和雷达;鸟类的飞行行为激发了人类飞天的梦想,因此发明了飞机和飞船,实现了空中和宇宙飞行。科学家和工程师们应用数学和科学来模仿自然、扩展自然。人类智能已激励出高级计算、学习方法和技术。毫无疑问,智能是可达的,其证据就在我们眼前,就发生在我们的日常工作和生活中。

4.1　概　　述

试图通过人工方法模仿人类智能已有很长的历史了。从公元 1 世纪英雄亚历山大里亚(Alexandria)发明的气动动物装置开始,到冯·诺依曼的第一台具有再生行为和方法的机器,再到维纳的控制论(cybernetics),即关于动物和机器中控制与通信的研究,都是人类人工模仿智能的典型例证。现代人工智能领域则力图抓住智能的本质。

人工神经网络(ANN)研究自 1943 年以来,几起几落,波浪式发展。20 世纪 80 年代,人工神经网络复兴,主要是通过 Hopfield 网络的促进和反向传播网络训练多层感知器来推广的。把神经网络(NN)归类于人工智能(AI)可能不大合适,而归类于计算智能(computational intelligence,CI)则更能说明问题的实质。进化计算、人工生命和模糊逻辑系统的某些课题,也都归类于计算智能。

什么是计算智能? 它与传统的人工智能有何区别?

第一个对计算智能的定义是由贝兹德克(Bezdek)于 1992 年提出的。他认为,从严格意义上讲,计算智能取决于制造者(manufacturers)提供的数值数据,而不依赖于知识;另一方面,人工智能则应用知识精品(knowledge tidbits)。他认为,人工神经网络应当称为计算神经网络。

尽管计算智能与人工智能的界限并非十分明显,然而讨论它们的区别和关系是有益的。马克斯(Marks)在 1993 年提到计算智能与人工智能的区别,而贝兹德克则关心模式识别(PR)与生物神经网络(BNN)、人工神经网络(ANN)和计算神经网络(CNN)的关系,以及模式识别与其他智能的关系。忽视 ANN 与 CNN 的差别可能导致对模式识别中神经网络模型的混淆、误解、表示和误用。

贝兹德克对这些相关术语给予一定的符号和简要说明或定义。首先,他给出有趣的 ABC:

A—Artificial,表示人工的(非生物的),即人造的;

B—Biological,表示物理的+化学的+(?)=生物的;

C—Computational,表示数学+计算机。

图 4.1 表示 ABC 及其与神经网络(NN)、模式识别(PR)和智能(I)之间的关系。它是由贝兹德克于 1994 年提出的。图 4.1 的中间部分共有 9 个节点表示 9 个研究领域或学科。A、B、C 三者对应于三个不同的系统复杂性级别,其复杂性自左至右及自底向上逐步提高。节点间的距离衡量领域间的差异,如 CNN 与 CPR 间的差异要比 BNN 与 BPR 间的差异小得多,CI 与 AI 的差异要比 AI 与 BI 的差异小得多。图中,符号→意味着“适当的子集”。例如,对于中层有:ANN⊂APR⊂AI,对于右列有:CI⊂AI⊂BI 等。在定义时,任何计算系统都是人工系统,但反命题不能成立。

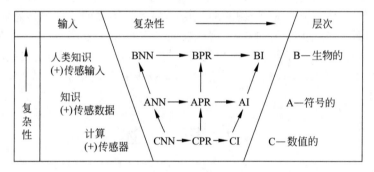

图 4.1　ABC 的交互关系图

表 4.1 对图 4.1 中的各个子领域给予了定义。

表 4.1　ABC 及其相关领域的定义

BNN	人类智能硬件:大脑	人的传感输入处理
ANN	中层模型:CNN+知识精品	以大脑方式的中层处理
CNN	低层,生物激励模型	以大脑方式的传感数据处理
BPR	对人的传感数据结构的搜索	对人的感知环境中结构的识别
APR	中层模型:CPR+知识精品	中层数值和语法处理
CPR	对传感数据结构的搜索	所有 CNN+模糊、统计和确定性模型
BI	人类智能软件:智力	人类的认知、记忆和作用
AI	中层模型:CI+知识精品	以大脑方式的中层认知
CI	计算推理的低层算法	以大脑方式的低层认知

由表 4.1 可知,计算智能是一种智力方式的低层认知,它与人工智能的区别只是认知层次从中层下降至低层而已。中层系统含有知识(精品),低层系统则没有。

当一个系统只涉及数值(低层)数据,含有模式识别部分,不应用人工智能意义上的知识,而且能够呈现出:(1)计算适应性;(2)计算容错性;(3)接近人的速度;(4)误差率与人相近,则该系统就是计算智能系统。

若一个智能计算系统以非数值方式加上知识(精品)值,即成为人工智能系统。

4.2 神 经 计 算

作为动态系统辨识、建模和控制的一种新的和令人感兴趣的工具,人工神经网络在过去 25 年中得到大力研究并取得重要进展。涉及 ANN 的杂志和会议论文剧增:有关 ANN 的专著、教材、会议录和专辑相继出版。其中,一些专辑对推动这一思潮起到重要作用。

本节将首先介绍人工神经网络的由来、特性、结构、模型和算法;然后讨论神经网络的表示和推理。这些内容是神经网络的基础知识。神经计算是以神经网络为基础的计算。

4.2.1 人工神经网络研究的进展

人工神经网络研究的先锋麦卡洛克和皮茨曾于 1943 年提出一种叫做"似脑机器"(mindlike machine)的思想,这种机器可由基于生物神经元特性的互连模型来制造,这就是神经学网络的概念。他们构造了一个表示大脑基本组分的神经元模型,对逻辑操作系统表现出通用性。随着大脑和计算机研究的进展,研究目标已从"似脑机器"变为"学习机器",为此一直关心神经系统适应律的赫布(Hebb)提出了学习模型。罗森布拉特(Rosenblatt)命名感知器,并设计一个引人注目的结构。到 20 世纪 60 年代初期,关于学习系统的专用设计方法有威德罗(Widrow)等提出的 Adaline(adaptive linear element,即自适应线性元)以及斯坦巴克(Steinbuch)等提出的学习矩阵。由于感知器的概念简单,因而在开始介绍时人们对它寄托很大希望。然而,不久之后明斯基和帕伯特(Papert)从数学上证明了感知器不能实现复杂逻辑功能。

到了 20 世纪 70 年代,格罗斯伯格和科霍恩对神经网络研究做出重要贡献。以生物学和心理学证据为基础,格罗斯伯格提出几种具有新颖特性的非线性动态系统结构。该系统的网络动力学由一阶微分方程建模,而网络结构为模式聚集算法的自组织神经实现。基于神经元组织自调整各种模式的思想,科霍恩发展了他在自组织映射方面的研究工作。沃博斯在 20 世纪 70 年代开发出一种反向传播算法。霍普菲尔德在神经元交互作用的基础上引入一种递归型神经网络,这种网络就是有名的 Hopfield 网络。在 20 世纪 80 年代中叶,作为一种前馈神经网络的学习算法,帕克和鲁梅尔哈特等重新发现了反向传播算法。近十多年来,神经网络已在从家用电器到工业对象的广泛领域找到它的用武之地,主要应用涉及模式识别、图像处理、自动控制、机器人、信号处理、管理、商业、医疗和军事等领域。

人工神经网络的下列特性是至关重要的:

（1）并行分布处理。神经网络具有高度的并行结构和并行实现能力,因而能够有较好的耐故障能力和较快的总体处理能力。这特别适于实时和动态处理。

（2）非线性映射。神经网络具有固有的非线性特性,这源于其近似任意非线性映射（变换）能力。这一特性给处理非线性问题带来新的希望。

（3）通过训练进行学习。神经网络是通过所研究系统过去的数据记录进行训练的。一个经过适当训练的神经网络具有归纳全部数据的能力。因此,神经网络能够解决那些由数学模型或描述规则难以处理的问题。

（4）适应与集成。神经网络能够适应在线运行,并能同时进行定量和定性操作。神经网络的强适应和信息融合能力使它可以同时输入大量不同的控制信号,解决输入信息间的互补和冗余问题,并实现信息集成和融合处理。这些特性特别适于复杂、大规模和多变量系统。

（5）硬件实现。神经网络不仅能够通过软件,而且可借助软件实现并行处理。近年来,一些超大规模集成电路实现硬件已经问世,而且可从市场上购到。这使得神经网络成为具有快速和大规模处理能力的网络。

十分显然,神经网络由于其学习和适应、自组织、函数逼近和大规模并行处理等能力,因而具有用于智能系统的潜力。

神经网络在模式识别、信号处理、系统辨识和优化等方面的应用,已有广泛研究。在控制领域,已经做出许多努力,把神经网络用于控制系统,处理控制系统的非线性和不确定性以及逼近系统的辨识函数等。

4.2.2   人工神经网络的结构

神经网络的结构是由基本处理单元及其互连方法决定的。

1. 神经元及其特性

连接机制结构的基本处理单元与神经生理学类比往往称为神经元。每个构造起网络的神经元模型模拟一个生物神经元,如图 4.2 所示。该神经元单元由多个输入 $x_i, i = 1, 2, \cdots, n$ 和一个输出 y 组成。中间状态由输入信号的权和表示,而输出为

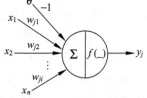

$$y_j(t) = f\left(\sum_{i=1}^{n} w_{ji} x_i - \theta_j \right) \qquad (4.1)$$

其中,θ_j 为神经元单元的偏置（阈值）,w_{ji} 为连接权系数（对于激发状态,w_{ji} 取正值,对于抑制状态,w_{ji} 取负值）,n

图 4.2   神经元模型

为输入信号数目,y_j 为神经元输出,t 为时间,$f(\_)$ 为输出变换函数,有时叫做激励函数,往往采用 0 和 1 二值函数或 S 形函数,如图 4.3 所示,这三种函数都是连续和非线性的。一种二值函数可由下式表示:

$$f(x) = \begin{cases} 1, & x \geqslant x_0 \\ 0, & x < x_0 \end{cases} \qquad (4.2)$$

如图 4.3(a)所示。一种常规的 S 形函数见图 4.3(b),可由式(4.3)表示：

$$f(x) = \frac{1}{1 + e^{-ax}}, \quad 0 < f(x) < 1 \tag{4.3}$$

常用双曲正切函数(见图 4.3(c))来取代常规 S 形函数,因为 S 形函数的输出均为正值,而双曲正切函数的输出值可为正或负。双曲正切函数如式(4.4)所示：

$$f(x) = \frac{1 - e^{-ax}}{1 + e^{-ax}}, \quad -1 < f(x) < 1 \tag{4.4}$$

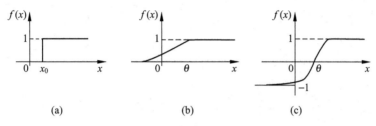

(a)　　　　　　　　　　(b)　　　　　　　　　　(c)

图 4.3　神经元中的某些变换(激励)函数

2. 人工神经网络的基本特性和结构

人脑内含有极其庞大的神经元(有人估计约为一千多亿个),它们互连组成神经网络,并执行高级的问题求解智能活动。

人工神经网络由神经元模型构成,这种由许多神经元组成的信息处理网络具有并行分布结构。每个神经元具有单一输出,并且能够与其他神经元连接;存在许多(多重)输出连接方法,每种连接方法对应一个连接权系数。严格地说,人工神经网络是一种具有下列特性的有向图：

(1) 对于每个节点 i 存在一个状态变量 x_i；

(2) 从节点 i 至节点 j,存在一个连接权系统数 w_{ji}；

(3) 对于每个节点 i,存在一个阈值 θ_i；

(4) 对于每个节点 i,定义一个变换函数 $f_i(x_i, w_{ji}, \theta_i)$, $i \neq j$; 对于最一般的情况,此函数取 $f_i\left(\sum_j w_{ji} x_j - \theta_i\right)$ 形式。

人工神经网络的结构基本上分为两类,即递归(反馈)网络和前馈网络,简介如下。

(1) 递归网络

在递归网络中,多个神经元互连以组织一个互连神经网络,如图 4.4 所示。有些神经元的输出被反馈至同层或前层神经元。因此,信号能够从正向和反向流通。Hopfield 网络,Elmman 网络和 Jordan 网络是递归网络有代表性的例子。递归网络又叫做反馈网络。

图 4.4 中,V_i 表示节点的状态,x_i 为节点的输入(初始)值,x_i' 为收敛后的输出值,$i=1, 2, \cdots, n$。

(2) 前馈网络

前馈网络具有递阶分层结构,由一些同层神经元间不存在互连的层级组成。从输入层至输出层的信号通过单向连接流通;神经元从一层连接至下一层,不存在同层神经元间的连接,如图 4.5 所示。图中,实线指明实际信号流通而虚线表示反向传播。前馈网络的例子有多层感知器(MLP)、学习矢量量化(LVQ)网络、小脑模型联接控制(CMAC)网络和数据处理方法(GMDH)网络等。

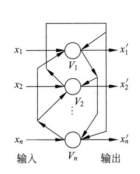

图 4.4   递归(反馈)网络

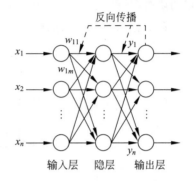

图 4.5   前馈(多层)网络

3. 人工神经网络的主要学习算法

神经网络主要通过两种学习算法进行训练,即指导式(有师)学习算法和非指导式(无师)学习算法。此外,还存在第三种学习算法,即强化学习算法;可把它看做有师学习的一种特例。

(1) 有师学习

有师学习算法能够根据期望的和实际的网络输出(对应于给定输入)间的差来调整神经元间连接的强度或权。因此,有师学习需要有老师或导师来提供期望或目标输出信号。有师学习算法的例子包括 $\triangle$ 规则、广义 $\triangle$ 规则或反向传播算法以及 LVQ 算法等。

(2) 无师学习

无师学习算法不需要知道期望输出。在训练过程中,只要向神经网络提供输入模式,神经网络就能够自动地适应连接权,以便按相似特征把输入模式分组聚集。无师学习算法的例子包括 Kohonen 算法和 Carpenter-Grossberg 自适应谐振理论(ART)等。

(3) 增强学习

如前所述,增强(强化)学习是有师学习的特例。它不需要老师给出目标输出。增强学习算法采用一个"评论员"来评价与给定输入相对应的神经网络输出的优度(质量因数)。增强学习算法的一个例子是遗传算法(GA)。

4.2.3   人工神经网络示例及其算法

由于人工神经网络的许多算法已在智能信息处理系统中获得广泛采用,因此,有必要对一些重要的网络及其算法加以简要讨论。

1. 自适应谐振理论网络

自适应谐振理论(ART)网络具有不同的方案。图 4.6 表示 ART-1,用于处理二元输入。新的版本,如 ART-2,能够处理连续值输入。

由图 4.6 可见,一个 ART-1 网络含有两层:一个输入层和一个输出层。这两层完全互连,该连接沿着正向(自底向上)和反馈(自顶向下)两个方向进行。自底向上连接至一个输出神经元 i 的权矢量 W_i 形成它所表示的类的一个样本。全部权矢量 W_i 构成网络的长期存储器,用于选择优胜的神经元,该神经元的权矢量 W_i 最相似于当前输入模式。自顶向下从一个输出神经元 i 连接的权矢量 V_i 用于警戒测试,即检验某个输入模式是否足够靠近已存储的样本。警戒矢量 V_i 构成

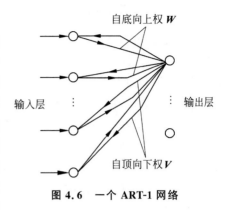

图 4.6 一个 ART-1 网络

网络的短期存储器。V_i 和 W_i 是相关的,W_i 是 V_i 的一个规格化副本,即

$$W_i = \frac{V_i}{\varepsilon + \sum V_{ji}} \tag{4.5}$$

其中,ε 为一个小的常数,V_{ji} 为 V_i 的第 j 个分量(即从输出神经元 i 到输入神经元 j 连接的值)。

当 ART-1 网络在工作时,其训练是连续进行的,且包括下列算法步骤:

(1) 对于所有输出神经元,预置样本矢量 W_i 及警戒矢量 V_i 的初值,设定每个 V_i 的分量为 1,并据式(4.5)计算 W_i。如果一个输出神经元的全部警戒权值均置为 1,则称为独立神经元,因为它不被指定表示任何模式类型。

(2) 给出一个新的输入模式 x。

(3) 使所有的输出神经元能够参加激发竞争。

(4) 从竞争神经元中找到获胜的输出神经元,即这个神经元的 $x \cdot W_i$ 值为最大;在开始训练时或不存在更好的输出神经元时,优胜神经元可能是个独立神经元。

(5) 检查看该输入模式 x 是否与获胜神经元的警戒矢量 V_i 足够相似。相似性是由 x 的位分式 r 检测的,即

$$r = \frac{x \cdot V_i}{\sum x_i} \tag{4.6}$$

如果 r 值小于警戒阈值 $\rho(0 < \rho < 1)$,那么可以认为 x 与 V_i 是足够相似的。

(6) 如果 $r \geqslant \rho$,即存在谐振,则转向步骤 7;否则,使获胜神经元暂时无力进一步竞争,并转向步骤 4,重复这一过程直至不存在更多的有能力的神经元为止。

(7) 调整最新获胜神经元的警戒矢量 V_i,对它逻辑化地加上 x,删去 V_i 内而不出现在 x 内的位;根据式(4.5),用新的 V_i 计算自底向上样本矢量 W_i;激活该获胜神经元。

(8) 转向步骤(2)。

上述训练步骤能够做到:如果同样次序的训练模式被重复地送至此网络,那么其长期和短期存储器保持不变,即该网络是稳定的。假定存在足够多的输出神经元来表示所有不同的类,那么新的模式总是能够学得,因为新模式可被指定给独立输出神经元,如果它不与原来存储的样本很好匹配的话(即该网络是塑性的)。

2. 学习矢量量化网络

图 4.7 给出一个学习矢量量化(LVQ)网络,它由三层神经元组成,即输入转换层、隐含层和输出层。该网络在输入层与隐含层之间为完全连接,而在隐含层与输出层之间为部分连接,每个输出神经元与隐含神经元的不同组相连接。隐含-输出神经元间连接的权值固定为 1。输入-隐含神经元间连接的权值建立参考矢量的分量(对每个隐含神经元指定一个参考矢量)。在网络训练过程中,这些权值被修改。隐含神经元(又称为 Kohnen 神经元)和输出神经元都具有二进制输出值。当某个输入模式送至网络时,参考矢量最接近输入模式的隐含神经元因获得激发而赢得竞争,因而允许它产生一个"1"。其他隐含神经元都被迫产生"0"。与包含获胜神经元的隐含神经元组相连接的输出神经元也发出"1",而其他输出神经元均发出"0"。产生"1"的输出神经元给出输入模式的类,每个输出神经元被表示为不同的类。

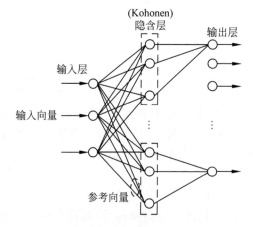

图 4.7   学习矢量量化网络

最简单的 LVQ 训练步骤如下:

(1) 预置参考矢量初始权值。

(2) 供给网络一个训练输入模式。

(3) 计算输入模式与每个参考矢量间的 Euclidean 距离。

(4) 更新最接近输入模式的参考矢量(即获胜隐含神经元的参考矢量)的权值。如果获胜隐含神经元以输入模式一样的类属于连接至输出神经元的缓冲器,那么参考矢量应更接近输入模式。否则,参考矢量就离开输入模式。

(5) 转至步骤(2),以某个新的训练输入模式重复本过程,直至全部训练模式被正确地分类或者满足某个终止准则为止。

3. Kohonen 网络

Kohonen 网络或自组织特征映射网络含有两层,一个是输入缓冲层用于接收输入模式,另一个是输出层,如图 4.8 所示。输出层的神经元一般按正则二维阵列排列,每个输出神经元连接至所有输入神经元。连接权值形成与已知输出神经元相连的参考矢量的分量。

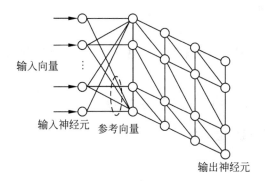

图 4.8　Kohonen 网络

训练一个 Kohonen 网络包含下列步骤：

（1）对所有输出神经元的参考矢量预置小的随机初值。

（2）供给网络一个训练输入模式。

（3）确定获胜的输出神经元,即参考矢量最接近输入模式的神经元。参考矢量与输入矢量间的 Euclidean 距离通常被用作距离测量。

（4）更新获胜神经元的参考矢量及其近邻参考矢量。这些参考矢量（被引至）更接近输入矢量。对于获胜参考矢量,其调整是最大的,而对于离得更远的神经元,减少调整。一个神经邻域的大小随着训练进行而减小,到训练末了,只有获胜神经元的参考矢量被调整。

对于一个很好地训练过的 Kohonen 网络,相互靠近的输出神经元具有相似的参考矢量。经过训练之后,采用一个标记过程,其中,已知类的输入模式被送至网络,而且类标记被指定给那些由该输入模式激发的输出神经元。当采用 LVQ 网络时,如果一个输出神经元在竞争中胜过其他输出神经元（即它的参考矢量最接近某输入模式）,那么此获胜输出神经元被该输入模式所激发。

4. Hopfield 网络

Hopfield 网络是一种典型的递归网络（见图 4.9）。图 4.9 表示 Hopfield 网络的一种方案。这种网络通常只接受二进制输入（0 或 1）以及双极输入（+1 或 −1）。它含有一个单层神经元,每个神经元与所有其他神经元连接,形成递归结构。Hopfield 网络的训练只有一步,网络的权值 w_{ij} 被直接指定如下：

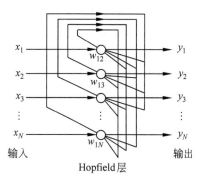

$$w_{ij} = \begin{cases} \dfrac{1}{N}\sum_{c=1}^{p} x_i^c x_j^c, & i \neq j \\ 0, & i = j \end{cases} \quad (4.7)$$

其中,w_{ij} 为从神经元 i 至神经元 j 的连接权值,x_i^c（可为 +1 或 −1）是 c 类训练输入模式的第 i 个分

图 4.9　一种 Hopfield 网络

量,p 为类数,N 为神经元数或输入模式的分量数。从式(4.7)可以看出,$w_{ij}=w_{ji}$ 以及 $w_{ii}=0$ 为一组保证网络稳定的条件。当一种未知模式输入至此网络时,设置其输出初始值等于未知模式的分量,即

$$y_i(0)=x_i, \quad 1\leqslant i\leqslant N \tag{4.8}$$

从这些初始值开始,网络根据下列方程迭代工作,直至达到某个最小的能量伏态,即其输出稳定于恒值:

$$y_i(k+1)=f\left[\sum_{j=1}^{N}w_{ij}y_i(k)\right], \quad 1<i\leqslant N \tag{4.9}$$

其中,f 为一硬性限制函数,定义为

$$f(x)=\begin{cases} -1, & x<0 \\ 1, & x>0 \end{cases}$$

4.2.4 基于神经网络的知识表示与推理

1. 基于神经网络的知识表示

基于神经网络的系统中,知识的表示方法与传统人工智能系统中所用的方法(如产生式、框架、语义网络等)完全不同,传统人工智能系统中所用的方法是知识的显式表示,而神经网络中的知识表示是一种隐式的表示方法。在本节中,知识并不像在产生式系统中那样独立地表示为每一条规则,而是将某一问题的若干知识在同一网络中表示。首先来看一个使用二层神经网络实现与(and)逻辑的例子。如图 4.10 所示,x_1,x_2 为网络的输入,w_1,w_2 为连接边的权值,y 为网络的输出。

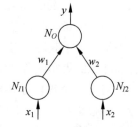

图 4.10 神经网络实现与逻辑

定义一个输入输出关系函数:

$$f(a)=\begin{cases} 0, & a<\theta \\ 1, & a\geqslant\theta \end{cases}$$

其中,$\theta=0.5$。

根据网络的定义,网络的输出 $y=f(x_1w_1+x_2w_2)$。只要有一组合适的权值 w_1, w_2,就可以使输入数据 x_1,x_2 和输出 y 之间符合与(and)逻辑,如表 4.2 所示。

根据实验得到了如表 4.3 的几组 w_1,w_2 权值数据,读者不难验证。

表 4.2 网络输入输出的与(and)关系

输 入		输 出
x_1	x_1	y
0	0	0
0	1	0
1	0	0
1	1	1

表 4.3 满足与(and)关系的权值

w_1	w_2
0.20	0.35
0.20	0.40
0.25	0.30
0.40	0.20

由此可见权值数据对整个网络非常重要。是不是对于所有问题只需要固定一个二层网络的结构，然后寻找到合适的权值就行了呢？若此方法可行，那么只需要依次记录下所有权值就可以表示整个网络了。接下来，假设其他条件不变，试用图 4.11 的网络来实现异或逻辑(XOR)。显然，要实现异或逻辑，网络必须满足如下关系：

$$
\begin{array}{l}
1 \cdot w_1 + 1 \cdot w_2 < t \\
1 \cdot w_1 + 0 \cdot w_2 \geqslant t \\
0 \cdot w_1 + 1 \cdot w_2 \geqslant t \\
0 \cdot w_1 + 0 \cdot w_2 < t
\end{array}
\Rightarrow
\begin{array}{l}
w_1 + w_2 < t \\
w_1 \geqslant t \\
w_2 \geqslant t \\
0 < t
\end{array}
\Rightarrow
\begin{array}{l}
w_1 + w_2 < t < 2t \\
w_1 + w_2 \geqslant 2t \\
0 < t
\end{array}
\Rightarrow \varnothing
$$

由推导的结果可知：满足上述条件的 t 值是不存在的，即二层网络结构不能实现异或逻辑。如果在网络的输入和输出层之间加入一个隐含层，情况就不一样了。如图 4.11 所示，取权值向量 $(w_1, w_2, w_3, w_4, w_5)$ 为 $(0.3, 0.3, 1, 1, -2)$，按照网络的输入输出关系：

$$
y = f(x_1 \cdot w_3 + x_2 \cdot w_4 + z \cdot w_5),
$$

这里 z 为隐含节点 N_h 的输出，$z = f(x_1 \cdot w_1 + x_2 \cdot w_2)$，$f(\cdot)$ 为输入输出关系函数，θ 均为 0.5。

如果用产生式规则描述，则该网络代表下述四条规则：

$$
\begin{array}{llllll}
\text{IF} & x_1 = 0 & \text{AND} & x_2 = 0 & \text{THEN} & y = 0 \\
\text{IF} & x_1 = 0 & \text{AND} & x_2 = 1 & \text{THEN} & y = 1 \\
\text{IF} & x_1 = 1 & \text{AND} & x_2 = 0 & \text{THEN} & y = 1 \\
\text{IF} & x_1 = 1 & \text{AND} & x_2 = 1 & \text{THEN} & y = 0
\end{array}
$$

当然，实现这种功能的网络并不惟一，如图 4.12 所示：网络每个节点本身带有一个起调整作用的阈值常量。各节点的关系为 $f(\cdot)$（阈值函数），其中所有 θ 均取 0.5。

$$
N_{h1} = f(x_1 \times 1.6 + x_2 \times (-0.6) - 1)
$$
$$
N_{h2} = f(x_1 \times (-0.7) + x_2 \times 2.8 - 2.0)
$$
$$
y = N_O = f(N_{h1} \times 2.102 + N_{h2} \times 3.121)
$$

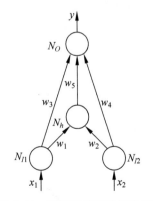

图 4.11 神经网络实现异或逻辑

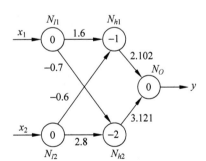

图 4.12 异或逻辑的神经网络表示

如何表示这些网络呢？有些神经网络系统中，知识是用神经网络所对应的有向权图的邻接矩阵以及阈值向量表示的。对图 4.12 所示实现异或逻辑的神经网络来说，其邻接

矩阵为

$$
\begin{array}{c}
\begin{array}{l} \\ N_{I1} \\ N_{I2} \\ N_{h1} \\ N_{h2} \\ N_{O} \end{array}
\begin{bmatrix}
N_{I1} & N_{I2} & N_{h1} & N_{h2} & N_{O} \\
0 & 0 & 1.6 & -0.7 & 0 \\
0 & 0 & -0.6 & 2.8 & 0 \\
0 & 0 & 0 & 0 & 2.102 \\
0 & 0 & 0 & 0 & 3.121 \\
0 & 0 & 0 & 0 & 0
\end{bmatrix}
\end{array}
$$

相应的阈值向量为：$(0,0,-1,-2,0)$。

此外,神经网络的表示还有很多种方法,这里仅仅以邻接矩阵为例。对于网络的不同表示,其相应的运算处理方法也随之改变。近年来,有很多学者将神经网络的权值和结构统一编码表示成一维向量,结合进化算法对其进行处理,取得了很好的效果。

2. 基于神经网络的知识推理

基于神经网络的知识推理实质上是在一个已经训练成熟的网络基础上对未知样本进行反应或者判断。神经网络的训练是一个网络对训练样本内在规律的学习过程,而对网络进行训练的目的主要是为了让网络模型对训练样本以外数据具有正确的映射能力。通常定义神经网络的泛化能力,也称推广能力,是指神经网络在训练完成之后输入其训练样本以外的新数据时获得正确输出的能力。它是人工神经网络的一个属性,称之为泛化性能。不管是什么类型的网络,不管它用于分类、逼近、推理还是其他问题,都存在一个泛化的问题。泛化特性在人工神经网络的应用过程中表现出来,但由网络的设计和建模过程所决定。从本质上来说,不管是内插泛化还是外推泛化,泛化特性的好坏取决于人工神经网络是否从训练样本中找到内部的真正规律。影响泛化能力的因素主要有：①训练样本的质量和数量;②网络结构;③问题本身的复杂程度。图 4.13 是一个简单的曲线拟合实验,图中实线部分表示理想曲线,"+"表示训练样本数据。图 4.13 中的(a)、(b)、(c)、(d)分别表示训练 100、200、300、400 次后,神经网络根据输入的样本数据进行曲线拟合的效果。

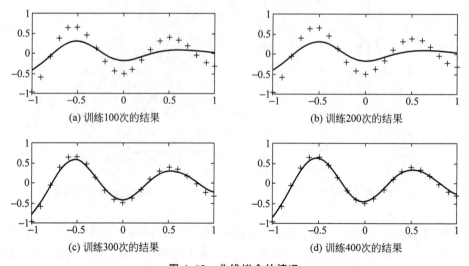

(a) 训练100次的结果　　　　　　(b) 训练200次的结果

(c) 训练300次的结果　　　　　　(d) 训练400次的结果

图 4.13　曲线拟合的情况

神经网络的训练次数也称为神经网络的学习时间。由试验结果可以看出,在一定范围内,训练次数的增加可以提高神经网络的泛化能力。然而,在神经网络的训练过程中经常出现一种过拟合现象,即在网络训练过程中,随着网络训练次数的增加,网络对训练样本的误差逐渐减小,并很容易达到中止训练的最小误差的要求,从而停止训练。然而,在训练样本的误差逐渐减小,并达到某个定值以后,往往会出现网络对训练样本以外的测试样本误差反而开始增加的情况。对网络的训练,并不是使训练误差越小越好,而是要从实际出发,提高对训练样本以外数据的映射能力,即泛化性能。

神经网络的泛化性能还体现在网络对噪声应具有一定的抗干扰能力上。过多的训练无疑会增加神经网络的训练时间,但更重要的是会导致神经网络拟合数据中噪声信号的过学习(over learning),从而影响神经网络的泛化能力。学习和泛化的评价基准不一样,是过学习产生的原因。Reed 等人对单隐含层神经网络训练的动态过程进行分析后发现,泛化过程可分为三个阶段:在第一阶段,泛化误差单调下降;第二阶段的泛化动态较为复杂,但在这一阶段,泛化误差将达到最小点;在第三阶段,泛化误差又将单调上升。最佳的泛化能力往往出现在训练误差的全局最小点出现之前,最佳泛化点出现存在一定的时间范围。理论上可以证明在神经网络训练过程中,存在最优的停止时间。只要训练时间合适,较大的神经网络也会有好的泛化能力,这也是用最优停止法设计神经网络的主要思想。近年来,这些领域的研究成果非常多,读者可以查阅相关文献。

下面讨论一个神经网络推理用于医疗诊断的例子。假设系统的诊断模型只有六种症状、两种疾病、三种治疗方案。对网络的训练样本是选择一批合适的患者并从病历中采集如下信息:

(1) 症状:对每一症状只采集有、无及没有记录这三种信息。

(2) 疾病:对每一疾病也只采集有、无及没有记录这三种信息。

(3) 治疗方案:对每一治疗方案只采集是否采用这两种信息。

其中,对有、无、没有记录分别用+1,−1,0 表示。这样对每一个患者就可以构成一个训练样本。

假设根据症状、疾病及治疗方案间的因果关系,以及通过训练样本对网络的训练得到了如图 4.14 所示的神经网络。其中,$x_1, x_2, \cdots, x_6$ 为症状;x_7, x_8 为疾病名;x_9, x_{10}, x_{11} 为治疗方案;x_a, x_b, x_c 是附加层,这是由于学习算法的需要而增加的。在此网络中,$x_1, x_2, \cdots, x_6$ 是输入层;x_9, x_{10}, x_{11} 是输出层;两者之间以疾病名作为中间层。

下面对图 4.14 做进一步说明。

(1) 这是一个带有正负权值 w_{ij} 的前向网络,由 w_{ij} 可构成相应的学习矩阵。当 $i \geqslant j$ 时,$w_{ij} = 0$;当 $i < j$ 且节点 i 与节点 j 之间不存在连接弧时,w_{ij} 也为 0;其余,w_{ij} 为图中连接弧上所标出的数据。这个学习矩阵可用来表示相应的神经网络。

(2) 神经元取值为+1,0,−1,特性函数为一离散型的阈值函数,其计算公式为

$$X_j = \sum_{i=0}^{n} w_{ij} x_i \tag{4.10}$$

$$x'_j = \begin{cases} +1, & X_j > 0 \\ 0, & X_j = 0 \\ -1, & X_j < 0 \end{cases} \tag{4.11}$$

其中，X_j 表示节点 j 输入的加权和；x_j 为节点 j 的输出。为计算方便，上式中增加了 $w_{0j} x_0$ 项，x_0 的值为常数 1，w_{0j} 的值标在节点的圆圈中，它实际上是 $-\theta_j$，即 $w_{0j} = -\theta_j$，θ_j 是节点 j 的阈值。

（3）图中连接弧上标出的 w_{ij} 值是根据一组训练样本，通过某种学习算法（如 BP 算法）对网络进行训练得到的。这就是神经网络系统所进行的知识获取。

（4）由全体 w_{ij} 的值及各种症状、疾病、治疗方案名所构成的集合就形成了该疾病诊治系统的知识库。

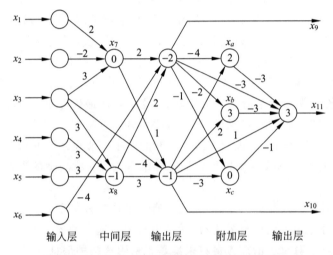

图 4.14　一个医疗诊断系统的神经网络模型

基于神经网络的推理是通过网络计算实现的。把用户提供的初始证据用作网络的输入，通过网络计算最终得到输出结果。例如，对上面给出的诊治疾病的例子，若用户提供的证据是 $x_1 = 1$（即患者有 x_1 这个症状），$x_2 = x_3 = -1$（即患者没有 x_2 与 x_3 这两个症状），当把它们输入网络后，就可算出 $x_7 = 1$，因为

$$0 + 2 \times 1 + (-2) \times (-1) + 3 \times (-1) = 1 > 0$$

由此可知该患者患的疾病是 x_7。若给出进一步的证据，还可推出相应的治疗方案。

本例中，如果患者的症状是 $x_1 = x_3 = 1$（即该患者有 x_1 与 x_3 这两个症状），此时即使不指出是否有 x_2 这个症状，也能推出该患者患的疾病是 x_7，因为不管患者是否还有其他症状，都不会使 x_7 的输入加权和为负值。由此可见，在用神经网络进行推理时，即使已知的信息不完全，照样可以进行推理。一般来说，对每一个神经元 x_i 的输入加权和可分两部分进行计算，一部分为已知输入的加权和，另一部分为未知输入的加权和，即

$$I_i = \sum_{x_j 已知} w_{ij} x_j$$

$$U_i = \sum_{x_j 未知} | w_{ij} x_j |$$

当$|I_i|>U_i$时,未知部分将不会影响x_i的判别符号,从而可根据I_i的值来使用特性函数:

$$x_i = \begin{cases} 1, & I_i > 0 \\ -1, & I_i < 0 \end{cases}$$

由上例可看出网络推理的大致过程。一般来说,正向网络推理的步骤如下:

(1)把已知数据输入网络输入层的各个节点。

(2)利用特性函数分别计算网络中各层的输出。计算中,前一层的输出作为后一层有关节点的输入,逐层进行计算,直至计算出输出层的输出值。

(3)用阈值函数对输出层的输出进行判定,从而得到输出结果。

上述推理具有如下特征:

(1)同一层的处理单元(神经元)是完全并行的,但层间的信息传递是串行的。由于层中处理单元的数目要比网络的层数多得多,因此它是一种并行推理。

(2)在网络推理中不会出现传统人工智能系统中推理的冲突问题。

(3)网络推理只与输入及网络自身的参数有关,而这些参数又是通过使用学习算法对网络进行训练得到的,因此它是一种自适应推理。

以上仅讨论了基于神经网络的正向推理。也可实现神经网络的逆向及双向推理,它们要比正向推理复杂一些。

4.3 模 糊 计 算

1965年扎德提出的模糊集合成为处理现实世界各类物体的方法。此后,对模糊集合和模糊信号处理理论的研究和实际应用得到广泛开展。模糊控制和模糊决策支持系统就是两个突出的研究与应用领域。

本节将简要地介绍模糊数学的基本概念、运算法则和模糊逻辑推理等。这些内容构成模糊逻辑的基础知识。模糊计算就是以模糊逻辑为基础的计算。

4.3.1 模糊集合、模糊逻辑及其运算

首先,让我们介绍模糊集合与模糊逻辑的若干定义。

设U为某些对象的集合,称为论域,可以是连续的或离散的;u表示U的元素,记作$U=\{u\}$。

定义 4.1 (**模糊集合(fuzzy sets)**)论域U到$[0,1]$区间的任一映射μ_F,即$\mu_F: U \rightarrow [0,1]$,都确定$U$的一个模糊子集$F$;$\mu_F$称为$F$的隶属函数(membership function)或隶属度(grade of membership)。也就是说,μ_F表示u属于模糊子集F的程度或等级。在论域U中,可把模糊子集表示为元素u与其隶属函数$\mu_F(u)$的序偶集合,记为

$$F = \{(u, \mu_F(u)) \mid u \in U\} \tag{4.12}$$

若U为连续,则模糊集F可记为

$$F = \int_U \mu_F(u)/u \tag{4.13}$$

若 U 为离散,则模糊集 F 可记为

$$F = \mu_F(u_1)/u_1 + \mu_F(u_2)/u_2 + \cdots + \mu_F(u_n)/u_n$$

$$= \sum_{i=1}^{n} \mu_F(u_i)/u_i, \quad i = 1, 2, \cdots, n \tag{4.14}$$

定义 4.2　(**模糊支集、交叉点及模糊单点**)如果模糊集是论域 U 中所有满足 $\mu_F(u) > 0$ 的元素 u 构成的集合,则称该集合为模糊集 F 的支集。当 u 满足 $\mu_F = 1.0$ 时,则称此模糊集为模糊单点。

定义 4.3　(**模糊集的运算**)设 A 和 B 为论域 U 中的两个模糊集,其隶属函数分别为 μ_A 和 μ_B,则对于所有 $u \in U$,存在下列运算:

(1) A 与 B 的并(逻辑或)记为 $A \cup B$,其隶属函数定义为

$$\mu_{A \cup B}(u) = \mu_A(u) \vee \mu_B(u) = \max\{\mu_A(u), \mu_B(u)\} \tag{4.15}$$

(2) A 与 B 的交(逻辑与)记为 $A \cap B$,其隶属函数定义为

$$\mu_{A \cap B}(u) = \mu_A(u) \wedge \mu_B(u) = \min\{\mu_A(u), \mu_B(u)\} \tag{4.16}$$

(3) A 的补(逻辑非)记为 $\overline{A}$,其传递函数定义为

$$\mu_{\overline{A}}(u) = 1 - \mu_A(u) \tag{4.17}$$

定义 4.4　(**模糊关系**)若 U, V 是两个非空模糊集合,则其直积 $U \times V$ 中的一个模糊子集 R 称为从 U 到 V 的模糊关系,可表示为

$$U \times V = \{((u, v), \mu_R(u, v)) \mid u \in U, v \in V\} \tag{4.18}$$

定义 4.5　(**复合关系**)若 R 和 S 分别为 $U \times V$ 和 $V \times W$ 中的模糊关系,则 R 和 S 的复合 $R \circ S$ 是一个从 U 到 W 的模糊关系,记为

$$R \circ S = \{[(u, w); \sup_{v \in V}(\mu_R(u, v) * \mu_S(v, w))], u \in U, v \in V, w \in W\} \tag{4.19}$$

其隶属函数为

$$\mu_{R \circ S}(u, w) = \bigvee_{v \in V}(\mu_R(u, v) \wedge \mu_S(u, v)), (u, w) \in (U \times W) \tag{4.20}$$

式(4.19)中的"*"号可为三角范式内的任意一种算子,包括模糊交、代数积、有界积和直积等。

定义 4.6　(**语言变量**)一个语言变量可定义为多元组 $(x, T(x), U, G, M)$。其中,x 为变量名;$T(x)$ 为 x 的词集,即语言值名称的集合;U 为论域;G 是产生语言值名称的语法规则;M 是与各语言值含义有关的语法规则。语言变量的每个语言值对应一个定义在论域 U 中的模糊数。语言变量基本词集把模糊概念与精确值联系起来,实现对定性概念的定量化以及定量数据的定性模糊化。

例如,某工业窑炉模糊控制系统,把温度作为一个语言变量,其词集 T(温度)可为

$$T(温度) = \{超高, 很高, 较高, 中等, 较低, 很低, 过低\}$$

4.3.2　模糊逻辑推理

模糊逻辑推理是建立在模糊逻辑基础上的,它是一种不确定性推理方法,是在二值逻辑三段论基础上发展起来的。这种推理方法以模糊判断为前提,动用模糊语言规则,推导出一个近似的模糊判断结论。模糊逻辑推理方法一直处在继续研究与发展中,目前已经

提出了 Zadeh 法、Baldwin 法、Tsukamoto 法、Yager 法和 Mizumoto 法等方法。在此仅介绍 Zadeh 的推理方法。

在模糊逻辑和近似推理中,有两种重要的模糊推理规则,即广义取式(肯定前提)假言推理法(generalized modus ponens,GMP)和广义拒式(否定结论)假言推理法(generalized modus tollens,GMT),分别简称为广义前向推理法和广义后向推理法。

GMP 推理规则可表示为

$$
\begin{array}{l}
\text{前提 1:} x \text{ 为 } A' \\
\text{前提 2:若 } x \text{ 为 } A, \text{则 } y \text{ 为 } B \\
\hline
\text{结论:} y \text{ 为 } B'
\end{array}
\tag{4.21}
$$

GMT 推理规则可表示为

$$
\begin{array}{l}
\text{前提 1:} y \text{ 为 } B \\
\text{前提 2:若 } x \text{ 为 } A, \text{则 } y \text{ 为 } B \\
\hline
\text{结论:} x \text{ 为 } A'
\end{array}
\tag{4.22}
$$

上述两式中的 A,A',B 和 B' 为模糊集合,x 和 y 为语言变量。

当 $A = A'$ 和 $B = B'$ 时,GMP 就退化为"肯定前提的假言推理",它与正向数据驱动推理有密切关系,在模糊逻辑控制中特别有用。当 $B' = \bar{B}$ 和 $A' = \bar{A}$ 时,GMT 退化为"否定结论的假言推理",它与反向目标驱动推理有密切关系,在专家系统(尤其是医疗诊断)中特别有用。

自从 Zadeh 在近似推理中引入复合推理规则以来,已提出数十种具有模糊变量的隐含函数,它们基本上可分为三类,即模糊合取、模糊析取和模糊蕴涵。以合取、析取和蕴涵等定义为基础,利用三角范式和三角协范式,能够产生模糊推理中常用的模糊蕴涵关系。

对模糊推理和模糊判决的更深入了解,请读者参阅模糊数学或模糊集合的专著和教材。

4.4　进化算法与遗传算法

达尔文于 1859 年完成的科学巨著《物种起源》中,提出了自然选择学说,指出物种是在不断演变的,而且这种演变是一种由低级到高级、由简单到复杂的过程。1868 年,达尔文的第 2 部科学巨著《动物和植物在家养下的变异》问世,进一步阐述了他的进化论观点,提出了物种的变异和遗传、生物的生存斗争和自然选择的重要论点。生物种群的生存过程普遍遵循达尔文的物竞天择、适者生存的进化准则。种群中的个体根据对环境的适应能力而被大自然所选择或淘汰。进化过程的结果反映在个体结构上,其染色体包含若干基因,相应的表现型和基因型的联系体现了个体的外部特性与内部机理间的逻辑关系。生物通过个体间的选择、交叉、变异来适应大自然环境。生物染色体用数学方式或计算机方式来体现就是一串数码,仍叫染色体,有时也叫个体;适应能力用对应一个染色体的数值来衡量;染色体的选择或淘汰问题是按求最大还是最小问题来进行的。为求解优化问题,人们试图从自然界中寻找启迪。优化是自然界进化的核心,每个物种都在随着自然界的进化而不断优化自身结构以适应自然的变化。20 世纪 60 年代以来,如何模仿生物来建立功能强大的算法,进而将它们运用于复杂的优化问题,越来越成为一个研究热点。对优化与自然界进化的深入观察和思考,导致了进化算法(evolutionary algorithms,EAs)的诞生,并已发展成为一个重要的研究方向。

进化计算包括遗传算法(genetic algorithms,GA)、进化策略(evolution strategies)、进化编程(evolutionary programming)和遗传编程(genetic programming),本节将讨论进化算法和遗传算法。

4.4.1　进化算法原理

为了求解优化问题,研究人员试图从自然界中寻找答案。优化是自然界进化的核心,比如每个物种都在随着自然界的进化而不断优化自身结构。

对进化算法的研究可追溯到 20 世纪 50 年代。当时,研究人员已经开始意识到达尔文的进化论可用于求解复杂问题。受达尔文进化论"物竞天择,适者生存"思想的启发,20世纪 60 年代美国密歇根大学的 J. Holland 提出了遗传算法。K. De Jong 率先将遗传算法应用于函数优化。20 世纪 60 年代中期,L. J. Fogel 等美国学者提出了进化编程(evolutionary programming,EP)。几乎在同一时期,德国学者 I. Rechenberg 和 H. P. Schwefel 开始了进化策略(Evolution Strategy,ES)的研究。在随后的 15 年中,上述 3 种算法独立地得到了发展。直到 20 世纪 90 年代,GA、EP 和 ES 才逐步走向统一,统称为进化算法。很快,进化算法又增加了一个新的成员——遗传编程(genetic programming,GP),它由美国斯坦福大学的 J. R. Koza 于 20 世纪 90 年代早期创立。GA、EP、ES 和 GP是进化算法的 4 大经典范例,它们为研究人员求解优化问题提供了崭新的思路。

由于进化算法求解优化问题的巨大潜力,大批研究人员开始参与进化算法的研究,并取得了显著进展。目前,进化算法已经在许多领域得到了非常广泛的应用,并受到生物学、心理学、物理学等众多学科的关注。进化计算领域的第一本国际期刊 *Evolutionary Computation* 于 1993 年问世,由麻省理工学院出版社(MIT Press)出版。美国电气和电子工程师协会(Institute of Electrical and Electronics Engineers,IEEE)于 1996 年创办了国际期刊 *IEEE Transactions on Evolutionary Computation*。进化计算在 IEEE 中起初隶属于神经网络协会。2004 年 2 月,IEEE 神经网络协会正式更名为 IEEE 计算智能协会。此后,进化计算、神经网络、模糊计算作为 3 个主要分支共同隶属于 IEEE 计算智能协会。进化计算领域还举办了许多高水平的国际学术会议,如 IEEE 每年举办的进化计算大会(IEEE Congress on Evolutionary Computation),国际计算机组织(Association for Computing Machinery,ACM)每年举办的遗传和进化计算大会(ACM Genetic and Evolutionary Computation Conference)等。

事实上,随着对自然界的进一步认识和研究的不断深入,20 多年来研究人员又提出了大量的进化算法范例。根据我们对文献的搜集发现,现有的进化算法范例已超过 30种。例如,M. Dorigo 于 1992 年提出了蚁群算法(ant colony optimization);R. G. Robert于 1994 年提出了文化算法(cultural algorithm);R. Eberhart 和 J. Kennedy 于 1995 年发明了粒子群优化算法(particle swarm optimization);同年,R. Storn 和 K. Price 提出了差异进化算法(differential evolution)。此外,人工免疫系统(artificial immune system)、量子进化算法（quantum-inspired evolutionary algorithm）、和声搜索算法（harmony search）、细菌觅食算法（bacterial foraging optimization）、人工鱼群算法（artificial fish swarm algorithm）、人口迁移算法（population migration algorithm）、文化基因算法（memetic algorithm）、人工蜂群算法（artificial bee colony algorithm）、生物地理算法（biogeography-based optimization）、组搜索算法（group search optimizer）、萤火虫算法（firefly algorithm）、布谷鸟算法（cuckoo search）、蝙蝠算法（bat algorithm）、教学算法（teaching-learning-based optimization algorithm）等进化算法范例也相继被提出。

上述进化算法范例的出现极大地促进了进化计算领域的发展，进化计算领域也因此呈现出一派欣欣向荣的景象。

在解释进化算法的主要原理之前，先通过图 4.15 介绍基于梯度的优化方法的主要缺陷。假设图 4.15 中的优化问题为极小化问题。图 4.15(a) 称为单峰优化问题，这类优化问题仅包含一个局部最优解，因此全局最优解与局部最优解相同。图 4.15(b) 称为多峰优化问题，这类优化问题同时包含多个局部最优解，通常全局最优解为其中的某一个局部最优解。在求解优化问题时，基于梯度的优化方法首先确定一个初始点，接着基于梯度来计算下降方向和步长。通过利用下降方向和步长，可以产生一个新的点。基于梯度的优化方法通过反复执行上述过程来搜索全局最优解。对于单峰优化问题，基于梯度的优化方法非常有效。如图 4.15(a) 所示，通过对初始点 x_a 不断施加下降方向和步长，最后可收敛于全局最优解 x^*。然而，对于图 4.15(b) 中的多峰优化问题，执行同样的过程，则可能收敛于局部最优解 $\hat{x}$，而非全局最优解 x^*。对于多峰优化问题，基于梯度的优化方法不能找到全局最优解的原因似乎非常直观：多峰优化问题包含多个局部最优解，然而基于梯度的优化方法往往从单点出发进行搜索，因此极易收敛于某一个局部最优解。

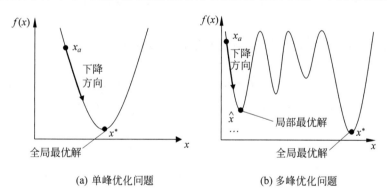

(a) 单峰优化问题　　　　　(b) 多峰优化问题

图 4.15　基于梯度的优化方法的主要缺陷

那么，对于复杂优化问题，能否通过多点出发来同步搜索全局最优解呢？这便是进化算法的主要原理。如图 4.16 所示，对于与图 4.15(b) 中相同的多峰优化问题，进化算法采用多点出发（例如 x_a, x_b, x_c 和 x_d）、沿着多个方向同时进行搜索。虽然每个点最后收敛于一个局部最优解，但是这些局部最优解中就有可能包含全局最优解 x^*。显然，与基于梯度的优化方法相比，进化算法能够以更大概率找到优化问题的全局最优解。

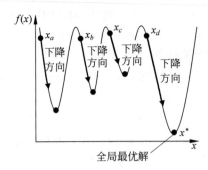

图 4.16   进化算法的主要原理

4.4.2   进化算法框架

如前所述,进化算法基于多点同时进行搜索。在进化算法中,这些点称为个体(individual),所有的个体构成了一个群体(population)。进化算法从选定的初始群体出发,通过不断迭代逐步改进当前群体,直至最后收敛于全局最优解或满意解。这种群体迭代进化的思想给优化问题的求解提供了一种全新思路。

进化算法一般用于求解具有以下形式的优化问题:

$$\text{maximize}/\text{minimize} f(\pmb{x}), \pmb{x} = (x_1, x_2, \cdots, x_D) \in S = \prod_{i=1}^{D} [L_i, U_i]$$

其中,x 为决策向量,x_i 为第 i 个决策变量,D 为决策变量的个数,$f(x)$ 为目标函数,S 为搜索空间(也称决策空间),L_i 和 U_i 分别为第 i 个决策变量的下界和上界。当优化问题只有一个决策变量时(如图 4.15 和图 4.16 中的优化问题),$\pmb{x}$ 可以直接表示为 x,也就是一个标量。

一般来说,在求解优化问题时,进化算法的整体框架如图 4.17 所示。在进化算法的迭代过程中,首先应产生一个包含 N 个个体($\pmb{x}_1, \pmb{x}_2, \cdots, \pmb{x}_N$)的群体,接着通过选择算子(selection operator)从群体中选择某些个体组成父代个体集(parent set),然后利用交叉算子(crossover operator)和变异算子(mutation operator)对父代个体集进行相关操作(operation)产生子代个体集(offspring set),最后将替换算子(replacement operator)应用于旧的群体和子代个体集,得到下一代群体。其中,初始群体一般在搜索空间中随机产生,交叉算子和变异算子用于发现新的候选解,选择算子和替换算子则用于确定群体的进化方向。

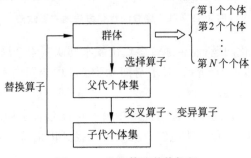

图 4.17   进化算法整体框架

4.4.3　遗传算法的编码与解码

受达尔文进化论的启发,美国密歇根大学的 J. Holland 于 20 世纪 60 年代,在对细胞自动机进行研究时提出了遗传算法。目前,遗传算法已成为进化算法的最主要范例之一。

遗传算法是模仿生物遗传学和自然选择机理,通过人工方式构造的一类优化搜索算法,是对生物进化过程进行的一种数学仿真,是进化计算的一种最重要形式。遗传算法与传统数学模型是截然不同的,它为那些难以找到传统数学模型的难题指出了一个解决方法。同时进化计算和遗传算法借鉴了生物科学中的某些知识,这也体现了人工智能这一交叉学科的特点。自从霍兰德(Holland)于 1975 年在他的著作 *Adaptation in Natural and Artificial Systems* 中首次提出遗传算法以来,经过 40 多年研究,现在已发展到一个比较成熟的阶段,并且在实际中得到很好的应用。本节将介绍遗传算法的基本机理和求解步骤,使读者了解到什么是遗传算法,它是如何工作的,并评介遗传算法研究的进展和应用情况。

在经典的遗传算法中,每一个个体也称为染色体,由二进制串组成。例如,可采用以下二进制串来表示一个个体:

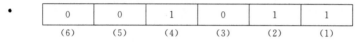

0	0	1	0	1	1
(6)	(5)	(4)	(3)	(2)	(1)

在上述二进制串中,每一维称为基因(gene),每一维的取值(0 或 1)称为等位基因(allele),每一维的位置(用括号表示)称为基因座(locus)。需要说明的是,每一维的位置从右向左开始计算,右边第一维为起始位置。

由于经典的遗传算法采用二进制串来表示一个个体,所以在实际执行过程中涉及个体的编码和解码。

下面采用一个具体的优化问题来解释个体的编码和解码:

$$\text{maximize} f(x) = -x^2 + 10\cos(2\pi x) + 30, \quad -5 \leqslant x \leqslant 5 \quad (4.23)$$

上述优化问题仅包含一个决策变量 x,其下界 L_x 和上界 U_x 分别为 -5 和 5。通过分析可知,上述优化问题的全局最优解为 $x^* = 0$,全局最优解的目标函数值为 $f(x^*) = 40$。该优化问题所对应的函数如图 4.18 所示。

在采用遗传算法优化该问题时,首先需要产生一个初始群体。初始群体由 N 个二进制串组成,那么每个二进制串的长度是多少呢? 事实上,二进制串的长度可由搜索精度(SearchAccuracy)决定。假设期望的搜索精度为 0.01,那么二进制串的长度为

$$l = \left\lceil \log_2 \left(\frac{U_x - L_x}{\text{SearchAccuracy}} \right) \right\rceil = \left\lceil \log_2 \left(\frac{5 - (-5)}{0.01} \right) \right\rceil = 10 \quad (4.24)$$

其中,⌈ ⌉表示上取整操作。由公式(4.24)可知,初始群体中的每个个体可用一个长度为 10 的二进制串来表示,记为: $A_{10}A_9A_8 \cdots A_3A_2A_1$。

在群体进化过程中,需要计算每个个体的适应度。个体的适应度通常依赖于个体的目标函数值 $f(x)$。显然,在计算 $f(x)$ 时,需要使用个体的实数值(非二进制)信息,因此,需要对二进制串解码。由于二进制串的长度为 10,所以总共存在 2^{10} 个二进制串,这

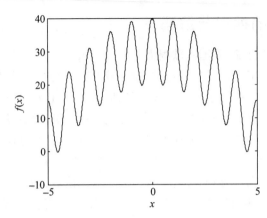

图 4.18　公式(4.23)中优化问题所对应的函数

导致实际的搜索精度(δ)为

$$\delta = \frac{U_x - L_x}{2^l - 1} = \frac{5 - (-5)}{2^{10} - 1} \approx 0.009\,775 \tag{4.25}$$

值得注意的是,实际搜索精度与期望搜索精度存在一定偏差,主要原因在于公式(4.24)中的上取整操作。接着,解码可通过以下公式完成:

$$x = L_x + \delta \cdot \sum_{i=1}^{l} A_i 2^{i-1} \tag{4.26}$$

在完成解码后,便可得到二进制串的实数值信息,随后可通过 $f(x)$ 计算个体的目标函数值。

对于公式(4.23)中的优化问题,2^{10} 个二进制串和解码得到的实数值之间的关系由表 4.4 给出。

表 4.4　二进制串和解码得到的实数值之间的关系

二进制串(解码前)	实数值(解码后)
0000000000	$L_x = -5$
0000000001	$L_x + \delta \approx -4.9902$
0000000010	$L_x + 2\delta = -4.9805$
⋮	⋮
1111111110	$L_x + 1022\delta \approx 4.9901$
1111111111	$L_x + 1023\delta \approx 4.9998$

需要说明的是,编码只需要在产生初始群体时执行。然而,在遗传算法的每一次迭代中,均需要对包含 N 个二进制串的群体进行解码。

4.4.4　遗传算法的遗传算子

遗传算法包括 3 个遗传算子(genetic operator),分别为选择算子(selection operator)、交叉算子(crossover operator)和变异算子(mutation operator)。下面分别介绍这 3 个算子。

1. 选择算子

选择算子可视为模拟自然界选择的一个人工版本,体现了进化论中"优胜劣汰"的思想,其执行主要依赖于个体适应度。一般来说,适应度高的个体被选择的概率越大;相反,适应度低的个体被选择的概率越小。在遗传算法中,通常使用的选择算子为:赌轮选择(roulette wheel selection)和联赛选择(tournament selection)。

赌轮选择类似于现实生活中的轮盘赌游戏,它的执行过程如下:

步骤 1　在完成解码后,对群体中的每个个体 $x_i (i=1,2,\cdots,N)$,计算其目标函数值 $f(x_i)$;

步骤 2　根据每个个体的目标函数值 $f(x_i)$,计算其适应度 $\mathrm{fit}(x_i)$。在某些情况下, $\mathrm{fit}(x_i)$ 可以与 $f(x_i)$ 相同;

步骤 3　计算每个个体适应度 $\mathrm{fit}(x_i)$ 占群体适应度总和 $\sum_{i=1}^{N} \mathrm{fit}(x_i)$ 的比例,记为 B_1, $B_2,\cdots,B_N$;

步骤 4　从第一个个体开始,对适应度比例进行累加,记为 $C_1,C_2,\cdots,C_N$;

步骤 5　产生一个 $[0,1]$ 之间均匀分布的随机数 rand。将 rand 逐一与 $C_i (i=1, 2,\cdots,N)$ 进行比较,并记录比 rand 小的 C_i 的个数,记为 k;

步骤 6　选择第 $k+1$ 个个体 x_{k+1}。

在上述步骤中,个体 $x_i = (x_{i,1},x_{i,2},\cdots,x_{i,D})$ 也表示一个决策向量,它包含 D 个决策变量。对于公式(4.23)中的优化问题,x_i 可以直接表示为 x_i,也就是一个标量。需要说明的是,每执行上述步骤一次,仅选择一个个体。因此,如果要选择 N 个个体构造父代个体集,则需执行上述步骤 N 次。

下面通过一个例子来解释赌轮选择。对于公式(4.23)中的优化问题,假设解码后得到了 3 个个体:$x_1=1,x_2=2,x_3=3$。这 3 个个体的目标函数值、适应度、适应度所占比例、适应度所占比例的累加均在表 4.5 中给出。

表 4.5　3 个个体的目标函数值、适应度、适应度所占比例、适应度所占比例的累加

个体	x_1	x_2	x_3
	1	2	3
目标函数值	$f(x_1)$	$f(x_2)$	$f(x_3)$
	39	36	31
适应度	$\mathrm{fit}(x_1)$	$\mathrm{fit}(x_2)$	$\mathrm{fit}(x_3)$
	39	36	31
适应度所占比例	B_1	B_2	B_3
	0.3679	0.3396	0.2925
适应度所占比例的累加	C_1	C_2	C_3
	0.3679	0.7075	1.0000

表 4.5 中,假设个体的适应度与其目标函数值相等。根据步骤 5、步骤 6 和表 4.5 可知,当 $0 \leqslant \mathrm{rand} \leqslant 0.3679$ 时,个体 x_1 会被选择;当 $0.3679 < \mathrm{rand} \leqslant 0.7075$ 时,个体 x_2 会

被选择；当 $0.7075 < \text{rand} \leqslant 1.0000$ 时，个体 x_3 会被选择。显然，个体的选择概率与其适应度成正比。就以上 3 个个体而言，x_1 具有最大的选择概率，x_2 次之，x_3 最小。

对于赌轮选择，需要注意以下两点：

(1) 在设计适应度时，适应度可以直接等于目标函数值，也可以与目标函数值具有某种关系。但无论如何，应保证质量好的个体比质量差的个体具有更高的适应度；

(2) 由于每个个体具有不同的选择概率，因此具有较高适应度的个体可能被多次选择，而具有较低适应度的个体可能被淘汰。

此外，联赛选择的执行过程如下：

步骤 1　从群体中随机选择 M 个个体，计算每个个体的目标函数值；

步骤 2　根据每个个体的目标函数值，计算其适应度；

步骤 3　选择适应度最大的个体。

类似于赌轮选择，联赛选择每执行一次仅选择一个个体。联赛选择的执行过程相对比较简单，但是需要定义一个额外的参数 M。实际上，M 决定了群体的**选择压**。

2. 交叉算子

在遗传算法中，交叉算子通过个体之间的信息交换来模仿自然界中的交配过程。对于群体中随机选择的两个个体，交叉算子以概率 pc 对它们执行交叉操作。通常使用的交叉算子包括一点交叉和两点交叉。假设随机选择的两个个体为

0	1	0	0	1	0

0	0	1	0	1	1

一点交叉首先需要选择一个交叉点 $\text{CPoint}(1 \leqslant \text{CPoint} < l)$，接着在 $[0,1]$ 之间随机产生一个均匀分布的随机数 rand。如果 $\text{rand} < \text{pc}$，则将这两个个体位于交叉点右半部分的信息进行交换，得到两个子代个体，如图 4.19 所示。

图 4.19　一点交叉示意图

在执行两点交叉时，首先需要选择两个交叉点 CPoint_1 和 CPoint_2，并且这两个交叉点满足 $1 \leqslant \text{CPoint}_1 < \text{CPoint}_2 < L$。接着在 $[0,1]$ 之间随机产生一个均匀分布的随机数 rand。如果 $\text{rand} < \text{pc}$，则将这两个个体位于两个交叉点之间的信息进行交换，得到两个子代个体，如图 4.20 所示。

3. 变异算子

遗传算法的变异算子旨在模仿生物界的基因突变过程。变异算子对执行完交叉操作

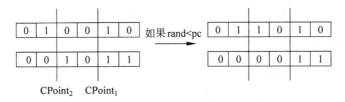

图 4.20　两点交叉示意图

后的群体中的每个个体以概率 pm 执行变异操作。首先对每一个个体的 l 个二进制位,在$[0,1]$之间随机产生 l 个均匀分布的随机数,记为 $\text{rand}_l,\cdots,\text{rand}_1$。如果 $\text{rand}_i<\text{pm}(i\in\{1,2,\cdots,l\})$,则对第 i 个二进制位执行取反操作:如果第 i 位为 0,则将其变异为 1;如果第 i 位为 1,则将其变异为 0。变异算子的执行过程可由图 4.21 进行解释。

图 4.21　变异算子示意图

　　需要指出的是,公式(4.23)中的优化问题仅包含一个决策变量。因此,上述编码、解码、交叉和变异操作只针对于一个决策变量进行。对于包含多个决策变量的优化问题,每一个决策变量都需要执行相同的编码、解码、交叉和变异操作。

4.4.5　遗传算法的执行过程

　　遗传算法的执行过程如下:

　　步骤 1　令迭代次数 $G=0$;

　　步骤 2　令适应度评价(fitness evaluations)次数 FES$=0$;

　　步骤 3　根据期望的搜索精度,确定每个决策变量的二进制串长度 $l_i(i\in\{1,2,\cdots,D\})$;

　　步骤 4　随机产生一个包含 N 个个体的初始群体 P_G,群体中的每个个体为一个长度为 $\sum_{i=1}^{D}l_i$ 的二进制串;

　　步骤 5　对 P_G 中的每个个体进行解码;

　　步骤 6　计算 P_G 中的每个解码后个体的适应度,得到适应度集合 fit_G;

　　步骤 7　FES$=$FES$+N$;

　　步骤 8　令 $P_{G+1}=\varnothing,\text{fit}_{G+1}=\varnothing$;

　　步骤 9　对 P_G 的个体根据其适应度执行选择操作,得到父代个体集 S_G;

　　步骤 10　将 S_G 中的个体随机分为 $N/2$ 组,对每组中的两个个体,以概率 pc 执行交叉操作,得到一个新的群体 C_G;

　　步骤 11　对 C_G 中每个个体的每一个二进制位,以概率 pm 执行变异操作,得到子代个体集 M_G;

　　步骤 12　对 M_G 中的每个个体进行解码;

　　步骤 13　计算 M_G 中每个解码后个体的适应度,得到适应度集合 fit'_G;

　　步骤 14　FES$=$FES$+N$;

　　步骤 15　执行替换操作:$P_{G+1}=M_G,\text{fit}_{G+1}=\text{fit}'_G$;

　　步骤 16　$G=G+1$;

步骤 17 如果满足结束准则,输出群体中具有最高适应度的个体;否则转至步骤 8。

从上述执行过程可以看出,遗传算法包含 4 个主要参数:二进制串的长度 $\sum_{i=1}^{D} l_i$、群体规模 N、交叉概率 pc、变异概率 pm。其中,二进制串的长度由用户期望的搜索精度决定。此外,群体规模 N 与优化问题的复杂程度和决策变量的个数息息相关。当优化问题越复杂、决策变量的个数越多时,群体规模应越大。在遗传算法中,交叉算子是产生子代个体的主要方式,它决定了遗传算法的全局搜索能力;变异算子是产生子代个体的辅助方式,其主要目的在于增加群体的多样性、帮助群体跳出局部最优。因此,遗传算法通常采用较大的交叉概率 pc 和较小的变异概率 pm。

为了从理论上保证全局收敛性,并且在实际执行中提高优化性能,遗传算法通常采用精英保存策略。精英保存策略是指当前群体中具有最高适应度的个体直接进入下一代群体,并且不参与交叉和变异。例如,具有精英保存策略的遗传算法可按以下方式执行步骤 9 至步骤 15:

步骤 9 找出群体 P_G 中具有最高适应度和最低适应度的个体。对 P_G 中剩余的 $(N-2)$ 个个体,根据其适应度执行选择操作,得到父代个体集 S_G,其中 S_G 包含 $(N-2)$ 个个体;

步骤 10 将 S_G 中的个体随机分为 $(N-2)/2$ 组,对每组中的两个个体,以概率 pc 执行交叉算子,得到一个新的群体 C_G;

步骤 11 对 C_G 中每个个体的每一个二进制位,以概率 pm 执行变异操作,得到子代个体集 M_G;

步骤 12 对 M_G 中的每个个体进行解码;

步骤 13 计算 M_G 中每个解码后个体的适应度,得到适应度集合 fit'_G;

步骤 14 FES=FES+N-2;

步骤 15 将 P_G 中具有最高适应度的个体复制两份,将复制后的两个个体加入 M_G,并将其适应度加入 fit'_G。此时,M_G 包含 N 个个体。执行替换操作:$P_{G+1}=M_G$,$\text{fit}_{G+1}=\text{fit}'_G$。

在遗传算法中,如何设计结束准则也是一个非常重要的问题。许多研究人员对此展开了大量理论和实验研究。一般来说,在进行算法性能比较时,为了保证比较的公平性,可通过设置最大适应度评价次数的方式来设计结束准则。

4.4.6 遗传算法的执行实例

下面仍以公式(4.23)中的优化问题为例,来解释遗传算法的实际执行过程。已经介绍过,对于该优化问题期望的搜索精度为 0.01。由于该优化问题仅包含一个决策变量,所以二进制串的长度 l 为 10。其他参数的具体取值如下:群体规模 $N=10$,pc=0.9,pm=0.05,当适应度评价次数等于 1000 时迭代结束。此外,采用赌轮选择、一点交叉和精英保存策略。而且,在优化过程中,个体的适应度等于其目标函数值。

假设初始化后得到了表 4.6 中所示的 10 个个体(也就是 10 个二进制串)。它们解码后的实数值,以及解码后的适应度也在表 4.6 中给出。

表 4.6　10 个初始个体、解码后的实数值、解码后的适应度

10 个初始个体										解码后的实数值	解码后的适应度
x_1	0	0	1	1	0	0	1	0	1	0	-3.0254	30.7196
x_2	1	0	0	0	0	1	1	1	0	1	0.2884	27.5294
x_3	1	0	0	0	1	0	0	0	0	0	0.3177	25.7729
x_4	0	1	1	0	0	0	0	0	0	0	-1.2463	28.6770
x_5	0	0	1	0	1	0	1	1	1	1	-3.2893	16.7332
x_6	0	0	1	0	1	0	0	0	0	0	-3.4360	8.9924
x_7	1	1	1	1	0	1	1	1	1	1	4.6774	3.7178
x_8	0	0	0	1	1	0	1	0	0	1	-3.9345	23.6848
x_9	0	0	0	0	1	0	0	1	1	1	-4.6188	1.3245
x_{10}	0	1	1	1	0	0	1	0	1	1	-0.5132	19.7710

　　在这 10 个个体中,第 1 个个体和第 9 个个体分别具有最高和最低的适应度。因此,在执行带精英保存策略的遗传算法时,除这 2 个个体之外的其他 8 个个体均参与赌轮选择。假设赌轮选择后,产生了表 4.7 中所示的 8 个父代个体。从表 4.7 可以看出,第 7 个个体由于具有较低的适应度,所以在赌轮选择中被淘汰了。相反,由于第 4 个个体具有较高的适应度,所以被复制了 2 份。

表 4.7　选择后得到的 8 个父代个体

x_2	1	0	0	0	0	1	1	1	0	1
x_3	1	0	0	0	1	0	0	0	0	0
x_4	0	1	1	0	0	0	0	0	0	0
x_4	0	1	1	0	0	0	0	0	0	0
x_5	0	0	1	0	1	0	1	1	1	1
x_6	0	0	1	0	1	0	0	0	0	0
x_8	0	0	0	1	1	0	1	0	0	1
x_{10}	0	1	1	1	0	0	1	0	1	1

　　随后,这 8 个个体将被随机分为 4 组,每组中的 2 个个体以 0.9 的概率执行交叉操作,得到一个新的群体。接着,新得到群体的每一个二进制位均以 0.05 的概率执行变异操作。假设交叉和变异完成后,得到的 8 个子代个体与精英保存得到的 2 个个体(也就是将群体中具有最高适应度的个体复制了 2 份)如表 4.8 所示。

表 4.8　交叉、变异后得到的 8 个子代个体与精英保存得到的 2 个个体

10 个子代个体										解码后的实数值	解码后的适应度
y_1	0	0	1	0	1	0	1	1	1	1	-3.2893	16.7332
y_2	0	1	1	1	0	0	1	0	1	1	-0.5132	19.7710
y_3	1	1	0	0	1	0	1	1	0	1	2.9472	30.7689

续表

	10 个子代个体										解码后的 实数值	解码后的 适应度
y_4	0	0	0	1	0	1	1	1	0	1	-4.0909	21.6770
y_5	0	0	1	0	1	0	0	0	0	0	-3.4360	8.9924
y_6	1	1	0	0	1	0	0	0	0	0	2.8201	26.3124
y_7	0	1	1	0	0	1	0	0	0	0	-1.0899	37.2576
y_8	0	1	1	1	0	0	0	0	0	0	-0.6207	22.3562
y_9	0	0	1	1	0	0	1	0	1	0	-3.0254	30.7196
y_{10}	0	0	1	1	0	0	1	0	1	0	-3.0254	30.7196

表 4.8 还给出了这 10 个个体解码后的实数值和解码后的适应度。综合表 4.6 和表 4.8 可见,初始群体经选择、交叉和变异,下一代群体的最高适应度优于初始群体的最高适应度,这表明遗传算法的选择、交叉和变异能够有效提高群体的适应度。因此,通过不断执行选择、交叉和变异,群体最后有望收敛于全局最优解。而且,精英保存策略直接让群体中的最好个体进入下一代群体,这保证了群体质量不被退化。

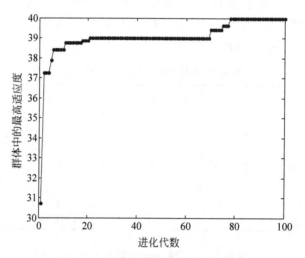

图 4.22   群体的最高适应度进化情况

图 4.22 给出了群体最高适应度的进化情况。从图 4.22 可以看出,一方面通过选择、交叉和变异,群体的最高适应度能够得以不断提升;另一方面,由于精英保存策略,群体的最高适应度没有出现退化现象。如图 4.22 所示,群体最后找到了公式(4.23)中优化问题的全局最优解。

4.5   人 工 生 命

自然界是生命之源。自然生命千千万万,千姿百态,千差万别,巧夺天工,奇妙无穷。人工生命(artificial life,ALife)试图通过人工方法建造具有自然生命特征的人造系统。

人工生命是生命科学、信息科学、系统科学和数理科学等学科交叉研究的产物,其研究成果必将促进人工智能的发展。

人类不满足于模仿生物进化行为,希望能够建立具有自然生命特征的人造生命和人造生命系统。对人工生命的研究,自 1987 年起取得了重要进展。这是人工智能和计算智能的一个新的研究热点。进化计算为人工生命研究提供了计算理论和有效的开发工具。本节将对人工生命的一些基本问题加以探讨。

4.5.1 人工生命研究的起源和发展

人类长期以来一直力图用科学技术方法模拟自然界,包括人脑本身。1943 年麦卡洛克和皮茨提出了 M-P 神经学网络模型。1945 年 1 月在美国普林斯顿研究所召开的有关脑和计算机的研讨会上,认为工程和神经网络是研究大脑的重要基础。1948 年维纳提出了控制论(cybernetics),对动物与机器中的控制与通信问题进行了开创性的研究。冯·诺依曼研究脑和计算机在组织上的相似性,用形式逻辑来表示脑。在 1946 年 3 月的控制会议上,形成了以冯·诺依曼为代表的形式理论学派和以维纳为代表的控制论学派。冯·诺依曼方法把全部表示和演算还原到基本逻辑世界,用显式的逻辑过程实现符号运算。维纳则使用信息、反馈、控制等概念,把生物与机械问题统一起来进行研究。

人工生命的许多早期研究工作也源于人工智能。20 世纪 60 年代罗森布拉特研究感知机,斯塔尔(Stahl)建立细胞活动模型,林登迈耶(Lindenmayer)提出了生长发育中的细胞交互作用数学模型。这些模型支持细胞间的通信和差异。

20 世纪 70 年代以来,康拉德(Conrad)等研究人工仿生系统中的自适应、进化和群体动力学,提出不断完善的"人工世界"模型。康韦(Conway)提出生命的细胞自动机对策论,把细胞自动机用于图像处理。

20 世纪 80 年代,人工神经网络再度兴起,出现了许多神经网络的新模型和新算法。这也促进人工生命的发展。在 1987 年第一次人工生命研讨会上,美国圣塔菲研究所(Santa Fe Institute,SFI)非线性研究组的兰顿(Langton)正式提出人工生命的概念,建立起人工生命新学科。此后,人工生命研究进入一个蓬勃发展的新时期,相关研究机构、学术组织和学术会议如雨后春笋般出现。

在美国,以圣塔菲研究所和 MIT 等为首,设立了人工生命的研究组织,出版了学术专刊 *Artificial Life*,组办了系列性的人工生命国际学术会议(The International Conference on Artificial Life,ALIFE)。从 1987 年起,每两年举办一次。

在欧洲,从 1991 年开始,由欧洲人工智能学会等主持,奋起直追,也举行了系列性的国际学术会议(European Conference on Artificial Life,ECAL),每两年一次。

在日本,以现代通信(Advanced Telecommunication Research,ATR)研究所与大分大学为代表,将人工生命与进化机器人研究相结合,从 1996 年起,每年主办一次系列性国际学术会议(The International Symposium on Artificial Life and Robotics,AROB),并出版了国际性学术刊物 *Artificial Life and Robotics*。

我国于 1997 年 9 月在北京举行了"人工生命与进化机器人研讨班"(Seminar/ Workshop on Artificial Life and Evolutionary Robotics),这是国内关于人工生命的第一

次学术活动。

从上述关于人工生命的系列性国际学术会议的积极活动可以看出：

（1）人工生命的研究开发，在国际上受到广泛的关注和重视，发展势头看好，已登上国际学术舞台。

（2）我国的人工生命研究刚刚起步，但是，我们有必要迎头赶上，悉心进行人工生命研究工作，做出应有的贡献。

4.5.2　人工生命的定义和研究意义

人工生命研究是一项抽象地提取控制生物现象的基本动态原理，并通过物理媒介（如计算机）模拟生命系统动态发展过程的工作。

1. 人工生命的定义

通俗地讲，人工生命即人造的生命，非自然的生命。然而，要对人工生命做出严格的定义，需要对问题进行深入研究。

1987 年兰德提出的人工生命定义为："人工生命是研究能够演示出自然生命系统特征行为的人造系统。"通过计算机或其他机器对类似生命的行为进行综合研究，以便对传统生物科学起互补作用。地球上存在着由进化而来的碳链生命，而人工生命则在"生命之所能"(life-as-it-could-be)的广泛意象中把"生命之所识"(life-as-we-know-it)加以定位，为理论生物学的发展做出贡献。兰德在计算机上演示了他们研制的具有生命特征的软件系统，并把这类具有生命现象和特征的人造系统称为人工生命系统。

目前地球上存在的自然生命，包括人和各种动植物等，到底具有哪些生命现象和生命特征呢？不同的生物具有各种不同的外观形态、内部构造、行为表现、生理功能、生活习性、栖息环境、生长过程、物质存在形式、能量转换方式和不同的信息处理模式等，其生命现象和生命特征千差万别，不胜枚举。

然而，在个性中存在共性，从各种不同的自然生命的特征和现象中，可以归纳和抽象出自然生命的共同特征和现象，包括但不限于：

（1）自繁殖、自进化、自寻优。许多自然生命（个体、群体）都具有交配繁衍、遗传变异、优胜劣汰的自繁殖、自进化、自寻优的功能和特征。

（2）自成长、自学习、自组织。许多自然生命（个体、群体）都具有发育成长、学习训练、新陈代谢的自成长、自学习、自组织的过程和性能。

（3）自稳定、自适应、自协调。许多自然生命（个体、群体）都具有稳定内部状态、适应外部环境、动态协调平衡的自稳定、自适应、自协调的功能和特性。

（4）物质构造。许多自然生命都是以蛋白质和碳水化合物为物质基础的，受基因控制和支配的生物有机体。

（5）能量转换。许多自然生命的生存与活动过程都基于光、热、电能或动能、位能的有关能量转换的生物物理和生物化学反应过程。

（6）信息处理。许多自然生命的生存与活动过程都伴随着相应的信息获取、传递、变换、处理和利用过程。

如果把人工生命定义为具有自然生命现象和(或)特征的人造系统,那么,凡是具有上述自然生命现象和(或)特征的人造系统,都可称为人工生命。

这里,需要说明的是:

(1)自然生命是指目前地球上已知的自然进化和有性繁殖的各种生物,包括人、各种动物和植物等。

(2)生命现象指生命活动和行为的表现形式、物质构造、能量转换的外观形态、信息处理过程的显示模式等。

(3)生命特征是指生命活动的功能和行为特性、物质构造、能量转换的内在机制、信息处理过程的演化规律等。

(4)人造系统是指非自然的、无性繁殖、人工合成或设计制造的人造生物。为了强调生物是复杂的系统,称之为人造系统。

2. 研究人工生命的意义

人工生命研究的目的和意义如何? 为什么要研究开发人工生命?

人工生命是自然生命的模拟、延伸与扩展,其研究开发有重大的科学意义和广泛的应用价值。

(1)开发基于人工生命的工程技术新方法、新系统、新产品

人工生命的研究与开发有助于创作、研制、设计和制造新的工程技术系统。例如,基于人工生命的计算机动画的新方法、新技术,可以高效率地自动生成逼真的人工动物、人工植物和虚拟人工社会,应用于电视广告、科幻电影、电子商务、网络市场。又如,基于人工脑的新一代智能计算机与计算机网络,具有更高的人工智能水平和更快的推理运算速度,更大存储容量和记忆能力,更自然友好的多媒体人机智能界面。这有助于提高计算机应用系统的智能水平。

(2)为自然生命的研究提供新模型、新工具、新环境

人工生命的研究开发可以为自然生命的研究探索提供新模型、新工具、新环境。例如,数字生命、软件生命、虚拟生物可为自然生命活动机理和进化规律的研究探索提供更高效、更灵活的软件模型和先进的计算机网络支持环境。人工脑可以作为"自然脑"的机理和功能模型,为人脑的思维、记忆、联想、学习等智能活动过程研究提供新的技术模型。

(3)延长人类寿命、减缓衰老、防治疾病

利用人工生命,研究延长人类寿命、减缓衰老、防治疾病的新途径、新保健、新药品。例如,利用人工生命模型,研究自然生命衰老、致病的原因和机理,开发减缓衰老、防治疾病、延长人类寿命的保健新方法、新药物。还可以利用人工器官,如人工心脏、人工肾、人工肺等替代人类已衰老或损坏的自然器官。

(4)扩展自然生命,实现人工进化和优生优育

利用人工生命技术扩展自然生命,实现人工进化和优生优育,发展自然生命的新品种、新种群。例如,利用人工生命,研究人类的遗传、繁殖、进化、优选的机理和方法,有助于人类的计划生育,优生优育。利用人工生命,研究动物的遗传变异、杂交进化的机理和方法,用于开发动物的新品种、新种群。

（5）促进生命科学、信息科学、系统科学的交叉与发展

人工生命是具有自然生命特征和现象的基于蛋白质或基于非蛋白质的、复杂的人造的生命系统。是生命科学、信息科学、系统科学等多学科相结合的产物。人工生命的研究开发及应用将进一步激发和促进生命科学、信息科学、系统科学等学科的更深层的、更广泛的交流。人工生命与自然生命是生命科学的两大重要组成部分，人工生命的研究和开发，将丰富与发展生命科学。人工生命研究的重要内容和关键问题是生命信息的获取、传递、变换、处理和利用过程的机理和方法，如基因信息的控制与调节过程。这正是信息科学面临的新课题，也是信息科学发展的新机遇。

人工生命系统既是复杂性科学的典型研究对象，人工生命方法又将丰富和发展系统科学方法。人工生命系统的模型，如数字社会、数字生态系统，可用于研究复杂的社会经济系统、生态环境系统。

因此，人工生命的研究开发及应用具有重大的科学意义、广泛的应用前景、深远的社会影响以及显著的经济效益。

4.5.3 人工生命的研究内容和方法

人工生命的研究对象包括人工动物、人工植物和人工人等，而人工人的研究又涉及人工脑和其他人工器官。

1. 人工生命的研究内容

人工生命的研究内容大致可分为两类：

（1）构成生物体的内部系统，包括脑、神经系统、内分泌系统、免疫系统、遗传系统、酶系统、代谢系统等。

（2）生物体及其群体的外部系统，包括环境适应系统和遗传进化系统等。

人工生命系统中产生的生命行为一般是在生物学基础上综合仿真，并引用具有遗传和进化特征的模型及相应的生态算法得到的。单纯采用某种单一方式难以解释行为的产生和操作机理。人工生命是在基于综合的观点下进行研究的，这是人工生命研究与生物学研究在方法上的显著区别之一。各种人工生命系统的表现形式和算法不尽相同，但从内在机理出发，人工生命的科学框架可由下列主要内容构成：

（1）生命现象仿生系统。这种仿生系统一般是针对某种生物的某种生命现象进行的，并多以软件形式实现。例如人工虫、鸟声模拟系统等。德梅特里·特佐波洛斯（Demetri Terzopoulos）等人开发的人工鱼演示系统较好地在一个仿真的物理世界中演示了自律运动、感知、学习和行动。虽然有些仿生系统的智能水平还不高，然而其仿真机制对自适应、非线性的理解是有益的。

（2）生命现象的建模与仿真。该研究涉及形态方面的新陈代谢、多细胞人工生命的进化、自适应自组织建模、细胞分裂、人工食物链、人工生物化学等。人工建模针对生命系统的各个方面，其研究内容与生物学知识相对应，在人工系统中对生物学现象进行仿真描述。

（3）进化动力学。主要研究生命系统这个复杂对象表现出来的非线性动态特性，其

突现性(emergence,又译为创发性)主要通过混沌(chaos)机制进行研究。协进化(coevolution,又译为共同进化)也是进化动力学的重要研究内容。

(4)人工生命的计算理论和工具。遗传操作过程和进化计算机制是人工生命系统形式化描述的逻辑基础。本章前面部分介绍过的进化计算的主要内容,即遗传算法、遗传编程和进化策略已成为开发人工生命系统的有效工具。

(5)进化机器人。进化机器人是嵌入了进化机制的具有较强自适应能力的智能机器人,可作为人工生命系统中具有比较复杂智能行为的对象加以研究,也是人工生命某些研究课题的一个比较理想的试验床。要使进化机器人在真实问题求解中获得较好的处理效率和结果,还有大量的、艰巨的工作需要进一步开展。

(6)进化和学习等方面的结合。机器学习是人工智能的重要应用研究领域。进化与学习的交互,进化计算与神经学习的综合,表明进化学习方法的有效性。人工生命与计算智能中其他研究领域(如神经计算、模糊计算)以及信息论、数学等学科的结合,也是人工生命有意义的研究方面。

(7)人工生命的应用。人工生命已有不少有价值的应用实例,如机器人、模式识别、图像处理、太空探索等领域。不过,人工生命的应用研究尚有待加强,其发展潜力很大,前景十分诱人。

2. 人工生命的研究方法

从生物体内部和外部系统的各种信息出发,可得到人工生命的不同研究方法,主要可分为两类:

(1)信息模型法。根据内部和外部系统所表现的生命行为来建造信息模型。

(2)工作原理法。生命行为所显示的自律分散和非线性行为,其工作原理是混沌和分形,以此为基础研究人工生命的机理。

人工生命的研究技术途径也可分为两种:

(1)工程技术途径

利用计算机、自动化、微电子、精密机械、光电通信、人工智能、神经网络等有关工程技术方法和途径,研究开发、设计制造人工生命。通过计算机屏幕,以三维动画,虚拟现实的软件方法或采用光机电一体化的硬件装置来演示和体现人工生命。

由工程技术途径设计和制造的人工生命,在系统功能特性和信息过程方面,可以具有与自然生命类似的特征和现象。但是,在物质构造和能量转换方面,却与相应的自然生命有很大的差异,通常并不是以蛋白质为物质基础的有机体。例如,人工鱼虽然看起来很像自然鱼,几乎达到了以假乱真的程度,却是只能看不能吃的"美味佳肴"。

(2)生物科学途径

利用生物化学、生物物理方法、克隆技术、遗传工程等生物科学方法和技术,通过人工合成、基因控制,无性繁殖过程,基于相应的自然生命母体培育生成人工生命。

由于论理学、社会学、人类学等方面的问题,通过生物科学途径生成的人工生命,如克隆人的诞生引起了不少争论。需要研究和制订相应的社会监督、国家法律和国际公约。

4.5.4   人工生命的实例

人工生命的理论可通过有代表性的研究实例来阐述。下面简要介绍几个比较成功的研究和应用范例。

1. 人工脑

波兰人工智能和心理学教授安奇·布勒(Andrzej Buller)及一些日本学者在日本现代通信研究所进化系统研究室对人工脑的研究,已取得重要进展。他们在 1996 年第四届国际人工生命会议上作了题为"针对脑通信的进化系统——走向人工脑"的专题报告。他们所采用的研究方法是将进化计算、非平衡动力学、林登迈耶(Lindenmayer)系统(简称 L 系统)的产生语法、细胞自动机方式的复制器、神经学习等加以集成和融合。相关的研究手段涉及硬件、软件和纳米技术。相关的概念则包括达尔文芯片和达尔文机器等。该课题组关于细胞自动机机器(CAM)-脑计划的目标是要建造一个人工脑。

2. 计算机病毒

计算机病毒(computer virus)一词源于 1977 年出版的由 T. J. 瑞安(Ryan)写的美国科幻小说《P-1 的青春》(*The Adolescence of P-1*)。20 世纪 80 年代,计算机技术的飞速发展也带来了一些负面效应。计算机病毒就是其中之一,它指的是在计算机上传染的与生物学中的病毒具有相似生命现象的有害程序。一般地说,计算机病毒是一种能够通过自身繁殖,把自己复制到计算机内已存储的其他程序上的计算机程序。像生物病毒一样,计算机病毒可能是良性的,也可能是恶性的。恶性的计算机病毒会引起计算机程序的错误操作或使计算机内存乱码,甚至使计算机瘫痪。计算机病毒具有繁殖、机体集成和不可预见等生命系统的固有特征。

现在一般把计算机病毒视为一种恶性的有害程序。按照这种看法,认为计算机病毒是一种人为的用计算机高级语言写成的可存储、可执行的计算机非法程序。这种程序隐藏在计算机系统可存取的信息资源中,利用计算机系统信息资源进行生存、繁殖、影响和破坏计算机系统的正常运行。计算机病毒可以用 C 语言、FORTRAN 语言、BASIC 语言、PASCAL 语言、计算机的机器指令等计算机语言编写。

计算机病毒通常由三部分组成:引导模块、传染模块和表现模块。引导模块将病毒从外存引入内存。传染模块将病毒传染到其他对象上;表现模块(破坏模块)实现病毒的破坏作用,如删除文件、格式化硬盘、显示或发声等。计算机病毒隐藏在合法的可执行程序或数据文件中,不易被人们察觉和发现,一般总是在运行染有该种病毒的程序前首先运行自己,与合法程序争夺系统的控制权。

3. 计算机进程

它类似于计算机病毒,把进程当作生命体,可在时间空间中繁殖,从环境中汲取信息,修改所在的环境。这里不是说计算机是生命体,而是说进程是生命体。该进程与物质媒体交互作用以支持这些物质媒体(如处理器、内存等)。可把进程认为具有生命的特征。

一些种子保持冬眠达数千年,在冬眠期内既没有新陈代谢,也没有受到刺激,但毫无疑问,它们是有生命的,在适当的条件下即可发芽。类似地,计算机进程也可在内存某个地方之外活着,等待适当的条件重新出现以便恢复它们的活动状态。

4. 细胞自动机

它是一种人工细胞陈列,每个细胞具有离散结构。按照预先规定的规则,这些细胞的状态可随时间变化,通过陈列传递规则,计算每个细胞的当前状态及其近邻细胞状态。所有细胞均自发地更新状态。

细胞自动机是 1940 年由冯·诺依曼发明的,它以数学和逻辑形式提供了理解自然系统(自然自动机)的一种重要方法,也是理解模拟和数字计算机(人工自动机)的一种系统理论。随着大规模并行单指令多数据流(SIMD)计算机的发展,很容易获得低价格的彩色图像,使得细胞自动机的研究更为方便。

5. 人工核苷酸

人工生命并不局限于计算机,许多被酶作用的物质也可以支持生命,化学系统所形成的各种生命正在被开发。

1960 年索尔·施皮格尔(Sol Spiegelhe)和他的同事结合当时已知的分子的最小集合,允许在一个试管中进行核糖核酸(RNA)的自复制,产生核苷酸前体、无机物分子、能源、复制酶,以及来自 $\alpha\beta$ 细菌噬菌体(bacteriophage)的 RNA 的雏形。细菌噬菌体 RNA 分子不再需要感染的细菌宿主,就可以很快地复制以保持合适的频率。一系列转移使 RNA 分子的数目快速增长,但与此同时,RNA 分子本身反而变小了,直到达到最小的尺寸为止。分子群体从大量的、易传染的形式变为小的、不易传染的形式,大抵是因为它可从细菌核苷酸处脱落。很清楚,这些复制和进化 RNA 分子是同原始人工生命形式类似的。

分子生物学的新发展已经变得更加有趣,促进人工分子进化。切赫(Cech)和奥尔曼(Allman)发现 RNA 有酶化学和复制能力,这是非常关键的,它允许单个 RNA 分子进化。

4.6　粒群优化算法

自然界中很多生物以社会群居的形式生活在一起,例如鸟群、鱼群、蚁群、人群等。群智能系统研究的热点之一是探索这些生物如何以群体的形式存在。受对群体运动行为模拟的启发,20 多年来,研究人员提出了大量的群智能系统,其中以粒子群优化算法(particle swarm optimization,PSO)和蚁群算法(ant colony optimization,ACO)最具代表性。本节和 4.7 节分别讨论群智能(swarm intelligence)行为及其优化计算方法,包括粒群优化算法和蚁群优化算法。本节先讨论粒群优化算法。

4.6.1　群智能和粒群优化概述

1. 群智能概念

自 20 世纪 70 年代开始,科学家对这些群体行为展开了研究,许多人通过计算机来模拟群体的运动行为。其中,最具代表性的当属 C. W. Reynolds 和 F. Heppner 对鸟群运动行为的模拟。C. W. Reynolds 将鸟群的飞行视为一种舞蹈,并且从美学的角度出发进行了模拟。动物学家 F. Heppner 更关注于鸟群运动的潜在准则,例如,为什么鸟群可以同步飞行、可以突然变向、规模较小的鸟群可以聚集成规模较大的鸟群、规模较大的鸟群可以分裂为若干个规模较小的鸟群等。社会生物学家 E. O. Wilson 还对鱼群的运动行为进行了模拟,并提出以下猜想:同类生物之间的信息共享常常提供了一种进化的优势;他的这一猜想后来成为研究各种群智能系统的基础。此外,还有研究人员对人类的运动行为进行模拟。鸟群和鱼群通过调整自身的运动来避免碰撞、寻找食物和同伴、适应周围的环境(如温度)等。

假定你和你的朋友正在执行寻宝的任务,这个团队内的每个人都有一个金属探测器并能把自己的通信信号和当前位置传给 n 个最邻近的伙伴。因此,每人都知道是否有一个邻近伙伴比他更接近宝藏。如果是这种情况,你就可以向该邻近伙伴移动。这样做的结果就使得你发现宝藏的机会得以改善,而且,找到该宝藏也可能要比你单人寻找快得多。

这是一个群行为(swarm behavior)的极其简单的实例,其中,群中个体交互作用,使用比单一个体更有效的方法去求解全局目标。

可把群(swarm)定义为某种交互作用的组织或真体之结构集合。在群智能计算研究中,群的个体组织包括蚂蚁、白蚁、蜜蜂、黄蜂、鱼群和鸟群等。在这些群体中,个体在结构上是很简单的,而它们的集体行为却可能变得相当复杂。例如,在一个蚁群中,每只蚂蚁个体只能执行一组很简单任务中的一项,而在整体上,蚂蚁的动作和行为却能够确保建造最佳的蚁巢结构、保护蚁后和幼蚁、清净蚁巢、发现最好的食物源以及优化攻击策略等全局任务的实现。

社会组织的全局群行为是由群内个体行为以非线性方式出现的。于是,在个体行为和全局群行为之间存在某种紧密的联系。这些个体的集体行为构成和支配了群行为。另一方面,群行为又决定了个体执行其作用的条件。这些作用可能改变环境,因而也可能改变这些个体自身的行为及其地位。由群行为决定的条件包括空间和时间两种模式。

群行为不能仅由独立于其他个体的个体行为所确定。个体间的交互作用在构建群行为中起到重要的作用。个体间的交互作用帮助改善对环境的经验知识,增强了到达优化的群进程。个体间的交互作用或合作是由遗传学或通过社会交互确定的。例如,个体在解剖学上的结构差别可能分配到不同的任务。举例来说,在一个具体的蚁群内,工蚁负责喂养幼蚁和清净蚁巢,而母蚁则切割被抓获的大猎物和保卫蚁巢。工蚁比母蚁小,而且形态与母蚁有别。社会交互作用可以是直接的或间接的。直接交互作用是通过视觉、听觉或化学接触;间接交互作用是在某一个体改变环境,而其他个体是反映该新的环境时出现的。

群社会网络结构形成该群存在的一个集合,它提供了个体间交换经验知识的通信通道。群社会网络结构的一个惊人的结果是它们在建立最佳蚁巢结构、分配劳力和收集食物等方面的组织能力。

群计算建模已获得许多成功的应用,例如,功能优化、发现最佳路径、调度、结构优化以及图像和数据分析等。从不同的群研究得到不同的应用。其中,最引人注目的是对蚁群和鸟群的研究工作。下面将分别综述这两种群智能的研究情况。其中,粒群优化方法是由模拟鸟群的社会行为发展起来的,而蚁群优化方法主要是由建立蚂蚁的轨迹跟踪行为模型而形成的。

2. 粒群优化概念

粒群优化(particle swarm optimization,PSO)算法是一种基于群体搜索的算法,它建立在模拟鸟群社会的基础上。粒群概念的最初含义是通过图形来模拟鸟群优美和不可预测的舞蹈动作,发现鸟群支配同步飞行和以最佳队形突然改变飞行方向并重新编队的能力。这个概念已包含在一个简单和有效的优化算法中。

在粒群优化中,被称为粒子(particles)的个体是通过超维搜索空间"流动"的。粒子在搜索空间中的位置变化是以个体成功地超过其他个体的社会心理意向为基础的。因此,群中粒子的变化是受其邻近粒子(个体)的经验或知识影响的。粒子的搜索行为受到群中其他粒子的搜索行为的影响。由此可见,粒群优化是一种共生合作算法。建立这种社会行为模型的结果是:在搜索过程中,粒子随机地回到搜索空间中一个原先成功的区域。

3. 粒群优化与进化计算的比较

粒群优化扎根于一些交叉学科,包括人工生命、进化计算和群论等。粒群优化与进化计算存在一些相似和相异之处。两者都是优化算法,都力图在自然特性的基础上模拟个体种群的适应性。它们都采用概率变换规则通过搜索空间求解。这些就是粒群优化和进化计算的相似之处。

粒群优化与进化计算也有几个重要的区别。粒群优化有存储器,而进化计算没有。粒子保持它们及其邻域的最好解答。最好解答的历史对调整粒子位置起到重要作用。此外,原先的速度被用于调整位置。虽然这两种算法都建立在适应性的基础上,然而粒群优化的变化是通过向同等的粒子学习而不是通过遗传来重组和变异得到的。粒群优化不用适应度函数而是由同等粒子间的社会交互作用来带动搜索过程。

4.6.2　粒群优化算法

粒群优化是以邻域原理(neighborhood principle)为基础进行操作的,该原理来源于社会网络结构研究中。驱动粒群优化的特性是社会交互作用。群中的个体(粒子)相互学习,而且基于获得的知识移动到更相似于它们的、较好的邻近区域。邻域内的个体进行相互通信。

群是由粒子的集合组成的,而每个粒子代表一个潜在的解答。粒子在超空间流动,每个粒子的位置按照其经验和邻近粒子的位置而变化。令 $\boldsymbol{x}_i(t)$ 表示 t 时刻 P_i 在超空间的位置。把速度矢量 $\boldsymbol{v}_i(t)$ 加至当前位置,则位置 P_i 变为

$$\boldsymbol{x}_i(t) = \boldsymbol{x}_i(t-1) + \boldsymbol{v}_i(t)$$

速度矢量推动优化过程,并反映出社会所交换的信息。下面给出了 3 种不同的粒群优化算法,它们对社会信息交换扩展程度是不同的。这些算法概括了初始的 PSO 算法。

1. 个体最佳算法

对于个体最佳(individual best)算法,每一个体只把它的当前位置与自己的最佳位置 pbest 相比较,而不使用其他粒子的信息。具体算法如下:

(1) 对粒群 $P(t)$ 初始化,使得 $t=0$ 时每个粒子 $P_i \in P(t)$ 在超空间中的位置 $\boldsymbol{x}_i(t)$ 是随机的。

(2) 通过每个粒子的当前位置评价其性能 $\mathcal{F}$。

(3) 比较每个个体的当前性能与它至今有过的最佳性能,如果 $\mathcal{F}(\boldsymbol{x}_i(t)) < \text{pbest}_i$,那么

$$\begin{cases} \text{pbest}_i = \mathcal{F}(\boldsymbol{x}_i(t)) \\ x_{\text{pbest}_i} = \boldsymbol{x}_i(t) \end{cases}$$

(4) 改变每个粒子的速度矢量

$$\boldsymbol{v}_i(t) = \boldsymbol{v}_i(t-1) + \rho(\boldsymbol{x}_{\text{pbest}} - \boldsymbol{x}_i(t))$$

其中,ρ 为一位置随机数。

(5) 每个粒子移至新位置

$$\begin{cases} \boldsymbol{x}_i(t) = \boldsymbol{x}_i(t-1) + \boldsymbol{v}_i(t) \\ t = t+1 \end{cases}$$

其中,$\boldsymbol{v}_i(t) = \boldsymbol{v}_i(t)\Delta t$,而 $\Delta t = 1$,所以 $\boldsymbol{v}_i(t)\Delta t = \boldsymbol{v}_i(t)$。

(6) 转回步骤(2),重复递归直至收敛。

上述算法中粒子离开其先前发现的最佳解答越远,使该粒子(个体)移回它的最佳解答所需要的速度就越大。随机值 ρ 的上限为用户规定的系统参数。ρ 的上限越大,粒子轨迹振荡就越大。较小的 ρ 值能够保证粒子的平滑轨迹。

2. 全局最佳算法

对于全局最佳(global best)算法,粒群的全局优化方案 gbest 反映出一种被称为星形(star)的邻域拓扑结构。在该结构中,每个粒子能与其他粒子(个体)进行通信,形成一个全连接的社会网络,如图 4.23(a)所示。用于驱动各粒子移动的社会知识包括全群中选出的最佳粒子位置。此外,每个粒子还根据先前已发现的最好的解答来运用它的历史经验。

全局最佳算法如下:

(1) 对粒群 $P(t)$ 初始化,使得 $t=0$ 时每个粒子 $P_i \in P(t)$ 在超空间中的位置 $\boldsymbol{x}_i(t)$

是随机的。

(2) 通过每个粒子的当前位置 $\boldsymbol{x}_i(t)$ 评价其性能 $\mathcal{F}$。

(3) 比较每个个体的当前性能与它至今有过的最好性能,如果 $\mathcal{F}(\boldsymbol{x}_i(t)) < \mathrm{pbest}_i$,那么

$$
\begin{cases}
\mathrm{pbest}_i = \mathcal{F}(\boldsymbol{x}_i(t)) \\
\boldsymbol{x}_{\mathrm{pbest}_i} = \boldsymbol{x}_i(t)
\end{cases}
$$

(4) 把每个粒子的性能与全局最佳粒子的性能进行比较,如果 $\mathcal{F}(\boldsymbol{x}_i(t)) < \mathrm{gbest}_i$,那么

$$
\begin{cases}
\mathrm{gbest} = \mathcal{F}(\boldsymbol{x}_i(t)) \\
\boldsymbol{x}_{\mathrm{gbest}_i} = \boldsymbol{x}_i(t)
\end{cases}
$$

(5) 改变粒子的速度矢量

$$
\boldsymbol{v}_i(t) = \boldsymbol{v}_i(t-1) + \rho_1(\boldsymbol{x}_{\mathrm{pbest}_i} - \boldsymbol{x}_i(t)) + \rho_2(\boldsymbol{x}_{\mathrm{gbest}} - \boldsymbol{x}_i(t))
$$

其中,ρ_1 和 ρ_2 为随机变量;上式中的第 2 项称为认知分量;最后一项称为社会分量。

(6) 把每个粒子移至新的位置

$$
\begin{cases}
\boldsymbol{x}_i(t) = \boldsymbol{x}_i(t-1) + \boldsymbol{v}_i(t) \\
t = t + 1
\end{cases}
$$

(7) 转向步骤(2),重复递归直至收敛。

对于全局最佳算法,粒子离开全局最佳位置和它自己的最佳解答越远,使该粒子回到它的最佳解答所需的速度变化也越大。随机值 ρ_1 和 ρ_2 确定为 $\rho_1 = r_1 c_1, \rho_2 = r_2 c_2$,其中 $r_1, r_2 \sim U(0,1)$,而 c_1 和 c_2 为正加速度常数。

3. 局部最佳算法

局部最佳(local best)算法用粒群优化的最佳方案 lbest 反映一种称为环形(ring)的邻域拓扑结构。该结构中每个粒子与它的 n 个中间邻近粒子通信。如果 $n=2$,那么一个粒子与它的中间相邻粒子的通信如图 4.23(b)所示。粒子受它们邻域的最佳位置和自己过去经验的影响。

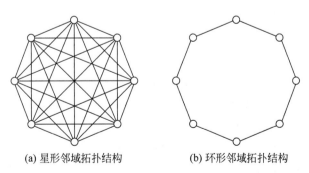

(a) 星形邻域拓扑结构　　(b) 环形邻域拓扑结构

图 4.23　粒群优化的邻域拓扑结构

本算法与全局算法不同之处仅在步骤(4)和步骤(5)中,以 lbest 取代 gbest。在收敛方面,局部最佳算法要比全局最佳算法慢得多,但局部最佳算法能够求得更好的解答。

以上各种算法的步骤(2)检测各粒子的性能。其中,采用一个函数来测量相应解答与最佳解答的接近度。在进化计算中,称这种接近度为适应度函数。

上述各算法继续运行直至其达到收敛止。通常对一个固定的迭代数或适应度函数估计执行蚁群优化算法。此外,如果所有粒子的速度变化接近于 0,那么就中止蚁群优化算法。这时,粒子位置将不再变化。标准的粒群优化算法受 6 个参数影响。这些参数为问题维数、个体(粒)数、ρ 的上限、最大速度上限、邻域规模和惯量。

除了上面讨论过的几种算法,即 pbest,gbest,lbest 外,近年来的研究使这些原来的算法得以改进,其中包括改善其收敛性和提高其适应性。

粒群优化已用于求解非线性函数的极大值和极小值,也成功地应用于神经网络训练。这时,每个粒子表示一个权矢量,代表一个神经网络。粒群优化也成功地应用于人体颤抖分析,以便诊断帕金森(Parkinson)疾病。

总而言之,粒群优化算法已显示出它的有效性和鲁棒性,并具有算法的简单性。不过,需要开展更进一步的研究,以便充分利用这种优化算法的益处。

4.7　蚁 群 算 法

蚂蚁是一种众所周知的群居性小昆虫,单只蚂蚁很难完成复杂的任务,但是蚁群却拥有巨大的能量。人们知道它能够预报暴雨和洪涝气象,也听说它能够毁坏河堤和水坝,引起水患。这个个体甚微的小生灵,作为群体表现出十分独特的生物特征和生命行为。1992 年,意大利学者多里戈(M. Dorigo)在他的博士论文中提出了蚁群算法。1999 年,多里戈和迪卡罗(G. Di Caro)给出了蚁群算法的一个通用框架,对蚁群算法的发展具有重要意义。同年,马尼佐(V. Maniezzo)和科洛龙(A. Colorni)从生物进化和仿生学角度出发,研究蚂蚁寻找路径的自然行为,并用该方法求解 TSP 问题、二次分配问题和作业调度问题等,取得较好结果。蚁群算法已显示出它在求解复杂优化问题特别是离散优化问题方面的优势,是一种很有发展前景的计算智能方法。

4.7.1　蚁群算法理论

1. 蚁群算法基本原理

蚁群算法(又称为人工蚁群算法)是受到对真实蚁群行为研究的启发而提出的。为了说明人工蚁群系统的原理,先从蚁群搜索食物的过程谈起。像蚂蚁、蜜蜂等群居昆虫,虽然单个昆虫的行为极其简单,但由单个简单的个体所组成的群体却表现出极其复杂的行为。仿生学家经过大量细致观察研究后发现,蚂蚁个体之间是通过一种称为外激素(pheromone)的物质进行信息传递的。蚂蚁在运动过程中,能够在它所经过的路径上留下该种物质,而且蚂蚁在运动过程中能够感知这种物质,并以此指导自己的运动方向。因此,由大量蚂蚁组成的蚁群的集体行为便表现出一种信息正反馈现象:某一路径上走过的蚂蚁越多,则后来者选择该路径的概率就越大。蚂蚁个体之间就是通过这种信息的交流达到搜索食物的目的。

下面用多里戈所举的例子来说明蚁群系统的原理。如图 4.24 所示。设 A 是蚂蚁的巢穴,E 是食物源,HC 为一障碍物。由于存在障碍物,蚂蚁只能绕经 H 或 C 由 A 到达 E,或由 E 到达 A。各点之间的距离见图 4.24。设每个时间单位有 30 只蚂蚁由 A 到达 B,又有 30 只蚂蚁由 E 到达 D,蚂蚁过后留下的外激素为 1。为便于讨论,设外激素停留的时间为 1。在初始时刻,由于路径 BH、BC、DH、DC 上均无信息存在,位于 B 和 D 的蚂蚁可以随机选择路径。从统计的角度可以认为它们以相同的概率选择 BH、BC、DH、DC。经过一个时间单位后,在路径 BCD 上的信息量是路径 BHD 上的信息量的两倍。在 $t=1$ 时刻,将有 20 只蚂蚁由 B 和 D 到达 C,有 10 只蚂蚁由 B 和 D 到达 H。随着时间的推移,蚂蚁将会以越来越大的概率选择路径 BCD,最终完全选择路径 BCD。从而找到由蚁巢到食物源的最短路径,由此可见,蚂蚁个体之间的信息交换是一个正反馈过程。

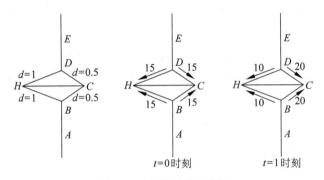

图 4.24　蚁群系统示意图

2. 蚁群系统模型

以求解 n 个城市 TPS 的问题为例来说明蚁群系统模型。为了模拟实际蚂蚁的行为,令 m 表示蚁群中蚂蚁的数量;$d_{ij}(i,j=1,2,\cdots,n)$ 表示城市 i 和城市 j 之间的距离,$b_i(t)$ 表示 t 时刻位于城市 i 的蚂蚁个数,$m=\sum_{i=1}^{n}b_i(t)$。$\tau_{ij}(t)$ 表示 t 时刻在 ij 连线上残留的信息量。在初始时刻,各条路径上信息量相等,设 $\tau_{ij}(0)=C$（C 为常数）。蚂蚁 $k(k=1,2,\cdots,m)$ 在运动过程中,根据各条路径上的信息量决定转移方向。$p_{ij}^{k}(t)$ 表示在 t 时刻蚂蚁由位置 i 转移到位置 j 的概率:

$$p_{ij}^{k}=\begin{cases}\dfrac{\tau_{ij}^{\alpha}\eta_{ij}^{\beta}(t)}{\sum\limits_{s\in\text{allowed}_k}\tau_{ij}^{\alpha}\eta_{ij}^{\beta}(t)}, & j\in\text{allowed}_k \\ 0, & \text{其他}\end{cases}$$

其中,$\text{allowed}_k=\{0,1,\cdots,n-1\}$ 表示蚂蚁 k 下一步允许选择的城市。α,β 分别表示蚂蚁在运动过程中所积累的信息及启发式因子在蚂蚁路径选择中所起的不同作用。η_{ij} 表示由城市 i 转移到城市 j 的期望程度,可根据某种启发式算法具体确定。与真实蚁群系统不同,人工蚁群系统具有一定的记忆功能,这里用 $\text{tabu}_k(k=1,2,\cdots,m)$ 记录蚂蚁 k 目前已经走过的城市。随着时间的推移,以前留下的信息逐渐消逝,用参数 $(1-p)$ 表示信息消逝程度,经过 n 个时刻,蚂蚁完成一次循环。各路径上信息量要根据下式作调整:

$$\tau_{ij}(t+n)=\rho \cdot \tau_{ij}(t)+\Delta\tau_{ij}$$

$$\Delta\tau_{ij}=\sum_{k=1}^{m}\Delta\tau_{ij}^{k}$$

其中,$\Delta\tau_{ij}^{k}$ 表示第 k 只蚂蚁在本次循环中留在路径 ij 上的信息量,$\Delta\tau_{ij}$ 表示本次循环中留在路径 ij 上的信息量:

$$\Delta\tau_{ij}^{k}=\begin{cases}\dfrac{Q}{L_k}, & \text{若第 } k \text{ 只蚂蚁在本次循环中经过 } ij \\ 0, & \text{其他}\end{cases}$$

其中,Q 是常数,L_k 表示第 k 只蚂蚁在本次循环中所走过路径长度。在初始时刻,$\tau_{ij}(0)=C(\text{const})$,$\Delta\tau_{ij}=0$,其中,$i,j=0,1,\cdots,n-1$。根据具体算法的不同,$\tau_{ij}$,$\Delta\tau_{ij}$ 及 $p_{ij}^{k}(t)$ 的表达形式可以不同,要根据具体问题而定。多里戈曾给出三种不同模型,分别称为 ant-cycle system,ant-quantity system,ant-density system。参数 Q、C、α、β、ρ 可以用实验方法确定其最优组合。停止条件可以用固定循环次数或当进化趋势不明显时便停止计算。

上述蚁群系统模型是一个递归过程,易于在计算机上实现。其实现过程可用伪代码表示如下。

```
begin
初始化过程:
ncycle:=0;
bestcycle:=0;
    τij:=C;
  Δτij=0;
ηij 由某种启发式算法确定;
tabuk=∅;
while(not termination condition)
{ncycle:=ncycle+1;
for (index = 0;index<n;index++)这里,index 表示当前已经走过的城市个数
{for(k = 0;k<m;k++)
{以概率 p^k_[tabu[k][index-1]][j] 选择城市 j;
中;
j∈{0,1,…,n-1}-tabuk 中;
}
将刚刚选择的城市 j 加到 tabuk 中
}
计算 Δτ^k_ij(index),τij(index+n)
确定本次循环中找到的最佳路径
}
输出最佳路径及最佳结果
end
```

　　由算法复杂度分析理论可知,该算法复杂度为 $O(nc,n^3)$,其中 nc 表示循环次数。以上是针对求解 TSP 问题说明蚁群问题的,对该模型稍作修正,便可以应用于其他问题。

　　实验和比较结果表明,ant-cycle system,ant-quantity system 和 ant-density system 三种算法中,ant-cycle system 算法的效果最好。这是因为它能够使用全局信息,并能保证残留信息不被无限累积,使算法忘记不好的路径。图 4.25 给出了 ant-cycle 算法框图。

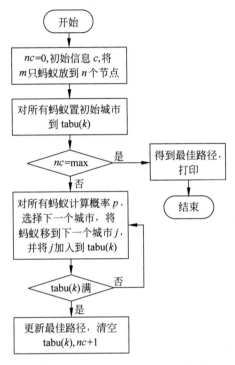

图 4.25　Ant-cycle system 算法框图

4.7.2　蚁群算法的研究与应用

1. 蚁群算法的研究

　　自 1991 年多里戈等提出蚁群算法以来,吸引了许多研究人员对该算法进行研究,并成功地运用于解决组合优化问题,如 TSP、QAP(quadratic assignment problem)、JSP (job-shop scheduling problem)等。对于许多组合优化问题,只要①能够用一个图来阐述将要解决的问题;②能定义一种正反馈过程,如问题中的残留信息;③问题结构本身能提供解题用的启发式信息如 TSP 问题中城市的距离;④能够建立约束机制(如 TSP 问题中已访问城市的列表),那么就能够用蚁群算法加以解决。自从包含蚁群算法在内的蚁群优化(ant colony optimization,ACO)出现之后,许多相关算法的框架被提出来。1998 年召开了关于蚁群优化的第一届学术会议(ANTS'98),更引起了研究者的广泛关注。

　　蚁系统(ant system,AS)是随蚁群概念最早提出来的算法,它首先被成功地运用于 TSP 问题。虽然与一些比较完善的算法(如遗传算法等)比较起来,基本蚁群算法计算量比较大,效果也并不一定更好,但是它的成功运用范例还是激起人们对蚁群算法的极大兴趣,并吸引了一批研究人员从事蚁群算法的研究。蚁系统的优点在于:正反馈能迅速找到好的解决方法,分布式计算可以避免过早地收敛,强启发能在早期的寻优中迅速找到合适的解决方案。蚁算法已被成功地应用于许多能被表达为在图表上寻找最佳路径的问题。

蚁群系统(ant colony system,ACS)区别于蚁算法之处主要在于:蚁群系统算法中,蚂蚁在寻找最佳路径的过程中只能使用局部信息,即采用局部信息对外激素浓度进行调整;在进行寻优的所有蚂蚁结束路径寻找后,外激素的浓度会再一次调整,这次采用的是全局信息,而且只对过程中发现的最后路径上的外激素浓度进行加强。有一个状态传递机制,用于指导蚂蚁最初的寻优过程,并能积累问题目前状态。

最大-最小蚁群系统(MAX-MIN ant system,MMAS)是到目前为止解决 TSP,QAP 等问题最好的蚁群优化类算法。和其他寻优算法比较起来,它属于最好的解决方案之一。MMAS 的特点是:只对最佳路径增加外激素的浓度,从而更好地利用了历史信息(这与 ACS 算法调整方案有点类似)。为了避免算法过早收敛于非全局最优解,把各条路径可能的外激素浓度限制于 $[\tau_{min},\tau_{max}]$,超出这个范围的值被强制设为 τ_{min} 或者是 τ_{max},这样可以有效地避免某条路径上的信息量远大于其余路径,使得所有蚂蚁都集中在一条路径上,从而使算法不再扩散;将各条路径上的外激素的起始浓度设为 τ_{max},这样便可以更加充分地进行寻优。

2. 蚁群算法的应用

对蚂蚁行为的研究已导致各种相关算法的开发,并把它们应用于求解各种问题,这些算法建立了蚂蚁搜索行为(如收集食物)的模型,产生了新的组合优化算法,应用于网络路径选择和作业调度等。蚂蚁动态地分配劳动力产生出自适应任务分配策略。它们合作搬运的特性产生了机器人式的实现。把蚁群算法进行优化的工作称为蚁群优化(ant colony optimization,ACO),它已在解决组合优化问题中显示出优越性。

蚁群算法和蚁群优化已被成功地应用于二次分配问题(quadratic assignment problem,QAP)、作业调度问题(job-scheduling problem,JSP)、图表着色问题(graph coloring problem,GCP)、最短公超序问题(shortest common supersequence problem,SCSP,一种 NP 难题)、电话网络和数据通信网络的路由优化以及机器人建模和优化等。

蚁群算法源于对自然界中的蚂蚁寻找蚁巢到食物以及食物回到蚁巢的最短路径方法的研究。它是一种并行算法,所有"蚂蚁"均独立行动,没有监督机构。它又是一种合作算法,依靠群体行为进行寻优;它还是一种鲁棒算法,只要对算法稍作修改,就可以求解其他组合优化问题。

蚁群算法是一个相当年轻的研究领域,刚刚走过 20 多年路程,尚未形成完整的理论体系,其参数选择更多地依赖于实验和经验,许多实际问题也有待深入研究与解决。随着蚁群算法的深入开展,它将会提供一个分布式和网络化的优化算法,促进计算智能的进一步发展。

4.8 小 结

本章开始讨论计算智能问题,并把神经计算、模糊计算、进化计算、人工生命、群优化作为计算智能的主要研究领域。这些研究领域体现出生命科学与信息科学的紧密结合,也是广义人工智能力图研究以及模仿人类和动物智能(主要是人类的思维过程和智力行为)的重要进展。

把计算智能理解为智力的低层认知,它主要取决于数值数据而不依赖于知识。人工智能是在计算智能的基础上引入知识而产生的智力中层认知。生物智能,尤其是人类智能,则是最高层的智能。也就是说,CI⊂AI⊂BI。

神经网络的基元是神经元,具有多个输入和一个输出。神经元间为带权的有向连接。输入信号借助激励函数得到输出。

人工神经网络可分为递归(反馈)网络和多层(前馈)网络两种基本结构。在学习算法上,人工神经网络可采用有师(监督式)学习和无师(无监督式)学习两种。有时,对增强(强化)学习单独进行讨论;实际上,可把强化学习看做有师学习的特例。

人工神经网络的模型种类很多,其中以反向传播网络和 Hopfield 网络的应用更为广泛。人工神经网络可用来进行知识表示和推理。人工神经网络已获得比较广泛的应用。

本章讨论了模糊集合和模糊逻辑的各种定义及其运算,研究了模糊推理。模糊推理是以模糊判断为前提,采用模糊语言规则,推导出一个近似的模糊判断结论。其中,以Zadeh 推理方法最为成熟和普遍运用。Zadeh 推理有广义前向推理和广义后向推理两种方法。

通过模糊推理得到一个模糊集合或隶属函数。从该模糊集合中选取一个能最好代表该集合单值的过程叫做解模糊、去模糊或模糊判决。常用的模糊判决方法有重心法、最大隶属度法、系数加权平均法和隶属度限幅元素平均法等。

以神经网络为基础的神经计算和以模糊逻辑为基础的模糊计算,都是建立在数值计算上的。它们是计算智能的重要组成部分。

进化计算遵循自然界优胜劣汰、适者生存的进化准则,模仿生物群体的进化机制,并被用于处理复杂系统的优化问题。

遗传算法是模仿生物遗传学和自然选择机理,通过人工方式而构造的一类搜索算法,是对生物进化过程的一种数学仿真,也是进化计算的最重要形式。本章以简单遗传算法为研究对象,分析了遗传算法的结构和机理,包括遗传算法的编码与解码、适应度函数、遗传操作等。在讨论遗传算法的求解步骤时,归纳了遗传算法的特点,给出算法框图、遗传算法的一般结构及求解实例。

人工生命是计算智能研究的一个最新领域。人们试图采用人工方法建造具有自然生命现象和特征的人造系统。本章归纳出自然生命的共同特征以作为人工生命研究的追求目标。人工生命的研究内容包括构成生物体的内部系统和生物体生存的外部系统,涉及生命现象的仿生系统、建模与仿真、进化动力学、计算理论与工具以及人工生命的应用等。研究方法主要有信息模型法和工作原理法两种,其具体研究途径则有工程技术和生物科学两个方面。人工生命的研究具有诱人的发展前景和广泛的应用领域。人们已在人工脑、计算机病毒、计算机进程、细胞自动机和人工核苷酸等课题的研究上取得突破性进展。

粒群优化算法是一种基于群体搜索的算法,它是建立在模拟鸟群社会的基础上的。在粒群优化中,被称为粒子的个体是通过超维搜索空间"流动"的。粒子在搜索空间中的位置变化是以个体成功地超过其他个体的社会心理意向为基础的。粒子的搜索行为受到群中其他粒子的搜索行为的影响。因此可见,粒群优化是一种共生合作算法。建立这种社会行为模型的结果是:在搜索过程中,粒子随机地回到搜索空间中一个原先成功的区域。粒群优化算法有个体最佳算法、全局最佳算法和局部最佳算法三种。近年来的研究使这些算法得以改进,其中包括改善其收敛性和适应性。

从生物进化和仿生学角度出发,研究蚂蚁寻找食物路径的自然行为,提出了蚁群算法。用该方法求解 TSP 问题、分配问题和调度等问题,取得较好结果。蚁群算法已显示出它在求解复杂优化问题特别是离散优化问题方面的优势,是一种很有发展前景的计算智能方法。

比较全面地介绍计算智能的各种理论和方法是一种尝试。希望通过本章讨论,读者能够对计算智能的基础知识有所了解。需要进一步深入研究的读者,请参阅相关参考文献。

习 题 4

4-1 计算智能的含义是什么? 它涉及哪些研究分支?

4-2 试述计算智能(CI)、人工智能(AI)和生物智能(BI)的关系。

4-3 人工神经网络为什么具有诱人的发展前景和潜在的广泛应用领域?

4-4 简述生物神经元及人工神经网络的结构和主要学习算法。

4-5 考虑一个具有阶梯形阈值函数的神经网络,假设

(1)用一常数乘所有的权值和阈值;

(2)用一常数加所有的权值和阈值。

试说明网络性能是否会变化?

4-6 构作一个神经网络,用于计算含有两个输入的 XOR 函数。指定所用神经网络单元的种类。

4-7 假定有一个具有线性激励函数的神经网络,即对于每个神经元,其输出等于常数 c 乘以各输入加权和。

(1)设该网络有个隐含层。对于给定的权 W,写出输出层单元的输出值,此值以权 W 和输入层 I 为函数,而对隐含层的输出没有任何明显的叙述。试证明:存在一个不含隐含单位的网络能够计算上述同样的函数。

(2)对于具有任何隐含层数的网络,重复进行上述计算。从中给出线性激励函数的结论。

4-8 试实现一个分层前馈神经网络的数据结构,为正向评价和反向传播提供所需信息。应用这个数据结构,写出一个神经网络输出,以作为一个例子,并计算该网络适当的

输出值。

4-9　什么是模糊性？它的对立含义是什么？

4-10　什么是模糊集合和隶属函数或隶属度？

4-11　模糊集合有哪些运算，满足哪些规律？

4-12　什么是模糊推理？

4-13　对某种产品的质量进行抽查评估。现随机选出 5 个产品 x_1,x_2,x_3,x_4,x_5 进行检验，它们的质量情况分别为：

$$x_1=80,\quad x_2=72,\quad x_3=65,\quad x_4=98,\quad x_5=53$$

这就确定了一个模糊集合 Q，表示该组产品的"质量水平"这个模糊概念的隶属程度。试写出该模糊集。

4-14　试述遗传算法的基本原理，并说明遗传算法的求解步骤。

4-15　如何利用遗传算法求解问题？试举例说明求解过程。

4-16　用遗传算法求 $f(x)=x\cos x+2$ 的最大值。

4-17　什么是人工生命？请按你的理解用自己的语言给人工生命下个定义。

4-18　人工生命要模仿自然生命的特征和现象。自然生命有哪些共同特征？

4-19　为什么要研究人工生命？

4-20　人工生命包括哪些研究内容？其研究方法是什么？

参 考 文 献

1. Abbass H A. An agent based approach to 3-SAT using marriage in honey-bees optimization[J]. International Journal of Knowledge-Based Intelligent Engineering Systems (KES), 2002,6(2): 1-8.

2. Ahmed H, Glasgow J. Swarm intelligence: Concepts, models and applications [C]. Queen's University, School of Computing Technical Reports, At Kingston, Canada, Volume: Technical Report 2012,585.

3. Albus J S. Brain, Behavior and Robotics[M]. New York: McGraw Hill,1981.

4. Alvarez-Rodriguez U, Sanz M, Lamata L, et al. Quantum artificial life in an IBM quantum computer [Z]. arXiv: 1711.09442,2017.

5. Bezdek J C. On the relationship between neural networks, pattern recognition and intelligence[J]. International Journal of Approximate Reasoning,1992,6(2): 85-107.

6. Bezdek J C. What is computational intelligence? [M]// Computational Intelligence Imitating Life. Zurada J M, et al. New York: IEEE Press,1994: 1-12.

7. Cai Zixing, Liu J Q, Liu J. A criterion of robustness based on fuzzy neural structure[J]. High Technology Letters,1999,5(1): 33-36.

8. Cai Zixing, Peng Z. Cooperative coevolutionary adaptive genetic algorithm in path planning of cooperative multi-mobile robot system[J]. Journal of Intelligent and Robotic Systems: Theories and Applications,2002,33(1): 61-71.

9. Cai Zixing, Tang S X. Controllability and robustness of T-fuzzy system under directional disturbance [J]. Fuzzy Sets and Systems,2000,11(2): 279-285.

10. Cai Zixing, Wang Yong. A multiobjective optimization based evolutionary algorithm for constrained optimization[J]. IEEE Transactions on Evolutionary Computation, 2006,10(6): 658-675.

11. Cai Zixing. Intelligence Science: disciplinary frame and general features[C]. Proceedings of 2003 IEEE International Conference on Robotics, Intelligent Systems and Signal Processing (RISSP), 2003: 393-398.

12. Cai Zixing. Intelligent Control: Principles, Techniques and Applications[M]. Singapore-New Jersey: World Scientific Publishers, 1997.

13. Cantu-Paz E. Efficient and Accurate Parallel Genetic Algorithms[M]. Kluwer Academic Publishers, 2000.

14. Chaiyaratana N, Zalzala A. M. S. Recent developments in evolutionary genetic algorithms: theory and applications[C]. Proceedings of 2nd International Conference Genetic Algorithms in Eng. Sys. : Innovations and Applications, 2-4 September 1997, Venue, Glasgow, UK, 1997: 270-277.

15. Choi T J, Chang W A. Artificial life based on boids model and evolutionary chaotic neural networks for creating artworks[J]. Swarm and Evolutionary Computation, 2019, 47: 80-88.

16. Colorni A, Dorigo M, Maniezzo V. Distributed optimization by ant colonies[C]. Proceedings of First European Conference on Artificial Life. Varela F, Bourgine P. Paris, France: Elsevier, 1991: 134-142.

17. Colorni M, Maniezzo V. An investigation of some properties of an ant algorithm[C]. Proceeding of Parallel Problem Solving from Nature Conference (PPSN'92). Manner R, Manderrick B. Brussels, Belgium: Elsevier, 1992: 509-520.

18. Costa D, Hertz A, Dubuis O. Imbedding of a sequential algorithm with in an evolutionary algorithm for coloring problem in graphs[J]. Journal of Heuristics, 1995(1): 105-128.

19. Craenen B G W, Eiben A E, Van Hemert J I. Comparing evolutionary algorithms on binary constraint satisfaction problems[J]. Evolutionary Computation, 2003, 7(5): 424-444.

20. DeJone K A. Genetic Algorithms: A 25-year perspective[M]// Computational Intelligence Imitating Life. Zurada J M, et al. New York: IEEE Press, 1994.

21. Dorigo M, Maniezzo V, Colorni A. Ant system: optimization by a colony of cooperating agent[J]. IEEE Transactions on Systems, Man and Cybernetics, 1996, 26(1): 1-13.

22. Dorigo M, Thomas S. Ant colony optimization: overview and recent advances[M]// Handbook of Metaheuristics, International Series in Operations Research & Management Science. M Gendreau, J. Y. Potvin. Springer, US, 2010: 227-263.

23. Dumitrescu D, Lazzerini B, Jain L C, et al. Evolutionary Computation[M]. CRC Press, 2000.

24. Engelbrecht A P. Computational Intelligence[M]. An Introduction. John Wiley & Sons, 2002.

25. Faizollahzadeh A S, Najafi B, Shamshirband S, et al. Computational intelligence approach for modeling hydrogen production: A review[J]. Eng. Appl. Comput. Fluid Mech, 2018, 12, 438-458.

26. Fogel D B. Evolutionary Computation: Toward a New Philosophy of Machine Intelligence[M]. 2nd ed. Wiley-IEEE Press, 2001.

27. Fogel L J. Intelligence Through Simulated Evolution: Forty Years of Evolutionary Programming [M]. A Wiley-Interscience Publication, 1999.

28. Frank H F L, Lam H K, Ling S H, et al. Tuning of the structure and parameters of a neural network using an improved genetic algorithm[J]. IEEE Transactions on Neural Networks, 2003, 14 (1): 79-88.

29. Gen M, Cheng R. Genetic Algorithms and Engineering Optimization[M]. A Wiley-Interscience Publication, 2000.

30. Goldberg D E. Genetic Algorithms in Search, Optimization, and Machine Learning[M]. Readings, MA: Addison-Wesley, 1989.

31. Gong T,Cai Zixing. Parallel-evolutionary computing and 3-tier load balance of remote mining robot [J]. Transactions of Nonferrous Metals Society of China,2003,13(4): 948-952.

32. Gong T,Cai Zixing. A coding and control mechanism of natural computation[C]. Proceedings of the 2003 IEEE International Symposium on Intelligent Control. Yen G G,Liu D. Madison: OMNI Press,2003.

33. Gulc U S,Mahi M,Baykan O K,et al. A parallel cooperative 574 575 hybrid method based on ant colony optimization and 3-opt algorithm for solving 576 traveling salesman problem [J]. Soft Computing,2018,22: 1669-1685.

34. Heaton J. Artificial Intelligence for Humans,Volume 2: Nature-Inspired Algorithms[M]. Louis, MO,USA: Heaton Research Inc. St,2014.

35. Heaton J. Artificial Intelligence for Human,Volume 3: Deep Learning and Neural Networks[M]. Louis,MO,USA: Heaton Research Inc. St,2015.

36. Hertz J,Krogh A,Palmer R G. Introduction to the Theory of Neural Computation: Santa Fe Institute Studies in the Sciences of Complexity Lecture Notes[M]. Reading,MA: Addison Wesley Longman Publ. Co. ,Inc. ,1991.

37. Hu R,Andreas J,Darrell T,et al. Explainable Neural Computation via Stack Neural Module Networks[C]. Proceedings of the European Conference on Computer Vision (ECCV),2018.

38. Iqbal R,Doctor F,More B,et al. Big data analytics: Computational intelligence techniques and application areas[J]. International Journal of Information Management,2016: 10-15.

39. Jahed A D,Hasanipanah M,Mahdiyar A,et al. Airblast prediction through a hybrid genetic algorithm-ANN model[J]. Neural Computing and Applications,29(9),619-629.

40. Karaboga,D,Kaya,E. Adaptive network based fuzzy inference system (ANFIS) training approaches: A comprehensive survey[J]. Artificial Intelligence Review,2018: 1-31.

41. Kumar P M,Gandhi U D,Manogaran G,et al. Ant Colony Optimization Algorithm with Internet of Vehicles for Intelligent Traffic Control System[J]. Computer Networks,2018,144: 154-162.

42. Kosko B. Neural Networks and Fuzzy Systems: A Dynamical Systems Approach to Machine Intelligence[M]. New York: Prentice Hall,1992.

43. Li J,Li X,Wang L,et al. Fuzzy encryption in cloud computation: Efficient verifiable outsourced attribute-based encryption[J]. Soft Comput,2017,22(1),doi: 10.1007/s00500-017-2482-1.

44. Liu J,Yang J,Liu H,et al. An improved ant colony algorithm for robot path planning[J]. Soft Computing. 2017,21: 5829-5839.

45. Liu J,Cai Zixing. An incremental time-delay neural network for dynamical recurrent associative memory[J]. High Technology Letters,2002,8(1): 72-75.

46. Lynn N,Ali M Z,Suganthan P N. Population topologies for particle swarm optimization and differential evolution[J]. Swarm and Evolutionary Computation,2018,39: 24-35.

47. Marks R. Intelligence: computational versus artificial[J]. IEEE Trans. Neural Networks,1993,4 (5): 737-739.

48. McCulloch W S,Pitts W. A logical calculus of the ideas immanent in nervous activity[J]. Bulletin of Mathematical Biophysics,1943,5: 115-133.

49. Michalewics Z. Genetic Algorithms + Data Structure = Evolution Programs[M]. Berlin: Springer-Verlag,1994.

50. Miikkulainen R,Liang J,Meyerson E,et al. Evolving deep neural networks[Z]. arXiv preprint arXiv: 1703.00548,2017.

51. Nand R,Chandra R. Artificial Life and Computational Intelligence [C]. Second Australasian

Conference, ACALCI 2016, Canberra, ACT, Australia, February 2-5, 2016: 285-297, Proceedings. Springer International Publishing, Cham, 2016.

52. Nilsson N J. Artificial Intelligence: A New Synthesis[M]. Morgan Kaufmann, 1998.

53. Nouiri M, Bekrar A, Jemai A, et al. An effective and distributed particle swarm optimization algorithm for flexible job-shop scheduling problem[J]. Journal of Intelligent Manufacturing, 2018, 29 (3): 603-615.

54. Olaru C, Wehenkel L. A complete fuzzy decision tree technique[J]. Fuzzy Sets and Systems, 2003, 138(2): 221-254.

55. Pelusi D, Mascella R, Tallini L, et al. Neural Network and Fuzzy System for the tuning of Gravitational Search Algorithm parameters[J]. Expert Systems Applications 2018, 102: 234-244.

56. Qiu M, Ming Z, Li J, et al. Phase-change memory optimization for green cloud with genetic algorithm [J]. IEEE Transactions on Computers, 2015, 64(12): 3528-3540.

57. Russell S, Norvig P. Artificial Intelligence: A Modern Approach[M]. New Jersey: Prentice-Hall, 1995, 2003.

58. Schwefel H-P, Wegener I, Weinert K. Advances in Computational Intelligence: Theory and practice [M]. Springer-Verlag, 2003.

59. Srinivas M, Patnaik L M. Genetic algorithms: A survey[J]. IEEE Computer, 1994, 27(6): 17-26.

60. Steels L, Brooks R. The Artificial Life Route to Artificial intelligence[M]. Routledge: United Kingdom, 2018.

61. Tharwat A, Elhoseny M, Hassanien A E, et al. Intelligent Bézier curve-based path planning model using chaotic particle swarm optimization algorithm[J]. Cluster Computing, 2018, 22(4), doi: 10.1007/s10586-018-2360-3.

62. Tsai J T, Chou J H, Liu Tung-Kuan. Tuning the structure and parameters of a neural network by using hybrid Taguchi-Genetic algorithm[J]. IEEE Transactions on Neural Networks, 2006, 17(1): 69-80.

63. Vanden B F, Engelbrecht A P. Using cooperative particle swam optimization to train product unit neural networks[C]. Proceedings of IEEE International Joint Conference on Neural Networks, Washington DC, 2001.

64. Vanden B F. Particle swarm weight initialization in multi-layer perceptron ANN[C]. Proceeding of International Conference on AI, 1999: 41-45.

65. Wang D, Tan D, Liu L. Particle swarm optimization algorithm: An overview[J]. Soft Computing, 2018, 22(2): 387-408.

66. Wang L F, Tan K C, Chew C M. Evolutionary Robotics from Algorithms to Implementations[M]. Singapore: World Scientific, 2006.

67. Wang Yong, Cai Zixing, Guo Guanqi, et al. Multiobjective optimization and hybrid evolutionary algorithm to solve constrained optimization problems[J]. IEEE Transactions on Systems, Man and Cybernetics, Part B: Cybernetics, 2007, 37(3): 560-575.

68. Wang Yong, Cai Zixing, Zhou Yuren, et al. An adaptive trade-off model for constrained evolutionary optimization[J]. IEEE Transactions on Evolutionary Computation, 2008, 12(1): 80-92.

69. Wang Yong, Liu Hui, Cai Zixing. An orthogonal design based constrained optimization evolutionary algorithm[J]. Engineering Optimization, 2007, 39(6): 715-736.

70. William M. Evolutionary Algorithms[M]. Springer-Verlag Heidelberg, 2000.

71. Xiao X M, Cai Zixing. Quantification of uncertainty and training of fuzzy logic systems[C]. IEEE International Conference on Intelligent Processing Systems, 1997: 321-326.

72. Yuan X, Elhoseny M, Minir H, et al. A genetic algorithm-based, dynamic clustering method towards improved WSN longevity[J]. Journal of Network and Systems Management, Springer US, 2017, 25 (1): 21-46.

73. Zadeh L A. A new direction in AI: toward a computational theory of perceptions[J]. AI Magazine, Spring, 2001: 73-84.

74. Zadeh L A. Fuzzy sets[J]. Information and Control, 1965, 8: 338-353.

75. Zadeh L A. Making Computers Think Like People[J]. IEEE Spectrum, August, 1984, 21(8): 26-32.

76. Zimmermann H J. Fuzzy Set Theory and Its Applications. Boston[M]. MA: Kluwer Academic Publishers, 1991.

77. Zou Xiaobing, Cai Zixing. Evolutionary path-planning method for mobile robot based on approximate voronoi boundary network[C]. Proceedings of The 2002 International Conference on Control and Automation, June 16-19, 2002: 135-136.

78. Zurada J M, Marks II R J, Robinson C J. Computational Intelligence Imitating Life[M]. New York: IEEE Press, 1994.

79. 蔡自兴, 郑金华. 面向 Agent 的并行遗传算法[J]. 湘潭矿业学院学报, 2002, 17(3): 41-44.

80. 蔡自兴, 刘娟. 进化机器人研究进展[J]. 控制理论与应用, 2002, 19(10): 493-499.

81. 蔡自兴, 谢斌. 机器人学[M]. 3 版. 北京: 清华大学出版社, 2015.

82. 蔡自兴. 机器人原理及其应用[M]. 长沙: 中南工业大学出版社, 1988.

83. 蔡自兴, 陈爱斌. 人工智能辞典[M]. 北京: 化学工业出版社, 2008.

84. 多里戈, Stutzle T. 蚁群优化[M]. 张军, 等译. 北京: 清华大学出版社, 2007.

85. 龚涛, 蔡自兴. 自然计算的广义映射模型[J]. 计算机科学, 2002, 29(9): 27-29.

86. 刘健勤. 基于进化计算的混沌动力学系统辨识及创发性研究[D]. 长沙: 中南工业大学, 1997.

87. 蒙祖强, 蔡自兴. 一种基于超群体的遗传算法[J]. 计算机工程与应用, 2001, 37(13): 13-15.

88. 潘正君, 康立山, 陈毓屏. 演化计算[M]. 北京: 清华大学出版社, 南宁: 广西科学技术出版社, 1998.

89. 石纯一, 廖士中. 定理推理方法[M]. 北京: 清华大学出版社, 2002.

90. 唐稚松. 时序逻辑程序设计与软件工程[M]. 北京: 科学出版社, 2002.

91. 涂序彦. "人工生命"的概念、内容和方法[G]// 2001 年中国智能自动化学术会议论文集, 2001.

92. 王磊, 潘进, 焦李成. 免疫算法[J]. 电子学报, 2000, 28(7): 75-78.

93. 王正志, 薄涛. 进化计算[M]. 长沙: 国防科技大学出版社, 2000.

94. 文敦伟, 蔡自兴. 递归神经网络的模糊随机学习算法[J]. 高技术通讯, 2002, 12(1): 54-56.

95. 吴启迪, 汪镭. 智能蚁群算法及其应用[M]. 上海: 上海科技教育出版社, 2004.

96. 薛宏涛. 基于协进化机制的多智能体系统体系结构及多智能体协作方法研究[D]. 合肥: 国防科技大学, 2002.

97. 阎平凡, 张长水. 人工神经网络与模拟进化计算[M]. 北京: 清华大学出版社, 2000.

98. 杨行峻, 郑君里. 人工神经网络与盲信号处理[M]. 北京: 清华大学出版社, 2003.

99. 张纪会, 徐心和. 一种新的进化算法[J]. 系统工程理论与实践, 1999, (3): 84-88.

100. 张乃尧, 阎平凡. 神经网络与模糊控制[M]. 北京: 清华大学出版社, 1998.

101. 张文修, 梁怡. 遗传算法的数学基础[M]. 西安: 西安交通大学出版社, 2000.

102. 郑金华. 狭义遗传算法及其并行实现[D]. 长沙: 长沙中南工业大学, 2000.

103. 郑金华, 蔡自兴. 自动区域划分的分区搜索狭义遗传算法[J]. 计算机研究与发展, 2000, 37(4): 397-400.

104. 周昌乐. 认知逻辑导论[M]. 北京: 清华大学出版社, 南宁: 广西科技出版社, 2001.

第5章

专 家 系 统

专家系统是人工智能应用研究的主要领域,其开发与成功应用至今已经有 50 多年了。正如专家系统的先驱费根鲍姆(Feigenbaum)所说:专家系统的力量是从它处理的知识中产生的,而不是从某种形式主义及其使用的参考模式中产生的。这正符合一句名言:知识就是力量。到 20 世纪 80 年代,专家系统在全世界范围内得到迅速发展和广泛应用。进入 21 世纪以来,专家系统仍然不失为一种富有价值的智能决策和问题求解工具以及人类专家的得力助手。

专家系统实质上为一计算机程序系统,能够以人类专家的水平完成特别困难的某一专业领域的任务。在设计专家系统时,知识工程师的任务就是使计算机尽可能模拟人类专家解决某些实际问题的决策和工作过程,即模仿人类专家如何运用他们的知识和经验来解决所面临问题及方法、技巧和步骤。

专家系统是在产生式系统的基础上发展起来的。

5.1 专家系统概述

专家系统是一个智能计算机程序系统,其内部含有大量的某个领域专家水平的知识与经验,能够利用人类专家的知识和解决问题的方法来处理该领域问题。也就是说,专家系统是一个具有大量的专门知识与经验的程序系统,它应用人工智能技术和计算机技术,根据某领域一个或多个专家提供的知识和经验,进行推理和判断,模拟人类专家的决策过程,以解决那些需要人类专家处理的复杂问题,简而言之,专家系统是一种模拟人类专家解决领域问题的计算机程序系统。

构造专家系统的一个源头是与问题相关的专家。什么是专家?专家就是对某些问题有特别突出理解的个人。专家通过经验发展有效和迅速解决问题的技能。我们的工作就是在专家系统中"克隆"这些专家。

5.1.1 专家系统的定义与特点

1. 专家系统的定义

第 1 章已经给出智能机器和人工智能的定义。在定义专家系统之前,还有必要介绍智能系统等的定义。

定义 5.1 **智能系统**(intelligent system)是一门通过计算实现智能行为的系统。简而言之,智能系统是具有智能的人工系统(artificial systems with intelligence)。

任何计算都需要某个实体(如概念或数量)和操作过程(运算步骤)。计算、操作和学习是智能系统的要素。而要进行操作,就需要适当的表示。

智能系统还可以有其他定义。

定义 5.2 从工程观点出发,把智能系统定义为一门关于生成表示、推理过程和学习策略以自动(自主)解决人类此前解决过的问题的学科。于是,智能系统是认知科学的工程对应物,而认知科学是一门哲学、语言学和心理学相结合的科学。

定义 5.3 能够驱动智能机器感知环境以实现其目标的系统叫智能系统。

专家系统也是一种智能系统。

对于专家系统也存在各种不同的定义。

定义 5.4 **专家系统**是一个智能计算机程序系统,其内部含有大量的某个领域专家水平的知识与经验,能够利用人类专家的知识和解决问题的方法来处理该领域问题。也就是说,专家系统是一个具有大量的专门知识与经验的程序系统,它应用人工智能技术和计算机技术,根据某领域一个或多个专家提供的知识和经验,进行推理和判断,模拟人类专家的决策过程,以便解决那些需要人类专家处理的复杂问题,简而言之,专家系统是一种模拟人类专家解决领域问题的计算机程序系统。

此外,还有其他一些关于专家系统的定义。这里首先给出专家系统技术先行者和开拓者、美国斯坦福大学教授费根鲍姆 1982 年对人工智能的定义。为便于读者准确理解该定义的原意,下面用英文原文给出:

定义 5.5 **Expert system** is "an intelligent computer program that uses knowledge and inference procedures to solve problems that are difficult enough to require significant human expertise for their solutions." That is, an expert system is a computer system that emulates the decision-making ability of a human expert. The term emulate means that the expert system is intended to act in all respects like a human expert.

下面是韦斯(Weiss)和库利柯夫斯基(Kulikowski)对专家系统的界定。

定义 5.6 **专家系统**使用人类专家推理的计算机模型来处理现实世界中需要专家做出解释的复杂问题,并得出与专家相同的结论。

2. 专家系统的特点

在总体上,专家系统具有一些共同的特点和优点。

专家系统具有下列 3 个特点:

(1) 启发性。专家系统能运用专家的知识与经验进行推理、判断和决策。世界上的大部分工作和知识都是非数学性的,只有一小部分人类活动是以数学公式或数字计算为核心的(约占 8%)。即使是化学和物理学学科,大部分也是靠推理进行思考的;对于生物学、大部分医学和全部法律,情况也是这样。企业管理的思考几乎全靠符号推理,而不是数值计算。

（2）透明性。专家系统能够解释本身的推理过程和回答用户提出的问题，以便让用户能够了解推理过程，提高对专家系统的信赖感。例如，一个医疗诊断专家系统诊断某患者患有肺炎，而且必须用某种抗生素治疗，那么，这一专家系统将会向患者解释为什么他患有肺炎，而且必须用某种抗生素治疗，就像一位医疗专家对患者详细解释病情和治疗方案一样。

（3）灵活性。专家系统能不断地增长知识，修改原有知识，不断更新。由于这一特点，使得专家系统具有十分广泛的应用领域。

3．专家系统的优点

近 30 年来，专家系统获得迅速发展，应用领域越来越广，解决实际问题的能力越来越大，这是专家系统的优良性能以及对国民经济的重大作用决定的。具体地说，专家系统的优点包括下列几个方面：

（1）专家系统能够高效率、准确、周到、迅速和不知疲倦地进行工作。

（2）专家系统解决实际问题时不受周围环境的影响，也不可能遗漏忘记。

（3）可以使专家的专长不受时间和空间的限制，以便推广珍贵和稀缺的专家知识与经验。

（4）专家系统能促进各领域的发展，它使各领域专家的专业知识和经验得到总结和精炼，能够广泛有力地传播专家的知识、经验和能力。

（5）专家系统能汇集和集成多领域专家的知识和经验以及他们协作解决重大问题的能力，它拥有更渊博的知识、更丰富的经验和更强的工作能力。

（6）军事专家系统的水平是一个国家国防现代化和国防能力的重要标志之一。

（7）专家系统的研制和应用，具有巨大的经济效益和社会效益。

（8）研究专家系统能够促进整个科学技术的发展。专家系统对人工智能的各个领域的发展起了很大的促进作用，并将对科技、经济、国防、教育、社会和人民生活产生极其深远的影响。

5.1.2　专家系统的结构和建造步骤

1．专家系统的结构

专家系统的结构是指专家系统各组成部分的构造方法和组织形式。系统结构选择恰当与否，是与专家系统的适用性和有效性密切相关的。选择什么结构最为恰当，要根据系统的应用环境和所执行任务的特点而定。例如，MYCIN 系统的任务是疾病诊断与解释，其问题的特点是需要较小的可能空间、可靠的数据及比较可靠的知识，这就决定了它可采用穷尽检索解空间和单链推理等较简单的控制方法和系统结构。与此不同的，HEARSAY-II 系统的任务是进行口语理解。这一任务需要检索巨大的可能解空间，数据和知识都不可靠，缺少问题的比较固定的路线，经常需要猜测才能继续推理等。这些特点决定了 HEARSAY-II 必须采用比 MYCIN 更为复杂的系统结构。

图 5.1 表示专家系统的简化结构图。图 5.2 则为理想专家系统的结构图。由于每个

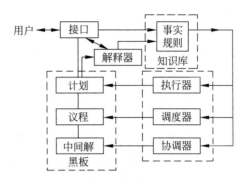

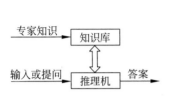

图 5.1　专家系统简化结构图　　　　　　图 5.2　理想专家系统结构图

专家系统所需要完成的任务和特点不相同,其系统结构也不尽相同,一般只具有图中部分模块。

接口是人与系统进行信息交流的媒介,它为用户提供了直观方便的交互作用手段。接口的功能是识别与解释用户向系统提供的命令、问题和数据等信息,并把这些信息转化为系统的内部表示形式。另一方面,接口也将系统向用户提出的问题、得出的结果和做出的解释以用户易于理解的形式提供给用户。

黑板是用来记录系统推理过程中用到的控制信息、中间假设和中间结果的数据库。它包括计划、议程和中间解3部分。计划记录了当前问题总的处理计划、目标、问题的当前状态和问题背景。议程记录了一些待执行的动作,这些动作大多是由黑板中已有结果与知识库中的规则作用而得到的。中间解区域中存放当前系统已产生的结果和候选假设。

知识库包括两部分内容。一部分是已知的同当前问题有关的数据信息;另一部分是进行推理时要用到的一般知识和领域知识。这些知识大多以规则、网络和过程等形式表示。

调度器按照系统建造者所给的控制知识(通常使用优先权办法),从议程中选择一个项作为系统下一步要执行的动作。执行器应用知识库中及黑板中记录的信息,执行调度器所选定的动作。协调器的主要作用是当得到新数据或新假设时,对已得到的结果进行修正,以保持结果前后的一致性。

解释器的功能是向用户解释系统的行为,包括解释结论的正确性及系统输出其他候选解的原因。为完成这一功能,通常需要利用黑板中记录的中间结果、中间假设和知识库中的知识。

前面已指出,专家系统是一种智能计算机程序系统。那么,专家系统程序与常规的应用程序之间有何不同呢?

一般应用程序与专家系统的区别在于:前者把问题求解的知识隐含地编入程序,而后者则把其应用领域的问题求解知识单独组成一个实体,即为知识库。知识库的处理是通过与知识库分开的控制策略进行的。更明确地说,一般应用程序把知识组织为两级:数据级和程序级;大多数专家系统则将知识组织成三级:数据、知识库和控制。

在数据级上,是已经解决了的特定问题的说明性知识以及需要求解问题的有关事件的当前状态。在知识库级是专家系统的专门知识与经验。是否拥有大量知识是专家系统成功与否的关键,因而知识表示就成为设计专家系统的关键。在控制程序级,根据既定的控制策略和所求解问题的性质来决定应用知识库中的哪些知识。这里的控制策略是指推理方式。按照是否需要概率信息来决定采用非精确推理或精确推理。推理方式还取决于所需搜索的程度。

下面把专家系统的主要组成部分归纳于下。

(1) 知识库(knowledge base)

知识库用于存储某领域专家系统的专门知识,包括事实、可行操作与规则等。为了建立知识库,要解决知识获取和知识表示问题。知识获取涉及知识工程师(konwledge engineer)如何从专家那里获得专门知识的问题;知识表示则要解决如何用计算机能够理解的形式表达和存储知识的问题。

(2) 综合数据库(global database)

综合数据库又称全局数据库或总数据库,它用于存储领域或问题的初始数据和推理过程中得到的中间数据(信息),即被处理对象的一些当前事实。

(3) 推理机(reasoning machine)

推理机用于记忆所采用的规则和控制策略的程序,使整个专家系统能够以逻辑方式协调地工作。推理机能够根据知识进行推理和导出结论,而不是简单地搜索现成的答案。

(4) 解释器(interpreter)

解释器能够向用户解释专家系统的行为,包括解释推理结论的正确性以及系统输出其他候选解的原因。

(5) 接口(interface)

接口又称界面,它能够使系统与用户进行对话,使用户能够输入必要的数据、提出问题和了解推理过程及推理结果等。系统则通过接口,要求用户回答提问,并回答用户提出的问题,进行必要的解释。

2. 专家系统的建造步骤

成功地建立系统的关键在于尽可能早地着手建立系统,从一个比较小的系统开始,逐步扩充为一个具有相当规模和日臻完善的试验系统。

建立系统的一般步骤如下:

(1) 设计初始知识库。知识库的设计是建立专家系统最重要和最艰巨的任务。初始知识库的设计包括:

(a) 问题知识化,即辨别所研究问题的实质,如要解决的任务是什么,它是如何定义的,可否把它分解为子问题或子任务,它包含哪些典型数据等;

(b) 知识概念化,即概括知识表示所需要的关键概念及其关系,如数据类型、已知条件(状态)和目标(状态)、提出的假设以及控制策略等;

(c) 概念形式化,即确定用来组织知识的数据结构形式,应用人工智能中各种知识表示方法把与概念化过程有关的关键概念、子问题及信息流特性等变换为比较正式的表达,它包括假设空间、过程模型和数据特性等；

（d）形式规则化，即编制规则，把形式化了的知识变换为由编程语言表示的可供计算机执行的语句和程序；

（e）规则合法化，即确认规则化了知识的合理性，检验规则的有效性。

（2）原型机（prototype）的开发与试验。在选定知识表达方法之后，即可着手建立整个系统所需要的实验子集，它包括整个模型的典型知识，而且只涉及与试验有关的足够简单的任务和推理过程。

（3）知识库的改进与归纳。反复对知识库及推理规则进行改进试验，归纳出更完善的结果。经过相当长时间（例如数月至两三年）的努力，使系统在一定范围内达到人类专家的水平。

这种设计与建立步骤，如图 5.3 所示。

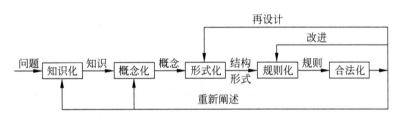

图 5.3　建立专家系统的步骤

5.2　基于规则的专家系统

本章将根据专家系统的工作机理和结构，逐一讨论基于规则的专家系统、基于框架的专家系统、基于模型的专家系统和基于 Web 的专家系统。本节介绍基于规则的专家系统。

5.2.1　基于规则专家系统的工作模型和结构

1. 基于规则专家系统的工作模型

产生式系统的思想比较简单，然而却十分有效。产生式系统是专家系统的基础，专家系统就是从产生式系统发展而成的。基于规则的专家系统是一个计算机程序，该程序使用一套包含在知识库内的规则对工作存储器内的具体问题信息（事实）进行处理，通过推理机推断出新的信息。其工作模型如图 5.4 所示。

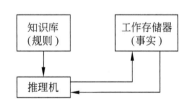

图 5.4　基于规则的工作模型

从图 5.4 可见，一个基于规则的专家系统采用下列模块来建立产生式系统的模型。

（1）知识库。以一套规则建立人的长期存储器模型。

（2）工作存储器。建立人的短期存储器模型，存放问题事实和由规则激发而推断出的新事实。

（3）推理机。借助于把存放在工作存储器内的问题事实和存放在知识库内的规则结合起来，建立人的推理模型，以推断出新的信息。推理机作为产生式系统模型的推理模块，并把事实与规则的先决条件（前项）进行比较，看看哪条规则能够被激活。通过这些激活规则，推理机把结论加进工作存储器，并进行处理，直到再没有其他规则的先决条件能与工作存储器内的事实相匹配为止。

基于规则的专家系统不需要一个人类问题求解的精确匹配，而能够通过计算机提供一个复制问题求解的合理模型。

2. 基于规则专家系统的结构

一个基于规则专家系统的完整结构如图 5.5 所示。其中，知识库、推理机和工作存储器是构成本专家系统的核心。其他组成部分或子系统如下。

① 用户界面（接口）。用户通过该界面观察系统，并与系统对话（交互）。

② 开发（者）界面。知识工程师通过该界面对专家系统进行开发。

③ 解释器。对系统的推理提供解释。

④ 外部程序。如数据库、扩展盘和算法等，对专家系统的工作起支持作用。它们应易于为专家系统所访问和使用。

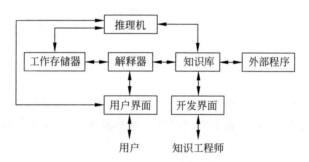

图 5.5　基于规则专家系统的结构

所有专家系统的开发软件，包括外壳和库语言，都将为系统的用户和开发者提供不同的界面。用户可能使用简单的逐字逐句的指示或交互图示。在系统开发过程中，开发者可以采用源码方法或被引导至一个灵巧的编辑器。

解释器的性质取决于所选择的开发软件。大多数专家系统外壳（工具）只提供有限的解释能力，诸如，为什么提这些问题以及如何得到某些结论。库语言方法对系统解释器有更好的控制能力。

基于规则的专家系统，已有数十年的开发和应用历史，并已被证明是一种有效的技术。专家系统开发工具的灵活性可以极大地减少基于规则专家系统的开发时间。尽管在 20 世纪 90 年代，专家系统已向面向目标的设计发展，但是基于规则的专家系统仍然继续发挥重要的作用。基于规则的专家系统具有许多优点和不足之处，在设计开发专家系统时，使开发工具与求解问题匹配是十分重要的。

5.2.2　基于规则专家系统的特点

任何专家系统都有其优点和缺点。其优点是开发此类专家系统的理由,其缺点是改进或者创建新的专家系统来替换此类专家系统的原因。

1. 基于规则专家系统的优点

基于规则的专家系统具有以下优点。

（1）自然表达

对于许多问题,人类用 IF-THEN 类型的语句自然地表达他们求解问题的知识。这种易于以规则形式捕获知识的优点让基于规则的方法对专家系统设计来说更具吸引力。

（2）控制与知识分离

基于规则专家系统将知识库中包含的知识与推理机的控制相分离。这个特征不是仅对基于规则专家系统惟一的,而是所有专家系统的标志。这个有价值的特点允许分别改变专家系统的知识或者控制。

（3）知识模块化

规则是独立的知识块。它从 IF 部分中已建立的事实逻辑地提取 THEN 部分中问题有关的事实。由于它是独立的知识块,所以易于检查和纠错。

（4）易于扩展

专家系统知识与控制的分离可以容易地添加专家系统的知识所能合理解释的规则。只要坚守所选软件的语法规定来确保规则间的逻辑关系,就可在知识库的任何地方添加新规则。

（5）智能成比例增长

甚至一个规则可以是有价值的知识块。它能从已建立的证据中告诉专家系统一些有关问题的新信息。当规则数目增大时,对于此问题专家系统的智能级别也类似地增加。

（6）相关知识的使用

专家系统只使用与问题相关的规则。基于规则专家系统可能具有提出大量问题议题的大量规则。但专家系统能在已发现的信息基础上决定哪些规则是用来解决当前问题的。

（7）从严格语法获取解释

由于问题求解模型与工作存储器中的各种事实匹配的规则,所以经常提供决定如何将信息放入工作存储器的机会。因为通过使用依赖于其他事实的规则可能已经放置了信息,所以可以跟踪所用的规则来得出信息。

（8）一致性检查

规则的严格结构允许专家系统进行一致性检查,来确保相同的情况不会做出不同的行为。许多专家系统的壳能够利用规则的严格结构自动检查规则的一致性,并警告开发者可能存在冲突。

（9）启发性知识的使用

人类专家的典型优点就是他们在使用"拇指法则"或者启发信息方面特别熟练,来帮助他们高效地解决问题。这些启发信息是经验提炼的"贸易窍门",对他们来说这些启发信息比课堂上学到的基本原理更重要。可以编写一般情况的启发性规则,得出结论或者高效地控制知识库的搜索。

（10）不确定知识的使用

对许多问题而言,可用信息将仅仅建立一些议题的信任级别,而不是完全确定的断言。规则易于写成要求不确定关系的形式。

（11）可以合用变量

规则可以使用变量改进专家系统的效率。这些可以限制为工作存储器中的许多实例,并通过规则测试。一般而言,通过使用变量能够编写适用于大量相似对象的一般规则。

2. 基于规则专家系统的缺点

基于规则的专家系统具有以下缺点。

（1）必须精确匹配

基于规则的专家系统试图将可用规则的前部与工作存储器中的事实相匹配。要使这个过程有效,这个匹配必须是精确的,反过来必须严格坚持一致的编码。

（2）有不清楚的规则关系

尽管单个规则易于解释,但通过推理链常常很难判定这些规则是怎样逻辑相关的。因为这些规则能放在知识库中的任何地方,而规则的数目可能是很大的,所以很难找到并跟踪这些相关的规则。

（3）可能比较慢

具有大量规则的专家系统可能比较慢。之所以发生这种困难,是因为当推理机决定要用哪个规则时必须扫描整个规则集。这就可能导致了较长的处理时间,这对实时专家系统是有害的。

（4）对一些问题不适用

当规则没有高效地或自然地捕获领域知识的表示时,基于规则专家系统对有些领域可能不适用。知识工程师的任务就是选择最合适于问题的表示技术。

5.3 基于框架的专家系统

框架是一种结构化表示方法,它由若干个描述相关事物各方面及其概念的槽构成,每个槽拥有若干侧面,每个侧面又可拥有若干个值。

基于框架的专家系统就是建立在框架的基础之上的。一般概念存放在框架内,而该概念的一些特例则被表示在其他框架内并含有实际的特征值。基于框架的专家系统采用了面向目标编程技术,以提高系统的能力和灵活性。现在,基于框架的设计和面向目标的编程共享许多特征,以至于应用"目标"和"框架"这两个术语时,往往引起某些混淆。

面向目标编程涉及其所有数据结构均以目标形式出现。每个目标含有两种基本信息,即描述目标的信息和说明目标能够做些什么的信息。应用专家系统的术语来说,每个目标具有陈述知识和过程知识。面向目标编程为表示实际世界目标提供了一种自然的方法。人们观察的世界,一般都是由物体组成的,如小车、鲜花和蜜蜂等。

在设计基于框架系统时,专家系统的设计者们把目标叫做框架。现在,从事专家系统的开发研究和应用人员,已交替使用这两个术语而不产生混淆。

5.3.1 基于框架专家系统的定义、结构和设计方法

定义 5.7 基于框架的专家系统是一个计算机程序,该程序使用一组包含在知识库内的框架对工作存储器内的具体问题信息进行处理,通过推理机推断出新的信息。

这里采用框架而不是采用规则来表示知识。框架提供一种比规则更丰富的获取问题知识的方法,不仅提供某些目标的包描述,而且还规定该目标如何工作。

1. 基于框架专家系统的结构

为了说明设计和表示框架中的某些知识值,考虑图 5.6 所示的人类框架结构。图中,每个圆看做面向目标系统中的一个目标,而在基于框架系统中看做一个框架。用基于框架系统的术语来说,存在孩子对父母的特征,以表示框架间的自然关系。例如约翰是父辈"男人"的孩子,而"男人"又是"人类"的孩子。

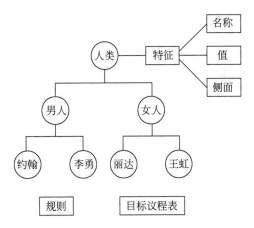

图 5.6　人类的框架分层结构

在图 5.6 中,最顶部的框架表示"人类"这个抽象的概念,通常称之为类(class)。附于这个类框架的是"特征",有时称为槽(slot),是一个这类物体一般属性的表列。附于该类的所有下层框架将继承所有特征。每个特征有它的名称和值,还可能有一组侧面,以提供更进一步的特征信息。一个侧面可用于规定对特征的约束,或者用于执行获取特征值的过程,或者在特征值改变时做些什么。

图 5.6 的中层,是两个表示"男人"和"女人"这种不太抽象概念的框架,它们自然地附属于其前辈框架"人类"。这两个框架也是类框架,但附属于其上层类框架,所以称为子类(subclass)。底层的框架附属于其适当的中层框架,表示具体的物体,通常称为例子(instances),它们是其前辈框架的具体事物或例子。

这些术语,类、子类和例子(物体)用于表示对基于框架系统的组织。从图 5.6 还可以

看到,某些基于框架的专家系统还采用一个目标议程表(goal agenda)和一套规则。该议程表仅仅提供要执行的任务表列。规则集合则包括强有力的模式匹配规则,它能够通过搜索所有框架,寻找支持信息,从整个框架世界进行推理。

更详细地说,"人类"这个类的名称为"人类",其子类为"男人"和"女人",其特征有年龄、腿数、居住地、期望寿命等。子类和例子也有相似的特征。这些特征,都可以用框架表示。

2. 基于框架专家系统的一般设计方法

基于框架专家系统的主要设计步骤与基于规则的专家系统相似。它们都依赖于对相关问题的一般理解,从而能够提供对问题的洞察,采用最好的系统结构。对于基于规则的系统,需要得到组织规则和结构以求解问题的基本思想和方法。对于基于框架的系统,需要了解各种物体是如何相互关联并用于求解问题的。在设计的初期,就要为课题选好正确的编程语言或支撑工具(外壳等)。

对于任何类型的专家系统,其设计是一个高度交互的过程。开始时,开发一个小的有代表性的原型(prototype),以证明课题的可行性。然后对这个原型进行试验,获得课题进行的思想,涉及系统的扩展、存在知识的深化和对系统的改进,使系统变得更聪明。

设计上述两种专家系统的主要差别在于如何看待和使用知识。对于基于规则的专家系统,把整个问题看做被简练地表示的规则,每条规则获得问题的一些启发信息。这些规则的集合概括,体现了专家对问题的全面理解。设计者的工作就是编写每条规则,使它们在逻辑上抓住专家的理解和推理。在设计基于框架的专家系统时,对问题的看法截然不同。要把整个问题和每件事想象为编织起来的事物。在第一次会见专家之后,要采用一些非正式方法(如黑板、记事本等),列出与问题有关的事物。这些事物可能是有形的实物(如汽车、风扇、电视机等),也可能是抽象的东西(如观点、故事、印象等),它们代表了专家所描述的主要问题及其相关内容。

在辨识事物之后,下一步是寻找把这些事物组织起来的方法。这一步包括:把相似的物体一起收集进类-例关系中,规定事物相互通信的各种方法等。然后,就应该能够选择一种框架结构以适合问题的需求。这种框架不仅应提供对问题的自然描述,而且应能够提供系统实现的方法。

开发基于框架的专家系统的主要任务如下。

(1) 定义问题,包括对问题和结论的考察与综述。

(2) 分析领域,包括定义事物、事物特征、事件和框架结构。

(3) 定义类及其特征。

(4) 定义例及其框架结构。

(5) 确定模式匹配规则。

(6) 规定事物通信方法。

(7) 设计系统界面。

(8) 对系统进行评价。

(9) 对系统进行扩展、深化和扩宽知识。

基于框架的专家系统能够提供基于规则专家系统所没有的特征,如继承、侧面、信息通信和模式匹配规则等,因而也就提供了一种更加强大的开发复杂系统的工具。也就是说,基于框架的专家系统具有比基于规则的专家系统更强的功能,适用于解决更复杂的问题。

5.3.2　基于框架专家系统的继承、槽和方法

下面介绍基于框架专家系统的继承、槽和方法。

1. 基于框架专家系统的继承

基于框架专家系统的主要特征之一就是继承。

定义 5.8　继承　后辈框架呈现其父辈框架的特征的过程。

后辈框架通过这个特征继承其父辈框架的所有特征。这包括父辈的所有描述性和过程性知识。使用这个特征,可以创建包含一些对象类的全部一般特征的类框架,然后不用对类级特征具体编码就可以创建许多实例。

继承的价值特征与人类的认知效率相关。人将这个概念的所有实例共有的某些特征归结为给定的概念。人不会在实例级别上对这些特征具体归结,但假定实例就是一些概念。例如,人的概念对腿、手等做出了假定,这就意味着这个概念的特定实例(例如名字叫做李民的人)就有那些相同的特征。

与人有效利用知识组织类似,框架允许实例通过类具体继承特征。当使用框架这种知识表示方法设计专家系统时,这种功能就使得系统编码更加容易。通过指定框架为一些类的实例,实例自动继承类的所有信息,不需要对这些信息具体编码。

实例继承其父辈的所有属性、属性值和槽。一般来说,它也从其祖父辈、曾祖父辈等继承信息。实例也可能归结为其属性、值或它独占的槽。

如果需要在框架中修改信息,就能发现继承的另一个有用之处。例如,在人类世界例子中给出的所有实例增加"高度"属性。向"人"框架加入这个新属性就很容易,因为它的所有实例都会自动继承这个新属性。

(1) 异常处理

继承是框架系统的有用特征之一,但它有个潜在问题。正如前面所说的,后辈框架会从其父辈框架继承属性值,除非这些值在框架中被故意改变了。例如,人默认的有两条腿(腿数属性),从"人"类继承而来。类似地,"李民"框架将继承相同的值。但是"李民"框架中的这个值已经被改写,反映出李民只有一条腿的不幸事实。如果忘记做这个改变,专家系统就会认为李民像大多数人一样拥有两条腿。如果专家系统试图为李民形成一个要求两条腿的活动,很明显问题就产生了。

设计基于框架的专家系统时,任何发生异常的框架都必须具体问题具体处理。也就是说,如果框架有一些惟一的属性值,那么就必须在这个框架中具体编码。这个任务称为异常处理,这对基于框架专家系统和语义网络都很重要。

(2) 多重继承

在图 5.7 所示的分层框架结构中,每个框架都只有一个父辈。在这种类型的结构中,

每个框架将从其父辈、祖父辈和曾祖父辈等继承信息。分层结构的顶点是描述所有框架的一般世界的全局类框架,通过继承给所有框架提供信息。

在许多问题中自然会谈论一些和不同世界相关的对象。例如,图 5.7 中的李民可以看做人类世界的一部分,也可以看做一些公司的雇员世界的一部分。按照这种排列,框架世界结构的形式就像图 5.7 所示的网络,其中对象从多个父辈继承信息。从图中可以看出,对象"李民"从两个父辈"人"和"雇员"上继承信息。

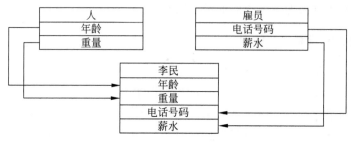

图 5.7   多重继承

2. 基于框架专家系统的槽

基于框架的专家系统使用槽来扩展知识表示,控制框架的属性。

定义 5.9   槽   框架属性有关的扩展知识。

槽提供对属性值和系统操作的附加控制。例如,槽可以用来建立初始的属性值、定义属性类型或者限制可能值。它们也能用来定义值获取或者值改变时该做什么的方法。按照下面的方式,槽扩展有关给定系统属性的信息:

类型:定义和属性相关值的类型;

默认:定义默认值;

文档:提供属性文档;

约束:定义允许值;

最小界限:建立属性的下限;

最大界限:建立属性的上限;

如果需要:指定如果需要属性值时采取的行为;

如果改变:指定如果属性值改变时采取的行为。

槽的用法例如图 5.8 所示。这个图显示了对象"1 号传感器",一个温度传感器类的传感器实例。这个对象有两个属性"读取"和"位置",每个属性都有多个槽。

类型槽用来定义和属性相关的值类型,也就是数字类型的、字符串型的或者布尔类型的。例如,图 5.8 中的"读取"属性值就定义为数字类型的。这种类型的槽,能够防止专家系统的设计人员或者用户输入不正确的数据类型。专家系统通过识别允许的数据类型提醒用户是否输入了无效的数据。

默认槽用于设计者需要为给定属性赋予初始值的应用场合。如图 5.8 所示,"位置"属性有一个默认值"1 号泵"。这就简单意味着这个传感器最初用来监视 1 号泵的温度。

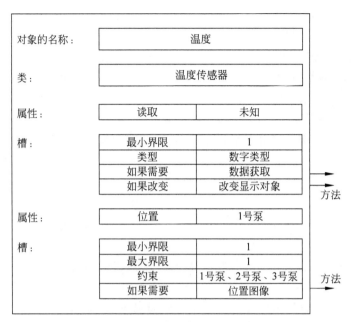

图 5.8　带槽的传感器对象

这种类型的槽不仅对最初数据的建立有用,还允许专家系统完成任务后重设属性值为默认设置。

约束槽定义属性的允许值。例如,"位置"值可以约束为三种可能值之一。约束也可以限制在数字值范围内,给出取值范围。和类型槽一样,约束槽用于真值维护。如果用户试图给属性赋予不允许的值,约束槽就检测它并做出相应的反应。

最小界限槽和最大界限槽建立属性值的最小值和最大值。例如,"位置"属性必须至少且只有一个。框架的属性值可以在 O-A-V 三元结构中查看其属性值。正如 O-A-V 可以设计成单值的或多值的,界限槽保持对给定属性的值数的控制。

"如果需要"槽和"如果改变"槽是基于框架专家系统的重要特征。可以使用它们通过在对象属性中附加名叫"方法"的过程来表示各种对象的行为。

3. 基于框架专家系统的方法

首先定义方法,然后通过"如果需要"槽和"如果改变"槽来看方法的简单用法实例。

定义 5.10　方法　附加到对象中需要时执行的过程。

在许多应用程序中,对象的属性值最初设置为一些默认值。但是,在一些应用程序中"如果需要"方法只有当需要时才获取属性值。从这种意义上说,方法只有在需要时才被执行。

例如图 5.8 中的"读取"属性。如果这个值是需要的,那么"1 号传感器"对象就询问数据获取系统,来获取它。一些过程性代码用来完成这个函数。这个属性引用其函数名来调用过程。

一般来说,可以编写"如果需要"方法,来引导对象通过询问用户从数据库、算法、另一对象甚至另一个专家系统中获取值。注意图 5.8 中的"位置"值是通过向用户显示各种泵图片并提供选项按钮选择来获取的。

"如果改变"槽和"如果需要"槽一样,执行一些方法,但在这种情况下属性值改变事件中的函数。例如,如果"读取"属性值改变了,就执行方法,来更新表示 1 号泵的显示对象的读取信息。一般来说,可以编写"如果改变"方法,来执行许多函数,例如改变对象的属性值,访问数据库信息等。

可以在类级别上编写设计用来执行"如果需要"或"如果改变"操作的方法,其全部下级框架都继承其方法。但是,继承方法的框架可以改变这些方法,来更好地反映框架的需要。

5.4　基于模型的专家系统

前面两节讨论的基于规则的专家系统和基于框架的专家系统都是以逻辑心理模型为基础的,是采用规则逻辑或框架逻辑,并以逻辑作为描述启发式知识的工具而建立的计算机程序系统。综合各种模型的专家系统无论在知识表示、知识获取还是知识应用上都比那些基于逻辑心理模型的系统具有更强的功能,从而有可能显著改进专家系统的设计。本节介绍基于模型专家系统。

5.4.1　基于模型专家系统的提出

对人工智能的研究内容有着各种不同的看法。有一种观点认为:人工智能是对各种定性模型(物理的、感知的、认识的和社会的系统模型)的获得、表达及使用的计算方法进行研究的学问。根据这一观点,一个知识系统中的知识库是由各种模型综合而成的,而这些模型又往往是定性的模型。由于模型的建立与知识密切相关,所以有关模型的获取、表达及使用自然地包括了知识获取、知识表达和知识使用。所说的模型概括了定性的物理模型和心理模型等。以这样的观点来看待专家系统的设计,可以认为一个专家系统是由一些原理与运行方式不同的模型综合而成的。

采用各种定性模型来设计专家系统,其优点是显而易见的。一方面,它增加了系统的功能,提高了性能指标;另一方面,可独立地深入研究各种模型及其相关问题,把获得的结果用于改进系统设计。PESS(Purity Expert System)是一个利用四种模型的专家系统开发工具。这四种模型为:基于逻辑的心理模型、神经元网络模型、定性物理模型以及可视知识模型。这四种模型不是孤立的,PESS 支持用户将这些模型进行综合使用。基于这些观点,已完成了以神经网络为基础的核反应堆故障诊断专家系统及中医医疗诊断专家系统,为克服专家系统中知识获取这一瓶颈问题提供一种解决途径。定性物理模型则提供了对深层知识及推理的描述功能,从而提高了系统的问题求解与解释能力。至于可视知识模型,既可有效地利用视觉知识,又可在系统中利用图形来表达人类知识,并完成人机交互任务。

前面讨论过的基于规则的专家系统和基于框架的专家系统都是以逻辑心理模型为基础的,是采用规则逻辑或框架逻辑,并以逻辑作为描述启发式知识的工具而建立的计算机程序系统。综合各种模型的专家系统无论在知识表示、知识获取还是知识应用上都比那些基于逻辑心理模型的系统具有更强的功能,从而有可能显著改进专家系统的设计。

在诸多模型中,人工神经网络模型的应用最为广泛。早在 1988 年,就有人把神经网络应用于专家系统,使传统的专家系统得到发展。

5.4.2 基于神经网络的专家系统

神经网络模型从知识表示、推理机制到控制方式,都与目前专家系统中的基于逻辑的心理模型有本质的区别。知识从显式表示变为隐式表示,这种知识不是通过人的加工转换成规则,而是通过学习算法自动获取的。推理机制从检索和验证过程变为网络上隐含模式对输入的竞争。这种竞争是并行的和针对特定特征的,并把特定论域输入模式中的各个抽象概念转化为神经网络的输入数据,以及根据论域特点适当地解释神经网络的输出数据。

如何将神经网络模型与基于逻辑的心理模型相结合是值得进一步研究的课题。从人类求解问题来看,知识存储与低层信息处理是并行分布的,而高层信息处理则是顺序的。演绎与归纳是不可少的逻辑推理,两者结合起来能够更好地表现人类的智能行为。从综合两种模型的专家系统的设计来看,知识库由一些知识元构成,知识元可为一神经网络模块,也可以是一组规则或框架的逻辑模块。只要对神经网络的输入转换规则和输出解释规则给予形式化表达,使之与外界接口及系统所用的知识表达结构相似,则传统的推理机制和调度机制都可以直接应用到专家系统中去,神经网络与传统专家系统集成,协同工作,优势互补。根据侧重点不同,其集成有三种模式。

(1) 神经网络支持专家系统。以传统的专家系统为主,以神经网络的有关技术为辅。例如对专家提供的知识和样例,通过神经网络自动获取知识。又如运用神经网络的并行推理技术以提高推理效率。

(2) 专家系统支持神经网络。以神经网络的有关技术为核心,建立相应领域的专家系统,采用专家系统的相关技术完成解释等方面的工作。

(3) 协同式的神经网络专家系统。针对大的复杂问题,将其分解为若干子问题,针对每个子问题的特点,选择用神经网络或专家系统加以实现,在神经网络和专家系统之间建立一种耦合关系。

图 5.9 表示一种神经网络专家系统的基本结构。其中,自动获取模块输入、组织并存储专家提供的学习实例、选定神经网络的结构、调用神经网络的学习算法,为知识库实现知识获取。当新的学习实例输入后,知识获取模块通过对新实例的学习,自动获得新的网络权值分布,从而更新了知识库。

下面讨论神经网络专家系统的几个问题。

(1) 神经网络的知识表示是一种隐式表示,是把某个问题领域的若干知识彼此关联地表示在一个神经网络中。对于组合式专家系统,同时采用知识的显式表示和隐式表示。

(2) 神经网络通过实例学习实现知识自动获取。领域专家提供学习实例及其期望解,神经网络学习算法不断修改网络的权值分布。经过学习纠错而达到稳定权值分布的神经网络,就是神经网络专家系统的知识库。

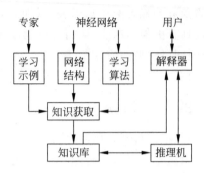

图 5.9　神经网络专家系统的基本结构

（3）神经网络的推理是正向非线性数值计算过程，同时也是一种并行推理机制。由于神经网络各输出节点的输出是数值，因而需要一个解释器对输出模式进行解释。

（4）一个神经网络专家系统可用加权有向图表示，或用邻接权矩阵表示，因此，可把同一知识领域的几个独立的专家系统组合成更大的神经网络专家系统，只要把各个子系统间有连接关系的节点连接起来即可。组合神经网络专家系统能够提供更多的学习实例，经过学习训练能够获得更可靠更丰富的知识库。与此相反，若把几个基于规则的专家系统组合成更大的专家系统，由于各知识库中的规则是各自确定的，因而组合知识库中的规则冗余度和不一致性都较大；也就是说，各子系统的规则越多，组合的大系统知识库越不可靠。

5.5　基于 Web 的专家系统

随着互联网技术的发展，Web 逐步成为大多数软件用户的交互接口，软件逐步走向网络化，体现为 Web 服务。专家系统的发展也离不开这个趋势，专家系统的用户界面已逐步向 Web 靠拢，专家系统的知识库和推理机也都逐步和 Web 接口交互起来。Web 已成为专家系统一个新的重要特征。

5.5.1　基于 Web 专家系统的结构

基于 Web 的专家系统是集成传统专家系统和 Web 数据交互的新型技术。这种组合技术可简化复杂决策分析方法的应用，通过内部网将解决方案递送到工作人员手中，或通过 Web 将解决方案递送到客户和供应商手中。

传统的专家系统主要面向人与单机进行交互，最多通过客户端/服务器网络结构在局域网内进行交互。基于 Web 的专家系统将人机交互定位在互联网层次，专家、知识工程师和普通用户通过浏览器可访问专家系统应用服务器，将问题传递给 Web 推理机，然后 Web 推理机通过后台数据库服务器对数据库和知识库进行存取，推导出一些结论，然后将这些结论告诉用户。基于 Web 专家系统的简单结构如图 5.10 所示，主要分为 3 个层次：浏览器、应用逻辑层和数据库层，这种结构符合 3 层网络结构。

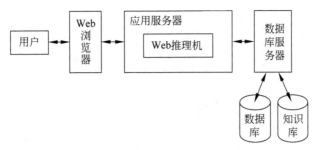

图 5.10   基于 Web 专家系统的结构

根据这种基本的基于 Web 专家系统结构,可以设计多种多样的基于 Web 专家系统及其工具。下面举两个典型的结构配置加以说明。

1. 基于 Web 的飞机故障远程诊断专家系统的结构

在航空机务部门,对飞机故障的诊断,传统的方法是根据故障现象,由现场的机务人员进行故障分析、判断,然后采取相应的措施。对于现场处理不了的技术难题,往往要请教相关的技术人员或外地的有关专家,而联系专家的过程既影响了对故障的及时处理,有时还会给部门造成巨大的损失。互联网技术的发展为这类问题的解决提供了新的途径,下面介绍一种针对某型号飞机,将互联网技术与故障诊断技术有机结合实现的基于 Web 的飞机故障远程诊断专家系统。该系统充分利用老"机务"、老专家丰富的维护经验,为机务部门提供方便、快捷的故障远程诊断方案,提高部门的工作能力和效率。

远程诊断专家系统主要由三大部分组成:基于知识库的服务器端诊断专家系统、基于 Web 浏览器的诊断咨询系统、专家知识库的维护管理系统。其系统核心是基于知识库的专家系统,它既具有数据库管理和演绎能力,又提供专家推理判断等智能模块。为提高数据传输效率和结构灵活性,系统采用浏览器/Web/服务器三层体系结构,用户通过浏览器向 Web 服务器发送飞机故障现象、咨询请求等,服务器端的专家系统收到浏览器传来的请求信息后,调用知识库,运行推理模块进行推理判断,最后将产生的故障诊断结果显示在浏览器上,实现远程诊断的功能。故障诊断的核心是专家系统,而专家系统设计的关键是知识库的设计。通常知识库的存储采用链表形式。知识库的扩充、删除、修改操作实质上是插入、删除和修改链表的一个节点。与链表比较,用源语言 DBMS(数据库管理系统)管理知识库,库结构的设计更简单快捷,对知识库的操作也方便可靠。综合分析目前众多的数据库产品,选择 MS SQL Server 2000 作为专家系统的数据库管理系统,它不但是一个高性能的多用户数据库系统,而且提供 Web 支持,具有数据容错、完整性检查和安全保密等功能,可实现网络环境下数据间的互操作。故障诊断专家系统主要由知识库(规则、事实)、推理机、解释器和 Web 接口组成,如图 5.11 所示。

专家系统的知识库由规则库和事实库组成。规则库中存放产生式规则的集合;事实库中存放事实的集合,包括输入的事实或中间结果(事实)和最后推理所得的一些事实。目前,专家系统和数据库的结合主要采用系统耦合——"强耦合"和"弱耦合"来实现。强耦合指 DBMS 既管理规则库又管理事实库,采用这种方法系统设计的复杂程度较高;弱

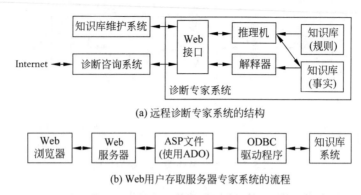

(a) 远程诊断专家系统的结构

(b) Web 用户存取服务器专家系统的流程

图 5.11　基于 Web 的飞机故障远程诊断专家系统的结构

耦合则是将专家系统和 DBMS 作为两个独立的子系统结合起来,它们分别管理规则库和事实库。

为了提高系统的可理解性、可测性、可靠性和可维护性,该专家系统的构建采用弱耦合方式,对规则库和事实库分别进行管理。

推理机是用于记忆所用规则和控制系统运行的程序,使整个专家系统能够以逻辑方式协调工作,其推理方法的选择对整个专家系统的性能将产生很大影响。

常用的推理方法主要有三种:正向推理、逆向推理、正逆向混合推理。本系统主要采用正向推理,首先验证提交的诊断请求的正确性,然后根据诊断请求读取规则库中相应的规则,搜索事实库中已知的事实表,找到与请求条件相匹配的事实。

解释器向用户解释专家系统的行为,包括解释推理的正确性以及系统输出其他候选的原因等。推理机、解释器由 ASP 技术编程实现,与知识库之间的接口通过 ODBC 实现。

2. 基于 Web 的拖网绞机专家系统的结构

基于 Web 的拖网绞机专家系统采用基于 C/S 的网络结构模型,从总体功能来看,各客户端都只能完成整个拖网绞机专家系统中的部分功能,各客户端之间相互协同工作来完成全局的系统设计。通过网络将分布于各地的多个客户端相互连接起来,并与 Web 服务器相连,再通过 Web 服务器与数据库服务器相连,其系统结构如图 5.12 所示。

在系统中,Web 服务器处于核心地位,它通过网络向客户端发布设计信息、任务以及最新的进展,同时接收来自各客户端的信息。这样,通过 Web 服务器,就可以在分散的设计者之间建立有效的沟通渠道。另外,通过 Web 服务器还可与数据库服务器建立联系,从而实现对知识库进行管理和利用,实现对各种数据库的管理和调用,实现对透明协作平台的管理以达到异地之间的透明协作。

在客户端,设计者以客户端的方式通过网络与服务器连接,了解最新的设计信息,向服务器传递自己的成果,参加各种非实时的协作,并利用透明设计平台进行客户端之间的并行协作设计。而且各客户端间也可通过透明协作平台建立点对点的连接,可以减少协作任务的规模,减轻服务器端协作管理的负担,从而提高协同工作的效率。

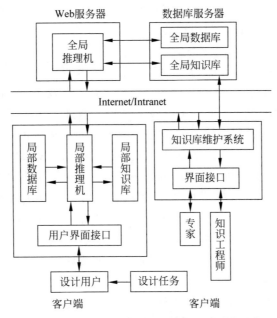

图 5.12 基于 Web 的拖网绞机专家系统的结构

该系统中,服务器是一个复杂的系统,协作任务的协调、管理和技术支持都通过服务器实现,它是整个系统正常运作的中心;而客户端的配置则比较简单,只要安装浏览器和相应的软件即可,用户可以自由选择参加协作的方式和时间。对于整个系统来讲,在服务器的管理和协调下,用户可随时加入与退出,这样保证了客户之间协作的实时性和可靠性,也保证了系统的灵活性和开放性。

5.5.2 基于 Web 专家系统的实例

本节介绍两个基于 Web 专家系统的实例,包括前面提到的基于 Web 的飞机故障远程诊断专家系统、基于 Web 的拖网绞机专家系统。

1. 基于 Web 的飞机故障远程诊断专家系统

基于 Web 的飞机故障远程诊断专家系统的设计涉及内容较多,既有数据库技术、人工智能技术、Web 技术,同时还要结合飞机故障诊断技术,是一个跨学科、多分支的综合信息系统。目前已经针对某种型号的飞机建立了一个原型系统,可以实现对常见故障的远程诊断。不过,还有很多艰苦细致的工作要做,例如知识库的更新与完善、智能性的进一步提高、诊断速度的加快等。只有不断提高整个系统的总体性能,才能使之更加实用,更好地为部门服务。

前面介绍了基于 Web 的飞机故障远程诊断专家系统的功能和结构,下面讨论该系统的实现,首先是其诊断咨询系统的实现。

(1) 诊断咨询系统的实现

为了用户能方便、快捷地使用专家诊断系统,面向用户的应用程序在设计中必须基于浏览器/服务器(B/S)模式,使用户可以通过浏览器快速实现专家咨询,及时排除故障。用户页面设计成 HTML 格式,利用动态交互、动态生成以及 ActiveX 控件技术,并内嵌 ASP 程序,实现与远程服务器专家系统的连接。

要实现 Web 同专家系统的连接,可采用的技术很多,有 CGI(common gateway interface)、ISAP、Java applet、ASP(active server page)以及 PHP(personal home page)等,综合分析各种技术的特点,选择 ASP 技术来实现 Web 与专家系统的接口编程。

ASP 是微软 Web 服务器端的一个开发环境,它运行在微软的 IIS(internet information server/Windows NT)或 PWS(personal web server/Windows 95/98)下。ASP 内置在 HTML 文件中,它采用 JavaScript 或 VBScript 脚本语言书写,提供应用程序对象、会话对象、请求对象、响应对象、服务器对象等,利用这些对象可以从浏览器中接收和发送信息,提供了数据访问组件(ADO)、文件访问组件、AD 转换组件、内容连接组件等。通过 ADO(active data object)组件与数据库交互,可以实现与任何 ODBC 兼容数据库或 OLE DB 数据源的高性能连接。ADO 允许网络开发者方便地将数据库与一个"激活"的网页相连,以便存取与操作数据。由于 ASP 应用程序是运行在服务器端的,而不是在浏览器上的,因此实现了 ASP 与浏览器的无关性,提高了数据处理的效率。

Web 用户存取远程专家系统的具体实现过程如下。

① 用户端借助浏览器页面填写飞机故障现象表单,指定 URL,通过 HTTP 通信协议从 Web 服务器下载指定的 ASP 文件。

② Web 服务器判断 ASP 文件中是否含有脚本程序(JavaScript 或 VBScript),若有,则执行相应的程序(推理机)。对于那些不是脚本的部分则直接传给浏览器。

③ 若脚本程序使用了 ADO 对象,则 Web 服务器会根据 ADO 对象所设置的参数来启动对应的 ODBC 驱动程序,然后利用 ADO 对象访问专家知识库。

④ 根据推理匹配结果,由脚本程序利用 ASP 所做的输出对象生成 Web 页面,从 Web 服务器传递给客户端浏览器,从而实现飞机故障的远程诊断。

(2) 知识库的管理与维护

由于知识库在整个专家系统中占据至关重要的地位,其自身的优劣将直接影响到诊断结果的质量,因此对知识库的管理与维护具有重要的意义。在整个运行过程中,知识库系统应始终保持产生式规则的一致性、事实数据的准确性和完整性。

知识库主要来源于领域专家以及以往的事件记录,因此需要大量的数据收集、分析、加工、整理工作,而且要对这些数据进行结构化、规范化;为此,对各种故障现象进行了分类、标引,并建立了关键词,以便于对数据进行处理和检索。

在收集、分析、整理原始数据的基础上,根据数据结构设计规范,在 SQL Server 系统中建立数据库系统的主表,同时确定各种数据之间的关联关系,集中录入大量的原始数据,构筑系统的基本信息库。

为了方便使用,实现维护操作的简易可靠,提高软件的重用性,对知识库的管理与维护也采用 B/S 模式,嵌入 ASP/ADO 技术,充分利用 SQL Server 的数据库管理功能,提供对库内容的增、删、改等操作,及时更新知识库,充分保证系统数据的正确性、完整性和一致性。

2. 基于 Web 的拖网绞机专家系统

基于 Web 的拖网绞机专家系统采用实例的方法,把设计知识存储于设计实例中。

（1）知识表示和知识库

一个完整的实例一般包含以下三方面信息:问题的初始条件、问题求解的目标、解决方案。但由于设计类问题一般比较复杂,很难用单个实例表达诸方面的信息,即使能表示,在操作上也难以实现。考虑到设计过程中不仅要描述设计对象结构组成的描述性知识,而且要表达由专家经验组成的规则知识和设计中的一些判断决策等过程性知识。为了能较好地解决在设计过程中的静态和动态问题,对于每一实例均采用框架和产生式规则表示,用框架结构表示拖网绞机以及各部件的结构组成,用产生式规则控制设计过程以及相互之间的约束关系。

知识的集合构成知识库,它由客户端的局部知识库和服务器端的全局知识库两部分组成。局部知识库是各客户端自用的知识和数据,主要包含各类拖网绞机特有的子实例、各种特有的设计规则、设计技术要求与规范和各自的参数等。全局知识库包括原有各类拖网绞机实例和设计过程中产生的新实例以及检索这些实例时所需的规则和求解策略,这类知识将作为公用,通过网络传到服务器,供各客户端扩展设计或处于交叉点设计时检索用。

其中实例库的建立是知识库的重点。为了与设计问题对应,采用分层分解方法将拖网绞机设计实例逐层分解,将复杂的拖网绞机实例表示成子实例的集合,组织成较为复杂的层次关系,从而构成一个完整而复杂的拖网绞机实例库。但是,当产品分解到零部件时将出现产品的所有变型序列,若要为每一零部件都建一实例库,将导致实例库数目庞大,显然管理和检索过程将变得复杂,因而采用逐层分解的数据表格的形式建立其子实例库。子实例库的数据结构分两类:一是同级间的子实例为不相容关系时,应分别建立子实例库,即应在不同的数据库中建立子实例库;二是同级间的子实例为相容关系时,应建立在同一子实例库中。不过,在两种子实例库中,均须有父实例和子实例字段,以保证链接的正确性。

为了减少实例库的数量和便于检索,采用主关联数据库、次关联数据库及子实例相结合的逐层（分层）分解方式。主关联数据库主要用于存储各种类型拖网绞机公有的主要结构属性,并建立和次关联数据库与子实例库之间的链接。对于某类拖网绞机特有的结构部分,相关的部件和零件间的信息应建立次关联数据库与子实例库。通过主关联数据库来确定拖网绞机的结构形式、拓扑结构及其各组成装置间的关系;通过次关联数据库建立部件、子部件间及零件间的关系。子实例库是子部件与零件以及各组成机构的构件或零件的组合。

（2）推理机

推理机由局部推理机和全局推理机组成。局部推理机是客户端子系统的核心,主要负责从用户接受任务,进行本地求解或向服务器请求,并把结果送给用户等。全局推理机是整个系统的核心,主要负责从客户端接受请求,利用数据库服务器进行全局求解,并把结果送给客户以及对用户之间协调、全局信息的发布等。推理机的求解策略以基于实例推理为主,辅以基于规则推理。

① 基于实例推理

基于实例推理(CBR)是一种类比推理方法,其思想是用过去成功的实例和经验来解决当前问题,具有良好的自学习功能,较好地解决了知识获取的“瓶颈”问题。该法比较适合于经验积累较为丰富的问题领域,尤其是对于难以形成规则的不完整领域理论问题的求解和产品的变型设计。

对于拖网绞机的设计,很大程度上是属于变型设计。设计时需要以已存在的大量设计经验和实例为基础,通过改进已有的设计实例来适应新的设计要求;同时在设计过程中,又需要有丰富的设计领域知识,贯穿于整个设计过程。所以拖网绞机设计中采用基于实例的推理,先根据给定的原始设计条件和要求,采用类比的方式检索以往的设计经验和实例。经过归纳总结后,发现相似和不相似的地方,对不相似的地方进行改进设计。

设计的实现分为问题描述、实例检索、实例改写、实例存储 4 个步骤。其中实例检索时首先检索本地实例库中的实例,若检索到的最佳相似实例的相似度小于系统规定的某一阈值,则通过服务器检索公用实例库中的实例,并返回实例结果及相似度。经过检索得到拖网绞机相似实例组,一般只能近似满足当前新的设计任务和要求,因此,必须对求得的最佳相似实例进行适当的改写或重组。实例改写先改写本地实例库中的实例,后改写通过 Web 服务器进行协调分配后其他客户端的实例。两者最终优化作为设计结果,并将改写后的实例作为新的实例存储到全局实例库中。

② 基于规则的推理

基于规则的推理(RBR),又称产生式系统,是基于产生式知识表示方法的一种推理策略,是目前专家系统和人工智能研究领域中应用最为普遍的一种方法。该方法具有模块性强、清晰性好、易于理解等优点,且易于表达专家的启发性知识。在这种推理机制中,所有知识都表示成一条条规则,每条规则都由条件和动作两部分组成,其结构形式为：IF(条件),THEN(动作,结论),即条件→动作→结论。每条规则互相独立,只能依靠上下文来传递信息。

考虑到在设计过程中,既存在着类比设计过程,又存在着演绎推理过程。对于拖网绞机的设计,又有较丰富的专业领域知识和长期的设计经验,而表达启发性知识和各种专家经验,用产生式规则表示比较好。本系统引入了基于规则推理,主要用于系统设计流程的控制和对检索到的不满足设计要求的相似实例进行改写。

(3) 实例检索

基于实例的推理的关键技术是实例检索。实例检索时,许多实例属性属于定性属性。对于定性属性的实例检索,本系统采用了推理效率较高的 ID3 算法。该算法是由训练集建立判别树,从而对任意实例判定它是正例或反例的一种递归算法。由于它比较简单且效率较高,因而广泛用于机器学习。实例检索示例如下：

输入设计条件为：船型为远洋渔船;渔船尺度为 100m;渔船吨位为 600000kg;主机功率为 100hp(英马力)[①];作业形式为远洋拖网;绞机类型为单卷筒拖网绞机;卷筒负载

①　注：1hp=0.7457kW。

为 90kN；公称速度为 0.1m/s；绳索直径为 15mm；绳索长度为 300m；作业海域为公海；风浪等级为 8 级以上。

（4）回溯策略

在基于规则推理的拖网绞机修正设计流程中，回溯点的确定先由推理机根据相关性引导回溯策略产生，然后采用人工干预的方式处理，以便根据具体问题进行具体分析。在回溯时，只考虑那些引起失败的假设，而忽略其他无关的决策，描述如下：

如果存在事实 A；

由假设 C→事实 D；

由 A 和 D→结论 F；

则认为(A,C)是 F 的相关论据，结果 F 不满足要求，则将根据 F 的相关性论据(A,C)重新考虑 A 和 C。A 为设计者决定不可改变，C 是产生的假设，所以回溯到 C 重新提出假设。

回溯点确定后，实例改写的具体工作由基于规则的推理机去完成，可以避免人类重复工作，也便于发挥领域知识和专家经验的特长；对改写结果的分析，涉及新的具体设计要求问题，特别是一些隐含约束问题，这些由人工处理较为合适。若上述修正设计过程失败，未能满足当前的主要设计任务和要求，则通过网络借助于 Web 服务器将未能满足要求的设计部分向其他客户端发出设计请求，和其他用户共同完成设计。

（5）Web 数据库访问

目前 Web 数据库访问技术主要有：CGI、API、JDBC、ASP 等几种方式。通过分析，本系统采用 ASP 技术实现对数据库访问。ASP 与数据库的连接通过 ADO(ActiveX Data Objects)组件来实现。ADO 是一组优化的访问数据库专用对象集，为 ASP 提供了完整的站点数据库访问方案。ADO 使用内置的 RecordSet 对象作为数据的主要接口，使用 VB Script 或 JavaScript 语言来控制对数据库的访问及查询结果的输出显示。其过程如下：

首先，在服务器上设置 DSN，通过 DSN 指向 ODBC 数据库。然后使用"Server. CreatObject"建立连接对象，并用"Open"打开待查询的数据库，例如拖网绞机公用实例库。命令格式：

```
Set Conn＝Server.CreatObject(ADODB.Connection)
Conn.open 拖网绞机公用实例库
```

在与数据库建立了连接之后，就可以设定 SQL 命令。并用"Execute"开始执行拖网绞机公用实例库查询，并将查询结果存储到 RecordSet 对象 RS。命令格式：

```
Set RS＝Conn.Execute(SQL 命令)
```

其中，SQL 命令中的查询条件从 HTML 的 Form 表单中由用户的输入决定。当定义了 RS 结果集对象之后，就可以用 RecordSet 对象命令，对查询结果进行控制，实现查询结果的输出显示。

5.6   新型专家系统

近年来,在讨论专家系统的利弊时,有些人工智能学者认为:专家系统发展出的知识库思想是很重要的,它不仅促进人工智能的发展,而且对整个计算机科学的发展影响甚大。不过,基于规则的知识库思想却限制了专家系统的进一步发展。

发展专家系统不仅要采用各种定性模型,而且要运用人工智能和计算机技术的一些新思想与新技术,如分布式、协同式和学习机制等。

5.6.1   新型专家系统的特征

新型专家系统具有下列特征。

1.   并行与分布处理

基于各种并行算法,采用各种并行推理和执行技术,适合在多处理器的硬件环境中工作,即具有分布处理的功能,是新型专家系统的一个特征。系统中的多处理器应该能同步地并行工作,但更重要的是它还应能做异步并行处理。可以按数据驱动或要求驱动的方式实现分布在各处理器上的专家系统的各部分间的通信和同步。专家系统的分布处理特征要求专家系统做到功能合理均衡地分布,以及知识和数据适当地分布,着眼点主要在于提高系统的处理效率和可靠性等。

2.   多专家系统协同工作

为了拓展专家系统解决问题的领域或使一些互相关联的领域能用一个系统来解题,提出了所谓协同式专家系统(synergetic expert system)的概念。在这种系统中,有多个专家系统协同合作。各子专家系统间可以互相通信,一个(或多个)子专家系统的输出可能就是另一子专家系统的输入,有些子专家系统的输出还可作为反馈信息输入到自身或其先辈系统中去,经过迭代求得某种"稳定"状态。多专家系统的协同合作自然也可在分布的环境中工作,但其着眼点主要在于通过多个子专家系统协同工作扩大整体专家系统的解题能力,而不像分布处理特征那样主要是为了提高系统的处理效率。

3.   高级语言和知识语言描述

为了建立专家系统,知识工程师只需用一种高级专家系统描述语言对系统进行功能、性能以及接口描述,并用知识表示语言描述领域知识,专家系统生成系统就能自动或半自动地生成所要的专家系统。这包括自动或半自动地选择或综合出一种合适的知识表示模式,把描述的知识形成一个知识库,并随之形成相应的推理执行机构、辩解机构、用户接口以及学习模块等。

4.   具有自学习功能

新型专家系统应提供高级的知识获取与学习功能。应提供合用的知识获取工具,从而对知识获取这个"瓶颈"问题有所突破。这种专家系统应该能根据知识库中已有的知识和用户对系统提问的动态应答,进行推理以获得新知识,总结新经验,从而不断扩充知识库,这即所谓自学习机制。

5. 引入新的推理机制

现存的大部分专家系统只能做演绎推理。在新型专家系统中,除演绎推理之外,还应有归纳推理(包括联想、类比等推理),各种非标准逻辑推理(例如非单调逻辑推理、加权逻辑推理等)以及各种基于不完全知识和模糊知识的推理等,在推理机制上应有一个突破。

6. 具有自纠错和自我完善能力

为了排错必须首先有识别错误的能力,为了完善必须首先有鉴别优劣的标准。有了这种功能和上述的学习功能后,专家系统就会随着时间的推移,通过反复的运行不断地修正错误,不断完善自身,并使知识越来越丰富。

7. 先进的智能人机接口

理解自然语言,实现语音、文字、图形和图像的直接输入输出是如今人们对智能计算机提出的要求,也是对新型专家系统的重要期望。这一方面需要硬件的有力支持,另一方面应该看到,先进的软件技术将使智能接口的实现大放异彩。

以上罗列了一些对新型专家系统的特征要求。应该说要完全实现它们并非一个短期任务。下面要简略地介绍两种在单项指标上满足上述特征要求的专家系统的设计思想。

5.6.2 分布式专家系统

这种专家系统具有分布处理的特征,其主要目的在于把一个专家系统的功能经分解以后分布到多个处理器上去并行地工作,从而在总体上提高系统的处理效率。它可以工作在紧耦合的多处理器系统环境中,也可工作在松耦合的计算机网络环境里,所以其总体结构在很大程度上依赖于其所在的硬件环境。为了设计和实现一个分布式专家系统,一般需要解决下述问题。

1. 功能分布

把分解得到的系统各部分功能或任务合理均衡地分配到各处理节点上去。每个节点上实现一个或两个功能,各节点合在一起作为一个整体完成一个完整的任务。功能分解"粒度"的粗细要视具体情况而定。分布系统中节点的多寡以及各节点上处理与存储能力的大小是确定分解粒度的两个重要因素。

2. 知识分布

根据功能分布的情况把有关知识经合理划分以后分配到各处理节点上。一方面,要尽量减少知识的冗余,以避免可能引起的知识的不一致性;另一方面又需一定的冗余以求处理的方便和系统的可靠性。可见这里有一个合理的、综合权衡的问题需要解决。

3. 接口设计

各部分之间接口的设计目的是要达到各部分之间互相通信和容易进行同步,在能保证完成总的任务的前提下,要尽可能使各部分之间互相独立,部分之间联系越少越好。

4. 系统结构

这项工作一方面依赖于应用的环境与性质,另一方面依赖于其所处的硬件环境。

如果领域问题本身具有层次性,例如企业的分层决策管理问题,这时系统的最适宜的结构是树形的层次结构。这样,系统的功能分配与知识分配就很自然,很容易进行,而且也符合分层管理或分级安全保密的原则。当同级模块间需要讨论问题或解决分歧时都通过它们的直接上级进行。下级服从上级,上级对下级具有控制权,这就是各模块集成为系统的组织原则。

对星形结构的系统,中心与外围节点之间的关系可以不是上下级关系,而把中心设计成一个公用的知识库和可供进行问题讨论的“黑板”(或公用邮箱),大家都既可往“黑板”上写各种消息或意见,也可以从“黑板”上提取各种信息。而各模块之间则不允许避开“黑板”直接交换信息。其中的公用知识库一般只允许大家从中取知识,而不允许各个模块随便修改其中内容。甚至公用知识库的使用也通过“黑板”的管理机构进行,这时各模块直接见到的只有“黑板”,它们只能与“黑板”进行交互,而各模块间是互相不见面的。

如果系统的节点分布在一个互相距离并不远的地区内,而节点上用户之间独立性较大且使用权相当,则把系统设计成总线结构或环形结构是比较合适的。各节点之间可以通过互传消息的方式讨论问题或请求帮助(协助),最终的裁决权仍在本节点。因此这种结构的各节点都有一个相对独立的系统,基本上可以独立工作,只在必要时请求其他节点帮助或给予其他节点咨询意见。这种结构没有“黑板”,要讨论问题比较困难。不过这时可用广播式向其他所有节点发消息的方法来弥补这个缺陷。

根据具体的要求和存在的条件,系统也可以是网状的,这时系统的各模块之间采用消息传递方法互相通信和合作。

5. 驱动方式

一旦系统的结构确定以后,系统中各模块应该以什么方式来驱动的问题必须很好地进行研究。一般下列几种驱动方式都是可供选择的。

(1) 控制驱动

当需要某模块工作时,直接将控制转到该模块,或将它作为一个过程直接调用它,使它立即工作。这是最常用的一种驱动方式,实现方便,但并行性往往受到影响,因为被驱动模块是被动地等待着驱动命令的,有时即使其运行条件已经具备,若无其他模块来的驱动命令,它自身不能自动开始工作。为克服这个缺点,可采用下述数据驱动方式。

(2) 数据驱动

一般一个系统的模块功能都是根据一定的输入,启动模块进行处理以后,给出相应的输出。所以在一个分布式专家系统中,一个模块只要当它所需的所有输入(数据)已经具备以后即可自行启动工作；然后,把输出结果送到各自该去的模块,而并不需要有其他模块来明确地命令它工作。这种驱动方式可以发掘可能的并行处理,从而达到高效运行。在这种驱动方式下,各模块之间只有互传数据或消息的联系,其他操作都局部于模块进行,因此也是面向对象的系统的一种工作特征。

这种一旦模块的输入数据齐备以后模块就自行启动工作的数据驱动方式,可能出现不根据需求盲目产生很多暂时用不上的数据,而造成"数据积压问题"。为此提出了下述"要求驱动"的方式。

（3）需求驱动

这种驱动方式亦称"目的驱动",是一种自顶向下的驱动方式。从最顶层的目标开始,为了驱动一个目标工作可能需要先驱动若干子目标,为了驱动各个子目标,可能又要分别驱动一些子目标,如此层层驱动下去。与此同时,又按数据驱动的原则让数据(或其他条件)具备的模块进行工作,输出相应的结果并送到各自该去的模块。这样,把对其输出结果的要求和其输入数据的齐备两个条件复合起来作为最终驱动一个模块的先决条件,这既可达到系统处理的并行性,又可避免数据驱动时由于盲目产生数据而造成"数据积压"的弊病。

（4）事件驱动

这是比数据驱动更为广义的一个概念。一个模块的输入数据的齐备可认为仅仅是一种事件。此外,还可以有其他各种事件,例如某些条件得到满足或某个物理事件发生,等等。采用这种事件驱动方式时,各个模块都要规定使它开始工作所必须的一个事件集合。所谓事件驱动即是当且仅当模块的相应事件集合中所有事件都已发生时,才能驱动该模块开始工作。否则只要其中有一个事件尚未发生,模块就要等待,即使模块的输入数据已经全部齐备也不行。由于事件的含义很广,所以事件驱动广义地包含了数据驱动与需求驱动等。

5.6.3　协同式专家系统

当前存在的大部分专家系统,在规定的专业领域内它是一个"专家",但一旦越出特定的领域,系统就可能无法工作。

一般专家系统解题的领域面很窄,所以单个专家系统的应用局限性很大,很难获得满意的应用。协同式多专家系统是克服一般专家系统局限性的一个重要途径。协同式多专家系统亦可称"群专家系统",表示能综合若干个相近领域的或一个领域的多个方面的子专家系统互相协作共同解决一个更广领域问题的专家系统。例如一种疑难病症需要多种专科医生们的会诊,一个复杂系统(如导弹与舰船等)的设计需要多种专家和工程师们的合作,等等。在现实世界中,对这种协同式多专家系统的需求是很多的。这种系统有时与分布式专家系统有些共性,因为它们都可能涉及多个子专家系统。但是,这种系统更强调子系统之间的协同合作,而不着重处理分布和知识分布。所以协同式专家系统不像分布式专家系统,它并不一定要求有多个处理机的硬件环境,而且一般都是在同一个处理机上实现各子专家系统的。为了设计与建立一个协同式多专家系统,一般需要解决下述问题。

1. 任务的分解

根据领域知识,将确定的总任务合理地分解成几个分任务(各分任务之间允许有一定的重叠),分别由几个分专家系统来完成。应该指出,这一步十分依赖领域问题,一般主要应由领域专家来讨论决定。

2. 公共知识的导出

把解决各分任务所需知识的公共部分分离出来形成一个公共知识库,供各子专家系统共享。对解决各分任务专用的知识则分别存放在各子专家系统的专用知识库中。这种对知识有分有合的存放方式,既避免了知识的冗余,也便于维护和修改。

3. 讨论方式

目前很多作者主张采用"黑板"作为各分系统进行讨论的"园地"。这里所谓的"黑板"其实就是一个设在内存内可供各子系统随机存取的存储区。为了保证在多用户环境下"黑板"中数据或信息的一致性,需要采用管理数据库的一些手段(例如并发控制等技术)来管理它,使用它,因此"黑板"有时也称作"中间数据库"。

有了"黑板"以后,一方面,各子系统可以随时从"黑板"上了解其他子系统对某问题的意见,获取它所需要的各种信息;另一方面,各子系统也可以随时将自己的"意见"发表在"黑板"上,供其他专家系统参考,从而达到互相交流情况和讨论问题的目的。

4. 裁决问题

这个问题的解决办法往往十分依赖于问题本身的性质。例如:

(1) 若问题是一个是非选择题,则可采用表决法或称少数服从多数法,即以多数分专家系统的意见作为最终的裁决。或者采用加权平均法,即不同的分系统根据其对解决该问题的权威程度给予不同的权。

(2) 若问题是一个评分问题,则可采用加权平均法、取中数法或最大密度法决定对系统的评分。

(3) 若各分专家系统所解决的任务是互补的,则正好可以互相补充各自的不足,互相配合起来解决问题。每个子问题的解决主要听从"主管分系统"的意见,因此,基本不存在仲裁的问题。

5. 驱动方式

这个问题是与分布数据库中要考虑的相应问题一致的。尽管协同式多专家系统、各子系统可能工作在一个处理机上,但仍然有以什么方式将各子系统根据总的要求激活执行的问题,即所谓驱动方式问题。一般在分布式专家系统中介绍的几种驱动方式对协同式多专家系统仍是可用的。

因此,有必要对上述问题进一步开展讨论,以求促进专家系统的研究与发展。

5.7 专家系统的设计

本节讨论专家系统的设计问题,首先介绍专家系统的一般设计过程,接着讨论基于规则专家系统的一般设计方法,然后以反向推理规则专家系统为例说明专家系统的设计任务。

5.7.1 专家系统的设计过程

下面以设计一个基于规则的维修咨询系统为例,说明专家系统的设计过程。这一过程包括描述专家知识、应用知识和解释决策等。在设计该专家系统时,使用了专家系统设计工具 EXPERT。

1. 专家知识的描述

按照 EXPERT 知识表达的方式,在系统设计过程中主要利用以下 3 个表达成分:假设或结论,观测或观察,推理或决策规则。在 EXPERT 中观测和假设之间是严格区分的。观测是观察或量测,它的值可以是"真(T)","假(F)",数字或"不知道"等形式。假设是由系统推理得到的可能结论。通常假设附有不确定性的量度。推理或决策规则表示成产生式规则。

在其他的一些系统如 MYCIN 或 PROSPECTOR 中,利用其他的方法来描述假设或观测。它们把假设和观测表示为一个由对象、属性、值组成的三元组。例如,若要用三元组的形式来表示"这辆汽车的颜色是绿色的"。那么对象就是汽车,属性是颜色,值是绿色。用三元组来表示假设和观测比这里所用的方法在结构上组织得更好些。但在分类系统中这两种方法都经常被使用。用逻辑上的术语来说,EXPERT 大部分是在较简单的命题逻辑水平上,而 MYCIN 和 PROSPECTOR 包括许多谓词逻辑水平的表达式。

(1)结论的表示

首先来研究假设或由系统推理可能得到的结论。这些结论规定了所涉及的专门知识的范围。例如,在医疗系统中,这些结论可能是诊断或对治疗方法的建议。在许多其他情况下,这些结论可以表示各种建议或解释。取决于所作的观察或量测,一个假设可能附有不同程度的不确定性。在 EXPERT 中,每个假设用简写的助记符号和用自然语言(中文、英文或其他设计者希望使用的语言)写的正式的说明语句来表示。助记符号用于编写决策规则时引用假设。虽然在比较复杂的系统中,可以在假设中间规定层次的关系,但最简单形式的假设却是用一个表来表示。例如,可以用一个表的列来表示有关汽车修理的问题。

FLOOD 汽缸里的汽油过多,阻碍了点火,简称为汽缸被淹
CHOKE 气门堵塞
EMPTY 无燃料
FILT 燃料过滤器阻塞
CAB 电池电缆松脱或锈蚀

BATD　　蓄电池电量耗尽

STRTR　　起动机工作不正常

设计过程中的一个主要目标是总结出专家的推理过程,不但以代表专家的最后结论或假设进行推理,而且以中间假设或结论进行推理,这是很重要的。通常中间假设或结论是许多有关量测的总结,或者是某个重要证据的定性概括。利用这些定义的中间假设和结论可以使推理过程更为清楚和有效。以一组比较小的中间假设进行推理比用一组大得多的包括所有可能观测的组合来推理要容易得多。例如,可能有许多种燃料系统方面的问题,可以建立一个中间假设 FUEL 来概括燃料系统出现的各种问题。这些中间假设在推理规则中可以被引用。在所讨论的例子中,被定义的中间假设除了 FUEL 以外还有表示电气系统方面问题的 ELEC。概括起来:

中间假设:

FUEL　　燃料系统方面的问题

ELEC　　电气系统方面的问题

一些附加假设可以表示建议的种类,这些建议将告诉使用者应当采取什么操作。例如,处理方法。

WAIT　　等待 10min 或在启动时把加速踏板踩到最低位置

OPEN　　取下清洁器部件,打开气门

GAS　　在油罐里注入更多汽油

RFILT　　更换汽油滤清器

CLEAN　　清洁和紧固蓄电池电缆

CBATT　　对蓄电池充电或更换蓄电池

NSTAR　　更换启动机

(2) 观测的表示

观测是得到结论所需要的观察或量测结果。它们通常可以用逻辑值:真(T),假(F),"不知道"或数字来表示。在交互式系统中,一般包括向使用者询问信息的系统;如果可以从仪表直接读数或从另外的程序送来结果,那么也可以不需要使用者的直接干预而记录观测。如果以向使用者询问的方法记录观测,可以用有关的主题来组织观测,以便使询问进行得更为有效。把问题组织成菜单那样的编组是一种很有效的方法。这种方法把问题按主题组织成选择题、对照表或用数字回答的问题。选择题下面列有对问题的可能答案;使用者根据具体情况从中选择一个。对照表是一组问题,在这组问题范围内,任何数量的回答都是允许的。对问题只需要做"是"或"非"回答的是非题,也是一种很有效的询问方法。对组织问题的主题来说,这些简单的问题结构经常是很合适的。因为这对使用者很方便。以下是一些表示如何组织问题的例子:

选择题

进气道里汽油的气味:

NGAS　　无气味

MGAS　　正常

LGAS　　气味很浓

对照表

问题种类：

FCWS　汽车不能启动

FOTH　汽车有其他故障

数字类型问题

TEMP　室外温度(华氏)

是非题

EGAS　燃油表读数为空

在某些系统中把观测按假设那样来处理,每个观测都附有一个可信度等级。例如,使用者可以说明温度为 55℃ 的可信程度为 90%,或在进气道里汽油气味是正常的可信程度为 70%。

虽然观测可以表达推理规则的前项所需的大多数信息,但是在某些情况下,系统设计者可能发现必须包括更多详细的过程知识。事实上,系统必须调用一个子程序,这个子程序将产生一个观测。

(3) 推理规则的表示

总的来说产生式规则是决策规则最为常用的表示形式。这些 IF-THEN 形式的规则用来编译专家凭经验的推理过程。产生式规则可根据观测和假设之间的逻辑关系分为以下 3 类：

① 从观测到观测的规则(FF 规则)

FF 规则规定那些可从已确定的观测直接推导出来的观测的真值。因为通过把观测和假设相组合可以描述功能更强的产生式规则形式。一般 FF 规则只是局限于建立对问题顺序的局部控制。FF 规则规定那些真值已被确定的观测与其他一些真值还未确定的观测之间的可信度的逻辑关系。如果利用 FF 规则,根据对先前问题的回答就可以确定对问题的解答,那么就可以避免询问不必要的问题。在问题调查表中,问题的排列是从一般的问题到专门的问题。可以构成一个问题调查表,这个表把问题分成组,以便可以严格地按顺序从头到尾地询问这些问题。然后,可以在任何给定的阶段,规定条件分支,这些条件分支取决于对问题调查表的先前部分的回答。

② 从观测到假设的规则(FH 规则)

在许多用于分类的专家系统中,产生式规则被设计成可对产生式结论的可信程度进行量度。通常可信度量测是一个从 −1 到 +1 之间的数值。对这个数值数学上的限制要比对概率量测少。数值 −1 表示结论完全不可信,而 +1 表示完全可信,0 表示还没有决定或不知道结论的可信度。可信度量测和概率之间的主要区别在于如何划分假设的可信度的陈述跟假设的不可信度的陈述。按概率论,一个假设的概率总是等于 1 减去这个假设的"否定"的概率。可信度可以不必依靠对使用概率的分析,而比较自由地对规则赋予可信度。

和不用可信度量测相比较,应用可信度量测的优点是可以更简洁地表达专家的知识。当然,也有一些应用场合,不用可信度量测或只用完全肯定和完全否定假设,也可以很好地解决问题。

③ 从假设到假设的规则(HH 规则)

HH(从假设到假设)规则用来规定假设之间的推理。与 EMYCIN 和 PROSPECTOR 不同,在 EXPERT 中,HH 规则所规定的假设被赋予一个固定范围的可信度。

这里所讨论的汽车修理咨询系统只是一个实验系统,所包含的规则数量不多,而实际的专家系统经常有几百甚至几千条规则。从提高效率、实现模块化以及容易描述等实际考虑出发,在产生式规则中增加了描述性的成分,即上下文。上下文把某一组规则的使用范围限制在一个专门的情况下。只有当先决条件被满足时,这一组规则才能被考虑使用。在 EXPERT 的表达方法中,一组 HH 规则被分成两部分。必须先满足 IF 条件,才能考虑 THEN 中的规则。例如,只有当观测 FCWS(汽车不能发动)为真时,才会进一步研究规则的 THEN 部分中所包含的那组产生式。

2. 知识的使用和决策解释

作为一个实验性的系统,在专家系统的设计中有两个关于控制的问题。这是两个相互关连的目标。

① 得到准确的结论。

② 询问恰当的问题以帮助分析和做出决策。

建立专家系统还不是一门精确的科学。专家经常提供大量的信息,必须力图抽取专家推理过程中的关键内容,并且尽可能准确而简洁地表示这些知识。因为在现有的实现产生式规则的方法之间有许多差别,所以善于选择那些适合于当前应用场合的结构和策略很重要。例如,有许多表示询问策略的方法。但对于所研究的应用场合来说,询问的顺序可能并不重要,或可能在任一特定的情况下,很容易预先就确定询问的顺序。在以下的汽车修理咨询系统的例子中,将用问题调查表来说明这一点。在问题调查表中,用很简单的机构如 FF 规则就可以进行控制。

(1) 结论的分级与选择

按评价的先后次序,把规则分成等级和选择规则是推理过程中控制策略的基本部分。可以根据专家的意见来排列与评价规则的次序。但与此同时,还必须研究规则的评价次序的影响。规则评价次序的编排应该使不论采取什么次序,都得到相同的结论。如果所有的产生式规则都是像 FH 那样的,那么调用规则的次序实际上从来也不会改变结论。这是因为 FH 规则之间不相互影响。在规则的左边只包括观测,这些观测在给定的情况下可能是真,也可能是假。但是,在大多数产生式系统中,典型的规则是像 HH 那样的。这样的规则经常取决于通过应用其他规则而得到的中间结果。例如,在汽车修理系统中有以下规则:

$$F(FCWS,T)\&H(FLOOD,0.2:1) \rightarrow H(WAIT,0.9)$$

这个规则表示

如果　汽车不能发动

　　　已经以 0.2 到 1 之间的可信度,得出汽缸被淹的结论

那么　等待 10 min 或在启动时把加速踏板踩到最低位置

"汽缸被淹"这个假设,必须在引用这条规则以前做出。有几种处理这类问题的方法。

在 EXPERT 系统中,由系统的设计者编排规则的次序,这使得 HH 排列的次序就是规则被评价的实际次序。在每个咨询的推理循环中,每个规则只被评价一次。当系统受到一个新的观测时,就开始新的推理循环,所有的 HH 规则被重新评价。这种方法相对来说比较简单,因此容易实现,并且不会带来固有的多义性。这种方法的缺点是,专家必须编排规则的次序。

在产生式规则中应用可信度量测,不仅可以反映实际存在于专家知识中的不确定性,而且可以减少产生式规则的数量。如果以相互不相容的方式来表示观测和假设之间所有可能的组合,即一条规则只能被一种情况所满足,那么,即使对一个小系统来说,所需要的规则数量也会相当巨大。因此,希望有一种方法来减少为表示专家知识所需要的规则的数量。可信度量测可对给定的情况加权,因此对提取专家的知识是一种有用的手段。

如果所有的观测可以同时被获得,并且所研究的只是分类的问题,那么可以应用很简单的控制策略。在得到所有的观测以后,首先确定是否有其他的观测可以用 FF 规则推理出来,然后调用 FH 规则和处理按次序编排的 HH 规则。由于规则是有次序的,所以处理只需要一个循环。当然,有时可能希望建立一个系统,它的所有观测并不是一次就接受的,而是通过询问适当的问题,这时就需要研究询问的策略。

(2) 询问问题的策略

要给出一个询问问题的最佳策略是很困难的,确切地说,询问的质量在很大程度上取决于在事先是否把问题清楚地组织好。如果把问题都组织成是非题,这些问题并不包含进一步的结构,那么其结果将会是,对许多应用场合来说没有一种询问策略可以工作得很好。对照表可以同时回答相关的问题。一个好的询问策略,关键之一是使问题包含尽可能多的结构。应该根据共同的主题,把问题分成组。用 FF 规则这样很简单的规则,可以在问题调查表里强制按主题进行分支。如果系统推理所需的信息不是同时接受的话,可以有以下两种提问策略。

① 固定的顺序。在某些场合下,专家是以预先仔细规定的序列或顺序收集所需的知识。例如,在医疗问题中,根据经验或系统化过程的习惯,医生总是以固定的顺序向患者问诊以建立病历。

② 系统不是按固定的顺序询问,而是根据具体情况做出某种选择。在 EXPERT,以及其他一些系统中,可根据以下一些直观的考虑来选择问题:询问代价最小的问题、优先询问对当前可信度最高的假设有影响的问题、只考虑那些和当前记录的观测有关的假设、仅考虑那些有可能使某个假设当前等级的升高或降低超过某一规定的阈值、如果任何一个假设的可信度都超过某一预先确定的阈值,就停止询问。

(3) 决策的解释

系统的设计者和使用者都需要系统对它所做出的决策给予解释。但是它们对决策解释的要求又各不相同。

① 对系统设计者的解释。如果是对系统的设计者解释决策,那么只需显示为了推论出给定假设所需满足的那组规则,就是最直接的解释。当系统应用可信度量测时,若采用复杂的记分函数,则要很清楚地解释一个假设的最后等级是如何得来的是很困难的。当不使用可信度量测或应用,例如取最大(绝对)值这样简单的记分函数时,摘录在推理过程

中所用到的单个的规则,就可以组成对决策的解释。如果这些规则也涉及其他假设,那么可以跟踪有关的假设,并且对这些假设也可以摘录相应的规则。

② 对系统使用者的解释。一种解释方法是用语句来说明结论。这些语句要比只是声明一个结论要自然一些。系统所用的假设可能是任何形式的包含说明和建议的语句。有时系统的设计者可以预先提出某些适合于给定假设的解释。假如,在修理汽车的例子中,可以给出一个总的来说多少是解释性的说明,而不是生硬地把结论分成诊断和处理两类。这样的语句可以是以下形式:"因为汽车的汽缸被淹,所以把加速踏板踩到底或等待 10 min。"

5.7.2　基于规则专家系统的一般设计方法

下面将讨论知识工程师设计与开发基于反向规则专家系统的步骤或过程,并以一个个人投资规划问题为例来说明这个设计过程。通过系统知识的扩展、测试和提炼的迭代过程,可以观察到所设计与开发的专家系统的能力如何逐渐得到改善与提高。其中,还涉及一些设计建议。

在讨论规则演绎系统时曾经指出,基于规则的系统含有两种推理方式,即正向推理和反向推理。正向推理是从事实或状况向目标或动作进行操作的,而反向推理是从目标或动作向事实或状况进行操作的。

设计者在设计任何专家系统之前,他的首要任务是获得对相关问题的总体理解,包括需要确定系统的目标、专家考虑的主要问题以及专家如何运用得到的信息导出建议。根据这个理解就能够开始考虑实际系统的设计方法。

任何类型的专家系统的设计都是一个高度迭代的过程。首先,从领域专家获得少量知识,再使用这些知识对系统进行编码,然后对系统进行测试。测试结果用于发现系统的不足,并成为与领域专家进一步讨论的焦点。这种循环贯穿项目知识不断增长的全过程;经过进化方式,专家系统的能力得以改善与提升到专家水平。图 5.13 说明这个循环设计过程。

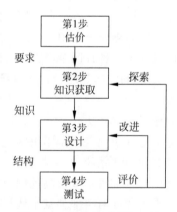

图 5.13　基于规则专家系统的设计过程

这种循环开发方式用于构建反向推理系统,但这种循环处理方法对该类系统不是惟一的。有趣的是,这种方法与反向推理系统的工作匹配。也就是说,首先确定系统的主要目标和能够建立这些目标(目标规则)的方法;然后寻找获取能够支持这些目标规则信息的方法。这个过程自然地引导出含有更多本原信息的深层规则。如同反向推理系统的运行一样,这个开发过程逐步从抽象走向具体。

用于金融咨询服务领域的专家系统开发工作一直十分活跃,例如贷款申请审核、商业策略总体规划、投资组合选择等都是很有代表性的项目。这些领域的项目能够吸引专家系统开发者是基于下列理由:系统能够提供实实在在的报酬、任务便于定义、存在现实的专家、已经有许多专家系统用于金融咨询。大多数用于金融领域的专家系统采用反向推理技术。

5.7.3　反向推理规则专家系统的设计任务

设计开发反向推理专家系统的有代表性的任务包括下列 7 项：定义问题、定义目标、设计目标规则、扩展系统、改进系统、设计接口、评价系统。

(1) 任务 1　定义问题

(2) 任务 2　定义目标

(3) 任务 3　设计目标规则

(4) 任务 4　扩展系统

(5) 任务 5　改进系统

(6) 任务 6　设计接口

(7) 任务 7　评价系统

不过，必须认识到：这些任务只是系统的高度迭代过程的一部分。首先遵循这些步骤创建一部分专家系统，然后一再重复这些步骤，使系统日臻完善，直至具有专家性能为止。下面逐一讨论这些设计任务。

任务 1　定义问题

任何专家系统项目都应起步于学习问题。要开发一个专家系统协助金融咨询者为委托人提供投资建议，就需要懂得金融咨询者如何运用可得到的信息做出好的投资决策。为此，首先需要获得关于问题的信息。

报告、文件和图书是所有专家系统项目的良好信息资源，它们能够提供对问题及其解决方案的一般了解。虽然这些资源是很好的起点，然而对于多数专家系统来说仍然需要实际专家的帮助。

假设有幸找到某位金融咨询专家，一个地方公司的投资顾问，向他介绍项目，得到他的合作许诺，并安排了第一次会见。在会见中请他提供关于投资咨询的概述。他说，存在许多对投资决策者可行的投资手段，每种都有优点和缺点；这些手段可简要地分类为：股票(stocks)、有息债券(bonds)、公共基金(mutual funds)、存款(savings)、期货商品(commodities)和房地产(real estate)等。投资顾问的工作首先要确定投资者所能考虑的是这些投资种类的何种投资组合。例如，建议在一个投资组合中的投资量分别为：股票20%，债券 40%，存款 40%。在提出这种建议之前，投资顾问必须首先问委托人(client)几个包括金融状态的私人问题。有关问题的细节将在以后研究。现在需要在总体上了解投资顾问如何对投资者提供建议。

设计建议：在项目的问题定义阶段，不要为了问题的细节而打断专家。现阶段的任务是寻找问题的总体了解及其解决方式，而细节能够在以后与专家讨论中获得。

继续与投资顾问进行讨论，他指出：在做出投资组合决策之后，就要决定诸多投资种类中哪一种特定的投资手段最适合投资者。

即使在这个早期阶段，与专家的短期讨论能够提供大量关于问题的信息，并领悟出该如何设计这个专家系统。我们学得一般投资分类和具体的投资手段，也知道了专家的一般问题求解方法。投资顾问首先运用投资者提供的信息挑选出总体投资组合，然后给出具体投资手段建议。图 5.14 说明了这个问题的求解方法。

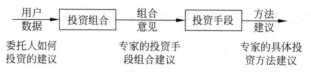

图 5.14 投资规划问题求解方法

任务 2 定义目标

已经有足够的信息来设计反向推理系统的目标。任何反向推理系统的编码都是从定义系统的目标开始的。从上述与专家的讨论可知,专家系统要达到的两个基本目标是:①决定投资组合的方案;②在各种投资种类中决定投资手段。

为系统的简单起见,只注重于第一个目标,并假设第二个目标可在以后系统修订时设法处理。投资组合只是简单地把投资的资金分配至一个或多个一般投资种类。一个真实的投资组合咨询系统需要考虑大量的潜在投资组合建议。此外,为保持问题处于可管理状态,只对下列 4 个问题感兴趣:

投资组合 1:100%投资于存款

投资组合 2:60%股票,30%债券,10%存款

投资组合 3:20%股票,40%债券,40%存款

投资组合 4:100%投资于股票

在开发实际的专家系统时,将对初始系统的设计注重于总体问题的一个较小但有代表性的部分。随着这个问题较小部分的成功设计将使系统结构易于扩展以便考虑更为完全的论题。

设计建议:注重把初始系统设计为总体问题的一个较小但有代表性的部分。

编写目标语句

每个反向推理系统至少需要一个目标才能开始设计。对于上述问题,已经有 4 个系统追求的不同目标,每个投资组合有一个目标。可以写出 4 个不同的目标或者写出一个可变的目标,用于构建系统来决定"投资组合建议"(portfolio advice)。编写一个可变的目标语句不仅能够减少目标语句数目,而且允许以后添加其他的目标规则而无须对目标语句中的结论进行显式编码。这种方法取决于所选择的系统开发外壳。

任务 3 设计目标规则

系统中的每个目标至少有一条规则(目标规则)。目标规则的设计方法与其他规则的设计没有什么不同之处。首先寻找满足该规则结论的必要的先决条件,对于投资问题要确定专家是如何决定采用哪一个投资组合最适合委托人的需要。所有目标规则的一般形式如下:

```
IF        Precondition_1
AND       Precondition_2
⋮         ⋮
THEN      Portfolio_i
```

先决条件是专家决定推荐投资组合时需要考虑的重要问题,这时需要再次咨询领域

专家。考虑知识工程师(KE)与领域专家(DE)之间的下列对话：

KE：你是如何为委托人挑选出正确的投资组合？

DE：有些投资都含有某些相关风险，因此我首先需要知道委托人的某些个人状态和金融状态。这些问题对于推荐保守的或积极的投资配置是很重要的。

KE：所以你就以委托人的个人状态和金融状态为基础推荐了一个投资组合，建议进行保守的(conservative)或积极的(aggressive)投资配置吗？

DE：是的。

KE：你是否还考虑其他问题？

DE：在某种意义上是。如果委托人只想小额投资，那么我就认为他实在是属于保守的，而且我会马上建议他把所有钱投向存款。

KE：你认为小额是指多少？

DE：我假定是少于 1000 美元。

与领域专家的这种讨论提高了推荐投资组合时必须考虑的首要问题：委托人的个人状态(保守或积极)、委托人的金融状态(保守或积极)和投资数额(小或大)。

现在已经知道了主要问题，下一步必须决定这些问题与相应推荐间的关系。这可通过与领域专家的进一步讨论来实现，或者可以采用一种称为"决策表"的技术来完成。

决策表

决策表提供知识获取技术，避免出现与面谈技术有关的问题。

定义 5.11 **决策表**是包含一系列决策因素的表，表中的各列表示到达结论所需要的各先决条件，而各个决策因素值则置于各行中，导出具体结论。

决策表能够给专家提供一种易于填写决策知识的形式。对于上述投资问题，能够创建一个决策表，要求专家填入适当的值，如表 5.1 所示。

表 5.1 目标规则决策表

投 资 量	个 人 状 态	金 融 状 态	建 议
小	*	*	投资组合 1
*	保守	保守	投资组合 2
*	保守	积极	投资组合 1
*	积极	保守	投资组合 3
*	积极	积极	投资组合 4

注：通常用"*"符号表示并不关心该值如何。

对于所述目标规则的决策因素表示于表 5.1 的前 3 列，而第 4 列是专家提供的建议。各列下部的具体值是本系统的目标，只有当此行的决策因素值为正确时，才给出其投资组合建议。从表 5.1 还可看出，有些并没有给出具体的值，这可能意味着该值是无关的，也可能需要询问专家把补充信息填入"*"号处。

现在将使用这个表来编写目标规则。如果表格较大，就可能需要使用"归纳"工具。由于表格较小，就可以借助简单的观察检查应用适当的编码工具(如 LEVEL5，VP-EXPERT 和 EMYCIN 等)来编写目标规则。下面给出用 LEVEL5 码表示的目标规则：

规则 1

IF   投资者的投资额小于 1000 美元

THEN   投资组合建议为 100％投资于存款

规则 2

IF   委托人的个人状态是保守的

AND   委托人的金融状态也是保守的

THEN   投资组合建议为 100％投资于存款

规则 3

IF   委托人的个人状态是保守的

AND   委托人的金融状态是积极的

THEN   投资组合建议为 60％股票，30％债券，10％存款

规则 4

IF   投资者的个人状态是积极的

AND   投资者的金融状态是保守的

THEN   投资组合建议为 20％股票，40％债券，40％存款

规则 5

IF   委托人的个人状态是积极的

AND   委托人的金融状态也是积极的

THEN   投资组合建议为 100％投资股票

在对系统的目标规则进行编码之后，需要对系统进行测试。一般地，只要把任何新的知识编入专家系统，就应当立即对系统进行测试。

设计建议：随着任何新的知识编入专家系统，就应当应用该新知识特有的信息立即对系统进行测试。

在系统开发的初始阶段，当对系统进行全面测试时，上述建议是特别重要的。也就是说，只有较小的规则集合才允许尝试各种可能的解答组合。接着能够测试系统知识的正确性与完整性。然后，当系统的知识库规模增长得足够大时，这一建议就无能为力了。这时应当依靠各种系统评价技术来评估大的专家系统。

任务 4   扩展系统

现在系统有了 5 条规则并能够建议 4 种不同的投资组合。这是极其基本的，但不是很智能。改善专家系统智能的主要方法是扩展它的知识；有两种主张对拓宽或深化知识是可行的。一种方法是通过教系统对问题有更宽广的理解来扩展系统知识，即为系统补充某些新的论点；在本例中，可以决定补充投资组合信息。这种扩展知识的方法是很容易的，而且通常保留供项目被证明是成功后使用。另一种扩展系统知识的方法是教系统对问题有更深度的理解，即为系统提供更多的已知论点；在本例中，就是教系统如何决定当前目标规则的前提。这是应用在早期项目中最常见的知识扩展技术。为什么呢？考虑下列系统提出的问题，给出当前规则集合。

系统：委托人的个人状态是否处于保守位置？这是教用户回答的问题，因为需要一些相关问题的专家知识，应当对系统增添知识，使得系统能够决定问题答案。

一般地,在基于规则专家系统的整个开发过程中应当寻找能够深度扩展的前提。问问自己和用户:用户是否能够有效地回答系统提出的问题? 如果回答是否定的,那么给系统增添知识,迫使系统寻找更原始和可靠的信息。

现在系统存在3个能够深度扩展知识的议题,即①投资者的投资数额;②投资者的个人状态;③委托人的金融状态。其中,第一个议题不需要进一步扩展,因为它只问了一个关于投资额的简单问题。不过,另两个议题则需要扩展;为此,需要再次向专家咨询。当面对多个需要扩展的议题时,尝试只选择一个议题并注重与专家讨论这个议题。这样就比较容易获取专家知识。

设计建议:一次只扩展一个议题,允许专家注重于简单议题,避免专家被问及多个议题时通常遇到的问题。

考虑议题②和③,前者涉及“个人议题”,而后者涉及“金融议题”。如果扩展前者,那么专家有点难以提供关于“个人议题”概念的新话题。

扩展个人议题

要扩展个人议题,有两个问题需要询问专家:每个可能的议题值是保守的还是积极的?

KE:如果假定委托人的个人状况是保守的,那么你如何决定?

DE:如果委托人年事已高或者其工作不稳定,我就会提出保守位置的建议。如果委托人是年轻人,具有稳定工作而且有孩子,那么我也会提出同样的建议。

据此可以表示下列规则:

规则 6

IF   委托人年事已高
OR   委托人的工作是不稳定的
THEN   建议委托人的个人状况是保守的

规则 7

IF   委托人是年轻人
AND   委托人的工作是稳定的
AND   委托人有孩子
THEN   建议委托人的个人状况是保守的

现在有两条深层规则来决定初始目标规则的前提。接着考虑保守位置的问题:

KE:如果假定委托人的个人状况是保守的,那么你如何决定?

DE:如果委托人是年轻人而且工作稳定,但是没有孩子,我就会提出积极位置的建议。

新的信息可从下列规则获取:

规则 8

IF   委托人是年轻人
AND   委托人有稳定的工作
AND   委托人没有孩子
THEN   建议委托人的个人状况是积极的

与专家的讨论能够得到几条支持深层推理过程的规则,但是也发现需要进一步研究的新问题,即①委托人年龄是年轻或年老,②委托人工作是稳定或不稳定,③委托人有孩子或没有孩子。其中第 3 个问题能够直接回答无须进一步探究,而其他两个问题则需要逐一扩展。

扩展年龄议题

为扩展年龄议题,需要问专家两个问题:

KE:你考虑多大年龄的人是老的?

DE:40 岁

KE:你考虑多大年龄的人是年轻的?

DE:小于 40 岁

根据这些回答可以写出如下规则:

规则 9

IF   委托人年龄小于 40

THEN   委托人是年轻人

规则 10

IF   委托人年龄不小于 40

THEN   委托人是老的

扩展工作稳定性议题

专家曾经说过:委托人的工作稳定性是做出金融投资建议时必须考虑的一个议题。对于这个议题存在两种可能的值,稳定的或不稳定的。于是,可以问专家两个问题:

KE:如果委托人的工作是稳定的,你如何决定?

DE:我通常考虑两件事:委托人在现有公司工作的时间长短和公司解雇他的可能性。例如,如果他已在该公司工作 3~10 年,而且解雇他的可能性低,那么我就假设事情是稳定的。实际上,如果他已在公司工作 10 年以上,我就觉得事情很好。

据此,能够写出下列两条规则:

规则 11

IF   委托人的服务期限不少于 10 年

THEN   委托人的工作是稳定的

规则 12

IF   委托人的服务期限在 3~10 年之间

AND   在该公司被解雇的可能性低

THEN   委托人的工作是稳定的

继续与专家进行讨论,询问两个新问题:

KE:如果委托人的工作是不稳定的,你如何决定?

DE:我通常考虑两件事:委托人在现有公司工作的时间长短和公司解雇他的可能性。例如,如果他已在该公司工作 3~10 年,而且解雇他的可能性高,那么我就假设事情是不稳定的。实际上,如果他在公司工作少于 3 年,那么我就觉得事情实属不稳定。

根据这个回答,可写出另两条规则:

规则 13

IF　　委托人的服务期限在 3～10 年之间

AND　　公司解雇他的可能性高

THEN　委托人的工作是不稳定的

规则 14

IF　　委托人的服务期限少于 3 年

THEN　委托人的工作是不稳定的

扩展金融议题

接下去要咨询专家来考虑金融议题。需要调研两个有关金融论题可能值的问题：

KE：你怎么知道委托人的金融状况是保守的？

DE：如果委托人的全部财产低于他的全部债务，那么我就假设他的金融状态是保守的。此外，如果委托人的全部财产高于他的全部债务，但小于债务的两倍，而且还有孩子，那么我就仍然建议他的金融状态是保守的。

据此又能够写出两条新的规则：

规则 15

IF　　委托人的全部财产低于他的全部债务

THEN　委托人的金融状态是保守的

规则 16

IF　　委托人的全部财产高于他的全部债务

AND　　委托人的全部财产低于他的全部债务的两倍

AND　　委托人有孩子

THEN　委托人的金融状态是保守的

继续与专家展开讨论，询问专家下列问题：

KE：你怎么知道委托人的金融状况是积极的？

DE：如果委托人的全部财产超过他的全部债务的两倍，那么我就假设他的金融状态是积极的。此外，如果委托人的全部财产高于他的全部债务，但小于债务的两倍，而且没有孩子，那么我就仍然建议他的金融状态是积极的。

根据这次讨论，可写出另外两条规则：

规则 17

IF　　委托人的全部财产高于他的全部债务的两倍

THEN　委托人的金融状态是积极的

规则 18

IF　　委托人的全部财产高于他的全部债务

AND　　委托人的全部财产低于他的全部债务的两倍

AND　　委托人没有孩子

THEN　委托人的金融状态是积极的

任务 5　改进系统

这时已经建立了一个满足初始目标的完全起作用的系统。不过，需要对系统加入若干特性,以便提高系统性能和便于维护。

采用变量替代数目

在专家系统开发过程中往往需要在规则中采用变量。例如,在上述系统问题,专家认为任何不小于 40 岁的人都是老的,这已被提取在规则 10 中,并以显式表示。对于较大的基于规则专家系统,同样的数目可能出现在遍及知识库的几条规则中。如果以后需要改变该数目,就需要设置每条规则并进行适当调整。这项任务往往是困难的,而且给系统维护增加了难度。

在规则中采用变量替代数目是一种较好的方法,这些变量在问题初始化时被赋值。本方法易于设置需要调整的变量,而且只要求改变变量的分配而不是改变规则。本例中系统数目用于下列论题:委托人年龄、服务年限、财产与债务的关系。

可应用这些论题来取代数目的显式使用,一个规则调整的例子也表示于每个论题:

(1) 对于年龄论题

初始值　老的年龄等于 40 岁,即得出规则 9。

(2) 对于服务年限论题

初始值　长的服务期等于 10 年,短的服务期等于 3 年,即得出规则 11。

(3) 对于财产与债务论题

初始值　安全因子等于 2,即得出规则 17。

任务 6　设计接口

专家系统用户通过系统的接口来观看程序。用户对系统的认可如何在很大程度上取决于系统接口是否能够很好地适应用户的需要。有幸的是,大多数专家系统的设计外壳提供辅助接口设计的功能,允许调整设计引导性屏幕以适应用户提问和终端显示要求。要充分采用任何可用的功能来设计接口,满足用户需要。

引导性显示

每个专家系统都有引导性显示,至少能够告诉用户关于系统的全面用途。例如,对于上面的应用问题,显示内容将告诉用户系统将要提供满足委托人需要的投资组合建议;还可能少许告诉用户该如何完成主要任务。例如,系统可能选择解释系统如何仔细查看个人状态与金融状态,进行推荐。

调整问题

多数外壳提出由建立在规则中的本原自动产生的问题。例如,对于"全部财产"论题,系统可能会问:

系统:全部财产?

这类问题不仅是粗浅的而且会引起用户的混淆,导致不正确的答案。例如,面对这类问题,用户可能问"我该考虑什么财产?"或者"我是否登记美元数额?"或者"我登记数值时是否用逗号?"如果出现这类问题,就要考虑提的问题值得商榷。

有幸的是,大多数专家系统的设计外壳允许调整提问以适合用户状况。能够创建友好文本以包含导致可靠答案的信息。考虑上面问题的修改形式为:

系统:请给出委托人拥有的全部财产的美元数额,包括本项目所有物的银行账户、股票、有息债券、房地产等。请不用逗号登记美元数额,如 150000。

屏幕指南

为用户提供每个屏幕的清晰指南是十分重要的。清楚地说明当前屏幕上可见到的任何选择以及如何运用它们。

结论显示

结论显示向用户展示系统的调查结果,例如,显示为委托人提供的投资组合建议。对于许多应用来说,这种有限的显示是充分的;但对于其他应用可能需要提供更深入的理性建议。专家系统的一个特征是解释系统如何得出建议。大多数系统外壳通过提供系统应遵循步骤的详细解释来回应这个要求。在一些应用场合,这种详细解释对用户接受最终建议是必要的。而在另外一些应用中,只要提供导致最终建议的主要调查结果的高水平意见,用户就会满意。

任务 7　评价系统

至此,完成了专家系统原型,全部规则编入系统,并按照前段提出的建议设计了接口。假定系统每次扩展后都成功地通过了测试。下一步是采用测试实例进行系统评价。

这个过程从询问专家一个过去的问题开始。假设提供的情况是,委托人的年龄是 30 岁,已为某公司工作 5 年,其解雇率很小,已有两个孩子,打算投资 $50 000。该委托人的全部财产为 $100 000,全部债务为 $20 000。对此,建议采用投资组合 2,即 60% 股票、30% 债券和 10% 存款。

专家系统与用户的下列对话(交互)说明本专家系统的操作。

步骤 1

系统:欢迎使用投资咨询专家系统。我将尽力为委托人决定一个投资组合方案;我要提问关于委托人的个人状态和金融状态的问题;根据这些信息我能够决定采用消极或积极投资方案。请按 RETURN 键开始我们的讨论。

用户:(按 RETURN 键)

步骤 2

系统:委托人想要投资多少美元的数额?

用户:50 000

步骤 3

系统:委托人的年龄是多少岁?

用户:30

步骤 4

系统:委托人在现在的公司工作多少年了?

用户:5 年

步骤 5

系统:该公司的解雇率是:

　　　　低的

　　　　高的

用户:低的

步骤 6

系统：委托人

有孩子

没有孩子

用户：有孩子

步骤 7

系统：在考虑委托人的个人状态后，我建议采用保守的投资方案。下一步我将观察委托人的金融状态。请按 RETURN 键继续我们的讨论。

用户：（按 RETURN 键）

步骤 8

系统：请告知委托人的全部财产的美元数额，包括本项目的各项所有物，如银行账户、股票、债券、房地产等。请输入美元数额，不加逗号，如 150 000。

用户：100 000

步骤 9

系统：请告知委托人的全部债务的美元数额，包括本项目的各项借款、抵押借款等。请输入美元数额，不加逗号，如 150 000。

用户：20 000

步骤 10

系统：在考虑委托人的金融状态后，我建议采用积极的投资方案。请按 RETURN 键继续我们的讨论。

用户：（按 RETURN 键）

步骤 11

系统：我建议委托人的金融投资组合方案如下：

60％股票，30％债券，10％存款

提出这个建议的主要理由是：我发现委托人的个人状态假设是**保守的**，而他的金融状态是**积极**的。

要退出系统请按 F10 键。如果想要重新讨论与咨询，请按 F3 键。

对话回顾

首先注意到的是，系统能够提供由专家做出的同样建议。使得专家系统结果与领域专家意见一致是评价专家系统的一个关键问题。还要认识到，对于实际的评估研究，将需要应用几个测试实例。从系统评估还必须注意到，专家系统是通过对话交换意见而推荐给用户的。导向性显示向用户提供专家系统能够做什么事和如何做这些事的相关信息。问题是以易于跟从的形式提出的，而屏幕指南向用户提供专家系统运行的指令。信息性结论显示能够向用户提供最终建议和一些高层的正当理由。

进一步研究方向

已经建立了一个小的专家系统原型，下一步要扩展其能力。例如，增加对补充投资组合的知识编码，或者在一般的投资类别中有选择地扩展系统为推荐的具体投资手段。

5.8 专家系统开发工具

5.8.1 专家系统的传统开发工具

由于专家系统具有十分广泛的应用领域,而每个系统一般只具有某个领域专家的知识。如果在建造每个具体的专家系统时,一切都从头开始,就必然会降低工作效率。人们已经研制出一些比较通用的工具,作为设计和开发专家系统的辅助手段和环境,以求提高专家系统的开发效率、质量和自动化水平。这种开发工具或环境,就称为专家系统开发工具。

专家系统开发工具是在 20 世纪 70 年代中期开始发展的,它比一般的计算机高级语言 FORTRAN、PASCAL、C、LISP 和 PROLOG 等具有更强的功能。也就是说,专家系统开发工具是一种更高级的计算机程序设计语言。

现有的专家系统开发工具主要分为骨架型工具(又称外壳)、语言型工具、构造辅助工具和支撑环境等 4 类。

1. 骨架型开发工具

专家系统一般都有推理机和知识库两部分,而规则集存于知识库内。在一个理想的专家系统中,推理机完全独立于求解问题领域。系统功能上的完善或改变,只依赖于规则集的完善和改变。由此,借用以前开发好的专家系统,将描述领域知识的规则从原系统中"挖掉",只保留其独立于问题领域知识的推理机部分,这样形成的工具称为骨架型工具,如 EMYCIN、KAS 以及 EXPERT 等。这类工具因其控制策略是预先给定的,使用起来很方便,用户只需将具体领域的知识明确地表示成为一些规则就可以了。这样,可以把主要精力放在具体概念和规则的整理上,而不是像使用传统的程序设计语言建立专家系统那样,将大部分时间花费在开发系统的过程结构上,从而大大提高了专家系统的开发效率。这类工具往往交互性很好,用户可以方便地与之对话,并能提供很强的对结果进行解释的功能。

因其程序的主要骨架是固定的,除了规则以外,用户不可改变任何东西,因而骨架型工具存在以下几个问题。

(1)原有骨架可能不适合于所求解的问题。

(2)推理机中的控制结构可能不符合专家新的求解问题方法。

(3)原有的规则语言可能不能完全表示所求解领域的知识。

(4)解问题的专门领域知识可能不可识别地隐藏在原有系统中。

这些原因使得骨架型工具的应用范围很窄,只能用来解决与原系统相类似的问题。

EMYCIN 是一个典型的骨架型工具,它是由著名的用于对细菌感染病进行诊断的 MYCIN 系统发展而来的,因而它所适应的对象是那些需要提供基本情况数据,并能提供解释和分析的咨询系统,尤其适合于诊断这一类演绎问题。这类问题有一个共同的特点是具有大量的不可靠的输入数据,并且其可能的解空间是事先可列举出来的。

2. 语言型开发工具

语言型工具与骨架型工具不同,它们并不与具体的体系和范例有紧密的联系,也不偏于具体问题的求解策略和表示方法,所提供给用户的是建立专家系统所需要的基本机制,其控制策略也不固定于一种或几种形式,用户可以通过一定手段来影响其控制策略。因此,语言型工具的结构变化范围广泛,表示灵活,所适应的范围要比骨架型工具广泛得多。像 OPS5、CLIPS、OPS83、RLL 及 ROSIE 等,均属于这一类工具。

然而功能上的通用性与使用上的方便性是一对矛盾,语言型工具为维护其广泛的应用范围,不得不考虑众多的在开发专家系统中可能会遇到的各种问题,因而使用起来比较困难,用户不易掌握,对于具体领域知识的表示也比骨架型工具困难一些,而且在与用户的对话方面和对结果的解释方面也往往不如骨架型工具。

语言型工具中一个较典型的例子是 OPS5,它以产生式系统为基础,综合了通用的控制和表示机制,向用户提供建立专家系统所需要的基本功能。在 OPS5 中,预先没有规定任何符号的具体含义和符号之间的任何关系,所有符号的含义和它们之间的关系,均由用户所写的产生式规则所决定。控制策略作为一种知识对待,同其他的领域知识一样地被用来表示推理,用户可以通过规则的形式来影响系统所选用的控制策略。

CLIPS(C language integrated production system)是美国航空航天局推出的一种通用产生式语言型专家系统开发工具,具有产生式系统的使用特征和 C 语言的基本语言成分,已获广泛应用。对 CLIPS 感兴趣的读者,可访问其官方网站 http://www.ghg.net/clisp/CLISP.html,以获得更详细的信息。

3. 构造辅助工具

系统构造辅助工具由一些程序模块组成,有些程序能帮助获得和表达领域专家的知识,有些程序能帮助设计正在构造的专家系统的结构。它主要分两类,一种是设计辅助工具,另一种是知识获取辅助工具。AGE 系统是一个设计辅助工具的典型例子,而 TEIRESIAS 则为知识获取辅助工具的一个范例。其他系统构造辅助工具有 ROGET、TIMM、EXPERTEASE、SEEK、MORE、ETS 等。

4. 支撑环境

支撑设施是指帮助进行程序设计的工具,它常被作为知识工程语言的一部分。工具支撑环境仅是一个附带的软件包,以便使用户界面更友好。它包括四个典型组件:调试辅助工具、输入输出设施、解释设施和知识库编辑器。

(1) 调试辅助工具

大多数程序设计语言和知识工程语言都含有跟踪设施和断点程序包。跟踪设施使用户能跟踪或显示系统的操作,这通常是列出已激发的所有规则的名字或序号,或显示所有已调用的子程序。断点程序包使用户能预先告知程序在什么位置停止,这样用户能够在一些重复发生的错误之前中断程序,并检查数据库中的数据。所有的专家系统工具都应具有这些基本功能。

（2）输入输出设施

不同的工具用不同的方法处理输入输出，有些工具提供运行时实现知识获取的功能，此时的工具机制本身使用户能够与运行的系统对话。另外，在系统运行中，它们也允许用户主动输入一些信息。良好的输入输出能力将带给用户一个方便友善的界面。

（3）解释设施

虽然所有的专家系统都具有向用户解释结论和推理过程的能力，但它们并非都能提供同一水平的解释软件支撑。一些专家系统工具，如 EMYCIN 内部具有一个完整的解释机制，因而用 EMYCIN 写的专家系统能自动地使用这个机制。而一些没有提供内部解释机制的工具，知识工程师在使用它们构造专家系统时就要另外编写解释程序。

（4）知识库编辑器

通常的专家系统工具都具有编辑知识库的机制，最简单的情况下，这是一个为手工修改规则和数据而提供的标准文本编辑器。但大部分的工具在它们的支撑环境中还包括语法检查、一致性检查、自动簿记和知识录取等功能。

专家系统的迅速发展，使得知识工程技术渗透到了更多的领域，单一的推理机制和知识表示方法已不能胜任众多的应用领域，对专家系统工具提出了更高的要求。因此，又推出了具有多种推理机制和多种知识表示的工具系统。ART 就属于这一类系统。ART 把基于规则的程序设计、符号数据的多种表示、基本对象的程序设计、逻辑程序设计及其黑板模型，有效地结合在一起提供给用户，使得它具有更广泛的应用范围。

5.8.2　专家系统的 Matlab 开发工具

对于专家系统的开发者来说，直接应用专家系统生成工具或其他高级语言通过直接编程来完成专家系统开发，不仅工作量巨大，而且容易引发程序员的编程错误。Matlab是一种科学与工程计算的工具软件，近年来在信号、结构分析等领域得到了越来越广泛的应用，并且取得了很好的效果。下面举一个 Matlab 工具在机械设计专家系统开发中的应用例子，在后台应用 Matlab 强大的计算功能和完备的专用工具箱，以达到降低编程人员工作量，提高系统质量的目的。

Matlab 引擎是一组函数，通过这组函数，用户可以在自己的应用程序中实现对Matlab 的控制，完成计算和图形绘制等任务，这相当于把 Matlab 当成一个计算引擎。这些函数能启动和结束 Matlab 进程，能从 Matlab 发送和接收数据，能向 Matlab 发送命令。

1. Matlab 程序生成 C++ 代码的方式

以 YM160 型液压履带式土锚杆钻机的主梁传动结构中主链轮的设计参数计算为例，说明 Matlab 在机械设计专家系统中的应用。为了在 Visual C++ 集成开发环境下能够使用 Matlab 的数学库，首先要正确配置编译环境，其中包括设置 Matlab 中头文件（.h）及动态链接库文件（.dll）的路径；定义预处理宏和设置运行时动态链接库这三个步骤。

在前台生成 C++ 应用程序，并利用 Matlab 编译器从 m 文件生成 C++ 代码（.hpp，.cpp），然后将用 mcc 命令生成的代码包含到项目中，并添加一个接口函数（.cp）到工程中，其基本格式如下：

```
#include "stdafx.h"
#include "Matlab.hpp"
...
void Demo()
{
...
}
```

在应用中，最终用户可以在前台界面中根据自己的实际需要输入主链轮的基本参数和主要尺寸。系统在后台调用由 m 文件生成的函数，其计算的中间结果存储在"黑板"数据库中，并最终将分度圆直径、齿根圆直径、轮毂厚度和轮毂长度等尺寸设计参数返回给用户。

2. Matlab 程序方式

下面再举一个例子[* 1]，利用 Matlab 实现一个水泥窑生产专家控制决策系统。首先对司炉工控制转炉进行决策分析，提出水泥生产控制算法。司炉工的任务就是保持转炉的合适状态，而对合适状态的判断建立在司炉使用经验基础上。作为司炉工的专家系统，必须控制两个参数，即转炉的旋转速度（KR）和烧煤速度（CWR）。而这两个参数又取决于司炉工对转炉四个参数的观测，即燃烧区的温度（BZT）、燃烧区的颜色（BZC）、烧结颗粒（CG）及炉内矿物颜色（KIC）。司炉工的工作可以用决策表描述，其中 BZT、BZC、CG 和 KIC 是条件属性，KR 和 CWR 是决策属性。

根据司炉工记录的原始数据表，构建决策表。决策表用来表示经验丰富的司炉工对转炉操作的知识总结，是通过观测司炉工控制转炉的操作积累的数据记录。从而，C＝{a,b,c,d}表示条件属性，D＝{e,f}表示决策属性。由于许多决策是相同的，因此，相同的决策规则可以合并，当司炉工观察到的条件满足指定的值时，专家系统就根据决策表进行控制。

根据司炉工操作的经验，利用司炉工的知识设计转炉的控制算法，为此要先分析司炉工决策所采用的观测数据，即根据观测数据讨论司炉工知识的控制性，并进行化简，接着设计出控制算法。其实验过程如下。

（1）合并原始决策规则的相同项。

（2）对决策表进行条件属性的简化，即如果某条件属性去掉以后决策表仍旧保持协调，则该属性是冗余的，可以去掉。

（3）为了去掉表中的条件属性冗余值，首先计算每个规则的核值，形成决策表的核值表。

（4）根据核值表和协调原则，简化核值，去掉冗余项，即可得到去掉冗余的核值简化表，根据该表就可以求出最小决策规则。

下面给出用 Matlab 编写的生产系统简化和决策控制部分程序。

```
function y＝sam_del(x)                 %其中 x 表示原始决策表矩阵
```

```
y(1,:)=x(1,:);
[n,p]=size(x);
k=2;
for i=2:n
num=0;
for j=1:i
s=x(,:);
[u,v]=size(s);
l=ones(u,v);
s=s*l';
if s==p
break;
end
num=num+1;
end
if num==i-1
y(k,:)=x(i,:);
k=k+1;
end
end

function [y,a]=attr_red(x, m, n)
%其中x表示决策表,m表示条件属性个数,n表示决策属性个数
z=zeros(1,m+n);
z(m+1,m+n)=1;
for l=1:m
a=x(1,:);
a(l)=0;
f=find(a>0);
a=x(:,f);
b=sam_del(a);
[u,v]=size(b);
for j=1:u-1
for k=j+1:u
s=b(j,1:m-1)==b(k,1:m-1);
t=b(j,m:v)==b(k,m:v);
[c1,d1]=size(s);
[c2,d2]=size(t);
l1=ones(c1,d1);
l2=ones(c2,d2);
s=s*l1;
t=t*l2;
if (s==3)&(t~=2)
z(l)=1;
j=u-1;
break;
end
```

```
end
end
end
...
```

3. Matlab 模糊工具箱

下面介绍 Matlab 模糊工具箱的用法,包括如何添加输入变量和输出变量,编辑其论域和隶属度函数,以及建立模糊规则。

首先调用模糊工具箱,生成扩展名为.fis 的文件,其文件名就是在工具箱里定义的名称,如图 5.15 中的位置 4 所示。

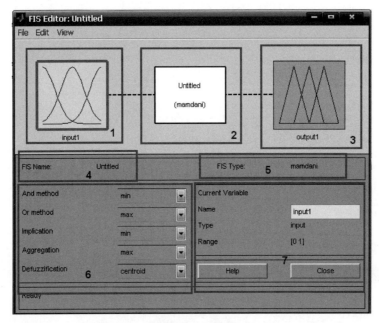

图 5.15 新建模糊工具箱的.fis 文件

接着,打开菜单【File】|【Import】|【From File】,导入已编辑好的 fis 文件,然后加以修改。使用菜单【File】|【Export】,可以将编辑好的模糊推理器导出到文件中。

在图 5.15 中的位置 1,单击选中一个模块时,这个模块的边框就会变色。双击这个模块,就可以对其进行编辑,对输入进行模糊化。在图 5.15 中,位置 3 所示的输出进行去模糊化;双击位置 2 所示的模块,添加相应的模糊推理规则,可以生成.fis 文件的规则;而位置 5 和位置 6 所示区域的内容基本上不用变,因为大部分模糊推理都用这种配置;选中上面部分的模块时,位置 7 所示的区域会显示相应的模块信息,可以修改模块名称,但不能编辑其他信息。

图 5.16 显示模糊推理输入输出的成员函数(membership function)编辑器,选中图 5.16 中位置 1 所示的一个模块,就可以修改其隶属度函数。

在图 5.16 的菜单【Edit】中单击【Add MFs...】项,就能批量添加隶属度函数,如图 5.17

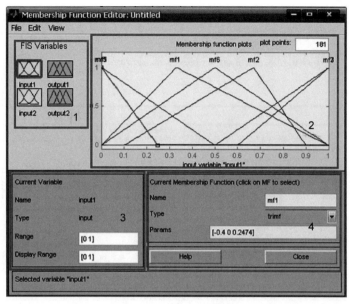

图 5.16 修改成员函数

所示。这时,要求隶属度函数的类型相同,例如都用三角函数或高斯函数。也可以单击【Add Custom MF...】项,添加单个隶属度函数,其中可能涉及的变量包括:

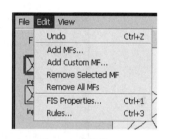

图 5.17 菜单 Edit

- 模糊语言变量名称:例如图 5.16 中的变量 mf1、mf2 等,对应于实际所用的 NB、NM 之类的量;
- 隶属度函数类型;
- 隶属度函数对应的端点:高斯函数和三角函数都有3 个端点,s 型函数和 z 型函数有两个端点。

添加隶属度函数时,可以先确定其形状和函数类型,然后确定所用函数的个数,接着先把隶属度函数添加进来,进行试用。之后,可以在图 5.16 中位置 2 修改隶属度函数。选中隶属度函数后,移动各个小方块,再进行细改。

确定输入输出的隶属度函数后,就可以编辑模糊规则,如图 5.18 所示。在图中位置 1 可以添加设计好的规则,在位置 2 可以输入组合逻辑,例如 mf1、mf2 等分别对应各个输入的模糊语言变量。可以对某个模糊语言变量执行 not 逻辑操作,输入组合逻辑时还可以选择连接方式 and 或者 or,其权重一般都设置为 1。

例如,使用 2 个输入和 3 个输出,每个输入和输出都用 7 个模糊语言变量,这样共生成 $7 \times 7 = 49$ 个规则,构建模糊 PID 控制,如图 5.19 所示。设计完成后,可以单击模糊工具箱的菜单【File】|【Export】|【To Workspace...】,将模糊推理器导入到工作空间中,也可以单击菜单【File】|【Export】|【To File...】,将模糊推理器导出到文件。这个文件的名称就是下次使用 Simulink 调用模糊逻辑块时要写的名称,要加上扩展名。

模糊控制器设计的难点主要在于输入输出的匹配、隶属度函数的划分、关键点的处理和模糊规则的设计。

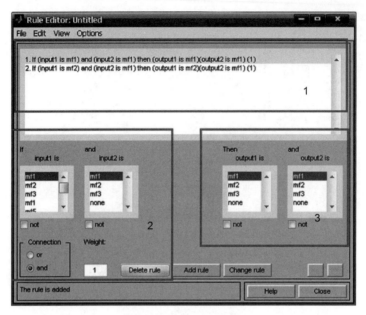

图 5.18 编辑模糊规则

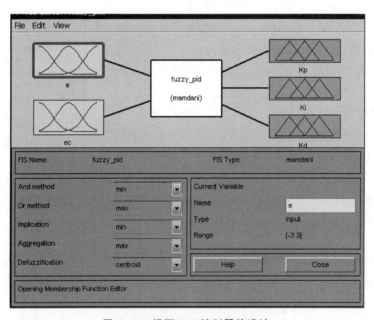

图 5.19 模糊 PID 控制器的设计

5.9 小   结

作为人工智能应用的一个重要突破口,专家系统已在众多领域得到日益广泛的应用,并显示出它的强大生命力。

本章在产生式系统的基础上,首先研究了专家系统的基本问题,包括专家系统的定义、类型、特点、结构和建造步骤等。接着讨论了基于不同技术建立的专家系统,即5.2节基于规则的专家系统、5.3节基于框架的专家系统、5.4节基于模型的专家系统和5.5节基于Web的专家系统。从这些系统的工作原理和模型可以看出,人工智能的各种技术和方法在专家系统中得到很好的结合和应用,为人工智能的发展提供了很好的范例。

计算机科学的一些新思想和新技术也对专家系统的发展起了重要作用。5.6节归纳的新型专家系统,就是应用计算机科学中分布式处理和协同工作机制的结果,它们分别是分布式专家系统和协同式专家系统。对上述各种专家系统的更深入研究,请参阅专家系统方面的专著或教材。

5.7节介绍了专家系统的设计。首先以一个基于规则的维修咨询系统为例,说明了专家系统的设计过程,并采用EXPERT开发工具进行设计。接着讨论基于规则专家系统的一般设计方法,然后以反向推理规则专家系统为例说明介绍专家系统的设计任务。这将对专家系统有更具体和深入的了解。

为了提高专家系统的开发效率、质量和自动化水平,需要专家系统的开发工具。5.8节简介了4种主要开发工具,即骨架型工具、语言型工具、构造辅助工具和支撑环境,并介绍了专家系统的Matlab开发工具。

专家系统是人工智能应用研究的一个最早、最有成效的领域。人们期待它有新的发展和新的突破,成为21世纪人类进行智能管理与决策的得力工具。

习 题 5

5-1 什么是专家系统?它具有哪些特点与优势?

5-2 专家系统由哪些部分构成?各部分的作用是什么?

5-3 建造专家系统的关键步骤是什么?

5-4 专家系统程序与一般的问题求解软件程序有何不同?开发专家系统与开发其他软件的任务有何不同?

5-5 基于规则的专家系统是如何工作的?其结构是什么?

5-6 什么是基于框架的专家系统?它与面向目标编程有何关系?

5-7 基于框架的专家系统的结构有何特点?其设计任务是什么?

5-8 为什么要提出基于模型的专家系统?试述神经网络专家系统的一般结构。

5-9 为什么要提出基于Web的专家系统?试述基于Web的专家系统的一般结构。

5-10 举例介绍一个基于Web的专家系统。

5-11 新型专家系统有何特征?什么是分布式专家系统和协同式专家系统?

5-12 在设计专家系统时,应考虑哪些技术?试以基于规则的专家系统为例,说明专家系统的设计方法和设计任务。

5-13 什么是建造专家系统的工具?你知道哪些专家系统工具,各有什么特点?

5-14 专家系统面临什么问题?你认为应如何发展专家系统?

5-15 用基于规则的推理系统证明下述推理的正确性:

已知   狗都会吠叫和咬人

任何动物吠叫时总是吵人的

猎犬是狗

结论   猎犬是吵人的

参 考 文 献

1. Abu-Nasser B S. Medicalexpert systems survey[J]. International Journal of Engineering and Information Systems, 2017,1(7): 218-224.

2. Almurshidi S H, Naser S S A. Expert System For Diagnosing Breast Cancer[M]. Gaza, Palestine: Al-Azhar University, 2018.

3. Aly S, Vrana I. Toward efficient modeling of fuzzy expert systems: a survey[J]. Agriculture Economics-CZECH, 2006,52(10): 456-460.

4. Anjali B, Tilotma S. Survey onfuzzy expert system[J]. International Journal of Emerging Technology and Advanced Engineering, 2013,3(12): 230-233.

5. Batista L O, de Silva G A, Araújo V S, et al. Fuzzy neural networks to create an expert system for detecting attacks by sql injection[J]. International Journal of Forensic Computer Science, 2019,13 (1): 8-21.

6. Bruno J T F, George D C C, Tsang I R. AutoAssociative Pyramidal Neural Network for one class pattern classification with implicit feature extraction[J]. Expert Systems with Applications, 2013,40 (18): 7258-7266.

7. Buchanan B G, Shortliffe E H. Rule Based Expert System. The MYCIN Experiments of Stanford Heuristic Programming Project[M]. New York: Addison Wesley Publishing Company, 1984.

8. Cai Jingfeng. Decision Tree Pruning Using Expert Knowledge [D]. Berlin, Germany: VDM Verlag, 2008.

9. Cai Zixing, Fu K S. Expert system based robot planning[J]. Control Theory and Applications, 1988, 5(2): 30-37.

10. Cai Zixing, Fu K S. Robot planning expert systems [C]. Proceedings of IEEE International Conference on Robotics and Automation, Vol. 3, San Francisco: IEEE Computer Society Press, 1986: 1973-1978.

11. Cai Zixing, Jiang Z. A Multirobotic pathfinding based on expert system[C]. Preprints of IFAC/IFIP/IMACS Int. Symposium on Robot Control. Pergamon Press, 1991: 539-543.

12. Cai Zixing, Tang S. A Multirobotic planning based on expert system[J]. High Technology Letters, 1995, 1(1): 76-81.

13. Cai Zixing, Wang Y N, Cai J F. A Real-time expert control system[J]. AI in Engineering, 1996, 10(4): 317-322.

14. Cai Zixing. An expert system for robotic transfer planning[J]. Computer Science and Technology, 1988, 3(2): 153-160.

15. Cai Zixing. Intelligence Science: disciplinary frame and general features[C]. Proceedings of 2003 IEEE International Conference on Robotics, Intelligent Systems and Signal Processing (RISSP), 2003: 393-398.

16. Cai Zixing. Intelligent Control: Principles, Techniques and Applications [M]. Singapore-New Jersey: World Scientific Publishers, 1997.

17. Cai Zixing. Some research works on expert system in AI course at Purdue[C]. Proceedings of IEEE International Conference on Robotics and Automation, Vol. 3, San Francisco: IEEE Computer Society Press, 1986: 1980-1985.

18. Darrel Ryan. Expert Systems: Design, Applications and Technology[M]. Nova Science Publishers, Inc., 2017.

19. Durkin J. Expert System Design and Development [M]. New York: Macmillan Publishing Company, 1994.

20. Durkin J. History and Applications[M]// Expert System. C T Leondes. San Diego: Academic Press, 2002.

21. Duygu İçen, Süleyman Günay. Design and implementation of the fuzzy expert system in Monte Carlo methods for fuzzy linear regression[J]. Applied Soft Computing Journal, 2019: 399-411.

22. Edyta Brzychczy, Marek Kęsek, Aneta Napieraj, et al. An expert system for underground coal mine planning[J]. Gospodarka Surowcami Mineralnymi,2017: 113-127.

23. Mok E, Wong K, Shea G, et al. Design and algorithm development of an expert system for continuous health monitoring of sewer and storm water pipes[J]. Office Automation, 2014(s1): 35-38.

24. Gevarter W B. Artificial Intelligence Applications: Expert Systems, Computer Vision and Natural Language Processing[M]. NOYES Publications, 1984.

25. Giarratano J, Riley G. Expert Systems: Principles and Programming [M]. PWS Publishing Company,1988.

26. Hamman H, Hamman J, Wessels A, et al. Development of multiple-unit pellet system tablets by employing the SeDeM expert diagram system Ⅰ: pellets with different sizes[J]. Pharmaceutical Development and Technology, 2018, 23(7): 706-714.

27. Kim Han-Saem, Sun Chang-Guk, Cho Hyung-Ik. Site-Specific zonation of seismic site effects by optimization of the expert GIS-based geotechnical information system for western coastal urban areas in South Korea[J]. International Journal of Disaster Risk Science, 2019, 1: 117-133.

28. Hayes Roth F, Waterman D, Lenat D. Building Expert Systems[M]. New York: Addison Wesley, 1983.

28. Jordanides T, Torby B. Expert Systems and Robotics[M]. Springer-Verlag,1991.

29. Jovanovic J, Gasevic D, Devedzic V. A GUI for Jess[J]. Expert Systems with Applications, 2004, 24(4): 625-637.

30. Kitamura Y, Ikeda M, Mizoguchi R. A model-based expert system based on a domail ontology [M]// Expert Systems, Leondes C T. San Diego: Academic Press, 2002.

31. Lagappan M, Kumaran M. Application of expert systems in fisheries sector-a review[J]. Research Journal of Animal, Veterinary and Fishery Sciences,2013,1(8): 19-30.

32. Lau Ivanciura-Nicoleta, Sipos Emilia. Fuzzy logic based expert system for academic staff evaluation and progress monitoring [C]. Proceedings of 2017 2nd International Conference on Computer, Mechatronics and Electronic Engineering(CMEE 2017),329-336,2017-12-24.

33. Leondes C T. Expert Systems, the Technology of Knowledge Management and Decision Making for the 21st Century[M]. San Diego: Academic Press, 2002.

34. Luder A, Klostermeyer A, Peschke J, et al. Distributed Automation: PABADIS versus HMS[C]. Industrial Informatics, IEEE Transactions on Publication, Feb 2005, 1(1): 31-38.

35. Luis M T-T, Indira G E-S, Bernardo G-O. et al. An expert system for setting parameters in machining processes[J]. Expert Systems with Applications, 2013,40(17): 6877-6884.

36. Martin J, Oxman S. Building Expert Systems,A Tutorial[M]. New Jersey: Prentice Hall, 1988.

37. Martin de Diego I O S, Siordia A, et al. Subjective data arrangement using clustering techniques for training expert systems[J]. Expert Systems with Applications, 2019,115: 1-15.

38. Mesran M, Syahrizal M, Suginam S, et al. Expert system for disease risk based on lifestyle with fuzzy mamdani[J]. International Journal of Engineering Research & Technology, 2018,7(2-3): 88-91.

39. Meysam R K, Haleh A, Mojtaba M, et al. Fuzzy expert system for diagnosing diabetic neuropathy [J]. World Journal of Diabetes,2017,2: 80-88.

40. Meystel A M, Albus J S. Intelligent Systems: Architecture, Design and Control[M]. New York: John Wiley & Sons,2002.

41. Mirmozaffari M. Developing an expert system for diagnosing liver diseases[J]. EJERS, 2019,4(3): 1-5.

42. Parsaye K, Chignell M. Expert Systems for Experts[M]. John Wiley & Sons,Inc.,1988.

43. Pritpal Singh. Indian summer monsoon rainfall (ISMR) forecasting using time series data: A fuzzy-entropy-neuro based expert system[J]. Geoscience Frontiers,2018,4: 1243-1257.

44. Rebecca F, Ardeshir F, Li Mingxin. The development of an expert system for effective countermeasure identification at rural unsignalized intersections [J]. International Journal of Information Science and Intelligent System, 2014, 3(1): 23-40.

45. Russell S, Norvig P. Artificial Intelligence: A Modern Approach[M]. New Jersey: Prentice Hall, 1995,2003.

46. Samy A N, Aeman M A. Variable floor for swimming pool using an expert system[J]. International Journal of Modern Engineering Research, 2013,3(6): 3751-3755.

47. Saurí J, Millán D, Suñé-Negre J M, et al. The use of the SeDeM diagram expert system for the formulation of Captopril SR matrix tablets by direct compression [J]. International Journal of Pharmaceutics, 2013,11: 38-45.

48. Shortliffe E E. Computer Based Medical Consultations: MYCIN [M]. New York: American Elsevier, 1976.

49. Tripathi K P. A review on knowledge-based expert system: concept and architecture[J]. IJCA Special Issue on "Artificial Intelligence Techniques-Novel Approaches & Practical Applications" AIT, 2011: 19-23.

50. Walker T C, Miller R K. Expert Systems Handbook, An Assessment of Technology Applications [M]. The Fairmont Press Inc., 1990.

51. Wang Minhong, Wang Huaiqing,Xu Dongming, et al. A web service agent-based decision support system for securities exception management[J]. Expert Systems with Applications, 2004, 27: 439-450.

52. Wang Ni. Study on the management system of English Teaching Expert Database based on computer technology[C]. Proceedings of 2018 5th International Conference on Education, Management, Arts, Economics and Social Science(ICEMAESS 2018),2018-11-10.

53. Weiss S M, Kulikowski C A. A Practical Guide to Designing Expert Systems[M]. Rowmand and Allenkeld Publishers, 1984.

54. Yoshinobu Kitamura, Mitsuru Ikeda, Riichiro Mizoguchi. A Model-based Expert System Based on a Domain Ontology[M]// Expert Systems. C T Leondes. San Diego: Academic Press, 2002.

55. Zohreh S K, Hossein B, Isa E. An expert system for predicting shear stress distribution in circular open channels using gene expression programming[J]. Water Science and Engineering, 2018, 2:

167-176.

56. 安峰,谢强,丁秋林. 基于 Ontology 的专家系统研究[J]. 计算机工程,2010,36(13)：167-169.

57. 安秋顺,马竹梧. 专家系统开发工具发展现状及动向[J]. 冶金自动化,1995,19(2)：8-11.

58. 敖志刚. 人工智能及专家系统[M]. 北京：机械工业出版社,2010.

59. 白润,郭启雯. 专家系统在材料领域中的研究现状与展望[J].宇航材料工艺,2004,(4)：16-20.

60. 毕璐,刘斌,张鹏海. 运动员训练专家系统知识库的设计与实现[J]. 计算机与数字工程,2019,2：314-319.

61. 卞玉涛,李志华. 基于专家系统的故障诊断方法的研究与改进[J]. 电子设计工程,2013,21(16)：83-87.

62. 蔡自兴,姜志明. 基于专家系统的机器人规划[J]. 电子学报,1993,21(5)：88-90.

63. 蔡自兴,徐光祐. 人工智能及其应用[M]. 3 版,研究生用书. 北京：清华大学出版社,2004.

64. 蔡自兴,John Durkin,龚涛. 高级专家系统：原理、设计及应用[M]. 2 版. 北京：科学出版社,2014.

65. 蔡自兴,John Durkin,龚涛. 高级专家系统：原理、设计及应用[M]. 北京：科学出版社,2005.

66. 蔡自兴,傅京孙. ROPES：一个新的机器人规划系统[J]. 模式识别与人工智能,1987,1(1)：77-85.

67. 蔡自兴,傅京孙. 专家系统进行机器人规划[C]. 全国首届机器人学术讨论会论文集,中国电子学会,等. 北京：1987：65-472.

68. 蔡自兴,王勇. 专家系统[M]// 智能系统原理、算法与应用. 北京：机械工业出版社,2014.

69. 蔡自兴. 基于专家系统的机器人规划[M]// 机器人学. 2 版. 北京：清华大学出版社,2009.

70. 蔡自兴. 专家系统[M]// 人工智能基础. 2 版. 北京：高等教育出版社,2010.

71. 蔡自兴. 一种用于机器人高层规划的专家系统[J]. 高技术通讯,1995,5(1)：21-24.

72. 蔡自兴. 专家控制[M]// 智能控制导论. 2 版. 北京：中国水利水电出版社,2013.

73. 蔡自兴,等. 专家控制系统[M]// 智能控制原理与应用. 3 版. 北京：清华大学出版社,2019.

74. 陈建华,徐红阳. 高炉专家系统：应用现状和发展趋势[J]. 现代冶金,2012,40(3)：6-10.

75. 陈卫芹,熊莉媚,孟昭光. 专家系统的解释机制和它的实现[J]. 太原工业大学学报,1994,25(3)：69-75.

76. 程伟良. 广义专家系统[M]. 北京：北京理工大学出版社,2005.

77. 崔巍. 基于不确定性及模糊推理的智能制造专家系统研究与实现[D]. 天津：天津大学,2014.

78. 戴汝为,王珏. 综合各种模型的专家系统设计[C]. 知识工程进展——第二届全国知识工程研讨会论文选集. 武汉：中国地质大学出版社,1988：97-105.

79. 德尔金,蔡竞峰,蔡自兴. 决策树技术及其当前研究方向[J]. 控制工程,2005,12(1)：15-18.

80. 段隽喆,李华聪. 基于故障树的故障诊断专家系统研究[J]. 科学技术与工程,2009,8(7)：1914-1917.

81. 段韶芬,李福超,郑国清.农业专家系统研究进展及展望[J].农业图书情报学刊,2000,(5)：15-18.

82. 方利伟,张剑平. 基于实时专家系统的智能机器人的设计与实现[J]. 中国教育信息化,2007,69-70.

83. 傅京孙,蔡自兴,徐光祐. 人工智能及其应用[M]. 北京：清华大学出版社,1987.

84. 顾沈明,刘全良. 一种基于 Web 的专家系统的设计与实现[J]. 计算机工程,2001,27(11)：100-101,134.

85. 关守平. 实时专家系统技术[J]. 计算机工程与科学,1996,18(4)：42-45.

86. 郭潇群,郝晓宇,毛红奎,等. 铸造工艺专家系统的研究现状与发展[J].铸造技术,2017,8：1793-1795.

87. 何伟,常赛. 基于专家系统的轨道故障监测系统设计与实现[J].计算机时代,2019,1：46-47.

88. 何伟,常赛. 基于专家系统的智慧农业管理平台的研究[J].电脑知识与技术,2016,31：52-53.

89. 黄朝圣,姚树新,陈卫泽. 浅谈专家系统现状与开发[J]. 控制技术,2013,2：71-74.

90. 江璐,赵捧未,李展. 基于知识服务的专家系统研究[J]. 科技情报开发与经济,2011,21(2): 113-116.

91. 姜福兴. 采煤工作面顶板控制设计及其专家系统[M]. 北京:煤炭工业出版社,2010.

92. 李朝纯,张明友. 基于框架的机械零部件失效分析诊断专家系统的研究[J]. 武汉汽车工业大学学报,1997,19(1):74-77.

93. 李峰,庄军,刘侃,等. 医学专家决策支持系统的发展与现状综述[J]. 医学信息,2007,20(4): 527-529.

94. 李建鹏,李福民,吕庆. 炼焦配煤专家系统的设计及应用[J]. 燃料与化工,2015,6:1-3.

95. 李卫华,汤怡群,周祥和. 专家系统工具[M]. 北京:气象出版社,1987.

96. 李志伟. 基于 Web 的飞机故障远程诊断专家系统的设计[J]. 计算机应用与软件,2002,(12): 64-65.

97. 林潇,李绍稳,张友华,等. 基于本体的水稻病害诊断专家系统研究[J]. 数字技术与应用,2010, 11:109-111.

98. 刘文礼,路迈西,刘旌. 解释机制在动力煤选煤厂设计专家系统中的实现策略[J]. 选煤技术, 1997,(4):14-15.

99. 刘孝永,王未名,封文杰,等. 病虫害专家系统研究进展[J]. 山东农业科学,2013,45(9):138-143.

100. 卢令,蔡乐才,高祥,等. 基于云计算平台的白酒发酵智能专家系统的应用[J]. 酿酒科技,2018, 12:88-91.

101. 卢培佩,胡建安. 计算机专家系统在疾病诊疗中应用和发展[J]. 实用预防医学,2011,18(6): 1167-1171.

102. 陆汝钤. 世纪之交的知识工程与知识科学[M]. 北京:清华大学出版社,2001.

103. 马岩,曹金成,黄勇,等. 基于 BP 神经网络的无人机故障诊断专家系统研究[J]. 长春理工大学学报(自然科学版),2011,34(4):137-139.

104. 马竹梧,徐化岩,钱王平. 基于专家系统的高炉智能诊断与决策支持系统[J]. 冶金自动化,2013, 37(6):7-14.

105. 牛江川,高志伟,张国兵. 基于 Web 的广义配件选型专家系统的研究与实现[J]. 计算机工程与应用,2004,(2):126-128.

106. 盛畅,崔国贤. 专家系统及其在农业上的应用与发展[J]. 农业网络信息,2008,(3):4-7.

107. 施赖伯,等. 知识工程和知识管理[M]. 史忠植,等译. 北京:机械工业出版社,2003.

108. 石群英,郭舜日,蒋慰孙. 专家系统开发工具的现状及展望[J]. 自动化仪表,1997,18(4):1-4.

109. 孙娟,蒋文兰,龙瑞军. 基于 Web 的苜蓿产品加工与利用专家系统的开发[J]. 现代化农业, 2003,(11):32-33.

110. 孙敏,姚海燕. 园艺植物专家系统研究概况与发展趋势[J]. 安徽农业科学,2012,40(2): 1213-1216.

111. 王安炜. 基于 Android 的手机农业专家系统的设计与实现[D].济南:山东大学,2011.

112. 王海澜. 基于故障树的天然气发动机故障诊断专家系统设计[J]. 电子技术与软件工程,2019,2: 29-30.

113. 王培强,王占峰,杨龙杰. 浅谈专家系统在采矿行业的应用现状及发展前景[J]. 煤矿现代化, 2010,(6):5-6.

114. 王溪波,杨志洁. 一种新的基于 Web 的专家系统开发方法[J].计算机技术与发展,2015,8: 147-151.

115. 王晓玉,彭进业,王国庆. 嵌入式随动系统实时故障诊断专家系统研究[J]. 计算机测量与控制, 2010,18(3):498-500.

116. 王智明,杨旭,平海涛. 知识工程及专家系统[M]. 北京:化学工业出版社,2006.

117. 韦洪龙，田文德，徐敏祥. 基于石化装置的专家系统研究进展[J]. 上海化工，2013，38(11)：18-21.
118. 吴春胤，陈壮光，王浩杰，等. 基于本体的专家系统研究综述[J]. 农业信息网络，2013，(3)：5-8.
119. 吴锋，李成铁，何风行，等. 基于 Web 的远程监控系统研究[J]. 仪器仪表学报，2005，26(8s)：241-243.
120. 吴明臻，梁琼. 烧结专家系统发展现状综述[J]. 矿业工程，2012，10(1)：61-63.
121. 武波，马玉祥. 专家系统[M]. 北京：北京理工大学出版社，2001.
122. 谢小婷，胡汀. 专家系统在农业应用中的研究进展[J]. 电脑知识与技术，2011，7(6)：1329-1330.
123. 杨炳儒. 知识工程与知识发现[M]. 北京：冶金工业出版社，2000.
124. 杨兴，朱大奇，桑庆兵. 专家系统研究现状与展望[J]. 计算机应用研究，2007，24(5)：4-9.
125. 尹朝庆，尹皓. 人工智能与专家系统[M]. 北京：中国水利水电出版社，2002.
126. 迎战，吴中梅，余宇航. 一种基于图像的农作物病虫害诊断专家系统研究[J]. 现代计算机，2012，6：64-67.
127. 张邦成，步倩影，周志杰，等. 基于置信规则库专家系统的司控器开关量健康状态评估[J]. 控制与决策，2018，4：805-812.
128. 张殿波，汪玉波. 农业宏观决策专家系统的研制[J]. 农业与技术，2008，28(3)：24-27.
129. 张吉峰. 专家系统与知识工程引论[M]. 北京：清华大学出版社，1988.
130. 张建勋. 焊接工程计算机专家系统的研究现状与展望[J]. 焊接技术，2001，30(s)：11-13.
131. 张婷，陆俊，沈静静. 基于物联网的智能灌溉专家决策系统[J]. 现代农业科技，2017，21：176-177.
132. 张宇. 基于物联网技术的农业专家系统的研究与实现[J]. 农业与技术，2014，11：23.
133. 张志健，王小虎，曾宪法，等. 一种基于在线辨识和专家系统的飞行器智能姿态控制方法[J]. 导航定位与授时，2018，4：50-58.
134. 赵红云，赵福祥，马玉祥. 专家系统效能评估的研究[J]. 系统工程理论与实践，2001，(7)：26-31，57.
135. 赵瑞清. 专家系统原理[M]. 北京：气象出版社，1987.
136. 郑丽敏. 人工智能专家系统原理及其应用[M]. 北京：中国农业大学出版社，2004.
137. 郑伟，安佰强，王小雨. 专家系统研究现状及其发展趋势[J]. 电子世界，2013，(2)：87-88.
138. 周鹏飞，乔佳，李良. 共享汽车智能调度专家系统的研究[J]. 计算机应用与软件，2018，4：109-111.
139. 周志杰. 置信规则库专家系统与复杂系统建模[M]. 北京：科学出版社，2011.

第 **6** 章

机 器 学 习

从人工智能的发展过程看,机器学习是继专家系统之后人工智能应用的又一重要研究领域,也是人工智能和神经计算的核心研究课题之一。伴随着 AlphaGo 的胜利,无人驾驶汽车的出现,语音识别、图像识别等的突破,机器学习在人工智能的高速发展中备受瞩目。本章将首先介绍机器学习的定义、意义和简史,然后讨论机器学习的主要策略和基本结构,最后逐一研究各种机器学习的方法与技术,包括归纳学习、决策树学习、类比学习、解释学习、神经网络学习、知识发现、深度学习和增强学习等。对机器学习的讨论和机器学习研究的进展,必将促使人工智能和整个科学技术的进一步发展。

6.1 机器学习的定义和发展历史

6.1.1 机器学习的定义

学习是人类具有的一种重要的智能行为,但究竟什么是学习,长期以来却众说纷纭。社会学家、逻辑学家和心理学家都各有其不同的看法。按照人工智能大师西蒙的观点,学习就是系统在不断重复的工作中对本身能力的增强或者改进,使得系统在下一次执行同样任务或类似任务时,会比现在做得更好或效率更高。

下面给出关于学习、学习系统和机器学习的不同定义。

N. Wiener 于 1965 年对学习给出一个比较普遍的定义:

定义 6.1 一个具有生存能力的动物在它的一生中能够被其经受的环境所改造。一个能够繁殖后代的动物至少能够生产出与自身相似的动物(后代),即使这种相似可能随着时间变化。如果这种变化是自我可遗传的,那么,就存在一种能受自然选择影响的物质。如果该变化是以行为形式出现,并假定这种行为是无害的,那么这种变化就会世代相传下去。这种从一代至其下一代的变化形式称为**种族学习**(racial learning)或**系统发育学习**(system growth learning),而发生在特定个体上的这种行为变化或行为学习,则称为**个体发育学习**(individual growth learning)。

C. Shannon 在 1953 年对学习给予较多限制的定义:

定义 6.2 假设 ①一个有机体或一部机器处在某类环境中,或者同该环境有联系;②对该环境存在一种"成功的"度量或"自适应"度量;③这种度量在时间上是比较局部的,也就是说,人们能够用一个比有机体生命期短的时间来测试这种成功的度量。对于所考虑的环境,如果这种全局的成功度量,能够随时间而改善,那么我们就说,对于所选择的成功度量,该有机体或机器正为适应这类环境而学习。

I. Tsypkin 为学习和自学习下了较为一般的定义:

定义 6.3 **学习**是一种过程,通过对系统重复输入各种信号,并从外部校正该系统,从而系统对特定的输入作用具有特定的响应。**自学习**就是不具外来校正的学习,即不具奖罚的学习,它不给出系统响应正确与否的任何附加信息。

西蒙对学习给予更准确的定义:

定义 6.4 **学习**表示系统中的自适应变化,该变化能使系统比上一次更有效地完成同一群体所执行的同样任务。

米切尔(Mitchell)给学习下了个比较宽广的定义,使其包括任何计算机程序通过经验来提高某个任务处理性能的行为:

定义 6.5 对于某类任务 T 和性能度量 P,如果一个计算机程序在 T 上以 P 衡量的性能随着经验 E 而自我完善,那么就称这个计算机程序从经验 E 中学习。

定义 6.6 **学习系统**(learning system)是一个能够学习有关过程的未知信息,并用所学信息作为进一步决策或控制的经验,从而逐步改善系统的性能。

定义 6.7 如果一个系统能够学习某一过程或环境的未知特征固有信息,并用所得经验进行估计、分类、决策或控制,使系统的品质得到改善,那么称该系统为**学习系统**。

定义 6.8 **学习系统**是一个能在其运行过程中逐步获得过程及环境的非预知信息,积累经验,并在一定的评价标准下进行估值、分类、决策和不断改善系统品质的智能系统。

在人类社会中,不管一个人有多深的学问,多大的本领,如果他不善于学习,那么就不必过于看重他。因为他的能力总是停留在一个固定的水平上,不会创造出新奇的东西。但一个人若具有很强的学习能力,则不可等闲视之了。虽然他现在的能力不是很强,但是"士别三日,当刮目相待",几天以后他可能具备许多新的本领,根本不是当初的情景了。机器具备了学习能力,其情形完全与人类似。1959 年美国的塞缪尔(A. L. Samuel)设计了一个下棋程序,这个程序具有学习能力,它可以在不断的对弈中改善自己的棋艺。4 年后,这个程序战胜了设计者本人。又过了 3 年,这个程序战胜了美国一个保持 8 年之久的常胜不败的冠军。这个程序向人们展示了机器学习的能力,提出了许多令人深思的社会问题与哲学问题。

机器的能力能否超过人,很多持否定意见的人的一个主要论据是:机器是人造的,其性能和动作完全是由设计者规定的,因此无论如何其能力也不会超过设计者本人。这种意见对不具备学习能力的机器来说的确是对的,可是对具备学习能力的机器就值得考虑了,因为这种机器的能力在应用中不断地提高,过一段时间之后,设计者本人也可能不知道它的能力到了何种水平。

什么叫做机器学习(machine learning)?至今,还没有统一的定义,而且也很难给出一个公认的和准确的定义。为了便于进行讨论和估计学科的进展,有必要对机器学习给出定义,即使这种定义是不完全的和不充分的。

定义 6.9 顾名思义,**机器学习**是研究如何使用机器来模拟人类学习活动的一门学科。

稍微严格的提法是：

定义 6.10   机器学习是一门研究机器获取新知识和新技能，并识别现有知识的学问。

综合上述两定义，可给出如下定义：

定义 6.11   机器学习是研究机器模拟人类的学习活动、获取知识和技能的理论和方法，以改善系统性能的学科。

这里所说的"机器"，指的就是计算机；现在是电子计算机，以后还可能是中子计算机、量子计算机、光子计算机或神经计算机，等等。

6.1.2 机器学习的发展史

机器学习是人工智能应用研究较为重要的分支，它的发展过程大体上可分为 4 个阶段。

第一阶段是在 20 世纪 50 年代中叶到 60 年代中叶，属于热烈时期。在这个时期，所研究的是"没有知识"的学习，即"无知"学习；其研究目标是各类自组织系统和自适应系统；其主要研究方法是不断修改系统的控制参数以改进系统的执行能力，不涉及与具体任务有关的知识。指导本阶段研究的理论基础是早在 40 年代就开始研究的神经网络模型。随着电子计算机的产生和发展，机器学习的实现才成为可能。这个阶段的研究导致了模式识别这门新科学的诞生，同时形成了机器学习的两种重要方法，即判别函数法和进化学习。塞缪尔的下棋程序就是使用判别函数法的典型例子。不过，这种脱离知识的感知型学习系统具有很大的局限性。无论是神经模型、进化学习或是判别函数法，所取得的学习结果都很有限，远不能满足人们对机器学习系统的期望。在这个时期，我国研制了数字识别学习机。

第二阶段在 20 世纪 60 年代中叶至 70 年代中叶，被称为机器学习的冷静时期。本阶段的研究目标是模拟人类的概念学习过程，并采用逻辑结构或图结构作为机器内部描述。机器能够采用符号来描述概念(符号概念获取)，并提出关于学习概念的各种假设。本阶段的代表性工作有温斯顿(P. H. Winston)的结构学习系统和海斯·罗思(Hayes Roth)等的基于逻辑的归纳学习系统。虽然这类学习系统取得了较大的成功，但只能学习单一概念，而且未能投入实际应用。此外，神经网络学习机因理论缺陷未能达到预期效果而转入低潮。这个时期正是我国"史无前例"的 10 年，对机器学习的研究不可能取得实质进展。

第三阶段从 20 世纪 70 年代中叶至 80 年代中叶，称为复兴时期。在这个时期，人们从学习单个概念扩展到学习多个概念，探索不同的学习策略和各种学习方法。机器的学习过程一般都建立在大规模的知识库上，实现知识强化学习。尤其令人鼓舞的是，本阶段已开始把学习系统与各种应用结合起来，并取得很大的成功，促进了机器学习的发展。在出现第一个专家学习系统之后，示例归约学习系统成为研究主流，自动知识获取成为机器学习的应用研究目标。1980 年，在美国的卡内基·梅隆大学(CMU)召开了第一届机器学习国际研讨会，标志着机器学习研究已在全世界兴起。此后，机器归纳学习进入应用。1986 年，国际杂志《机器学习》(*Machine Learning*)创刊，迎来了机器学习蓬勃发展的新时期。70 年代末,中国科学院自动化研究所进行质谱分析和模式文法推断研究,表明我国的机器学习研究得到恢复。1980 年西蒙来华传播机器学习的火种后,我国的机器学习研究出现了新局面。

第四阶段即机器学习的最新阶段始于 1986 年。一方面,由于神经网络研究的重新兴起,对连接机制(connectionism)学习方法的研究方兴未艾,机器学习的研究已在全世界范围内出现新的高潮,对机器学习的基本理论和综合系统的研究得到加强和发展。另一方面,实验研究和应用研究得到前所未有的重视。随着人工智能技术和计算机技术的快速发展,已为机器学习提供了新的更强有力的研究手段和环境。具体地说,在这一时期符号学习由"无知"学习转向有专门领域知识的增长型学习,因而出现了有一定知识背景的分析学习。神经网络由于隐节点和反向传播算法的进展,使连接机制学习东山再起,向传统的符号学习挑战。基于生物发育进化论的进化学习系统和遗传算法,因吸取了归纳学习与连接机制学习的长处而受到重视。基于行为主义(actionism)的增强(reinforcement)学习系统因发展新算法和应用连接机制学习遗传算法的新成就而显示出新的生命力。1989 年瓦特金(C. Watkins)提出 Q-学习,促进了增强学习的深入研究。

知识发现最早于 1989 年 8 月提出。1997 年,国际专业杂志 *Knowledge Discovery and Data Mining* 问世。知识发现和数据挖掘研究的蓬勃发展,为从计算机数据库和计算机网络(含因特网)提取有用信息和知识提供了新的方法。知识发现和数据挖掘已成为 21 世纪机器学习的一个重要研究课题,并已取得许多有价值的研究和应用成果。知识发现的核心是数据驱动,从大量数据中去发现有用的信息,很多统计学的方法应用其中。从 20 世纪 90 年代中期开始,统计学习逐渐成为机器学习的主流技术。在这期间,博瑟(Boser)、盖约(Guyon)和瓦普尼克(Vapnik)提出了有效的支持向量机(support vector machine,SVM)算法,其优越的性能最早在文本分类研究中显现出来。神经网络与支持向量机是统计学习的代表方法。

近 20 年来,我国的机器学习研究开始进入稳步发展和逐渐繁荣的新时期。每两年一次的全国机器学习研讨会已举办了 10 多次,学术讨论和科技开发蔚然成风,研究队伍不断壮大,科研成果更加丰硕。

机器学习进入新阶段的重要表现在下列诸方面。

(1) 机器学习已成为新的边缘学科并在高校形成一门课程。它综合应用心理学、生物学和神经生理学以及数学、自动化和计算机科学形成机器学习理论基础。

(2) 结合各种学习方法,取长补短的多种形式的集成学习系统研究正在兴起。特别是连接学习符号学习的耦合,由于可以更好地解决连续性信号处理中知识与技能的获取与求精问题,因而受到重视。

(3) 机器学习与人工智能各种基础问题的统一性观点正在形成。例如学习与问题求解结合进行、知识表达便于学习的观点产生了通用智能系统 SOAR 的组块学习。类比学习与问题求解结合的基于案例方法已成为经验学习的重要方向。

(4) 各种学习方法的应用范围不断扩大,一部分已形成商品。归纳学习的知识获取工具已在诊断分类型专家系统中广泛使用。连接学习在声图文识别中占优势。分析学习已用于设计综合专家系统。遗传算法与强化学习在工程控制中有较好的应用前景。与符号系统耦合的神经网络连接学习将在企业的智能管理与智能机器人运动规划中发挥作用。

(5) 数据挖掘和知识发现,尤其是深度学习的研究与应用已形成热潮,并在图像处理、语音识别、生物医学、金融管理、商业销售等领域得到成功应用,给机器学习注入新的活力。

(6) 与机器学习有关的学术活动空前活跃。国际上除每年一次的机器学习研讨会外,还有计算机学习理论国际会议以及遗传算法国际会议。

如今,机器学习的应用已遍及人工智能的各个分支,如专家系统、自动推理、自然语言理解、模式识别、计算机视觉和智能机器人等领域。

6.2 机器学习的主要策略与基本结构

6.2.1 机器学习的主要策略

学习是一项复杂的智能活动,从 20 世纪 50 年代到 70 年代初,人工智能研究处于"推理期",人们认为只要给机器赋予逻辑推理能力,机器就能具有智能。E. A. Feigenbaum 在著名的《人工智能手册》中,按照学习中使用推理的多少,把机器学习技术划分为四大类——机械学习、示教学习、类比学习和示例学习。学习中所用的推理越多,系统的能力越强。

机械学习就是记忆,是最简单的学习策略。这种学习策略不需要任何推理过程。外界输入知识的表示方式与系统内部表示方式完全一致,不需要任何处理与转换。虽然机械学习在方法上看来很简单,但由于计算机的存储容量相当大,检索速度又相当快,而且记忆精确、无丝毫误差,所以也能产生人们难以预料的效果。塞缪尔的下棋程序就是采用了这种机械记忆策略。为了评价棋局的优劣,他给每一个棋局都打了分,对自己有利的分数高,不利的分数低,走棋时尽量选择使自己分数高的棋局。这个程序可记住 53 000 多棋局及其分值,并能在对弈中不断地修改这些分值以提高自己的水平,这对于人来说是无论如何也办不到的。

比机械学习更复杂一点的学习是示教学习策略。对于使用示教学习策略的系统来说,外界输入知识的表达方式与内部表达方式不完全一致,系统在接受外部知识时需要一点推理,翻译和转化工作。MYCIN 和 DENDRAL 等专家系统在获取知识上都采用这种学习策略。

类比学习系统只能得到完成类似任务的有关知识。因此,学习系统必须能够发现当前任务与已知任务的相似之处,由此制定出完成当前任务的方案。因此,它比上述两种学习策略需要更多的推理。

采用示例学习策略的计算机系统,事先完全没有完成任务的任何规律性的信息,所得到的只是一些具体的工作例子及工作经验。系统需要对这些例子及经验进行分析、总结和推广,得到完成任务的一般性规律,并在进一步的工作中验证或修改这些规律,因此需要的推理是最多的。

此外,从统计学习的角度来看,机器学习还可以分为有监督学习、无监督学习、半监督学习和增强学习等几种类别:

① 有监督学习从给定的训练数据集中学习出一个函数,当新的数据到来时,可以根据这个函数预测结果。监督学习的训练集要求是包括输入和输出,也可以说是特征和目标。训练集中的目标是由人标注的。常见的监督学习算法包括回归分析和统计分类。

② 无监督学习与监督学习相比,训练集没有人为标注的结果。常见的无监督学习算法有聚类。

③ 半监督学习介于监督学习与无监督学习之间。

④ 增强学习通过观察来学习做成如何的动作。每个动作都会对环境有所影响,学习对象根据观察到的周围环境的反馈来做出判断。

6.2.2　机器学习系统的基本结构

以西蒙的学习定义为出发点,可为“推理期”的机器学习系统建立起简单的学习模型,总结出设计学习系统应当注意的某些总的原则。

图 6.1 表示学习系统的基本结构。环境向系统的学习部分提供某些信息,学习部分利用这些信息修改知识库,以增进系统执行部分完成任务的效能,执行部分根据知识库完成任务,

图 6.1　学习系统的基本结构

同时把获得的信息反馈给学习部分。在具体的应用中,环境、知识库和执行部分决定了具体的工作内容,学习部分所需要解决的问题完全由上述 3 部分确定。下面分别叙述这 3 部分对设计学习系统的影响。

(1) 影响学习系统设计的最重要的因素是环境向系统提供的信息,或者更具体地说是信息的质量。知识库里存放的是指导执行部分动作的一般原则,但环境向学习系统提供的信息却是各种各样的。如果信息的质量比较高,与一般原则的差别比较小,则学习部分比较容易处理。如果向学习系统提供的是杂乱无章的指导执行具体动作的具体信息,则学习系统需要在获得足够数据之后,删除不必要的细节,进行总结推广,形成指导动作的一般原则,放入知识库。这样学习部分的任务就比较繁重,设计起来也较为困难。

(2) 知识库是影响学习系统设计的第二个因素。知识的表示有多种形式,比如特征向量、一阶逻辑语句、产生式规则、语义网络和框架等。这些表示方式各有其特点,在选择表示方式时要兼顾以下 4 个方面。

① 表达能力强。人工智能系统研究的一个重要问题是所选择的表示方式能很容易地表达有关的知识。例如,如果研究的是一些孤立的木块,则可选用特征向量表示方式。用(〈颜色〉,〈形状〉,〈体积〉)这样形式的一个向量表示木块,比方说(红,方,大)表示的是一个红颜色的方形大木块,(绿,方,小)表示一个绿颜色的方形小木块。但是,如果用特征向量描述木块之间的相互关系,比方说要说明一个红色的木块在一个绿色的木块上面,则比较困难了。这时采用一阶逻辑语句描述是比较方便的,可以表示成 $\exists x \exists y (\text{RED}(x) \wedge \text{GREEN}(y) \wedge \text{ONTOP}(x,y))$。

② 易于推理。在具有较强表达能力的基础上,为了使学习系统的计算代价比较低,

希望知识表示方式能使推理较为容易。例如,在推理过程中经常会遇到判别两种表示方式是否等价的问题。在特征向量表示方式中,解决这个问题比较容易;在一阶逻辑表示方式中,解决这个问题要花费较高的计算代价。因为学习系统通常要在大量的描述中查找,很高的计算代价会严重地影响查找的范围。因此如果只研究孤立的木块而不考虑相互的位置,则应该使用特征向量表示。

③ 容易修改知识库。学习系统的本质要求它不断地修改自己的知识库,当推广得出一般执行规则后,要加到知识库中。当发现某些规则不适用时要将其删除。因此学习系统的知识表示一般都采用明确、统一的方式,如特征向量,产生式规则等,以利于知识库的修改。从理论上看,知识库的修改是个较为困难的课题,因为新增加的知识可能与知识库中原有的知识矛盾,有必要对整个知识库做全面调整。删除某一知识也可能使许多其他的知识失效,需要进一步做全面检查。

④ 知识表示易于扩展。随着系统学习能力的提高,单一的知识表示已经不能满足需要;一个系统有时同时使用几种知识表示方式。不但如此,有时还要求系统自己能构造出新的表示方式,以适应外界信息不断变化的需要。因此,要求系统包含如何构造表示方式的元级描述。现在,人们把这种元级知识也看成是知识库的一部分。这种元级知识使学习系统的能力得到极大提高,使其能够学会更加复杂的东西,不断地扩大它的知识领域和执行能力。

对于知识库最后需要说明的一个问题,是学习系统不能在全然没有任何知识的情况下凭空获取知识,每一个学习系统都要求具有某些知识理解环境提供的信息,分析比较,做出假设,检验并修改这些假设。因此,更确切地说,学习系统是对现有知识的扩展和改进。

(3) 因为学习系统获得的信息往往是不完全的,所以学习系统所进行的推理并不是完全可靠的,它总结出来的规则可能正确,也可能不正确。这要通过执行效果加以检验。正确的规则能使系统的效能提高,应予保留;不正确的规则应予修改或从数据库中删除。

与以"推理"和"知识"为重点的早期机器学习方法不同,以神经网络和支持向量机为代表的统计学习方法则是一种数据驱动的学习方法。这一类的学习方法以"学习"为重点,研究从大量数据中获得有效信息的学习机制。在此基础上构建的系统都包含了训练和预测两个部分,其基本结构如图 6.2 所示。

图 6.2   统计学习系统基本结构

在这个结构中不存在显示的"知识库",而只有一个学习模型,这个模型可以是神经网络,可以是支持向量机,也可以是决策树等。这些模型从历史数据中根据不同的学习算法进行学习,通过建立目标函数,即结构化风险,寻找使得风险最小化的模型参数,使得模型输出的计算结果与训练数据尽量吻合,并具备良好的泛化能力,以期获得对新数据的预测能力。

6.3 归纳学习

从本节起,将逐一讨论几种比较常用的学习方法。这一节首先研究归纳学习的方法。

归纳(induction)是人类拓展认识能力的重要方法,是一种从个别到一般、从部分到整体的推理行为。归纳推理是应用归纳方法,从足够多的具体事例中归纳出一般性知识,提取事物的一般规律;它是一种从个别到一般的推理。在进行归纳时,一般不可能考察全部相关事例,因而归纳出的结论无法保证其绝对正确,又能以某种程度相信它为真。这是归纳推理的一个重要特征。例如,由"麻雀会飞""鸽子会飞""燕子会飞"……这样一些已知事实,有可能归纳出"有翅膀的动物会飞""长羽毛的动物会飞"等结论。这些结论一般情况下都是正确的,但当发现鸵鸟有羽毛、有翅膀,但不会飞时,就动摇了上面归纳出的结论。这说明上面归纳出的结论不是绝对为真的,只能以某种程度相信它为真。

归纳学习(induction learning)是应用归纳推理进行学习的一种方法。根据归纳学习有无教师指导,可把它分为示例学习和观察与发现学习。前者属于有师学习,后者属于无师学习。

6.3.1 归纳学习的模式和规则

除了穷归纳与数学归纳外,一般的归纳推理结论只是保假的,即归纳依据的前提错误,那么结论也错误,但前提正确时结论也不一定正确。从相同的实例集合中,可以提出不同的理论来解释它,应按某一标准选取最好的作为学习结果。

可以说,人类知识的增长主要得益于归纳学习方法。虽然归纳得出的新知识不像演绎推理结论那样可靠,但存在很强的可证伪性,对于认识的发展和完善具有重要的启发意义。

1. 归纳学习的模式

归纳学习的一般模式为:

给定:①观察陈述(事实)F,用以表示有关某些对象、状态、过程等的特定知识;②假定的初始归纳断言(可能为空);③背景知识,用于定义有关观察陈述、候选归纳断言以及任何相关问题领域知识、假设和约束,其中包括能够刻画所求归纳断言的性质的优先准则。

求:归纳断言(假设)H,能重言蕴涵或弱蕴涵观察陈述,并满足背景知识。

假设 H 永真蕴涵事实 F,说明 F 是 H 的逻辑推理,则有:

$$H \quad |> \quad F \quad （读作 H 特殊化为 F）$$

或 $\quad F \quad |< \quad H \quad （读作 F 一般化或消解为 H）$

这里,从 H 推导 F 是演绎推理,因此是保真的;而从事实 F 推导出假设 H 是归纳推理,因此不是保真的,而是保假的。

归纳学习系统的模型如图 6.3 所示。实验规划过程通过对实例空间的搜索完成实例选择,并将这些选中的活跃实例提交解释过程。解释过程对实例加以适当转换,把活跃实例变换为规则空间中的特定概念,以引导规则空间的搜索。

图 6.3   归纳学习系统模型

2. 归纳概括规则

在归纳推理过程中,需要引用一些归纳规则。这些规则分为选择性概括规则和构造性概括规则两类。令 D_1、D_2 分别为归纳前后的知识描述,则归纳是 $D_1 \Rightarrow D_2$。如果 D_2 中所有描述基本单元(如谓词子句的谓词)都是 D_1 中的,只是对 D_1 中基本单元有所取舍,或改变连接关系,那么就是选择性概括。如果 D_2 中有新的描述基本单元(如反映 D_1 各单元间的某种关系的新单元),那么就称之为构造性概括。这两种概括规则的主要区别在于后者能够构造新的描述符或属性。设 CTX、CTX_1 和 CTX_2 表示任意描述,则有如下几条常用的选择性概括规则:

(1) 取消部分条件

$$\text{CTX} \wedge S \rightarrow K \Rightarrow \text{CTX} \rightarrow K \tag{6.1}$$

其中,S 是对事例的一种限制,这种限制可能是不必要的,只是联系着具体事物的某些无关特性,因此可以去除。例如在医疗诊断中,检查患者身体时,患者的衣着与问题无关,因此要从对患者的描述中去掉对衣着的描述。这是常用的归纳规则。这里,把 $\Rightarrow$ 理解为"等价于"。

(2) 放松条件

$$\text{CTX}_1 \rightarrow K \Rightarrow (\text{CTX}_1 \vee \text{CTX}_2) \rightarrow K \tag{6.2}$$

一个事例的原因可能不止一个,当出现新的原因时,应该把新原因包含进去。这条规则的一种特殊用法是扩展 CTX_1 可以取值的范围。如将一个描述单元项 $0 \leqslant t \leqslant 20$ 扩展为 $0 \leqslant t \leqslant 30$。

(3) 沿概念树上溯

$$\left.\begin{array}{l} \text{CTX} \wedge [L=a] \rightarrow K \\ \text{CTX} \wedge [L=b] \rightarrow K \\ \qquad\vdots \\ \text{CTX} \wedge [L=i] \rightarrow K \end{array}\right\} \Rightarrow \text{CTX} \wedge [L=S] \rightarrow K \tag{6.3}$$

其中,L 是一种结构性的描述项,S 代表所有条件中的 L 值在概念分层树上最近的共同祖先。这是一种从个别推论总体的方法。

例如:人很聪明,猴子比较聪明,猩猩也比较聪明,人、猴子、猩猩都是属于动物分类中的灵长目。因此,利用这种归纳方法可推出结论:灵长目的动物都很聪明。

(4) 形成闭合区域

$$\left.\begin{array}{l} \text{CTX} \wedge [L=a] \rightarrow K \\ \text{CTX} \wedge [L=b] \rightarrow K \end{array}\right\} \Rightarrow \text{CTX} \wedge [L=S] \rightarrow K \tag{6.4}$$

其中,L 是一个具有线性关系的描述项,a、b 是它的特殊值。这条规则实际上是一种选取极端情形,再根据极端情形下的特性来进行归纳的方法。

例如,温度为8℃时,水不结冰,处于液态;温度为80℃时,水也不结冰,处于液态。由此可以推出:温度在8~80℃之间时,水都不结冰,都处于液态。

(5) 将常量转化成变量

$$F(A,Z) \wedge F(B,Z) \wedge \cdots \wedge F(I,Z) \Rightarrow F(a,x) \wedge F(b,x) \wedge \cdots \wedge F(i,x) \rightarrow K \tag{6.5}$$

其中,$Z,A,B,\cdots,I$ 是常量,$x,a,b,\cdots,I$ 是变量。

这条规则是只从事例中提取各个描述项之间的某种相互关系,而忽略其他关系信息的方法。这种关系在规则中表现为一种同一关系,即 $F(A,Z)$ 中的 Z 与 $F(B,Z)$ 中的 Z 是同一事物。

6.3.2 归纳学习方法

1. 示例学习

示例学习(learning from examples)又称为实例学习,它是通过环境中若干与某概念有关的例子,经归纳得出一般性概念的一种学习方法。在这种学习方法中,外部环境(教师)提供的是一组例子(正例和反例),它们是一组特殊的知识,每一个例子表达了仅适用于该例子的知识。示例学习就是要从这些特殊知识中归纳出适用于更大范围的一般性知识,以覆盖所有的正例并排除所有反例。例如,如果用一批动物作为示例,并且告诉学习系统哪一个动物是"马",哪一个动物不是。当示例足够多时,学习系统就能概括出关于"马"的概念模型,使自己能识别马,并且能把马与其他动物区别开来。

例 6.1 表 6.1 给出肺炎与肺结核两种病的部分病例。每个病例都含有 5 种症状:发烧(无、低、高),咳嗽(轻微、中度、剧烈),X 光图像(点状、索条状、片状、空洞),血沉(正常、快),听诊(正常、干鸣音、水泡音)。

表 6.1 肺病实例

病例号\症状		发烧	咳嗽	X 光图像	血沉	听诊
肺炎	1	高	剧烈	片状	正常	水泡音
	2	中度	剧烈	片状	正常	水泡音
	3	低	轻微	点状	正常	干鸣音
	4	高	中度	片状	正常	水泡音
	5	中度	轻微	片状	正常	水泡音
肺结核	1	无	轻微	索条状	快	正常
	2	高	剧烈	空洞	快	干鸣音
	3	低	轻微	索条状	快	正常
	4	无	轻微	点状	快	干鸣音
	5	低	中度	片状	快	正常

通过示例学习,可以从病例中归纳产生如下的诊断规则:

(1) 血沉＝正常∧(听诊＝干鸣音∨水泡音)→诊断＝肺炎

(2) 血沉＝快→诊断＝肺结核

2. 观察发现学习

观察发现学习(learning from observation and discovery)又称为描述性概括,其目标是确定一个定律或理论的一般性描述,刻画观察集,指定某类对象的性质。观察发现学习可分为观察学习与机器发现两种。前者用于对事例进行聚类,形成概念描述;后者用于发现规律,产生定律或规则。

(1) 概念聚类

概念聚类的基本思想是把事例按一定的方式和准则分组,如划分为不同的类或不同的层次等,使不同的组代表不同的概念,并且对每一个组进行特征概括,得到一个概念的语义符号描述。例如,对如下事例:

喜鹊、麻雀、布谷鸟、乌鸦、鸡、鸭、鹅、……

可根据它们是否家养分为如下两类:

鸟＝{喜鹊,麻雀,布谷鸟,乌鸦,……}
家禽＝{鸡,鸭,鹅,……}

这里,"鸟"和"家禽"就是由分类得到的新概念,而且根据相应动物的特征还可得知:

"鸟有羽毛、有翅膀、会飞、会叫、野生"
"家禽有羽毛、有翅膀、不会飞、会叫、家养"

如果把它们的共同特性抽取出来,就可进一步形成"鸟类"的概念。

(2) 机器发现

机器发现是指从观察事例或经验数据中归纳出规律或规则的学习方法,也是最困难且最富创造性的一种学习。它又可分为经验发现与知识发现两种,前者指从经验数据中发现规律和定律,后者是指从已观察的事例中发现新的知识。本章后续部分将专门讨论知识发现问题。

6.4　决策树学习

6.3 节讨论的归纳学习技术可用来建造分类模型。归纳而来的分类模型可以是一系列规则,如 6.3 节,也可以是决策树。本节探讨基于决策树(decision tree)的学习,即决策树学习。首先讨论决策、决策树和决策树学习的一般概念,然后介绍一种基本的决策树学习算法——ID3。

6.4.1　决策树和决策树构造算法

决策(decision,decision-making)是根据信息和评价准则,用科学方法寻找或选取最优处理方案的过程或技术。对于每个事件或决策(即自然状态),都可能引出两个或多个事件,导致不同的结果或结论。把这种分支用一棵搜索树表示,即叫做决策树。也就是说,决策树因其形状像树而得名。

决策树是一种描述概念空间的有效方法,在相当长时间内曾是一种非常流行的人工智能技术。20 世纪 80 年代,决策树是构建人工智能系统的主要方法之一。90 年代初,逐渐不为人们注意。然而,到了 90 年代后期,随着数据挖掘技术的兴起,决策树作为一种构建决策系统的强有力的技术而重新浮出水面。随着数据挖掘技术在商业、制造业、医疗业及其他科学与工程领域的广泛应用,决策树技术已在 21 世纪发挥着越来越大的作用。

决策树由一系列节点和分支组成,在节点和子节点之间形成分支。节点代表决策或学习过程中所考虑的属性,而不同属性形成不同的分支。为了使用决策树对某一事例进行学习,做出决策,可以利用该事例的属性值并由决策树的树根往下搜索,直至叶节点为止。此叶节点即包含学习或决策结果。

可以利用多种算法构造决策树,比较流行的有 ID3、C4.5、CART 和 CHAID 等。构造决策树的算法通过测试对象的属性来决定它们的分类。决策树是由上而下形成的。在决策树的每个节点都有一个属性被测试,测试结果用来划分对象集。反复进行这一过程直至某一子树中的集合与分类标准是同类的为止。这个集合就是叶节点。在每个节点,被测试的属性是根据寻求最大的信息增益和最小熵的标准来选择的。简单地说,就是计算每个属性的平均熵,选择平均熵最小的属性作为根节点,用同样方法选择其他节点直至形成整个决策树。

决策树学习是以实例为基础的归纳学习,能够进行多概念学习,具备快捷简便等优点,具有广泛的应用领域。

决策树学习采用学习算法来实现。如果学习任务是对大实例集进行概念分类的归纳定义,而且这些例子都是由一些无结构的属性-值来表示,那么就可采用决策树学习算法。

亨特(J. R. Hunt)的概念学习系统(concept learning system,CLS)是一种早期的基于决策树的归纳学习系统。

在 CLS 的决策树中,节点对应于待分类对象的属性,由某一节点引出的弧对应于这一属性可能取的值,终叶节点对应于分类的结果。下面考虑如何生成决策树。

一般地,设给定训练集也为 TR,TR 的元素由特定向量及其分类结果表示,分类对象的属性表 AttrList 为 $[A_1, A_2, \cdots, A_n]$,全部分类结果构成的集合 Class 为 $\{C_1, C_2, \cdots, C_m\}$,一般的有 $n \geqslant 1$ 和 $n \geqslant 2$。对于每一属性 A_i,其值域为 $\mathrm{ValueType}(A_i)$。值域可以是离散的,也可以是连续的。这样,TR 的一个元素就可以表示成 $\langle X, C \rangle$ 的形式,其中 $X = (a_1, a_2, \cdots, a_n)$,$a_i$ 对应于实例第 i 个属性的取值,$C \in \mathrm{Class}$ 为实例 X 的分类结果。

记 $V(X, A_i)$ 为特征向量 X 属性 A_i 的值,则决策树的构造算法 CLS 可递归地描述如下。

算法 6.1　决策树的构造算法 CLS

(1) 如果 TR 中所有实例分类结果均为 C_i,则返回 C_i;

(2) 从属性表中选择某一属性 A 作为检测属性;

(3) 假定 $|\mathrm{ValueType}(A_i)| = k$,根据 A 取值不同,将 TR 划分为 k 个集 $\mathrm{TR}_1, \mathrm{TR}_2, \cdots, \mathrm{TR}_k$,其中 $\mathrm{TR}_i = \{\langle X, C \rangle | \langle X, C \rangle \in \mathrm{TR}$ 且 $V(X, A_i)$ 为属性 A 的第 i 个值$\}$;

(4) 从属性表中去掉已做检验的属性 A;

(5) 对每一个 $i(1 \leqslant i \leqslant k)$,用 TR_i 和新的属性表递归调用 CLS,生成 TR_i 的决策

树 DTR_i；

(6) 返回以属性 A 为根，DTR_1，DTR_2，$\cdots$，DTR_k 为子树的决策树。

现考虑鸟是否能飞的实例，见表 6.2。

表 6.2　训练实例

Instance	No. of Wings	Broken Wings	Living status	Wing area/weight	Fly
1	2	0	alive	2.5	T
2	2	1	alive	2.5	F
3	2	2	alive	2.6	F
4	2	0	alive	3.0	F
5	2	0	alive	3.2	F
6	0	0	alive	0	F
7	1	0	alive	0	F
8	2	0	alive	3.4	T
9	2	0	alive	2.0	F

设属性表为

$$AttrList=\{No.\text{-}of\text{-}wings,Broken\text{-}wings,\ Status，area/weight\}$$

各属性的值域分别为

$$ValueType(No.\text{-}of\text{-}wings)=\{0,1,2\}$$

$$ValueType(broken\text{-}wings)=\{0,1,2\}$$

$$ValueType(status)=\{alive,dead\}$$

$$ValueType(area/weight)=\in 实数且大于等于 0$$

系统分类结果集合为

$$Class=\{T,F\}$$

训练集为 TR 共有 9 个实例，见表 6.2。

根据决策树构造算法，TR 的决策树如图 6.4 所示。每个叶子节点表示鸟能(Yes)否(No)飞行的描述。

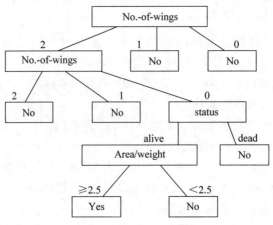

图 6.4　鸟飞的决策树

从该决策树可以看出：

$$Fly = (no.\text{-}of\text{-}wings = 2) \wedge (broken\text{-}wings = 0) \wedge (status = alive) \wedge (area/weight \geqslant 2.5)$$

6.4.2 决策树学习算法 ID3

1979 年,昆兰(Kuinlan)发展了亨特的思想,提出了决策树学习算法 ID3,不仅能方便地表示概念属性-值的信息结构,而且能够从大量实例数据中有效地生成相应的决策树模型。大多数已开发的决策树学习算法是一种核心算法的变体。该算法采用自顶向下的贪婪搜索(greedy search)遍历可能的决策树空间。这种方法是 ID3 算法和后继的 C4.5 算法的基础。

基本决策树学习算法 ID3 通过自顶向下构造决策树进行学习。构造过程是从"哪一个属性将在树的根节点被测试"这个问题开始的。为了回答这个问题,使用统计测试来确定每一个实例属性单独分类训练样例的能力。分类能力最好的属性就被选为树的根节点进行测试。接着为根节点属性的每个可能值产生一个分支,并把训练样例排列到适当的分支(即样例的该属性值对应的分支)之下。然后重复整个过程,用每个分支节点关联的训练样例来选取在该点被测试的最佳属性。这就形成了对合格决策树的贪婪搜索,也就是算法从不回溯重新考虑以前的选择。基本的 ID3 算法描述如下。

算法 6.2　基本决策树学习算法 ID3

ID3(Examples,Target_attribute,Attributes)/ ＊ Examples 为训练样例集。Target_attribute 为这棵树要预测的目标属性。Attributes 为除了目标属性外学习到的决策树测试的属性列表。返回一棵能正确分类给定 Examples 的决策树 ＊ /

(1) 创建树的 Root(根)节点。

(2) 若 Examples 均为正,则返回 label＝＋的单节点树 Root。

(3) 若 Examples 都为反,则返回 label＝－的单节点树 Root。

(4) 若 Attributes 为空,则返回单节点树 Root,label＝Examples 中最普遍的 Target_attribute 值。

(5) 否则开始

① $A \leftarrow$ Attributes 中分类 Examples 能力最好的属性/ ＊ 具有最高信息增益的属性是最好的属性 ＊ /。

② Root 的决策属性 $\leftarrow A$。

③ 对于 A 的每个可能值 v_i

(a) 在 Root 下加一个新的分支对应测试 $A = v_i$。

(b) 令 $Examples_{v_i}$ 为 Examples 中满足 A 属性值为 v_i 的子集。

(c) 如果 $Examples_{v_i}$ 为空。在这个新分支下加一个终叶子节点,节点的 label＝Examples 中最普遍的 Target_attribute 值;否则在这个新分支下加一个子树 ID3(Examples,Target_attribute,Attributes－{A})。

(6) 结束。

(7) 返回 Root。

ID3 是一种自顶向下增长树的贪婪算法,在每个节点选取能最好地分类样例的属性。

继续这个过程直到这棵树能完美地分类训练样例,或所有的属性都已被使用过。

在决策树生成过程中,应该以什么样的顺序来选取实例集中实例的属性进行扩展呢?即如何选择具有最高信息增益的属性为最好的属性? 在决策树的构造算法中,扩展属性的选取可以从第一个属性开始,然后依次取第二个属性作为决策树的下一层扩展属性,直到某一层所有窗口仅含有同一类实例为止。不过,每一属性的重要性一般是不同的,为了评价属性的重要性,根据检验每一属性所得到信息量的多少,昆兰给出了下面的扩展属性选取方法,其中信息量的多少和信息熵有关。

给定正负实例的子集为 S,构成训练窗口。当决策含有 k 个不同的输出时,则 S 的熵为

$$\text{Entropy}(S) = \sum_{i=1}^{k} -P_i \log_2(P_i) \tag{6.6}$$

其中,P_i 表示第 i 类输出所占训练窗口中总的输出数量的比例。如果对于布尔型分类(即只有两类输出),则式(6.6)为

$$\text{Entropy}(S) = -\text{Pos}\log_2(\text{Pos}) - \text{Neg}\log_2(\text{Neg}) \tag{6.7}$$

其中,Pos 和 Neg 分别表示 S 中正负实例的比例,并且定义:$0\log_2(0)=0$。

对于表 6.1 给出的例子,选取整个训练集为训练窗口,有 3 个正实例,6 个负实例,采用记号[3+,6−]表示总的样本数据。则 S 的熵为

$$\text{Entropy}(S) = -\frac{3}{9}\log_2\left(\frac{3}{9}\right) - \frac{6}{9}\log_2\left(\frac{6}{9}\right) = 0.9179$$

如果所有的实例都为正实例或负实例,则熵为 0,当 Neg=Pos=0.5 时,熵为 1。

为了检测每个属性的重要性,可以通过每个属性的信息增益 Gain 来评估其重要性。对于属性 A,假设其值域为 $(v_1, v_2, \cdots, v_n)$,则训练实例 S 中属性 A 的信息增益 Gain 可以定义如下:

$$\text{Gain}(S,A) = \text{Entropy}(S) - \sum_{i=1}^{n} \frac{|S_i|}{S} \text{Entropy}(S_i) \tag{6.8}$$

其中,S_i 表示 S 中属性 A 的值为 v_i 的子集;$|S_i|$ 表示集合的势。

建议选取获得信息量最大的属性作为扩展属性。这一启发式规则又称最小熵原理,因为使获得的信息量最大等价于使不确定性(或无序程度)最小,即使得熵最小。

下面计算属性 living status 的信息增益,该属性的值域为(alive, dead)。

$$S = [3+,6-], \quad S_{\text{alive}} = [3+,5-], \quad S_{\text{dead}} = [0+,1-]$$

$$\text{Gain}(S,\text{status}) = \text{Entropy}(S) - \sum_{v \in \{\text{alive,dead}\}} \frac{|S_v|}{|S|}\text{Entropy}(S_v)$$

$$= \text{Entropy}(S) - \frac{|S_{\text{alive}}|}{|S|}\text{Entropy}(S_{\text{alive}}) - \frac{|S_{\text{dead}}|}{|S|}\text{Entropy}(S_{\text{dead}})$$

其中,

$$|S_{\text{alive}}| = 8, \quad |S_{\text{dead}}| = 1, \quad |S| = 9$$

$$\text{Entropy}(S_{\text{alive}}) = \text{Entropy}[3+,5-] = -\frac{3}{8}\log_2(3/8) - \frac{5}{8}\log_2(5/8) = 0.5835$$

$$\text{Entropy}(S_{\text{dead}}) = \text{Entropy}[0+,1-] = -\frac{0}{1}\log_2(0/1) - \frac{1}{1}\log_2(1/1) = 0$$

因此,有

$$Gain(S, status) = 0.9179 - \frac{8}{9} \times 0.5835 = 0.3992$$

同样可以对其他属性进行计算,然后根据最小熵原理,选取信息量最大的属性作为决策树的根节点属性。

ID3 算法的优点是分类和测试速度快,特别适用于大数据库的分类问题。其缺点是:第一,决策树的知识表示没有规则易于理解;第二,两棵决策树是否等价问题是子图匹配问题,是 NP 完全问题;第三,不能处理未知属性值的情况,另外对噪声问题也没有好的处理方法。

6.5 类 比 学 习

类比(analogy)是一种很有用和有效的推理方法,它能清晰简洁地描述对象间的相似性,也是人类认识世界的一种重要方法。类比学习(learning by analogy)就是通过类比,即通过对相似事物加以比较所进行的一种学习。当人们遇到一个新问题需要进行处理,但又不具备处理这个问题的知识时,总是回想以前曾经解决过的类似问题,找出一个与目前情况最接近的已有方法来处理当前的问题。例如,当教师要向学生讲授一个较难理解的新概念时,总是用一些学生已经掌握且与新概念有许多相似之处的例子作为比喻,使学生通过类比加深对新概念的理解。像这样通过对相似事物的比较所进行的学习就是类比学习。类比学习在科学技术的发展中起着重要的作用,许多发明和发现就是通过类比学习获得的。例如,卢瑟福将原子结构和太阳系进行类比,发现了原子结构;水管中的水压计算公式和电路中的电压计算公式相似,等等。

本节首先介绍类比推理,然后讨论类比学习的形式和学习步骤,最后研究类比学习的过程和研究类型。

6.5.1 类比推理和类比学习形式

类比推理是由新情况与已知情况在某些方面的相似来推出它们在其他相关方面的相似。显然,类比推理是在两个相似域之间进行的:一个是已经认识的域,它包括过去曾经解决过且与当前问题类似的问题以及相关知识,称为源域,记为 S;另一个是当前尚未完全认识的域,它是待解决的新问题,称为目标域,记为 T。类比推理的目的是从 S 中选出与当前问题最近似的问题及其求解方法以求解决当前的问题,或者建立起目标域中已有命题间的联系,形成新知识。

设用 S_1 与 T_1 分别表示 S 与 T 中的某一情况,且 S_1 与 T_1 相似;再假设 S_2 与 S_1 相关,则由类比推理可推出 T 中的 T_2,且 T_2 与 S_2 相似。其推理过程如下。

(1) 回忆与联想

遇到新情况或新问题时,首先通过回忆与联想在 S 中找出与当前情况相似的情况,这些情况是过去已经处理过的,有现成的解决方法及相关的知识。找出的相似情况可能不止一个,可依其相似度从高至低进行排序。

（2）选择

从找出的相似情况中选出与当前情况最相似的情况及其有关知识。在选择时，相似度越高越好，这有利于提高推理的可靠性。

（3）建立对应关系

在 S 与 T 的相似情况之间建立相似元素的对应关系，并建立起相应的映射。

（4）转换

在上一步建立的映射下，把 S 中的有关知识引到 T 中来，从而建立起求解当前问题的方法或者学习到关于 T 的新知识。

在以上每一步中都有一些具体的问题需要解决。

下面对类比学习的形式加以说明。

设有两个具有相同或相似性质的论域：源域 S 和目标域 T，已知 S 中的元素 a 和 T 中的元素 b 具有相似的性质 P，即 $P(a) \backsim P(b)$（这里用符号 $\backsim$ 表示相似），a 还具有性质 Q，即 $Q(a)$。根据类比推理，b 也具有性质 Q。即：

$$P(a) \wedge Q(a)，P(a) \backsim P(b) \quad \vdash Q(b)Q(a) \tag{6.9}$$

其中，符号 $\vdash$ 表示类比推理。

类比学习采用类比推理，其一般步骤如下。

（1）找出源域与目标域的相似性质 P，找出源域中另一个性质 Q 和性质 P 对元素 a 的关系：$P(a) \rightarrow Q(a)$。

（2）在源域中推广 P 和 Q 的关系为一般关系，即对于所有的变量 x 来说，存在：$P(x) \rightarrow Q(x)$。

（3）从源域和目标域映射关系，得到目标域的新性质，即对于目标域的所有变量 x 来说，存在 $P(x) \rightarrow Q(x)$。

（4）利用假言推理：$P(b)$，$P(x) \rightarrow Q(x) \quad \vdash Q(b)$，最后得出 b 具有性质 Q。

从上述步骤可见，类比学习实际上是演绎学习和归纳学习的组合。步骤（2）是一个归纳过程，即从个别现象推断出一般规律；而步骤（4）则是一个演绎过程，即从一般规律找出个别现象。

6.5.2　类比学习过程与研究类型

类比学习主要包括如下四个过程：

（1）输入一组已知条件（已解决问题）和一组未完全确定的条件（新问题）。

（2）对输入的两组条件，根据其描述，按某种相似性的定义寻找两者可类比的对应关系。

（3）按相似变换的方法，将已有问题的概念、特性、方法、关系等映射到新问题上，以获得待求解新问题所需的新知识。

（4）对类推得到的新问题的知识进行校验。验证正确的知识存入知识库中，而暂时还无法验证的知识只能作为参考性知识，置于数据库中。

类比学习的关键是相似性的定义与相似变换的方法。相似定义所依据的对象随着类比学习的目的而变化，如果学习目的是获得新事物的某种属性，那么定义相似时应依据新、旧事物的其他属性间的相似对应关系。如果学习目的是获得求解新问题的方法,那么应依据新问题的各个状态间的关系与老问题的各个状态间的关系进行类比。相似变换一般要根据新、老事物间以何种方式对问题进行相似类比而决定。

类比学习的研究可分为两大类:

(1) 问题求解型的类比学习,其基本思想是当求解一个新问题时,总是首先回忆一下以前是否求解过类似的问题,若是则可以此为根据,通过对先前的求解过程加以适当修改,使之满足新问题的解。

(2) 预测推定型的类比学习,它又分为两种方式,一是传统的类比法,用来推断一个不完全确定的事物可能还具有的其他属性。设 X 和 Y 为两个事物,P_i 为属性($i=1,2,\cdots,n$),则有下列关系:

$$P_1(x) \wedge \cdots \wedge P_n(x) \wedge P_1(y) \wedge \cdots \wedge P_{n-1}(y) \wedge P_n(y) \qquad (6.10)$$

另一是因果关系型的类比,其基本问题是:已知因果关系 $S_1: A \rightarrow B$,给定事物 A' 与 A 相似,则可能有与 B 相似的事物 B' 满足因果关系 $S_2: A' \rightarrow B'$。

进行类比的关键是相似性判断,而其前提是配对,两者结合起来就是匹配。实现匹配有多种形式,常用的有下列几种。

(1) 等价匹配:要求两个匹配对象之间具有完全相同的特性数据。

(2) 选择匹配:在匹配对象中选择重要特性进行匹配。

(3) 规则匹配:若两规则的结论部分匹配,且其前提部分亦匹配,则两规则匹配。

(4) 启发式匹配:根据一定背景知识,对对象的特征进行提取,然后通过一般化操作使两个对象在更高更抽象的层次上相同。

6.6 解 释 学 习

基于解释的学习(explanation-based learning)可简称为解释学习,是 20 世纪 80 年代中期开始兴起的一种机器学习方法。解释学习根据任务所在领域知识和正在学习的概念知识,对当前实例进行分析和求解,得出一个表征求解过程的因果解释树,以获取新的知识。在获取新知识过程中,通过对属性、表征现象和内在关系等进行解释而学习到新的知识。

6.6.1 解释学习过程和算法

解释学习一般包括下列 3 个步骤:

(1) 利用基于解释的方法对训练例子进行分析与解释,以说明它是目标概念的一个例子。

(2) 对例子的结构进行概括性解释,建立该训练例子的一个解释结构以满足所学概念的定义;解释结构的各叶节点应符合可操作性准则,且使这种解释比最初的例子能适用于更大一类例子。

(3) 从解释结构中识别出训练例子的特性,并从中得到更大一类例子的概括性描述,获取一般控制知识。

解释学习是把现有的不能用或不实用的知识转化为可用的形式,因此必须了解目标概念的初始描述。1986 年米切尔(Mitchell)等人为基于解释的学习提出了一个统一的算法EBG,该算法建立了基于解释的概括过程,并运用知识的逻辑表示和演绎推理进行问题求解。EBG 问题可由图 6.5 表示,其求解问题的形式可描述于下。

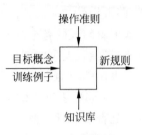

图 6.5　EBG 问题

给定:

(1) 目标概念(要学习的概念)描述 TC;

(2) 训练实例(目标概念的一个实例)TE;

(3) 领域知识(由一组规则和事实组成的用于解释训练实例的知识库)DT;

(4) 操作准则(说明概念描述应具有的形式化谓词公式)OC。

求解:训练实例的一般化概括,使之满足:

(1) 目标概念的充分概括描述 TC;

(2) 操作准则 OC。

其中,领域知识 DT 是相关领域的事实和规则,在学习系统中作为背景知识,用于证明训练实例 TE 为什么可作为目标概念的一个实例,从而形成相应的解释。训练实例 TE 是为学习系统提供的一个例子,在学习过程中起着重要的作用,它应能充分地说明目标概念TC。操作准则 OC 用于指导学习系统对目标概念进行取舍,使得通过学习产生的关于目标概念 TC 的一般性描述成为可用的一般性知识。

从上述描述可以看出,在解释学习中,为了对某一目标概念进行学习,从而得到相应的知识,必须为学习系统提供完善的领域知识以及能说明目标概念的一个训练实例。在系统进行学习时,首先运用领域知识 DT 找出训练实例 TE 为什么是目标概念 TC 之实例的证明(即解释),然后根据操作准则 OC 对证明进行推广,从而得到关于目标概念 TC 的一般性描述,即一个可供以后使用的形式化表示的一般性知识。

可把 EBG 算法分为解释和概括两步:

(1) 解释,即根据领域知识建立一个解释,以证明训练实例如何满足目标概念的定义。目标概念的初始描述通常是不可操作的。

(2) 概括,即对步骤(1)的证明树进行处理,对目标概念进行回归,包括用变量代替常量,以及必要的新项合成等工作,从而得到所期望的概念描述。

由上可知,解释工作是将实例的相关属性与无关属性分离开来;概括工作则是分析解释结果。

6.6.2　解释学习举例

下面举例说明解释学习的工作过程。

例 6.2　通过解释学习获得一个物体(x)可以安全地放置到另一物体(y)上的概念。

已知:目标概念为一对物体(x,y),使 safe-to-stack(x,y),有

$$\text{safe-to-stack}(x,y) \rightarrow \sim\text{fragile}(y)$$

训练例子是描述两物体的下列事实:

$$\text{on}(a,b)$$
$$\text{isa}(a,\text{brick})$$
$$\text{isa}(b,\text{endtable})$$
$$\text{volume}(a,1)$$
$$\text{density}(a,1)$$
$$\text{weight}(\text{brick},5)$$
$$\text{times}(1,1,1)$$
$$\text{less}(1,5)$$
$$\cdots$$

知识库中的领域知识是把一个物体放置到另一物体上的安全性准则：

$$\text{lighter}(X,Y)\to\text{safe-to-stack}(X,Y)$$
$$\text{weight}(P_1,W_1)\wedge\text{weight}(P_2,W_2)\wedge\text{less}(W_1,W_2)\to\text{lighter}(P_1,P_2)$$
$$\text{volume}(P,V)\wedge\text{density}(P,Q)\wedge\text{times}(V,D,W)\to\text{weight}(P,W)$$
$$\text{isa}(P,\text{endtable})\wedge\text{weight}(B,S)\to\text{weight}(P,S)$$

其证明树如图 6.6 所示。

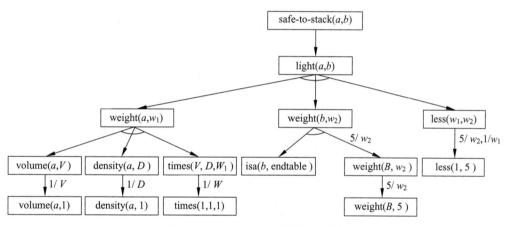

图 6.6 **safe-to-stack 解释的证明树**

对证明树中常量换为变量进行概括，可得到下面的一般性规则：

$$\text{volume}(X,V)\wedge\text{density}(X,D)\wedge\text{times}(V,D,W_1)\wedge\text{isa}(Y,\text{endtable})\wedge$$
$$\text{weight}(B,W_2)\wedge\text{less}(W_1,5)\to\text{safe-to-stack}(X,Y)$$

6.7　神经网络学习

本节将讨论通过训练神经网络的学习问题。经过本节学习后，能懂得典型神经网络的学习问题，包括：

（1）神经网络是如何通过反向传播（back propagation，BP）进行学习的，以及模拟神经网络是如何改善学习特性的。

（2）Hopfield 网络是如何学习的。

6.7.1   基于反向传播网络的学习

反向传播算法是一种计算单个权值变化引起网络性能变化值的较为简单的方法。由于 BP 算法过程包含从输出节点开始，反向地向第一隐含层（即最接近输入层的隐含层）传播由总误差引起的权值修正，所以称为"反向传播"。

1. 反向传播网络的结构

鲁梅尔哈特（Rumelhart）和麦克莱兰（Meclelland）于 1985 年发展了 BP 网络学习算法，实现了明斯基的多层网络设想。BP 网络不仅含有输入节点和输出节点，而且含有一层或多层隐（层）节点，如图 6.7 所示。输入信号先向前传递到隐节点，经过作用后，再把隐节点的输出信息传递到输出节点，最后给出输出结果。节点的激发函数一般选用 S 型函数。

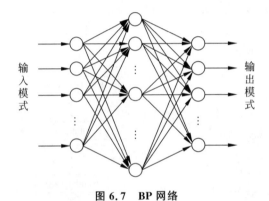

图 6.7   BP 网络

BP 算法的学习过程由正向传播和反向传播组成。在正向传播过程中，输入信息从输入层经隐单元层逐层处理后，传至输出层。每一层神经元的状态只影响下一层神经元的状态。如果在输出层得不到期望输出，那么就转为反向传播，把误差信号沿原连接路径返回，并通过修改各层神经元的权值，使误差信号最小。

2. 反向传播公式

反向传播特性的数学论证是以下列两个概念为依据的：

（1）设 y 为某些变量 x_i 的平滑函数。我们想知道如何实现每个 x_i 初始值的递增变化，以便尽可能快地增大 y 值，每个 x_i 初始值的变化应当与 y 对 x_i 的偏导数成正比，即

$$\Delta x_i \propto \frac{\partial y}{\partial x_i} \tag{6.11}$$

这个概念称为梯度法（gradient ascent）。

（2）设 y 为某些中间变量 x_i 的函数，而每个 x_i 又为变量 z 的函数。要知道 y 对 z 的导数，即

$$\frac{\mathrm{d}y}{\mathrm{d}z} = \sum_i \frac{\partial y}{\partial x_i} \frac{\mathrm{d}x_i}{\mathrm{d}z} = \sum_i \frac{\mathrm{d}x_i}{\mathrm{d}z} \frac{\partial y}{\partial x_i} \tag{6.12}$$

这个概念称为连锁法(chain rule)。

有一个待改善的权的集合和一个对应于期望输出的简单的输入集合。需要知道一种测量权的状况的方法和一种改善测量性能的方法。

测量性能的标准方法是取一训练(采样)输入,然后求取每个输出方差之和。对所有训练求取输出方差之和,得

$$P = \sum_s \left(\sum_z (d_{sz} - O_{sz})^2 \right) \tag{6.13}$$

其中,P 为被测神经元性能,s 为全部训练输入的记号,z 为全部输出节点的记号,d_{sz} 为训练输入 s 在节点 z 的期望输出,O_{sz} 为训练输入 s 在节点 z 的实际输出。

当然,被测性能 P 是权的函数。因此,如果能够计算出性能对每个权值的偏导数,那么就能够调用梯度法。然后,按是否与对应的偏导数成正比变化权值,就能很快地登上性能之山(爬山法)。

值得指出的是,由于性能是以全部训练输入之和的形式给出的,所以能够分别对每个训练输入性能的偏导数求和,计算出性能对具体权值的偏导数。这样,就可以去掉下标 s 以减少记号上的混乱,而每次把注意力集中于训练输入。也就是说,对每个训练输入导出的调整值求和来修正每个权值。考虑偏导数:

$$\frac{\partial P}{\partial W_{i \to j}} \tag{6.14}$$

其中,$W_{i \to j}$ 为连接第 i 层节点和第 j 层节点的权值。

下一步是找出一种计算 P 对 $W_{i \to j}$ 偏导数的有效方法。通过计算接近输出层节点的权值来表示这个偏导数,就能找到这个方法。

权值 $W_{i \to j}$ 对性能 P 的作用是通过中间变量 O_j,即第 j 个节点的输出来实现的。应用连锁法来表示 P 对 $W_{i \to j}$ 的偏导数:

$$\frac{\partial P}{\partial W_{i \to j}} = \frac{\partial P}{\partial O_j} \frac{\partial O_j}{\partial W_{i \to j}} = \frac{\partial O_j}{\partial W_{i \to j}} \frac{\partial P}{\partial O_j} \tag{6.15}$$

现在来考虑 $\dfrac{\partial O_j}{\partial W_{i \to j}}$ 项。对节点 j 的全部输入求和,并通过一个阈值函数而求得 O_j。即 $O_j = f\left(\sum_i O_i W_{i \to j} \right)$,其中 f 为阈值函数。把这个和作为中间变量 σ_j 处理,即 $\sigma_j = \sum_i O_i W_{i \to j}$,再次应用连锁法,得

$$\frac{\partial O_j}{\partial W_{i \to j}} = \frac{\mathrm{d}f(\sigma_j)}{\mathrm{d}\sigma_j} \frac{\partial \sigma_j}{\partial W_{i \to j}} = \frac{\mathrm{d}f(\sigma_j)}{\mathrm{d}\sigma_j} \tag{6.16}$$

把式(6.16)代入式(6.15),求得关键方程

$$\frac{\partial P}{\partial W_{i \to j}} = O_i \frac{\mathrm{d}f(\sigma_j)}{\mathrm{d}\sigma_j} \frac{\partial P}{\partial O_j} \tag{6.17}$$

偏导数可由右边的下一层节点的偏导数之和来表示。由于 O_j 对 P 的作用是通过下一层节点的输出 O_k 实现的,所以可应用连锁法来计算:

$$\frac{\partial P}{\partial O_j} = \sum_k \frac{\partial P}{\partial O_k} \frac{\partial O_k}{\partial O_j} = \sum_k \frac{\partial O_k}{\partial O_j} \frac{\partial P}{\partial O_k} \tag{6.18}$$

对节点 k 的全部输入求和,并通过一阈值函数求得 O_k。即 $O_k = f\left(\sum_j O_j W_{j \to k}\right)$,
其中 f 为阈值函数。把这个和作为中间变量 σ_k 处理,并又一次应用连锁法,可得

$$\frac{\partial O_k}{\partial O_j} = \frac{\mathrm{d}f(\sigma_k)}{\mathrm{d}\sigma_k}\frac{\partial \sigma_k}{\partial O_j} = \frac{\mathrm{d}f(\sigma_k)}{\mathrm{d}\sigma_k}W_{j \to k} = W_{j \to k}\frac{\mathrm{d}f(\sigma_k)}{\mathrm{d}\sigma_k} \tag{6.19}$$

将式(6.19)代入式(6.17),求得又一个关键方程:

$$\frac{\partial P}{\partial O_j} = \sum_k W_{j \to k}\frac{\mathrm{d}f(\sigma_k)}{\mathrm{d}\sigma_k}\frac{\partial P}{\partial O_k} \tag{6.20}$$

综上所述,求得两个关键方程式(6.17)和式(6.20),它们表示两个重要的结果。第一,性能对权值的偏导数取决于性能对下一个输出的偏导数;第二,性能对输出的偏导数取决于性能对下一层输出的偏导数。从这两个结果可得出结论:P 对第 i 层的任何权的偏导数必须借助计算右边第 j 层的偏导数而得到。

不过,要最后完成上述计算,还必须决定性能对最后一层每个输出的偏导数。这种计算很容易进行,即

$$\frac{\partial P}{\partial O_z} = \frac{\partial}{\partial O_z}\left[-(d_z - O_z)^2\right] = 2(d_z - O_z) \tag{6.21}$$

下面讨论阈值函数 f 对其自变量 σ 的导数。这里,σ 对应于一个节点的输入之和。我们很自然地选择既能在直觉上满足要求又能在数学上易于处理的 f 函数:

$$f(\sigma) = \frac{1}{1 + \mathrm{e}^{-\sigma}} \tag{6.22}$$

$$\frac{\mathrm{d}f(\sigma)}{\mathrm{d}\sigma} = \frac{\mathrm{d}}{\mathrm{d}\sigma}\left[\frac{1}{1 + \mathrm{e}^{-\sigma}}\right] = (1 + \mathrm{e}^{-\sigma})^{-2}\mathrm{e}^{-\sigma} = f(\sigma)(1 - f(\sigma)) = O(1 - O) \tag{6.23}$$

异乎寻常的是,这个导数是以每个节点的输出 $O = f(\sigma)$ 表示的,而不是以输出之和 σ 表示的。不过,这种导数表示方法正是我们所期望的,因为我们的总目标是要建立这样的方程式,即能以其右边节点之值来表示本节点的性能。

权值的变化应当由某个比率参数 r 决定。r 值选得越大越有利于提高学习速度,但又不能太大,以免使输出过分地超过期望值而引起超调。

令 $\beta = \partial P/\partial O$,并以 r 代替式(6.21)中的 2,则可得反向传播公式于下:

$$\Delta W_{i \to j} = rO_j(1 - O_j)\beta_j \tag{6.24}$$

$$\begin{cases}\beta_j = \sum_k W_{j \to k}O_k(1 - O_k)\beta_k, & \text{对于隐节点} \\ \beta_z = d_z - O_z, & \text{对于输出节点}\end{cases} \tag{6.25}$$

在计算每个训练输入组合的变化时,按照连锁法要求,必须对这些单一训练输入的组合所产生的权值变化求和。然后,就能够改变权值。

3. 反向传播学习算法

根据前面求得的两个反向传播方程,可得反向传播训练神经元的算法如下。

(1) 选取比率参数 r。

(2) 进行下列过程直至性能满足要求为止。

① 对于每一训练(采样)输入;

(a) 计算所得输出,

(b) 按式(6.26)计算输出节点的值

$$\beta_z = d_z - O_z \tag{6.26}$$

(c) 按式(6.27)计算全部其他节点

$$\beta_j = \sum_k W_{j\to k} O_k (1 - O_k) \beta_k \tag{6.27}$$

(d) 按式(6.28)计算全部权值变化

$$\Delta W_{i\to j} = r O_i O_j (1 - O_j) \beta_j \tag{6.28}$$

② 对于所有训练(采样)输入,对权值变化求和,并修正各权值。

权值变化与输出误差成正比,作为训练目标输出只能逼近 1 和 0 两值,而绝不可能达到 1 和 0 值。因此,当采用 1 作为目标值进行训练时,所有输出实际上呈现出大于 0.9 的值;而当采用 0 作为目标值进行训练时,所有输出实际上呈现出小于 0.1 的值;这样的性能就被认为是满意的。

反向传播算法是一种很有效的学习算法,它已解决了不少问题,成为神经网络的重要模型之一。反向传播算法框图如图 6.8 所示。

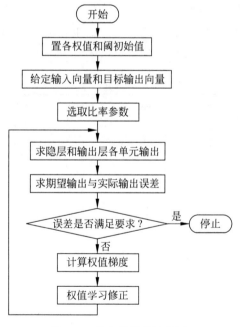

图 6.8   反向传播算法框图

4. 反向传播学习示例

反向传播特性与所求解问题的性质和所做细节选择有极为密切的关系。

由于 BP 算法采用梯度法时步长和系数是由经验确定的,所以效率较低。曾提出几种 BP 改进算法,可提高学习速度 3～5 倍,使 BP 算法获得更广泛的应用。

反向传播算法已在图像识别、边缘检测、模式记忆、XOR 问题、对称性判别和 T-C 匹配等方面得到应用。下面举例说明。

因为修正任何具体的权值所需要的最大加数和乘数处在从一个节点发出的最大链（弧线）数的数量级上，所以，从计算的观点，通过反向传播改变权值是有效的。不过，可能需要修正许多步。

考虑图 6.9 的网络。假设正好有两个输入为 1 值，而其余输入为 0 值。H1 和 H2 为隐节点，具有与门作用。该网络的目标是要确定对应于输入的两个人是否相识。该网络的任务为学习上面一组 3 人中的任何一人是下面一组 3 人中任何一人的熟人。如果网络的输出大于 0.9，那么就判断这两个人为相识；如果输出小于 0.1，就判断为不相识；其他结果被认为是模糊不定的。图 6.9 中，节点 A 为"熟人"。

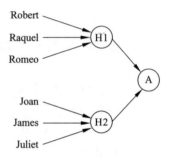

图 6.9   关于熟人的学习问题

问题是要修正网络的权值，从某个初始值集合开始，直到所有判断都是一致的，即具有共识：每个人认识其他的人，但是 Robert，Raquel 和 Romeo 是同胞而不把他们视为熟人，因为他们的熟悉程度已超过熟人，就像 Joan，James 和 Juliet 是同胞而不是熟人一样。

表 6.3 表示出同样的认识。对于 15 种可能的组合输入，其相应"熟人"输出有 9 种，而"同胞"输出为 6 种，这将涉及以后的训练。

表 6.3   BP 网络学习经验数据

Robert	Raquel	Romeo	Joan	James	Juliet	熟人	同胞
1	1	0	0	0	0	0	1
1	0	1	0	0	0	0	1
0	0	1	0	0	1	1	0
0	0	0	1	0	1	1	0
0	0	0	0	1	1	0	1
1	1	0	0	0	0	1	0
1	0	1	0	0	1	1	0
1	0	0	1	0	1	1	0
1	0	0	0	1	1	1	0
0	0	1	1	0	0	1	0
0	0	1	0	1	0	1	0
0	0	0	1	1	0	1	0
0	0	0	1	0	1	0	1
0	0	0	0	1	1	0	1

这些采样输入正是执行 BP 算法所需要的。例如，假定比率参数 $r=1.0$；BP 算法的神经网络初始阈值和初始权值名称如表 6.4 第 1 列所示。表中，t_{H1}、t_{H2} 和 t_A 分别表示节点 H1、H2 和 A 的阈值；其他符号表示相关 6 个人和网络节点的权值。表 6.4 第 2 列表示阈值/权值的初始值。从表 6.4 可见，第 1 个初始阈值为 0.1，第 2 个为 0.2，其他的

每次递增 0.1,直到 1.1。通过 BP 算法改变初始值,直到所有输出均方误差在 0.1 内。

当所有采样输入在每次结束训练任务时神经网络产生一个合适的输出值时,其阈值和权值如表 6.4 第 3 列所示。第一组 3 个输入中的任一使节点 H1 的输出接近于 1;第二组 3 个输入中任一使节点 H2 的输出接近 1;仅当 H1 和 H2 均接近 1 时,节点 A 的输出才接近 1。

表 6.4   训练 NN 时观察到的阈值/权值变化

阈值/权值名称	阈值/权值初始值	每次结束训练任务时的阈值/权值
t_{H1}	0.1	1.99
$w_{Robert \to H1}$	0.2	4.65
$w_{Raquel \to H1}$	0.3	4.65
$w_{Romeo \to H1}$	0.4	4.65
t_{H2}	0.5	2.28
$w_{Joan \to H2}$	0.6	5.28
$w_{Jomes \to H2}$	0.7	5.28
$w_{Juliet \to H2}$	0.8	5.28
t_A	0.9	9.07
$w_{H1 \to A}$	1.0	6.27
$w_{H2 \to A}$	1.1	6.12

这个网络训练进行了许多步。如图 6.10 所示,大约经过 225 次权值修正后,网络的性能才变为满意。在每个完全的采样输入集合与现有权值进行计算处理之后,权值才被修正。因为有 15 个采样输入,所以采样输入被处理了 $225 \times 15 = 3375$ 次。

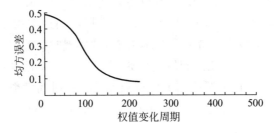

图 6.10   认识熟人问题的学习试验结果

当比率参数 r 变化时,学习行为将有很大差异。如果重复上述试验,只是让 r 在 0.25~8.0 之间变化,图 6.11 展示出这些试验的结果,其中 r 取 6 个不同的值。从图 6.11 可见,r 从 1.0 下降至 0.25,也能产生满意的结果;但是,要经过 900 次权值修正后才能实现;这个次数差不多是 $r = 1.0$ 时的 4 倍。类似地,$r = 0.5$ 时,要经过 425 次权值修正后才能得到满意解;这差不多是 $r = 1.0$ 时的 2 倍。

把 r 增大为 2.0,能够进一步减少权值修正次数,但是在起动后一段时间内特性较差。继续增大 r 值至 4.0 或 8.0,引起严重的不稳定。

上面讨论了反向传播网络的学习问题。BP 网络是一类典型的前馈网络。其他前馈网络有感知器(perceptron)、自适应线性网络和交替投影网络等。前馈网络是一种具有

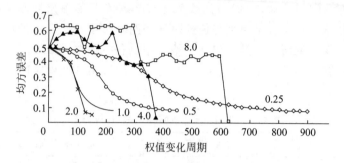

图 6.11　学习行为与比率参数的关系

很强学习能力的系统,结构比较简单,且易于编程。前馈网络通过简单非线性单元的复合映射而获得较强的非线性处理能力,实现静态非线性映射。不过,前馈网络缺乏动态处理能力,因而计算能力不够强。

6.7.2　基于 Hopfield 网络的学习

还有一类人工神经网络,即反馈神经网络,它是一种动态反馈系统,比前馈网络具有更强的计算能力。反向网络可用一个完备的无向图表示。本节将以霍普菲尔德(Hopfield)网络为例,研究反馈神经网络的模型算法和学习示例,以求对反馈网络有一个初步和基本的了解。

1. Hopfield 网络模型

Hopfield 离散随机神经网络模型是由霍普菲尔德(Hopfield)于 1982 年提出的。1984 年,他又提出连续时间神经网络模型。这两种模型的许多重要特性是密切相关的。一般在进行计算机仿真时采用离散模型,而在用硬件实现时则采用连续模型。

Hopfield 网络是一种具有正反相输出的带反馈人工神经元,如图 6.12(a)所示。它用无源电子器件 R_j 和 C_j 的并联模拟生理神经元的输出时间常数,用跨导 T_j 模拟生物神经元通过突触互联传输信息时的损耗,用有源电子器件运算放大器的非线性特性模拟

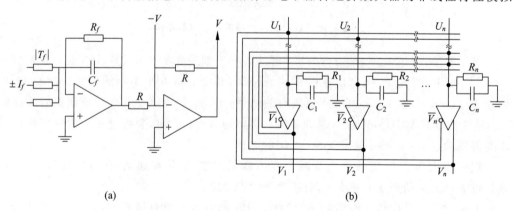

图 6.12　Hopfield 网络原型及模拟电路

生物神经元的输入输出非线性关系，并补充信息传输路径上的损耗，Hopfield 网络模拟电路如图 6.12(b)所示。由于这种网络能够实现神经元间的相互激励与抑制，因而具有很强的能力。图 6.12 中的每个放大器就是一个神经元。

每个放大器(神经元)的输出可用一个非线性动态方程来描述。令第 i 个放大器的输入为 U_i，输出为 V_i，于是有下列非线性动态方程：

$$C_i \frac{\mathrm{d}U_i}{\mathrm{d}t} = \sum_{j=1}^{n} W_{ij} V_j - \frac{U_i}{\tau_i} + I_i \qquad (6.29)$$

$$V_i = f_i(u_i) \qquad (6.30)$$

其中，C_i 为放大器的输入电容，W_{ij} 为第 j 个放大器输出至第 i 个放大器输入之间的联接权，n 为神经元的个数，I_i 为神经元的外部输入，$f_i(\cdot)$ 为第 i 个放大器的输出特性，即神经元特性，其形状为 S 曲线。这里忽略去神经元输出响应的固有时间。τ_i 见下面说明。

在 Hopfield 网络中，假定联接权 W_{ij} 是对称的，取 $W_{ij} = W_{ji}$，并要求 W_{ij} 值可正可负。为此，在网络中同时采用放大器的正向和反向输出，并采用 $|T_{ij}| = 1/R_{ij}$，其中 R_{ij} 为第 j 个放大器输出和第 i 个放大器输入之间的电阻值。

式(6.29)中的 τ_i 值由式(6.31)决定：

$$\frac{1}{\tau_i} = \frac{1}{\rho_i} + \sum_{j=1}^{n} \frac{1}{R_{ij}} \qquad (6.31)$$

其中，R_i 为放大器的输入阻抗。一般可取 τ_i 和 C_i 为常数。

式(6.29)和式(6.30)能独立地描述几个神经元的运行状态。把这 n 个输出组成的向量作为系统的状态向量，第 i 个输出即为状态向量的第 i 个元素。下面可在状态空间中考虑 Hopfield 网络的运行。

为了描述 Hopfield 网络的稳定性，引入如下的 Lyapunov 函数，又称能量函数：

$$E = -\frac{1}{2} \sum_i \sum_j w_{ij} v_i v_j + \sum_i \frac{1}{\tau_i} \int_0^{v_i} f_i^{-1}(v) \, \mathrm{d}v - \sum I_i v_i \qquad (6.32)$$

在高增益的情况下，式(6.32)的第二项可以忽略。

考虑到权重 W_{ij} 的对称性，可求得 E 的时间导数值为

$$\frac{\mathrm{d}E}{\mathrm{d}t} = -\sum_i \frac{\mathrm{d}v_i}{\mathrm{d}t} \left(\sum_j W_{ij} v_j - \frac{u_i}{\tau_j} + I_i \right) \qquad (6.33)$$

再根据式(6.30)，即有

$$\frac{\mathrm{d}E}{\mathrm{d}t} = -\sum_i C_i \frac{\mathrm{d}f_i^{-1}}{\mathrm{d}v_i} \left(\frac{\mathrm{d}v_i}{\mathrm{d}t} \right)^2 \qquad (6.34)$$

$f_i(\cdot)$ 是 S 形函数，故 $f_i^{-1}(\cdot)$ 单调增，式(6.33)右边的每一项都是非负的，从而有

$$\frac{\mathrm{d}E}{\mathrm{d}t} \leqslant 0 \qquad (6.35)$$

并且，仅当 $\mathrm{d}V_i/\mathrm{d}t = 0$，$\forall i$ 时，式(6.35)的等号成立。$\mathrm{d}V_i/\mathrm{d}t$ 对应的是状态空间中能量函数 E 的稳定平衡点，表示的是网络最终可能的输出值的集合。因为函数 E 是有界函数，故式(6.35)表明网络总是吸引到 E 函数的局部最小值上。

通过适当地选取权 W_{ij} 的值以及外部输入信号 I_i，将优化问题匹配到神经网络上。

神经网络在进行这样的构造后,给输入电压一组初始值,这时,网络将收敛到极小化目标函数 E 的稳定状态,目标函数达到它的局部极小值。

2. Hopfield 网络算法

Hopfield 提出,如果把神经网络的各平衡点设想为存储于该网络的信息,而且网络的收敛性保证系统的动态特性随时间而达到稳定,那么这种网络就成为按内容定址的存储器(content addressable memory,CAM),或称为联想存储器。

有一种联想存储器,它有 n 个节点,每节点均接受二值输入,由节点的阈值型非线性函数得到 $+1$ 或 -1 输出,每个节点的输出经互联 W_{ij} 送至所有其他节点。霍普菲尔德证明了当权值对称地设置($W_{ji} = W_{ij}$)且节点输出被异步地更新时,该网络是收敛的。

Hopfield 算法

(1) 设置互联权值

$$W_{ij} = \begin{cases} \sum_{s=0}^{m-1} x_i^s x_j^s, & i \neq j \\ 0, & i = j;\ 0 \leqslant i,j \leqslant n-1 \end{cases} \tag{6.36}$$

其中,x_i^s 为 S 类采样的第 i 个分量,可为 $+1$ 或 -1;采样类别数为 m,节点数为 n。

(2) 对未知类别的采样初始化

$$y_i(0) = x_i, \quad 0 \leqslant i \leqslant n-1 \tag{6.37}$$

其中,$y_i(t)$ 为节点 i 在时刻 t 的输出;当 $t = 0$ 时,$y_i(0)$ 就是节点 i 的初始值,x_i 为输入采样的第 i 个分量,也可为 $+1$ 或 -1。

(3) 迭代运算

$$y_i(t+1) = f\left(\sum_{i=0}^{n-1} W_{ij} y_i(t) \right), \quad 0 \leqslant j \leqslant n-1 \tag{6.38}$$

其中,函数 f 为阈值型。本过程一直重复到新的迭代不能再改变节点的输出止,即收敛止。这时,各节点的输出与输入采样达到最佳匹配。否则

(4) 转步骤(2)。

Hopfield 算法框图如图 6.13 所示。

3. Hopfield 网络学习示例

Hopfield 网络系统不仅能够实现联想记忆,而且能够执行线性规划和非线性规划等优化求解任务。网络的收敛时间可在毫秒级以下。由于并行处理能力,其收敛时间几乎与网络的单元数目无关。因此,Hopfield 网络特别适用于一些模糊推理模型、非线性辨识和自适应控制模型中的问题学习求解。下面将利用 Hopfield 网络动态过程的约束优化能力,对预测模型进行在线参数估计,并对含有参数的智能控制规则进行在线自寻优整定,以建立一类实时智能控制系统框图。

设受控对象 P 为具有不确定性和非线性的时变过程或对象。$R(\Theta, S)$ 为根据控制理论、经验和统计资料等总结而成的控制规则集,其中,S 为状态向量及其延迟向量组成的

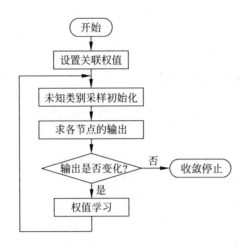

图 6.13 Hopfield 算法框图

向量集, Θ 为规则中可调参数向量的集合。由于要对含有不确定性和非线性时变系统进行实时控制, 各参数向量 $\theta < \Theta$ 需进行在线自寻优整定。这相当于给控制系统引进规则修改的学习级。这里提出一个框架, 它利用 Hopfield 网络的辨识和优化能力以及数学机的规则处理能力。图 6.14 给出这种控制系统的一种框架模型。

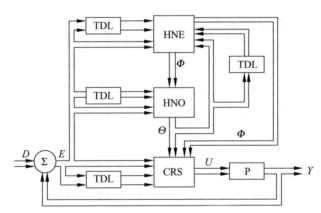

图 6.14 具有 Hopfield 网络的实时智能控制系统框架

图 6.14 中, $E \subset S$ 为控制误差向量及其延迟向量的集合, 在此仅考虑利用误差信号的控制规则; TDL 为时间延迟线; D 为目标输出; Y 为受控输出; U 为控制输入; CRS 为控制规则集; HNO 为 Hopfield 网络优化器; HNE 为 Hopfield 网络估计器; Φ 为估计器输出, 是预测模型中的辨识参数向量集合。

各规则实现由误差论域到控制论域的映射:

$$u = f(E, \theta) \tag{6.39}$$

其中, $u \in U$, 为与规则集中某一规则相应的控制向量; $\theta \in \Theta$, 为该规则中的规则集可调参数向量; $E \supset E$ 为包括 E 在内的当前误差向量集的预测向量集。记当前误差的向量集的预测向量集为 ε_p, 则 $E = E \bigcup \varepsilon_p$。依据下列预测模型对 ε_p 进行估计:

$$e_p = g(\Phi, \Theta), \quad e_p \in \varepsilon_p \tag{6.40}$$

即预测模型是以 Φ 为参量集,待整定规则参数集 Θ 为变量集的模型。其中,Φ 由 HNE 进行估计,Θ 则作为指标变量集由 HNO 进行在线自寻优整定,这样即确定了所有控制规则映射中的 E 和 $\theta \in \Theta$,并由 CRS 产生控制动作。

6.8   知 识 发 现

智能信息处理的瓶颈问题——知识获取,随着数据库技术和计算机网络技术的发展和广泛应用而面临新的机遇与挑战。全世界的数据库和计算机网络中所存储的数据量极为庞大,堪称海量数据,而且呈日益扩大之势。例如,气象部门每天要处理高达 1GB 以上的数据量。数据库系统虽然提供了对这些数据的管理和一般处理,并可在这些数据上进行一定的科学研究和商业分析,但是人工处理方式很难对如此庞大的数据进行有效的处理和应用。人们需要采用新的思路和技术,对数据进行高级处理,从中寻找和发现某些规律和模式,以期更好地发现有用信息,帮助企业、科学团体和政府部门做出正确的决策。机器学习能够通过对数据及其关系的分析,提取出隐含在海量数据中的知识。数据库知识发现(knowledge discovery in database,KDD)技术就在这种背景下应运而生。在下面的讨论中,我们把 KDD 简称为知识发现。

6.8.1   知识发现的发展和定义

1. 知识发现的产生和发展

知识发现最早是于 1989 年 8 月在美国底特律举行的第 11 届国际人工智能联合会议的专题讨论会上提出的。1991 年、1993 年和 1994 年又举行了 KDD 专题讨论会。从 1995 年以来,每年举办一次 KDD 国际会议(International Conference on Knowledge Discovery and Data Mining)。1997 年,国际专业杂志 *Knowledge Discovery and Data Mining* 问世。随着互联网的发展,网上已设立了不少研究 KDD 的网站、论坛和新闻报导。在研究的基础上,也出现了一些 KDD 产品和应用系统,引起企业界的关注。

国内对知识发现和数据挖掘的研究也已经起步。国家在“十五”计划的科技重大攻关项目和 863 计划项目中,都设立了相关的研究课题。信息产业界和商业界也已投入相当大的力量,开发相关技术。

2. 知识发现的定义

对知识发现有多种定义,其中,费亚德(Fayyad)的如下定义得到普遍认可。

定义 6.12   数据库中的知识发现是从大量数据中辨识出有效的、新颖的、潜在有用的、并可被理解的模式的高级处理过程(KDD is the nontrivial process of identifying valid,novel,potentially useful,and ultimately understandable patterns in data)。

下面对此定义作进一步解释。

数据集:是指一个有关事实 F 的集合(如学生档案数据库中有关学生基本情况的各

条记录),它是用来描述事物有关方面的信息,是进一步发现知识的原材料。一般需要对数据进行预处理。

新颖:经过知识发现提取出的模式必须是新颖的,至少对系统来说应该如此。模式是否新颖可以通过两个途径来衡量:一是通过对当前得到的数据和以前的数据或期望得到的数据的比较来判断该模式的新颖程度;二是通过其内部所包含的知识,对比发现的模式与已有的模式的关系来判断。通常可以用一个函数来表示模式的新颖程度 $N(E,F)$,该函数的返回值是逻辑值或是对模式 E 的新颖程度的一个判断数值。

潜在有用:提取出的模式应该是有意义的,这可以通过某些函数的值来衡量。用 u 表示模式 E 的有用程度,$u=U(E,F)$。

可被人理解:知识发现的一个目标就是将数据库中隐含的模式以容易被人理解的形式表现出来,从而帮助人们更好地了解数据库中所包含的信息。知识发现不同于以往知识获取技术的一个特点是发现的知识是人们(至少是领域专家)可以理解的,如"If …then …"的形式,因此挖掘过程也是一个人机交互、螺旋式上升的过程。而以往的方法,如人工神经网络,不论是知识发现过程还是知识应用过程,内部都是一个近乎"黑箱"的过程。

模式:对于集合 F 中的数据,可以用语言 L 来描述其中数据的特性。表达式 $E\in L$,E 所描述的数据是集合 F 的一个子集 F_E。只有当表达式 E 比列举所有 F_E 中元素的描述方法更为简单时,才可称为模式。如:"如果成绩在 $81\sim90$ 之间,则成绩优良"可称为一个模式,而"如果成绩为 $81,82,83,84,85,86,87,88,89$ 或 90,则成绩优良"就不能称为一个模式。

高级过程:知识发现是对数据进行更深层处理的过程,而不是仅仅对数据进行加减求和等简单运算或查询,要有一定程度的智能性和自动性。因此说它是一个高级的过程。

6.8.2 知识发现的处理过程

图 6.15 表示费亚德于 1996 年给出的知识发现过程。其中的各个步骤解读如下。

图 6.15 知识发现过程

(1) 数据选择。根据用户的需求从数据库中提取与 KDD 相关的数据。KDD 主要从这些数据中提取知识。在此过程中,会利用一些数据库操作对数据进行处理,形成真实数据库。

(2) 数据预处理。主要是对(1)产生的数据进行再加工,检查数据的完整性及数据的一致性,对其中的噪声数据进行处理,对丢失的数据利用统计方法进行填补,形成发掘数据库。

(3) 数据变换。即从发掘数据库里选择数据。变换的方法主要是利用聚类分析和判别分析。指导数据变换的方式是通过人机交互由专家输入感兴趣的知识,让专家来指导数据的挖掘方向。

（4）数据挖掘。根据用户要求,确定 KDD 的目标是发现何种类型的知识,因为对 KDD 的不同要求会在具体的知识发现过程中采用不同种类的知识发现算法。算法选择包括选取合适的模型和参数,并使得知识发现算法与整个 KDD 的评判标准相一致。然后,运用选定的知识发现算法,从数据中提取出用户所需要的知识,这些知识可以用一种特定的方式表示或使用一些常用的表示方式,如产生式规则等。

（5）知识评价。这一过程主要用于对所获得的规则进行价值评定,以决定所得的规则是否存入基础知识库。主要是通过人机交互界面由专家依靠经验来评价。

从上述讨论可以看出,数据挖掘只是 KDD 中的一个步骤,它主要是利用某些特定的知识发现算法,在一定的运算效率内,从数据中发现出有关的知识。

上述 KDD 全过程的几个步骤可以进一步归纳为三个步骤,即数据挖掘预处理(数据挖掘前的准备工作)、数据挖掘、数据挖掘后处理(数据挖掘后的处理工作)。

除了费亚德的知识发现过程模型外,后人又提出了一些新的和改进了的知识发现过程模型。

1996 年,布雷赫曼(Brachman)和阿纳德(Anand)通过对很多数据挖掘用户实际工作中遇到问题的了解,发现用户的很大一部分工作量是与数据库交互。他们从用户的角度对数据挖掘处理过程进行了分析,认为数据挖掘应该更着重于对用户进行知识发现的整个过程的支持,而不是仅仅限于在数据挖掘的一个阶段上,进而提出了以用户为中心的处理过程模型。该模型特别注重对用户与数据库交互的支持。用户根据数据库中的数据,提出一种假设模型,然后选择有关数据进行知识挖掘,并不断对模型的数据进行调整优化。在他们开发的数据挖掘系统 IMACS(interactive marketing analysis and classification system)中采用了这种以用户为中心的处理过程模型。

1997 年,斯坦福大学的约翰(John)在其博士学位论文中给出另外一种数据挖掘处理过程模型。该模型强调由数据挖掘人员和领域专家共同参与数据挖掘的全过程。领域专家对该领域内需要解决的问题非常清楚。在问题的定义阶段,由领域专家向数据挖掘人员解释,数据挖掘人员将数据挖掘采用的技术及能解决问题的种类介绍给领域专家。双方经过互相了解,对要解决的问题有一致的处理意见,包括问题的定义及数据的处理方式。

1999 年,中国科学院计算研究所的朱廷绍认为,前述模型对知识发现过程中的反复学习和多目标学习支持不够,即根据某种知识发现算法确定一批相关数据,当使用其他算法时,这批数据即告无效,必须重新进行数据的提取和预处理。他提出了支持多数据集多学习目标的数据挖掘处理模型,将数据和学习算法尽量分离,以使得数据挖掘更适合实际工作的需要,并对终端用户和数据挖掘人员的影响尽量小,以提高学习效率。

6.8.3　知识发现的方法

知识发现的方法有统计方法、机器学习方法、神经计算方法和可视化方法等。

1. 统计方法

统计方法是从事物的外在数量上的表现去推断该事物可能的规律性。最初总是从其数量表现上通过统计分析看出一些线索,然后提出一定的假说或学说,做进一步深入的理论研究。当理论研究提出一定的结论时,往往还需要在实践中加以验证。就是说,观测一些自然现象或专门实验所得到的资料,是否与理论相符、在多大的程度上相符、可能是朝哪个方向偏离等问题,都需要用统计分析方法加以处理。

与统计学有关的机器发现方法有如下 4 种。

(1) 传统方法

统计学在解决机器学习问题中起着基础性的作用。传统的统计学所研究的主要是渐近理论,即当样本趋向于无穷多时的统计性质。统计方法主要考虑测试预想的假设是否与数据模型拟合,它依赖于显式的基本概率模型。统计方法处理过程可以分为三个阶段:

(a) 搜集数据:采样、实验设计;

(b) 分析数据:建模、知识发现、可视化;

(c) 进行推理:预测、分类。

常见的统计方法有回归分析(多元回归、自回归等)、判别分析(贝叶斯判别、费歇尔判别、非参数判别等)、聚类分析(系统聚类、动态聚类等)以及探索性分析(主元分析法、相关分析法等)等。

(2) 模糊集

模糊集是表示和处理不确定性数据的重要方法,它不仅可以处理不完全数据、噪声数据或不精确数据,而且在开发数据的不确定性模型方面是有用的,能提供比传统方法更灵巧、更平滑的性能。

(3) 支持向量机

支持向量机(support vector machine,SVM)建立在计算学习理论的结构风险最小化原则之上,其主要思想是针对两类分类问题,在高维空间中寻找一个超平面作为两类的分割,以保证最小的分类错误率。SVM 的一个重要优点是可以处理线性不可分的情况。

(4) 粗糙集

粗糙集(rough set)理论由波拉克(Pawlak)在 1982 年提出。它是一种新的数学工具,用于处理含糊性和不确定性,在数据挖掘中发挥重要作用。粗糙集是由集合的下近似、上近似来定义的。下近似中每一个成员都是该集合的确定成员,而不是上近似中的成员肯定不是该集合的成员。粗糙集的上近似是下近似和边界区的合并。边界区的成员可能是该集合的成员,但不是确定的成员。可以认为粗糙集是具有三值隶属函数的模糊集,即是、不是、也许。与模糊集一样,它是一种处理数据不确定性的数学工具,常与规则归纳、分类和聚类方法结合起来使用,很少单独使用。

2. 机器学习方法

可能用于机器发现的机器学习方法如下。

(1) 规则归纳。规则反映数据项中某些属性或数据集中某些数据项之间的统计相关性。AQ 算法是有名的规则归纳算法。关联规则的一般形式为 $X_1 \wedge \cdots \wedge X_n \Rightarrow Y[C,S]$；表示由 $X_1 \wedge \cdots \wedge X_n$ 可以预测 Y，其可信度为 C，支持度为 S。

（2）决策树。决策树的每一个非终叶节点表示所考虑的数据项的测试或决策。一个确定分支的选择取决于测试的结果。为了对数据集分类，从根节点开始，根据判定自顶向下，趋向终叶节点或叶节点。当到达终叶节点时，则决策树生成。决策树也可以解释为特定形式的规则集，以规则的层次组织为特征。

（3）范例推理。范例推理是直接使用过去的经验或解法来求解给定的问题。范例常常是一种已经遇到过并且有解法的具体问题。当给定一个特定问题，范例推理就检索范例库，寻找相似的范例。如果存在相似的范例，它们的解法就可以用来求解新的问题。该新问题被加到范例库，以便将来参考。目前将范例推理与最近邻（nearest neighbor）原理、格子机（lattice machine）相结合。

（4）贝叶斯信念网络。贝叶斯信念网络是概率分布的图表示。贝叶斯信念网络是一种直接的、非循环的图，节点表示属性变量，边表示属性变量之间的概率依赖关系。与每个节点相关的是条件概率分布，描述该节点与它的父节点之间的关系。

（5）科学发现。科学发现是在实验环境下发现科学定律。在著名的 BACON 系统中，核心算法基本上由两种操作构成。第一种操作叫做双变量拟合，判定一对量之间的关系。第二种操作是合并多对关系到一个方程中。

（6）遗传算法。在求解过程中，通过最好解的选择和彼此组合，使期望解的集合越来越好。在数据挖掘中，遗传算法用来形成变量间依赖关系假设。

3. 神经计算方法

已在第 4 章中讨论过神经计算的基本原理和方法。常用的神经计算模型有多层感知机、反向传播网络、自适应映射网络等。

4. 可视化方法

可视化（visualization）就是把数据、信息和知识转化为可视的表示形式的过程。快速图形处理器和高分辨率彩色显示器的发展更提高了人们对信息可视化的兴趣和信心。使用有效的可视化界面，可以高效地与大量数据打交道，以发现其中隐藏的特征、关系、模式和趋势等。近年来，在可视化研究方面出现了一个新的趋向：随着互联网数据的爆炸式增长、商业和政府机构的普遍信息化以及数据仓库的发展，可视化技术已成为众多商业和技术领域的基本工具。信息可视化就是要处理这些新的数据种类以及它们在商业和信息技术领域的相关的分析任务，以发现信息中的模式、聚类、区别、联系与趋势等。

6.8.4　知识发现的应用

知识发现已在许多领域得到应用，且应用领域越来越广。现在，知识发现已在银行业、保险业、零售业、医疗保健、工程和制造业、科学研究、卫星观察和娱乐业等行业和部门得到成功应用，为人们的科学决策提供了很大帮助。

1. 金融业

金融事务需要收集和处理大量数据,对这些数据进行分析,发现其数据模式及特征,然后可能发现某个客户、消费群体或组织的金融和商业兴趣,并可观察金融市场的变化趋势。KDD 在金融领域应用广泛,例如:

(1) 数据清理、金融市场分析和预测。财经分析依赖各种来源的数据,这些数据可能包含错误信息或丢失信息,有时还表达相互矛盾的信息。因此,对数据进行清理或联机验证十分重要。一个叫做 RECON 的系统曾用于清理一个有 2200 个墨西哥和英国政府债券及欧洲债券的数据库,以辅助投资决策,并进行预测。

(2) 账户分类、银行担保和信用评估。金融业务的利润和风险是共存的。为了保证最大的利润和最小的风险,必须对账户进行科学的分析和归类,并进行信用评估。利兹(Leeds)曾使用一个"专家规则分析系统"(xpert rule analyzer)对账户进行分析并建立模型,预测 50 万贷款账户的欠款情况,并分析可能欠款的账户的关键特征。

2. 保险业

通过数据挖掘技术保护保险公司的商业利益,保护用户的合法权益。斯托特(Staudt)等利用瑞士人寿保险公司的数据库来辨识潜在客户以及预防现有客户终止保险合同。通过对数据挖掘环境的移植和设计,使终端用户能独立于数据挖掘专家而完成数据挖掘任务。

使用 HNC 的保险公司数据挖掘软件,对索赔者的资料与索赔历史数据模式进行比较,以判定用户的索赔是否合理。

3. 制造业

制造业应用知识发现技术进行零部件故障诊断、资源优化、生产过程分析等。例如,惠普公司的工程师使用相关软件进行 HPIIC 彩色扫描仪的生产过程分析。工程师们能够对数据进行分析,并对 20 个最重要的参数进行认定。他们还利用该软件,通过对生产数据进行分析,还能发现一系列装配过程中哪一阶段最容易产生错误。

4. 市场和零售业

市场业应用 KDD 技术进行市场定位和消费者分析,辅助制定市场策略。例如,有一个市场分析公司为 AT&T、IBM、PowerSoft 等客户工作。他们使用知识发现软件的规则归纳、模糊推理及统计能力对客户的历史数据进行分析,得出产品的购买趋势。

零售业是最早应用 KDD 技术的行业,目前主要将 KDD 应用于销售预测、库存需求、零售点选择和价格分析。

5. 医疗业

医疗保健行业有大量数据需要处理,其数据由不同的信息系统管理,并以不同的格式保存。从总体看,其数据是无组织的。该行业中,KDD 最关键的任务是进行数据清理,预测医疗保健费用。例如,GTE 实验室开发了 KDD 技术,从大型时变数据库中发现并解释关键信息。这个系统能进行多维分析,用以分析 GTE 的医疗保健数据,对此数据和预测数据,在定量范围内解释偏差,生成超文本报表。

6. 司法

KDD 技术可应用于案件调查、诈骗检测、洗钱认证、犯罪组织分析,可以给司法工作带来巨大收益。例如,美国财政部使用 NetMap 工具开发了一个叫 FAIS 的系统。这个系统对各类金融事务进行监测,识别洗钱、诈骗等。该系统从 1993 年 3 月开始运行,每周处理约 20 万件事务,针对超过 1 亿美元并可能是洗钱的事务产生了 400 多个调查报告。

7. 工程与科学

KDD 技术可应用于各种工程与科学数据分析。例如,美国喷气推动(Jet Propulsion)实验室利用决策树方法对上百万个天体进行分类,其效果比人工方法更快、更准确。该系统还帮助发现了 10 个新的类星体。

8. 其他

经纪业和安全交易:预测债券价格的变化;预报股票价格升降;决定交易的最佳时刻。计算机硬件和软件:检测磁盘驱动的故障;估计潜在的安全漏洞。政府和防卫:估计军事装备转移的成本;预测资源的消耗;评估军事战略。电信:电话公司评估哪一类客户会在短期内转向别的公司或别的项目,从而限制对这部分客户的广告投入。公司经营管理:评价客户信誉;评估部门业绩;评估员工业绩;检测子公司或部门财务舞弊行为。运动娱乐:赛季组织与分析;运动员训练等。

6.9 增强学习

一个能够感知其环境的自主机器人,如何通过学习选择达到其目标的最佳动作? 当机器人在其环境中做出每个动作时,指导者会提供相关奖励或惩罚信息,以表示当前状态是否正确。在实例学习方法中,环境提供输入/输出对,学习的任务就是找到一个函数满足这些输入/输出对之间的关系。这种有教师(指导者)的学习在很多情况下是可行的。本节介绍的增强学习(又称强化学习),由于其方法的通用性、对学习背景知识要求较少以及适用于复杂、动态的环境等特点,已引起了许多研究者的兴趣,成为机器学习的主要的方式之一。

在增强学习中,学习系统根据从环境中反馈信号的状态(奖励/惩罚),调整系统的参数。这种学习一般比较困难,主要是因为学习系统并不知道哪个动作是正确的,也不知道哪个奖惩赋予哪个动作。在计算机领域,第一个增强学习问题是利用奖惩手段学习迷宫策略。20 世纪 80 年代中后期,增强学习才逐渐引起人们广泛的研究。最简单的增强学习采用的是学习自动机(learning automata)。近年来,根据反馈信号的状态,提出了 Q-学习和时差学习等增强学习方法。

6.9.1　增强学习概述

1. 学习自动机

学习自动机是增强学习使用的最普通的方法。这种系统的学习机制包括两个模块：学习自动机和环境。学习过程是根据环境产生的刺激开始的。自动机根据所接收到的刺激，对环境做出反应，环境接收到该反应对其做出评估，并向自动机提供新的刺激。学习系统根据自动机上次的反应和当前的输入自动地调整其参数。学习自动机的学习模式如图 6.16 所示。这里延时模块用于保证上次的反应和当前的刺激同时进入学习系统。

许多现实问题可以应用学习自动机的基本思想，例如 NIM 游戏。在 NIM 游戏中，桌面上有三堆硬币，如图 6.17 所示。该游戏有两个人参与，每个选手每次必须拿走至少一枚硬币，但是只能在同一行中拿。谁拿了最后一枚硬币，谁就是失败者。

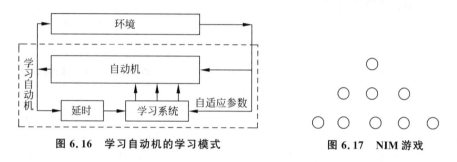

图 6.16　学习自动机的学习模式　　　　图 6.17　NIM 游戏

假定游戏的双方为计算机和人，并且计算机保留了在游戏过程中它每次拿走硬币的数量的记录。这可以用一个矩阵来表示，如图 6.18 所示，其中第 (i,j) 个元素表示对计算机来说从第 j 状态到 i 状态成功的概率。显然上述矩阵的每一列的元素之和为 1。

目标状态	源状态 135	134	133	⋯	⋯	125	⋯
135	#	#	#	#	#	#	⋯
134	1/9	#	#	⋯	⋯	#	⋯
133	1/9	1/8	#	#	#	#	⋯
132	1/9	1/8	1/7	#	⋯	#	⋯
124	#	1/8	#	#	⋯	1/8	⋯

图 6.18　NIM 游戏中的部分状态转换图

其中#表示无效状态

可为系统增加一个奖惩机制，以了便于系统的学习。在完成一次游戏后，计算机调整矩阵中的元素，如果计算机取得了胜利，则对应于计算机所有的选择都增加一个量，而相应列中的其他元素都降低一个量，以保持每列的元素之和为 1。如果计算机失败了，则与之相反，计算机所有的选择都降低一个量，而每一列中的其他元素都增加一个量，同样保持每列元素之和为 1。经过大量的试验，矩阵中的量基本稳定不变，当轮到计算机选择时,它可以从矩阵中选取使得自己取胜的最大概率的元素。

2. 自适应动态程序设计

强化学习假定系统从环境中接收反应,但是只有到了其行为结束后(即终止状态)才能确定其状况(奖励还是惩罚)。并假定,系统初始状态为 S_0,在执行动作(假定为 a_0)后,系统到达状态 S_1,即

$$S_0 \xrightarrow{a_0} S_1$$

对系统的奖励可以用效用(Utility)函数来表示。在强化学习中,系统可以是主动的,也可以是被动的。被动学习是指系统试图通过自身在不同的环境中的感受来学习其效用函数。而主动学习是指系统能够根据自己学习得到的知识,推出在未知环境中的效用函数。

关于效用函数的计算,可以这样考虑:假定,如果系统达到了目标状态,效用值应最高,假设为 1,对于其他状态的静态效用函数,可以采用下述简单的方法计算。假设系统通过状态 S_2,从初始状态 S_1 到达目标状态 S_7(见

S_3	S_4	S_7(目标)
S_2	S_5	S_8
S_1	S_6	S_9

图 6.19　简单的随机环境

图 6.19)。现在重复试验,统计 S_2 被访问的次数。假设在 60 次试验中,S_2 被访问了 5 次,则状态 S_2 的效用函数可以定义为 5/100=0.05。现假定系统以等概率的方式从一个状态转换到其邻接状态(不允许斜方向移动),例如,系统可以从 S_1 以 0.5 的概率移动到 S_2 或者 S_6,如果系统在 S_5,它可以 0.25 的概率分别移动到 S_2,S_4,S_6 和 S_8。

对于效用函数,可以认为"一个序列的效用是累积在该序列状态中的奖励之和"。静态效用函数值比较难以得到,因为这需要大量的实验。强化学习的关键是给定训练序列,更新效应值。

在自适应动态程序设计中,状态 i 的效应值 $U(i)$ 可以用下式计算:

$$U(i) = R(i) + \sum_{\forall j} M_{ij} U(j) \tag{6.41}$$

其中,$R(i)$ 是状态 i 时的奖励;M_{ij} 是从状态 i 到状态 j 的概率。

对于一个小的随机系统,可以通过求解类似上式的所有状态中的所有效用方程来计算 $U(i)$。但当状态空间很大时,求解起来就不是很方便了。

为了避免求解类似式(6.41)的方程,可以通过下面的公式来计算 $U(i)$:

$$U(i) \leftarrow U(i) + \alpha[R(i) + U(j) - U(i)] \tag{6.42}$$

其中,$\alpha(0 < \alpha < 1)$ 为学习率,它随学习过程的进行而逐渐变小。

由于式(6.42)考虑了效用函数的时差,所以该学习称为时差学习。

另外,对于被动的学习,M 一般为常量矩阵。但是对于主动学习,它是可变的。所以,对于式(6.42)可以重新定义为

$$U(i) = R(i) + \max_a \sum_{\forall j} M_{ij}^a U(j) \tag{6.43}$$

这里 M_{ij}^a 表示在状态 i 执行动作 a 达到状态 j 的概率。这样,系统会选择使得 M_{ij}^a

最大的动作,这样 $U(i)$ 也会最大。

6.9.2 Q-学习

Q-学习是一种基于时差策略的增强学习,它是指定在给定的状态下,在执行完某个动作后期望得到的效用函数,该函数为动作-值函数。在 Q-学习中,动作-值函数表示为 $Q(a,i)$,它表示在状态 i 执行动作 a 的值,也称 Q-学习中,使用 Q-值代替效用值;效用值和 Q-学习中,使用 Q-值代替效用值;效用值和 Q-值之间的关系如下:

$$U(i) = \max_a Q(a,i)$$

在增强学习中,Q-值起着非常重要的作用,第一,和条件-动作规则类似,它们都可以不需要使用模型就可以做出决策;第二,与条件-动作不同的是,Q-值可以直接从环境的反馈中学习获得。

同效用函数一样,对于 Q-值可以有下面的方程:

$$U(a,j) = R(i) + \sum_{\forall j} M_{ij}^a \max_a Q(a',j) \tag{6.44}$$

对应的时差方程为

$$Q(a,j) \leftarrow Q(q,j) + \alpha[R(i) + \max_a Q(a',j) - Q(a,j)] \tag{6.45}$$

增强学习方法作为一种机器学习的方法,在实际当中取得了很多应用,例如博弈、机器人控制等。另外,在 Internet 信息搜索方法,搜索引擎必须能自动地适应用户的要求,这类问题也属于无背景模型的优点,但是它也存在一些问题。

(1)概况问题。典型的增强学习方法,如 Q-学习,都假定状态空间是有限的,且允许用状态-动作记录其 Q 值。而许多实际的问题,往往对应的状态空间很大,甚至状态是连续的;或者状态空间不很大,但是动作很多。另一方面,对某些问题,不同的状态可能具有某种共性,从而对应于这些状态的最优动作是一样的。因而,在增强学习中研究状态-动作的概括表示是很有意义的,这可以使用传统的泛化学习,如实例学习、神经网络学习等。

(2)动态和不确定环境。增强学习通过与环境的试探性交互,获取环境状态信息和增强信号来进行学习,这使得能否准确地观察到状态信息成为影响系统学习性能的关键。然而,许多实际问题的环境往往含有大量的噪声,无法准确地获取环境的状态信息,就可能无法使增强学习算法收敛,如 Q-值摇摆不定。

(3)当状态空间较大时,算法收敛前的实验次数可能要求很多。

(4)多目标学习。大多数增强学习模型针对的是单目标学习问题的决策策略,难以适应多目标学习,难以适应多目标多策略的学习要求。

(5)许多问题面临的是动态变化的环境,其问题求解目标本身可能也会发生变化。一旦目标发生变化,已学习到的策略有可能变得无用,整个学习过程要从头开始。

6.10　深　度　学　习

进入 21 世纪以来,人类在机器学习领域虽然取得了一些突破性的进展,但在寻找最优的特征表达过程中往往需要付出巨大的代价,这也成为一个抑制机器学习效率进一步提升的重要障碍。效率需求在图像识别、语音识别、自然语言处理、机器人学和其他机器学习领域中表现得尤为明显。

深度学习(deep learning)算法不仅在机器学习中比较高效,而且在近年来的云计算、大数据并行处理研究中,其处理能力已在某些识别任务上达到了几乎和人类相媲美的水平。

本节主要讨论深度学习算法,着重介绍深度学习的定义、主要特点,并结合实例介绍深度学习算法的主要模型。

6.10.1 深度学习的定义与特点

深度学习是机器学习研究的一个新方向,源于对人工神经网络的进一步研究,通常采用包含多个隐含层的深层神经网络结构。

1. 深度学习的定义

定义 6.13   深度学习算法是一类基于生物学对人脑进一步认识,将神经-中枢-大脑的工作原理设计成一个不断迭代、不断抽象的过程,以便得到最优数据特征表示的机器学习算法。该算法从原始信号开始,先做低层抽象,然后逐渐向高层抽象迭代,由此组成深度学习算法的基本框架。

2. 深度学习的一般特点

一般来说,深度学习算法具有如下特点。

(1)使用多重非线性变换对数据进行多层抽象。该类算法采用级联模式的多层非线性处理单元来组织特征提取以及特征转换。在这种级联模型中,后继层的数据输入由其前一层的输出数据充当。按学习类型,该类算法又可归为有监督学习,例如分类(classification);无监督学习,例如模式分析(pattern analysis)。

(2)以寻求更适合的概念表示方法为目标。这类算法通过建立更好的模型来学习数据表示方法。对于学习所用的概念特征值或者说数据的表示,一般采用多层结构进行组织,这也是该类算法的一个特色。高层的特征值由低层特征值通过推演归纳得到,由此组成了一个层次分明的数据特征或者抽象概念的表示结构;在这种特征值的层次结构中,每一层的特征数据对应着相关整体知识或者概念在不同程度或层次上的抽象。

(3)形成一类具有代表性的特征表示学习(learning representation)方法。在大规模无标识的数据背景下,一个观测值可以使用多种方式来表示,例如一幅图像、人脸识别数据、面部表情数据等,而某些特定的表示方法可以让机器学习算法学习起来更加容易。所以,深度学习算法的研究也可以看做是在概念表示基础上,对更广泛的机器学习方法的研究。深度学习一个很突出的前景便是它使用无监督的或者半监督的特征学习方法,加上层次性的特征提取策略,来替代过去手工方式的特征提取。

3. 深度学习的优点

深度学习具有如下优点。

（1）采用非线性处理单元组成的多层结构，使得概念提取可以由简单到复杂。

（2）每一层中非线性处理单元的构成方式取决于要解决的问题；同时，每一层学习模式可以按需求调整为有监督学习或无监督学习。这样的架构非常灵活，有利于根据实际需要调整学习策略，从而提高学习效率。

（3）学习无标签数据优势明显。不少深度学习算法通常采用无监督学习形式来处理其他算法很难处理的无标签数据。现实生活中，无标签数据比有标签数据更普遍存在。因此，深度学习算法在这方面的突出表现，更凸显出其实用价值。

6.10.2 深度学习基础及神经网络

深度学习与人工智能的分布式表示和传统人工神经网络模型有十分密切的关系。

1. 深度学习与分布式表示

分布式表示（distributed representation）是深度学习的基础，其前提是假定观测值由不同因子相互作用。深度学习采用多重抽象的学习模型，进一步假定上述的相互作用关系可细分为多个层次：从低层次的概念学习得到高层次的概念，概念抽象的程度直接反映在层次数目和每一层的规模上。贪婪算法常被用来逐层构建该类层次结构，并从中选取有助于机器学习更有效的特征。

2. 深度学习与人工神经网络

人工神经网络受生物学发现的启发，其网络模型被设计为不同节点之间的分层模型。训练过程是通过调整网络参数和每一层中的权重，使得网络输入特征数据时，其输出的网络计算结果与已有的样本观测结果一致或者说误差达到可容忍的程度。这样的网络常被称为"训练好"的；对于还没有发生的结果，自然没有样本观测数据，但此时人们往往希望提前知道这些结果的分布规律。此刻，若将合法数据输入"训练好"的网络，网络的输出就有理由被认为是"可信的"，或者说，与将要发生的真实结果之间误差会很小。从而实现了"预测"功能。类似地，也可以实现网络对数据的"分类"功能。许多成功的深度学习方法都涉及了人工神经网络，所以，不少研究者认为深度学习就是传统人工神经网络的一种发展和延伸。

2006年，加拿大多伦多大学 Geoffrey Hinton 提出了两个观点：

（1）多隐含层的人工神经网络具有非常突出的特征学习能力。如果用机器学习算法得到的特征来刻画数据，可以更加深层次地描述数据的本质特征，在可视化或分类应用中非常有效。

（2）深度神经网络在训练上存在一定难度，但这些可以通过"逐层预训练"（layerwise pre-training）来有效克服。

这些思想促进了机器学习的发展，开启了深度学习在学术界和工业界的研究与应用热潮。

6.10.3　深度学习的常用模型

实际应用中,用于深度学习的层次结构通常由人工神经网络和复杂的概念公式集合组成。在某些情形下,也采用一些适用于深度生成模式的隐性变量方法。例如,深度信念网络、深度玻耳兹曼机等。至今已有多种深度学习框架,如深度神经网络、卷积神经网络和深度概念网络。

深度神经网络是一种具备至少一个隐层的神经网络。与浅层神经网络类似,深度神经网络也能够为复杂非线性系统提供建模,但多出的层次为模型提供了更高的抽象层次,因而提高了模型的能力。此外,深度神经网络通常都是前馈神经网络。常见的深度学习模型包含以下几类。

1. 卷积神经网络

卷积神经网络(convolutional neural network,CNN),在本质上是一种输入到输出的映射。

1984 年日本学者 Fukushima 基于感受野概念提出神经认知机,这是卷积神经网络的第一个实现网络,也是感受野概念人工神经网络领域的首次应用。受视觉系统结构的启示,当具有相同参数的神经元应用前一层的不同位置时,就可以获取一种变换不变性特征。LeCun 等人根据这个思想,利用反向传播算法设计并训练了 CNN。CNN 是一种特殊的深层神经网络模型,其特殊性主要体现在两个方面:一是它的神经元间的连接是非全连接的;二是同一层中神经元之间的连接采用权值共享的方式。其学习过程如图 6.20 所示。其中,输入到 C_1、S_4 到 C_5、C_5 到输出是全连接,C_1 到 S_2、C_3 到 S_4 是一一对应的连接,S_2 到 C_3 为了消除网络对称性,去掉了一部分连接,可以让特征映射更具多样性。需要注意的是,C_5 卷积核的尺寸要和 S_4 的输出相同,只有这样才能保证输出是一维向量。

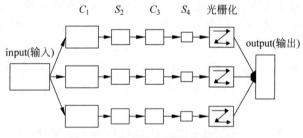

图 6.20　卷积神经网络的原理图

CNN 的基本结构包括两层,即特征提取层和特征映射层。在特征提取层 C 中,每个神经元的输入与前一层的局部接受域相连,并提取该局部的特征。一旦该局部特征被提取后,它与其他特征间的位置关系也随之确定下来;每一个特征提取层后都紧跟着一个计算层,对局部特征求加权平均值与二次提取,这种特有的两次特征提取结构使网络对平移、比例缩放、倾斜或者其他形式的变形具有高度不变性。S 层是特征映射层,网络中的计算层由多个特征映射组成,每个特征映射是一个平面,平面上采用权值共享技术,大大减少了网络的训练参数,使神经网络的结构变得更简单,适应性更强。另外,图像可以直接作为网络的输入,因此它需要的预处理工作非常少,避免了传统识别算法中复杂的特征提取和数据重建过程。特征映射结构采用影响函数核小的 sigmoid 函数作为卷积网络的激活函数,使得特征映射具有位移不变性。

并且,在很多情况下,有标签的数据是很稀少的,但正如前面所述,作为神经网络的一个典型,卷积神经网络也存在局部性、层次深等深度网络具有的特点。卷积神经网络的结构使得其处理过的数据中有较强的局部性和位移不变性。Ranzato 等人将卷积神经网络和逐层贪婪无监督学习算法相结合,提出了一种无监督的层次特征提取方法。此方法用于图像特征提取时效果明显。基于此,CNN 被广泛应用于人脸检测、文献识别、手写字体识别、语音检测等领域。

CNN 也存在一些不足之处,如:由于网络的参数较多,导致训练速度慢,计算成本高,如何有效提高 CNN 的收敛速度成为今后的一个研究方向。另一方面,研究卷积神经网络的每一层特征之间的关系对于优化网络的结构有很大帮助。

2. 循环神经网络

循环神经网络(recurrent neural networks,RNNs)是深度网络中的常用模型,它的输入为序列数据,网络中节点之间的连接沿时间序列形成一个有向图,使其能够显示时间动态行为。1982 年,美国学者 John Hopfield 发现一种特殊类型的循环神经网络——Hopfield 网络。作为一个包含外部记忆的循环神经网络,Hopfiled 网络内部所有节点都相互连接,同时使用能量函数进行学习。1986 年,David Rumelhart 提出反向误差传播算法(error back propagtion training,BP),系统解决了多层神经网络隐含层连接权学习问题。在此基础上,Jordan 同年建立了新的循环神经网络——Jordan 网络。此后在 1990 年,Jeffrey Elman 提出了第一个全连接的循环神经网络——Elman 网络。这两个网络都是面向序列数据的循环神经网络。

基本的循环神经网络如图 6.21 所示,它是结构为连续层的类神经元节点的网络。给定层中的每个神经元节点定向的与下一个连续层中的每个其他神经元节点连接,每个神经元节点具有随时间变化的实值激活函数,同时每处连接具有可修改的实值权重。RNNs 输入单元的输入集为 $\{x_0, x_1, \cdots, x_t, x_{t+1}, \cdots\}$,输出单元的输出集为 $\{o_0, o_1, \cdots, o_t, o_{t+1}, \cdots\}$,隐藏单元的状态集为 $\{h_0, h_1, \cdots, h_t, h_{t+1}, \cdots\}$,能够捕捉序列信息。隐藏层之间是有连接的且隐藏层的输入不仅包括输入层的输入还包括上一时刻隐藏层的输出,隐藏层的神经元节点可以自连也可以互连。h_t 是隐藏层在 t 时间步的状态,也是 RNNs 的记忆单元,其计算公式为 $h_t = f(U * x_t + V * h_{t-1})$,公式中 f 是一般的非线性激活函数,如 tanh 函数等。传统神经网络中的参数是不共享的,而在 RNNs 中,每一层都各自共享参数 U, V, W,即 x_t 与 h_t 之间的 U 矩阵和 x_{t-1} 与 h_{t-1} 之间的 U 矩阵是一样的,同理对 V, W。权值共享大大降低了网络中需要学习的参数,降低了网络复杂度。

RNNs 使用时间序列信息,可以处理任意长度的输入输出数据。且不同于反馈神经网络,RNNs 可以使用它们的内部存储器来处理任意输入序列,这使得它广泛应用于手写体识别、自然语言处理和语音识别任务。但 RNNs 存在"梯度消失"、"梯度爆炸"、长时依赖等问题。梯度爆炸会导致权重振荡,降低网络质量,且随着网络层数增加,问题会更加严重。为了解决上述问题,对 RNNs 进行改进,Hochreiter 和 Schmidhuber 提出了长短

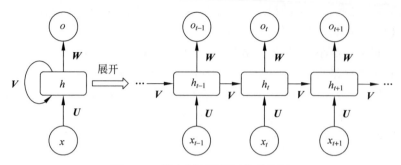

图 6.21　基本循环神经网络结构图

时记忆模型(long short-term memory,LSTM)。

3. 受限玻耳兹曼机

受限玻耳兹曼机(restricted Boltzmann machine,RBM)是一类可通过输入数据集学习概率分布的随机生成神经网络,是一种玻耳兹曼机的变体,但限定模型必须为二分图。如图 6.22 所示,模型中包含:可视层,对应输入参数,用于表示观测数据;隐含层,可视为一组特征提取器,对应训练结果,该层被训练发觉在可视层表现出来的高阶数据相关性;每条边必须分别连接一个可视单元和一个隐含层单元,为两层之间的连接权值。受限玻耳兹曼机大量应用在降维、分类、协同过滤、特征学习和主题建模等方面。根据任务的不同,受限玻耳兹曼机可以使用监督学习或无监督学习的方法进行训练。

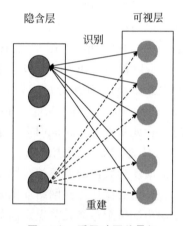

图 6.22　受限玻耳兹曼机

训练 RBM,目的就是要获得最优的权值矩阵,最常用的方法是最初由 Geoffrey Hinton 在训练"专家乘积"中提出,被称为对比分歧(contrast divergence,CD)算法。对比分歧提供了一种最大似然的近似,被理想地用于学习 RBM 的权值训练。该算法在梯度下降的过程中使用吉布斯采样完成对权重的更新,与训练前馈神经网络中使用反向传播算法类似。

针对一个样本的单步对比分歧算法步骤可总结为

步骤 1　取一个训练样本,计算隐层节点的概率,在此基础上从这一概率分布中获取一个隐层节点激活向量的样本;

步骤 2　计算和的外积,称为"正梯度";

步骤 3　获取一个重构的可视层节点的激活向量样本,此后再次获得一个隐含层节点的激活向量样本;

步骤 4　计算和的外积,称为"负梯度";

步骤 5　使用正梯度和负梯度的差,以一定的学习率更新权值。

类似地,该方法也可以用来调整偏置参数和。

深度玻耳兹曼机(deep Boltzmann machine,DBM)就是把隐含层的层数增加,可以看做是多个 RBM 堆砌,并可使用梯度下降法和反向传播算法进行优化。

4. 自动编码器(auto encoder,AE)

自动编码器是一种尽可能复现输入信号的神经网络,是 Geoffrey Hinton 等人继基于逐层贪婪无监督训练算法的深度信念网后提出来的又一种深度学习算法模型。AE 的基本单元有编码器和解码器;编码器是将输入映射到隐含层的映射函数,解码器是将隐含层表示映射回对输入的一个重构。

设定自编码网络一个训练样本 $x = \{x^1, \cdots, x^t\}$,编码激活函数和解码激活函数分别为 S_f 和 S_g,

$$f_\theta(x) = S_f(\boldsymbol{b} + \boldsymbol{W}x)$$

$$g_\theta(h) = S_g(\boldsymbol{d} + \boldsymbol{W}^\mathrm{T}h)$$

其训练机制就是通过最小化训练样本 D_n 的重构误差来得到参数 θ,也就是最小化目标函数

$$J_{AE}(\theta) = \sum_{x \in D_n} L(x', g(f(x')))$$

其中,$\theta = \{\boldsymbol{W}, \boldsymbol{b}, \boldsymbol{W}^\mathrm{T}, \boldsymbol{d}\}$;$\boldsymbol{b}$ 和 $\boldsymbol{d}$ 分别是编码器和解码器的偏置向量,$\boldsymbol{W}$ 和 $\boldsymbol{W}^\mathrm{T}$ 是编码器和解码器的权重矩阵,S 为 sigmoid 函数。对于具有多个隐含层的非线性自编码网络,如果初始权重选得好,运用梯度下降法可以达到很好的训练结果。基于此,Hinton 和 Salakhutdinov 提出了用 RBM 网络来得到自编码网络的初始权值。但正如前面所述,一个 RBM 网络只含有一个隐含层,其对连续数据的建模效果并不是很理想。引入多个 RBM 网络形成一个连续随机再生模型。自编码系统的网络结构如图 6.23 所示。其预训练阶段就是逐层学习这些 RBM 网络,预训练过后,这些 RBM 网络就被"打开"形成一个深度自编码网络。然后利用反向传播算法进行微调,得到最终的权重矩阵。

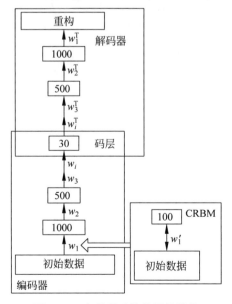

图 6.23　自编码系统的网络结构

实际上，自编码网络也可以看做是由编码部分和解码部分构成的，编码部分对输入进行降维，即将原始高维连续的数据降到具有一定维数的低维结构上；解码部分则将低维上的点还原成高维连续数据。编码部分与解码部分之间的交叉部分是整个连续自编码网络的核心，能够反映具有嵌套结构的高维连续数据集的本质规律，并确定高维连续数据集的本质维数。

自动编码器的一个典型应用就是用来对数据进行降维。随着计算机技术、多媒体技术的发展，在实际应用中经常会碰到高维数据，这些高维数据通常包含许多冗余，其本质维数往往比原始的数据维数要小得多，因此要通过相关的降维方法减少一些不太相关的数据而降低它的维数，然后用低维数据的处理办法进行处理。传统的降维方法可以分为线性和非线性两类，线性降维方法如主成分分析法(principal component analysis，PCA)、独立分量分析法(independent component analysis，ICA)和因子分析法(factor analysis，FA)在高维数据集具有线性结构和高斯分布时能有较好的效果。但当数据集在高维空间呈现高度扭曲时，这些方法则难以发现嵌入在数据集中的非线性结构以及恢复内在的结构。自编码机作为一种典型的非线性降维方法，在图像重构，丢失数据的恢复等领域中得到了广泛应用。

5. 深度信念网络

深度信念网络(deep belief networks，DBNs)是一个贝叶斯概率生成模型，由多层随机隐变量组成，其结构如图 6.24 所示。上面的两层具有无向对称连接，下面的层得到来自上一层的自顶向下的有向连接，最底层单元构成可视层。也可以这样理解，深度信念网络就是在靠近可视层的部分使用贝叶斯信念网络(即有向图模型)，并在最远离可见层的部分使用受限玻耳兹曼机的复合结构，也常常被视为多层简单学习模型组合而成的复合模型。

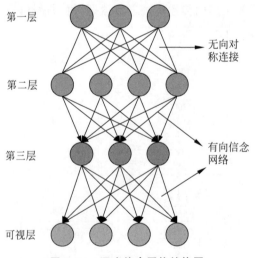

图 6.24　深度信念网络结构图

深度信念网络可以作为深度神经网络的预训练部分，并为网络提供初始权重，再使用反向传播或者其他判定算法作为调优的手段。这在训练数据较为缺乏时很有价值，因为不恰当的初始化权重会显著影响最终模型的性能,而预训练获得的权重在权值空间中比随机权重更接近最优的权重。这不仅提升了模型的性能,也加快了调优阶段的收敛速度。

深度信念网络中的内部层都是典型的 RBM,可以使用高效的无监督逐层训练方法进行训练。当单层 RBM 被训练完毕后,另一层 RBM 可被堆叠在已经训练完成的 RBM 上,形成一个多层模型。每次堆叠时,原有的多层网络输入层被初始化为训练样本,权重为先前训练得到的权重,该网络的输出作为后续 RBM 的输入,新的 RBM 重复先前的单层训练过程,整个过程可以持续进行,直到达到某个期望中的终止条件。

尽管对比分歧是对最大似然的近似十分粗略,即对比分歧并不在任何函数的梯度方向上,但经验结果证实该方法是训练深度结构的一种有效的方法。

6.10.4 深度学习应用简介

深度学习获得日益广泛的应用,已在计算机视觉、语音识别、自然语言处理等领域取得良好的应用效果。

截至 2011 年,前馈神经网络深度学习中的最新方法是交替使用卷积层(convolutional layers)和最大缓冲层(max-pooling layers)并加入单纯的分类层作为顶端,训练过程无需引入无监督的预训练。从 2011 年起,这一方法的 GPU 实现多次赢得了各类模式识别竞赛的胜利,包括 2011 国际神经网络联合会议(IJCNN)交通标志识别竞赛和其他比赛。已有科研成果表明,深度学习算法在某些识别任务上几乎或者已经表现出达到与人类相匹敌的水平。

2012 年,纽约时报介绍了一个由 Andrew Ng 和 Jeff Dean 联合主持的一个项目——谷歌大脑(Google brain),引起了人们的广泛关注。他们分别是当时在机器学习领域和大规模计算机系统方面的专家。该项目用 16 000 个 CPU 核心组成的并行计算平台,训练一种称为"深度神经网络"(deep neural networks)的机器学习模型。新模型没有像以往的模型那样人为设定"抽象概念"边界,而是直接把海量数据投放到算法中,让系统自动从数据中学习,从而"领悟"事物的多项特征,并在语音识别和图像识别等领域获得了巨大的成功。同年 11 月,微软在中国天津的一次活动上公开演示了一个全自动的同声传译系统,讲演者用英文演讲,后台的计算机自动完成语音识别、英汉机器翻译和汉语语音合成等过程,效果非常流畅,其采用的核心技术正是深度学习算法。

2014 年 1 月,汤晓鸥研究团队发布了一个包含 4 个卷积及池化层的 DeepID 深度学习模型,在户外脸部检测数据库 LFW(Labeled Faces in the Wild)上取得了当时最高 97.45% 的识别率。同年 6 月,该模型改进后在 LFW 数据库上获得了 99.15% 的识别率,比人眼识别更加精准。另外值得指出的是美国斯坦福大学的计算机科学家,为模拟人类的识别系统建立了目前世界上最大的图像识别数据库 ImageNet,这是当下计算机视觉领域最受关注的挑战性项目,已经成为了衡量深度学习技术发展的重要指标。大量研究表明,利用深度模型在竞赛中学习得到的特征可以被广泛应用到其他数据集和各种计算机视觉问题;而由 ImageNet 训练得到的深度学习模型,更是推动计算机视觉领域发展的强大引擎。由汤晓鸥带领的 DeepID-Net 团队所开发的深度学习模型在 2015 年一举超越谷歌,达到全球最高的检测率。

2016 年,人工智能学界最轰动的事件无过于美国谷歌开发的人工智能机器人阿尔法围棋(AlphaGo)与世界顶级围棋职业选手李世石的人机对决。在棋类竞技中,围棋是人类智能最后一个未被人工智能征服的堡垒。这次对决引起棋界内外、横跨体育界和科技界的全球关注,其影响甚至辐射到资本市场。AlphaGo 的主要工作原理是"深度学习",其软件总体上由两个神经网络(相当于人类的两个大脑)构成,第一个大脑——策略网络(policy network)的作用是在当前局面下判断下一步可以在哪里落子。它有两种学习模式:一个是简单模式,通过观察 KGS(一个国际上的围棋对弈服务器)上的对局数据来训练。简而言之,可以理解为让第一个大脑学习"定式",即在一个给定的局面下人类一般会怎么走子,这种学习不涉及对优劣的判断。另一个是自我强化学习模式,它通过自己和自己的海量对局的最终胜负来学习评价每一步走子的优劣。因为是自我对局,数据量可以无限增长。第二个大脑——估值网络(value network)的作用是学习评估整体盘面的优劣。它也是通过海量自我对局来训练的,据说至少下了 3000 万盘,仅电费就用了过亿美元;由于采用人类对局会因为数据太少而失败。在对弈时,这两个大脑是这样协同工作的:第一个大脑的简单模式会判断出在当前局面下有哪些走法值得考虑,同时第一个大脑的复杂模式则通过蒙特卡洛树来展开各种走法,即所谓的"算棋",以判断每种走法的优劣。在这个计算过程中,第二个大脑会协助第一个大脑通过判断局面来砍掉大量不值得深入考虑的分岔树,从而大大提高计算效率。与此同时,第二个大脑根据下一步棋导致的新局面的优劣也能给出关于下一步棋的建议。最终,两个大脑的建议被平均加权,AlphaGo 据此做出最终的决定。这次世纪大战,AlphaGo 以 4∶1 的比分获得最终胜利。人工智能虽然获得了胜利,但是并不代表着完胜,借用围棋选手李世石的话:"我认为'阿尔法围棋'还没达到至善至美,人类还可以跟它较量。"同样深度学习也没有达到至善至美的地步,因此人工智能在模拟人脑的方面还有很大一段路程要走。

2017 年 DeepMind 创造的 Master 程序在快棋比赛中再次表现出了对人类棋手的绝对优势。Master 与 60 位世界冠军和国内冠军对局 60 场,进行每 30 秒下一步的快棋比赛,以 60∶0 的成绩获得全胜。

2019 年 3 月 27 日美国计算机学会(ACM)宣布,深度学习的三位开拓者 Geoffrey Hinton、Yann LeCun 和 Yoshua Bengio 共同获得 2019 年图灵奖。三位科学家提出深度学习的基本概念,在实验中发现了惊人的结果,也在工程领域取得了重要突破,推动深度神经网络获得广泛而重要的实际应用。

深度学习已经成为人工智能技术领域最重要的技术之一。在最近数年中,机器博弈、计算机视觉、语音识别、自然语言处理、机器人和智慧医疗等领域取得的重大进展都离不开深度学习。

6.10.5　总结与展望

虽然深度学习的理论研究和实际应用都取得了很大的成功,但从大量文献看来,仍然有很多值得进一步学习和探究的地方,据初步综述来看,主要有以下几个问题。

(1) 模型问题。深度学习模型含有多个隐含层,利用逐层贪婪无监督训练算法进行训练,这样既能保证对复杂对象的有效表示,又避免了局部最优的问题。但是目前都是靠人工经验来确定隐含层的层数,如何能够针对不同类的输入选择特定隐含层的模型是提高深度学习效率的一个方面。另外,现有的几种算法模型都有一定的缺陷,寻求一种新的模型来进行更加有效的特征提取也是深度学习值得研究的一个问题。

(2) 优化问题。尽管现在流行的逐层贪婪训练算法在处理语音识别等很多任务时都表现出很好的效果,但对于多语言的识别问题,现有模型因为无法获取足够的底层信息而无法识别。如果靠增加模型的复杂度来解决这一问题,必然又带来训练上的困难。找到一种更加有效的优化算法来解决信息量过大带来的问题是值得研究的另一个问题。

(3) 降维问题。AE 模型侧重于对输入进行降维以解决高维数据的信息冗余问题,并且比 PCA、ICA 等传统降维方法表现的效果更好。但对于一个特定的框架,到底多少维的输入既能保证涵盖对象的本质特征并且最有利于深度学习模型进行有效学习呢? 这也是今后需要进一步解决的问题。

此外,为了降低深度学习模型的训练时间,通常的办法是采用图形处理单元方法。然而单个机器 GPU 对语音识别等大规模数据集的学习任务并不实用。面对这一问题,可以通过一种并行学习算法来解决。这也是充分利用深度学习在增强传统学习算法性能上的一个研究重点。

6.11 小　　结

本章对机器学习作了入门介绍。

机器学习在过去 20 年中获得较大发展,越来越多的研究者加入机器学习研究行列。已经建立起许多机器学习的理论和技术。除了本章介绍的决策树学习、解释学习、归纳学习、类比学习、神经学习、增强学习和知识发现等方法外,还有纠错学习、演绎学习、遗传学习以及训练感受器的学习和训练近似网络的学习等。机器学习将会起到越来越大的作用。

归纳学习(induction learning)是应用归纳推理进行学习的一种方法。根据归纳学习有无教师指导,可把它分为示例学习和观察与发现学习。前者属于有师学习,后者属于无师学习。

决策树学习是以实例为基础的归纳学习,能够进行多概念学习,具备快捷简便等优点,具有广泛的应用领域。亨特的概念学习系统(concept learning system,CLS)是一种早期的基于决策树的归纳学习系统。决策树学习采用学习算法来实现。

类比学习(learning by analogy)是通过类比,即通过对相似事物加以比较所进行的一种学习。

解释学习根据任务所在领域知识和正在学习的概念知识,对当前实例进行分析和求解,得出一个表征求解过程的因果解释树,以获取新的知识。

通过训练神经网络进行学习即为神经网络学习。

在增强学习中,学习系统根据从环境中反馈信号的状态(奖励/惩罚),调整系统的参数。增强学习已成为机器学习的主要方式之一。最简单的增强学习采用的是学习自动机。近年来,提出了 Q-学习和时差学习等增强学习方法。

知识发现和数据挖掘是近年来发展最快的机器学习技术,使机器学习研究和应用进入一个崭新的发展时期。可以预计,KDD 和数据挖掘技术必将有更大的发展,并获得更为广泛的应用。

深度学习算法是一种基于生物学对人脑的进一步认识,将神经-中枢-大脑的工作原理设计成一个不断迭代、不断抽象的过程,以便得到最优数据特征表示的机器学习算法;该算法从原始信号开始,先做低级(底层)抽象,然后逐渐向高级(高层)抽象迭代,由此组成深度学习算法的基本框架。

随着机器学习研究的不断深入开展和计算机技术的进步,已经设计出不少具有优良性能的机器学习系统,并投入实际应用。这些应用领域涉及计算机视觉、图像处理、模式识别、机器人动力学与控制、自动控制、自然语言理解、语音识别、信号处理和专家系统等。与此同时,各种改进型学习算法得以开发,显著地改善了机器学习网络和系统的性能。

机器学习的发展趋势表明,机器学习作为人工智能的应用来考虑,其技术水平和应用领域将可能超过专家系统,为人工智能的发展做出突出贡献。

今后机器学习将在理论概念、计算机理、综合技术和推广应用等方面开展新的研究。其中,对结构模型、计算理论、算法和混合学习的开发尤为重要。在这些方面,有许多事要做,有许多新问题需要人们去解决。

习　题　6

6-1　什么是学习和机器学习?为什么要研究机器学习?

6-2　试述机器学习系统的基本结构,并说明各部分的作用。

6-3　简介决策树学习的结构。

6-4　决策树学习的主要学习算法为何?

6-5　试说明归纳学习的模式和学习方法。

6-6　什么是类比学习?其推理和学习过程为何?

6-7　试述解释学习的基本原理、学习形式和功能。

6-8　试比较说明符号系统和连接机制在机器学习中的主要思想。

6-9　用 C 语言编写一套计算机程序,用于执行 BP 学习算法。

6-10　应用神经网络模型优化求解销售员旅行问题。

6-11 考虑一个具有阶梯形阈值函数的神经网络,假设

(1)用一常数乘所有权值和阈值;

(2)用一常数加所有权值和阈值。

试说明网络性能是否会变化?

6-12　增大权值是否能够使 BP 学习变慢?

6-13　什么是知识发现?知识发现与数据挖掘有何关系?

6-14　试说明知识发现的处理过程。

6-15　有哪几种比较常用的知识发现方法?试略加介绍。

6-16　知识发现的应用领域有哪些?试展望知识发现的发展和应用前景。

6-17　增强学习有何特点？学习自动机的学习模式为何？

6-18　什么是 Q-学习？它有何优缺点？

6-19　什么是深度学习？它有何特点？

6-20　深度学习有哪几种模型？用得最多是哪些模型？

参 考 文 献

1. Atilim G B，Barak A P，Alexey A R. Automatic differentiation in machine learning：a survey［Z］. arXiv preprint. arXiv：1502.05767，2015.

2. Baldi P，Brunak S. Bioinformatics：The Machine Learning Approach［M］. Cambridge，MA：MIT Press，1998.

3. Baltrusaitis T，Ahuja C，Morency L P. Multimodal machine learning：A survey and taxonomy［Z］. arXiv preprint. arXiv：1705.09406，2017.

4. Barr A，Feigenbaum E A. Handbook of Artificial Intelligence［M］. Vol. 1 & Vol. 2. William Kaufmann Inc.，1981.

5. Bengio Y，Courville A，Vincent P. Representation learning：A review and new perspectives［J］. IEEE Transactions on Pattern Analysis and Machine Intelligence，2013，35(8)：1798-1828.

6. Bengio Y. Learning deep architectures for AI［J］. Foundations and trends® in Machine Learning，2009，2(1)：1-127.

7. Berthold M，Hand D J. Intelligent Data Analysis：An Introduction［M］. Springer-Verlag，1999.

8. Biamonte J，Wittek P，Pancotti N，et al. Quantum machine learning［J］. Nature，2017，549：195-202.

9. Boris K. Visual Knowledge Discovery and Machine Learning［M］. Springer，2018.

10. Boz O. Extracting decision trees from trained neural networks［C］. Proceedings of Eighth ACM SIGKDD International Conference on Knowledge Discovery and Data Mining，Edmonton，Alberta，Canada，2002.

11. Brenden M L，Ruslan S，Joshua B. T. Human-level concept learning through probabilistic program induction［J］. Science，2015，35(6266)：1332-1338.

12. Cade Metz. Turing Award Won by 3 Pioneers in Artificial Intelligence［EB/OL］. The New York Times，https://www. nytimes. com/2019/03/27/technology/turing-award-hinton-lecun-bengio. html.

13. Cai Jingfeng. Decision tree pruning using expert knowledge［D］. Berlin，Germany：VDM Verlag，2008.

14. Cai Zixing. Intelligent Control：Principles，Techniques and Applications［M］. Singapore-New Jersey：World Scientific Publishers，1997.

15. Campero A，Pareja A，Klinger T，et al. Logical rule induction and theory learning using neural Theorem proving［Z］. ArXiv e-prints，2018.

16. Carrie J Cai，Jonas Jongejan，Jess Holbrook. The effects of example-based explanations in a machine learning interface［C］. Proceedings of the 24th International Conference on Intelligent User Interfaces，ACM，2019.

17. Cios K，Pedrycz W，Swiniarski R. Data Mining Methods for Knowledge Discovery［M］. Boston：Kluwer Academic Publishers，1998.

18. Ciresan D C，Meier U，Masci J，et al. Flexible，high performance convolutional neural networks for

image classification[C]. IJCAI Proceedings-International Joint Conference on Artificial Intelligence，2011，22：1237.

19. Ciresan D，Meier U，Schmidhuber J. Multi-column deep neural networks for image classification [C]. 2012 IEEE Conference on Computer Vision and Pattern Recognition（CVPR），2012：3642-3649.

20. Cohen P R，Feigenbaum E A. Handbook of Artificial Intelligence[C]. Vol. 3. William Kaufmann. Inc.，1982.

21. Couso I，Borgelt C，Hullermeier E，et al. Fuzzy sets in data analysis：From statistical foundations to machine learning[J]. IEEE Computational Intelligence Magazine，2019，14(1)：31-44.

22. Dean J，Corrado G，Monga R，et al. Large scale distributed deep networks[J]. Proceedings of the 25th International Conference on Neural Information Processing Systems，Volume 1，2012：1223-1231.

23. Dean T，Allen J，Aloimonos Y. Artificial Intelligence：Theory and Practice[M]. Pearson Education North Asia and Publishing House of Electronics Industry，2003.

24. Doshi-Velez F，Kim B. Towards a rigorous science of interpretable machine learning[Z]. ArXiv e-prints，2017.

25. Fayyad U M，Piatetsky-Shapiro G，Smyth P，et al. Advances in Knowledge Discovery and Data Mining[M]. Cambridge，MA：AAAI/MIT Press，1996.

26. Ferreira P V R，Paffenroth R，Wyglinski A M，et al. Multiobjective reinforcement lesrning for cognitive satellite communications using deep neural network ensembles[J]. IEEE Journal on Selected Areas in Communications，2018，36(5)：1030-1041.

27. Fischer A，Igel C. Training restricted Boltzmann machines：an introduction[J]. Pattern Recognition，2014，47(1)：25-39.

28. Ghahramani Z. Probabilistic machine learning and artificial intelligence[J]. Nature，2015，521：452-459.

29. Gomes L，Jordan M M. Machine learning on the delusions of big data and other huge engineering efforts[J]. IEEE Spectrum，20 October，2014.

30. Han J，Kamber M. Data Mining：Concepts and Techniques[M]. Los Altos，CA，USA：Morgan Kaufmann Publishers，2001.

31. Han S，Pool J，Tran J，et al. Learning both weights and connections for efficient neural networks [C]. Advances in Neural Information Processing Systems，2015.

32. Heaton J. Artificial Intelligence for Human，Volume 3：Deep Learning and Neural Networks[M]. St. Louis，MO，USA，Heaton Research Inc.，2015.

33. Henderson，Peter，Islam，et al. Deep reinforcement learning that matters[C]. Proceedings of the Thirty-Second AAAI Conference on Artificial Intelligence，2018：3207-3214.

34. Hinton G E，Osindero S，Teh Y-W. A fast learning algorithm for deep belief nets[J]. Neural computation，2006，18(7)：1527-1554.

35. Hinton G E. A practical guide to training restricted boltzmann machines[J]. in Neural Networks：Tricks of the Trade，Springer，2012：599-619.

36. Hinton G E. Deep belief networks[J]. Scholarpedia，2009，4(5)：5947.

37. Hinton G E. Learning multiple layers of representation[J]. Trends in Cognitive Sciences，2007，11：428-434.

38. Hinton G，Vinyals O，Dean J. Distilling the knowledge in a neural network[Z]. arXiv preprint arXiv：1503.02531，2015.

39. Hunt J R. Induction of decision tree[J]. Machine Learning, 1986,1(1): 81-106.

40. Hunt J R. Programs for Machine Learning[M]. San Mateo, CA: Morgan Kaufmann, 1993.

41. Jordan M I, Mitchell T M. Machine learning: Trends, perspectives, and prospects[J]. Science 2015,349(6245): 255-260.

42. Kleinberg J M, Raghavan P. A microeconomic view of data mining[J]. Data Mining and Knowledge Discovery, 1998, (2): 311-324.

43. Lawrence S, Giles C L, Tsoi A C, et al. Face recognition: A convolutional neural-network approach [J]. IEEE Transactions on Neural Networks, 1997,8(1): 98-113.

44. Lee K, Lam M, Pedarsani R, et al. Speeding up distributed machine learning using codes[C]. 2016 IEEE International Symposium on Information Theory (ISIT), Barcelona, Spain, 2016.

45. Lee W. Resource allocation for multi-channel underlay cognitive radio network based on deep neural network[J]. IEEE Communication Letter, 2018,22(9): 1942-1945.

46. Li Yuxi. Deep Reinforcement Learning: An Overview[Z]. arXiv: 1701.07274, 2017.

47. Lilly Trinity. Machinel earning: beginner's guide to machine learning[M]// Data Mining, Big Data, Artificial Intelligence and Neural Networks. Amazon Digital Services LLC, 2019.

48. Liou C Y, Cheng W C, Liou J W, et al. Autoencoder for words[J]. Neurocomputing, 2014, 139: 84-96.

49. Liu H, Motoda H. Feature Selection for Knowledge Discovery and Data Mining[M]. Boston: Kluwer Academic Publishers, 1998.

50. Meystel A M, Albus J S. Intelligent Systems: Architecture, Design and Control[M]. New York: John Wiley & Sons,2002.

51. Miikkulainen R, Liang J, Meyerson E, et al. Evolving deep neural networks[Z]. arXiv preprint arXiv: 1703.00548, 2017.

52. Miller H, Han J. Geographic Data Mining and Knowledge Discovery[M]. London, UK: Taylor and Francis, 2000.

53. Miller T. Explanation in artificial intelligence: insights from the social sciences[Z]. ArXiv e-prints, 2017.

54. Mingers J. An empirical comparison of selection measures for decision tree induction[J]. Machine Learning,1989,3(3): 319-342.

55. Mitchell T M. Machine Learning[M]. New York: McGraw-Hill, 1997.

56. Mohri M, Rostamizadeh A, Talwalkar A. Foundations of Machine Learning[M]. Cambridge, MA, USA: MIT Press,2012.

57. Murthy S K. Automatic construction of decision trees from data: A multi-disciplinary survey[J]. Data Mining and Knowledge Discovery, 1998, (2): 345-389.

58. Namdeo V K. Effect of Training Set Size in Decision Tree Construction by using GATree and J48 Algorithm[C]. Proceedings of the World Congress on Engineering, 2018, Vol I.

59. Nilsson N J. Artificial Intelligence: A New Synthesis[M]. Morgan Kaufmann, 1998.

60. Reed R. Pruning algorithms: A survey[J]. IEEE Trans,Neural Networks,1993 (4): 740-747.

61. Riesenhuber M, Poggio T. Hierarchical models of object recognition in cortex[J]. Nature neuroscience, 1999, (11): 1019-1025.

62. Russell S, Norvig P. Artificial Intelligence: A Modern Approach[M]. New Jersey: Prentice-Hall, 1995,2003.

63. Shi Z. Principles of Machine Learning[M]. Beijing: International Academic Publishers, 1992.

64. Simard P Y, Steinkraus D, Platt J C. Best practices for convolutional neural networks applied to

visual document analysis［C］. Proceedings of the Seventh International Conference on Document Analysis and Recognition，volume 2，2003：958-962.

65. Sun J，Lang J，Fujita H，et al. Imbalanced enterprise credit evaluation with DTE-SBD：Decision tree ensemble based on SMOTE and bagging with differentiated sampling rates［J］. Information Sciences，2018，425：76-91.

66. Sun Y，Wang X，Tang X. Deep learning face representation from predicting 10,000 classes［C］. IEEE Conference on Computer Vision and Pattern Recognition，USA：IEEE，2014：1891-1898.

67. Sutskever I，Tieleman T. On the convergence properties of contrastive divergence［C］. International Conference on Artificial Intelligence and Statistics，2010：789-795.

68. Sutton R，Barto A. Reinforcement learning：An introduction［M］. Cambridge，MA，MIT Press，1998.

69. Turing A A. Computing machinery and intelligence［J］. Mind，1950，59：433-460.

70. Valdes-Perez P. Principles of human-computer collaboration for knowledge discovery in science［J］. Artificial Intelligence，1999，107：335-346.

71. Wang C，Venkatesh S. Optimal Stopping and Effective Machine Complexity in Learning. Proceedings of 1995 IEEE International Symposium on Information Theory，Whistler，BC，Canada，1995：263-270.

72. Wiener N. Cybernetics，or Control and Communication in the Animal and the Machine［M］. Cambridge，MA：MIT Press，1948.

73. Winston P H. Artificial Intelligence［M］. 3rd ed. Addison Wesley，1992.

74. Yeo B，Grant D. Predicting service industry performance using decision tree analysis［J］. International Journal of Information Management，2018，38(1)：288-300.

75. Zhang X，Zhou X，Lin M，et al. An extremely efficient convolutional neural network for mobile devices［Z］. arXiv：1707.01083，2017.

76. 蔡竞峰，Durkin J，蔡清波. 数据挖掘的机遇、应用和发展战略［J］. 计算机科学，2002，25(9S)：225-228.

77. 蔡自兴，徐光祐. 人工智能及其应用［M］. 3 版，研究生用书. 北京：清华大学出版社，2004.

78. 蔡自兴，姚莉. 人工智能及其在决策系统中的应用［M］. 长沙：国防科技大学出版社，2006.

79. 蔡自兴，陈爱斌. 人工智能辞典［M］. 北京：化学工业出版社，2008.

80. 德尔金，蔡竞峰，蔡自兴. 决策树技术及其当前研究方向［J］. 控制工程，2005，12(1)：15-18.

81. 傅京孙，蔡自兴，徐光祐. 人工智能及其应用［M］. 北京：清华大学出版社，1987.

82. 龚涛，蔡自兴. 数据挖掘模型的比较研究［J］. 控制工程，2003，10(2)：106-109.

83. 蒙祖强，蔡自兴. 基于 Mutti-Agent 技术的个性化数据挖掘系统［J］. 中南工业大学学报，2003，34(3)：290-294.

84. 米切尔. 机器学习［M］. 曾华军，张银奎，等译. 北京：机械工业出版社，2003.

85. 史忠植. 知识发现［M］. 北京：清华大学出版社，2002.

86. 王宏生. 人工智能及其应用［M］. 北京：国防工业出版社，2006.

87. 王万森. 人工智能原理及其应用［M］. 3 版. 北京：电子工业出版社，2015.

88. 新浪科技. 三位深度学习之父共获 2019 年图灵奖［EB/OL］. 2019 年 3 月 27 日，https://tech.sina.com.cn/d/i/2019-03-27/doc-ihsxncvh6044779.shtml.

89. 徐昕. 增强学习及其在机器人导航与控制中的应用与研究［D］. 长沙：国防科技大学，2002.

90. 杨炳儒. 知识工程与知识发现［M］. 北京：冶金工业出版社，2000.

91. 钟晓，马少午，张钹，等. 数据挖掘概述［J］. 模式识别与人工智能，2001，14(1)：48-55.

第 **7** 章

智 能 规 划

智能规划(intelligent planning)是一种重要的问题求解技术,与一般问题求解相比,智能规划更注重于问题的求解过程,而不是求解结果。此外,规划要解决的问题,如机器人世界问题,往往是真实世界问题,而不是比较抽象的数学模型问题。智能规划系统与专家系统均属高级求解系统与技术。由于智能规划系统具有上述特点,而且具有广泛的应用场合和应用前景,因而引起人工智能界的浓厚研究兴趣,并取得许多研究成果。

在研究智能规划时,往往以机器人规划与问题求解作为典型例子加以讨论。这不仅是因为机器人规划是智能规划最主要的研究对象之一,更因为机器人规划能够得到形象的和直觉的检验。有鉴于此,常常把智能规划称为机器人规划(robot planning)。机器人规划的原理、方法和技术,可以推广应用至其他规划对象或系统。智能规划或机器人规划是继专家系统和机器学习之后人工智能的一个重要应用领域,也是机器人学的一个重要研究领域,是人工智能与机器人学一个令人感兴趣的结合点。

本章所讨论的智能规划,在机器人规划中称为高层规划(high-level planning),它具有与低层规划(low-level planning)不同的规划目标、任务和方法。

7.1 智能规划概述

早在人工智能出现之前,就存在一种基于运筹学(operation research)和应用数学的规划方法,即动态规划(dynamic programming 或 dynamic planning)理论和技术。

动态规划是运筹学的一个分支,是求解决策过程最优化的数学方法。20 世纪 50 年代初,美国数学家 R. E. Bellman 等人在研究多阶段决策过程的优化问题时,提出了著名的最优化原理(principle of optimality),把多阶段过程转化为一系列单阶段问题,利用各阶段之间的关系,逐个求解,创立了解决这类过程优化问题的新方法——动态规划。1957年出版了他的著作《动态规划》(*Dynamic Programming*),这是该领域的第一本著作。

本章所讨论的智能规划有别于动态规划,是一种基于人工智能理论和技术的自动规划。

本节中,我们首先引入规划的概念和定义,说明问题分解途径,然后讨论智能规划系统的任务。

7.1.1　规划的概念和作用

在智能规划研究中,有的把重点放在消解原理证明机器上,它们应用通用搜索启发技术,以逻辑演算表示期望目标。STRIPS 和 ABSTRIPS 就属于这类系统。这种系统把世界模型表示为一阶谓词演算公式的任意集合,采用消解反演(resolution refutation)来求解具体模型的问题,并采用中间结局分析(means-ends analysis)策略来引导求解系统达到要求的目标。另一种规划系统采用管理式学习(supervised learning)来加速规划过程,改善问题求解能力。PULP-Ⅰ即为一具有学习能力的规划系统,它是建立在类比基础上的。PULP-Ⅰ系统采用语义网络来表示知识,比用一阶谓词公式前进了一步。20 世纪 80 年代以来,又开发出其他一些规划系统,包括非线性规划,应用归纳的规划系统,分层规划系统和专家规划系统等。随着人工神经网络、分布式智能系统、遗传算法等研究的深入,近年来又提出了出现基于人工神经网络的规划、基于分布式智能的规划、进化规划等研究热点。

1. 规划的概念

定义 7.1　从某个特定的问题状态出发,寻求一系列行为动作,并建立一个操作序列,直到求得目标状态为止。这个求解过程就称为规划。

定义 7.2　规划是关于动作的推理。它是一种抽象的和清晰的深思熟虑过程,该过程通过预期动作的期望效果,选择和组织一组动作,其目的是尽可能好地实现一个预先给定的目标。

人工智能辞典对规划和规划系统给出如下定义。

定义 7.3　规划是对某个待求解问题给出求解过程的步骤。规划涉及如何将问题分解为若干个相应的子问题,以及如何记录和处理问题求解过程中发现的子问题间的关系。

规划具有层次结构。在规划的任务-子任务层次结构中,位于最底层的子任务,其动作必须是个基本动作,就是无需再规划即可执行的动作。

定义 7.4　规划系统是一个涉及有关问题求解过程的步骤的系统。例如,计算机或飞机设计、火车或汽车运输路径、财政和军事等规划问题。

在日常生活中,规划意味着在行动之前决定行动的进程,或者说,规划这一词指的是在执行一个问题求解程序中任何一步之前,计算该程序几步的过程。一个规划是一个行动过程的描述。它可以像百货清单一样的没有次序的目标表列;但是一般来说,规划具有某个规划目标的蕴含排序。例如,对于大多数人来说,吃早饭之前要先洗脸和刷牙或漱口。又如,一个机器人要搬动某工件,必须先移动到该工件附近,再抓住该工件,然后带着工件移动。许多规划所包含的步骤是含糊的。而且需要进一步说明。譬如说,一个工作日规划中有吃午饭这个目标,但是有关细节,如在哪里吃、吃什么、什么时间去吃等,都没有说明。与吃午饭有关的详细规划是全日规划的一个子规划。大多数规划具有很大的子规划结构,规划中的每个目标可以由达到此目标的比较详细的子规划所代替。尽管最终得到的规划是某个问题求解算符的线性或分部排序,但是由算符来实现的目标常常具有分层结构。

我们已在第 2 章和第 3 章中集中地讨论了各种问题表示方法和搜索求解技术,并在后续章节中介绍了其他一些更为新颖的搜索推理技术。这些方法和技术都可以用于智能规划。例如,应用状态空间搜索技术,可以把规划问题表示为状态或节点,把规划动作(或称为事件)表示为算符或链接符;通过状态空间搜索求解能够得到一个算符序列,即为规划的动作序列,也就是规划的结果。也可以采用其他方法,如谓词逻辑、语义网络、框架、本体、规则演绎系统、专家系统、分布式智能系统和遗传算法等技术,进行智能规划。如同决策与搜索一样,规划与搜索密不可分。

在我们的周围,存在大量的各种大大小小的规划,大到国家长期科学技术发展纲要、国民经济和社会发展五年规划、国家发展战略规划、国家财政预算,再到工程建设规划、城市规划、人力资源规划、生育规划,小到个人的人生规划、工作规划、学习计划、家庭收支规划等。当然,这些规划的制订可能采用传统的数学和运筹学的方法,也可能采用人工智能的智能规划方法,还可能采用传统的与智能化的集成方法。

例如,战略规划就是组织制定长期目标并将其付诸实施。对于一个国家,其战略规划一般涉及 20～50 年内的重大目标。对于一些大型企业,其战略规划大约是 50 年内要实现的事情。制定战略规划主要分为两个阶段,第一个阶段是确定目标,即在未来的发展过程中,应对各种变化所要达到的目标。第二阶段就是要制定这个规划,当目标确定了以后,考虑使用什么手段、什么措施、什么方法来达到这个目标,这就是战略规划。

又如,城市规划是指城市人民政府为了实现一定时期内城市经济社会发展目标,确定城市性质、规模和发展方向,合理利用城市土地,协调城市空间布局和各项建设所作的综合部署和具体安排。

再如,人生规划就是根据社会发展的需要和个人发展的志向,对自己未来的发展道路做出一种预先的策划和设计。人生规划包括:健康规划;事业规划(包含职业规划与学习规划);情感规划(爱情、亲情、友情);晚景规划。

上述例子有助于我们对规划概念的理解。

2. 规划的作用

在科学发展观的指导下,对于国民经济和社会的重大问题,对于科学技术、工程和民生的重要问题,都需要进行科学规划和决策。然后,按照制订的规划,逐步实现规定目标。决策的优劣将决定行动的成败。智能决策系统和智能规划系统是科学决策的重要手段,它们同专家系统一起将成为 21 世纪智能管理与决策的得力工具。例如,国家和地区国民经济和社会发展计划、财政预算、三峡工程、南水北调工程、大飞机制造项目、智能制造 2025、财政与金融调控等。

中华人民共和国国民经济和社会发展第十三个五年(2016—2020 年)规划纲要,主要阐明国家战略意图,明确政府工作重点,引导市场主体行为,是未来五年我国经济社会发展的宏伟蓝图,是全国各族人民共同的行动纲领,是政府履行经济调节、市场监管、社会管理和公共服务职责的重要依据。

企业人力资源规划是为了实施企业的发展战略,完成企业的生产经营目标,根据企业内部环境和条件的变化,运用科学的方法对企业人力资源需求和供给进行预测,制定相应的政策和措施,从而使企业人力资源供给和需求达到平衡。

城市规划的根本作用是作为建设城市和管理城市的基本依据,是保证城市合理地进行建设和城市土地合理开发利用及正常经营活动的前提和基础,是实现城市社会经济发展目标的综合手段。

人生规划使我们在规划人生的同时可以更理性的思考自己的未来,初步尝试性地选择未来适合自己从事的事业和生活,尽早(多从学生时代)开始培养自己综合能力和综合素质(就业力)。

从以上例子可见,规划对各项事业和工作的重要指导作用。如果缺乏规划,那么可能导致不是最佳的问题求解甚至错误的问题求解。例如,有人由于缺乏规划,为了借一本书和还一本书而去了两次图书馆。此外,如果目标不是独立的,那么动作前缺乏规划就可能在实际上排除了该问题的某个解答。

规划可用来监控问题求解过程,并能够在造成较大的危害之前发现差错。规划的好处可归纳为简化搜索、解决目标矛盾以及为差错补偿提供基础。

无数正面经验和负面教训告诉我们:科学规划方法不仅对国家和社会贡献很大,而且对于个人学习和工作也极为有益。对于个人,使用个人记事本(工作日历或月历、备忘录)是十分有益于工作和学习的。用科学规划的思想和方法来规划你的学习、工作、研究和生活,规划你的未来,让你对未来准备更充分,决策更科学,行动更有效,取得成果更好更快,使你的未来更加美好!用科学规划的思想和方法来规划国家大事和社会问题,规划国家的未来,让社会成员对未来准备更充分,决策更科学,行动更有效,取得成果更好更快,使祖国的明天更加美好!

7.1.2　规划的分类和问题分解途径

1. 规划的分类

按照规划内容、规划方法和规划实质的不同,可对规划进行如下分类。

(1) 按规划内容分

规划内容五花八门,但比较重要和普遍进行的规划有:国家长远战略目标规划、国民经济和社会的重大问题规划或计划、国家和地方各级政府国民经济和社会发展五年计划和年度计划以及财政预算、重大项目(如三峡工程、南水北调工程、大飞机制造项目等)论证规划、国家财政与金融调控战略与规划、人才战略与规划、企业车间作业调度及水陆空交通运行调度、城市规划和环境规划等。

对于每个规划,一般存在若干个子规划。例如,对于城市规划,包括中心城规划、郊区规划、产业空间布局规划、专业系统规划和重点地区规划等子规划。又如,对于环境规划,则涉及流域环境经济系统规划、城市环境经济系统规划、开发区环境经济系统规划、区域土地可持续利用规划、城市固体废物管理规划等。

(2) 按规划方法分

规划方法也是多种多样的,采用较多和效果较好的方法有非递阶(非分层)规划与递阶(分层)规划,线性规划与非线性规划,同步规划和异步规划,基于脚本、框架和本体的规划,基于专家系统的规划,基于竞争机制的规划,基于消解原理的规划,基于规则演绎的规划,应用归纳的规划,具有学习能力的规划,基于计算智能的规划,偏序规划(partial-order planning),基于人工神经网络的规划、基于分布式智能的规划、进化规划、多目标规划以及不确定性动态规划等。

在一个规划系统中,可能同时采用两种或多种方法,对同一问题进行综合求解,以求得到更佳的规划结果。

（3）按规划实质分

按规划实质分类,就是淡化规划内容,只考虑规划的实质,如目标、任务、途径、代价等,进行比较抽象的规划。按照规划的实质,可把规划分为

a. 任务规划　对求解问题的目标和任务等进行规划,又可称为高层规划。

b. 路径规划　对求解问题的途径、路径、代价等进行规划,又可称为中层规划。

c. 轨迹规划　对求解问题的空间几何轨迹及其生成进行规划,又可称为底层规划。

2. 问题分解途径

把某些比较复杂的问题分解为一些比较小的子问题的想法使应用规划方法求解问题在实际上成为可能。有两条能够实现这种分解的重要途径。

第一条重要途径:当从一个问题状态移动到下一个状态时,无需计算整个新的状态,而只要考虑状态中可能变化了的那些部分。例如,一个机器人从一个房间走动到另一个房间这并不改变两个房间内门窗的位置。当问题状态的复杂程度提高时,框架(画面)问题就变得越来越重要。从一个状态移动到另一个状态的规则可以简单的描述为整盘棋如何从一种位置变换为另一种位置,不过,如果我们考虑引导一个机器人围绕着原来的房子移动的问题,那么情况就要复杂得多。

第二条重要途径:把单一的困难问题分割为几个有希望的较为容易解决的子问题,这种分解能够使困难问题的求解变得容易些。虽然这样做有时是可能的,但往往是不可能的。替代的办法是,可以把许多问题看做殆可分解的问题,即意味着它们可以被分割为只有少量互相作用的子问题。

曾经提出过几种进行这两类分解的方法。这些方法主要包括把原问题分解为适当的子问题的方法以及在问题求解过程中发现子问题时记录和处理子问题间的相互作用。这些方法就是规划的方法。

3. 域的预测和规划的修正

然而,这种方法的成功取决于问题论域的另一特性;问题的论域是否可预测呢？如果通过在实际上执行某个操作序列来寻找问题的解答,那么在这个过程的任何一步都能确信该步的结果。但对于不可预测的论域,如果只是通过计算机来模拟求解过程,那么就无法知道求解步骤的结果。最好能考虑可能结果的集合,这些结果很可能按照它们出现的可能性以某个次序排列。然后,产生一个规划。并试图去执行这个规划。必须对可能出现的下列情况有所准备:即实际结果并非所期望的。如果规划包括每一步的所有可能结果的路径,那么可以简单地通过那些合适的路径。但是往往可能有很多结果,其中多数

是极不相同的。在这种情况下,要对所有可能产生的结果列出规划,那将是极其费力的。替代的办法是要产生一个有希望的、成功的规划。不过,如果这个规划失败了,又将怎么办呢? 一个可能性是,抛弃该规划的其余部分,而应用现有状态作为新的初始状态,再次开始新的规划过程。有时,这样做是合理的。

不过,非期望的结果往往并不使该规划的整个余下部分失效。或许,只要稍加变化一下,例如附加一步有就足以可能使规划的余下部分变为有用的。如果最后的规划是由许多用于求解一套子问题的较小规划组成的,然后规划中若有一步失败了,那么规划中受到影响的部分只是规划中用于求解那个子问题的有关部分。规划中所有其余部分与这一步无关。如果问题只是部分可分解的,那么任何与受影响的子问题具有互相作用的子问题也会受到影响。因此,与在规划过程中留意所出现的互相作用一样重要的是,与最后规划一起记下互相作用的信息;这样,当执行中出现某些非期望事件而需要重新规划时,能够考虑到这些互相作用。

对真实世界的任何方面进行完全的预测几乎是做不到的。因此,必须随时准备面对规划的失败。但是,如果在进行规划时把问题分解为尽可能多的独立的(或近乎独立的)子问题,那么某一个规划步骤的失败对规划的影响是十分局部的。这样,就更有理由把问题分解方法用于问题求解与规划。

7.1.3　执行规划系统任务的一般方法

在规划系统中,必须具有执行下列各项任务的方法:

(1) 根据最有效的启发信息,选择应用于下一步的最好规则。

(2) 应用所选取的规则来计算由于应用该规则而生成的新状态。

(3) 对所求得的解答进行检验。

(4) 检验空端,以便舍弃它们,使系统的求解工作向着更有效的方向进行。

(5) 检验殆正确的解答,并应用具体的技术使之完全正确。

下面讨论能够执行上述 5 项任务的方法。

1. 选择和应用规则

在选择合适的应用规则时最广泛采用的技术是: 首先要查出期望目标状态与现有状态之间的差别集合,然后辨别出那些与减少这些差别有关的规则。如果找到几种规则,则可以运用各种启发信息,对这些规则加以挑选。

对于简单系统,应用规则是比较容易的。每条规则规定了它所导致的问题状态。然而,必须能够处理只规定整个问题状态一小部分的规则。有各种方法可以做到这一点。

一种方法是对每个动作都叙述其所引起的状态表示的每一个变化。此外,需要用某些语句来描述所有其他仍然维持不变的事物。

这种方法的优点是只需要一个单一的机理——消解就能够执行状态描述所需要的所有操作运算。但是,要是该问题状态描述较为复杂的话,就需要很多的公理条数。例如,设想不仅对积木世界的积木的位置感兴趣,而且也对其颜色感兴趣,那么对于每一个操作,就需要更多的公理。

应用框架公理,能够大大地减少必须提供给每个操作符的信息。在计算完全的状态描述时,怎样才能达到应用框架公理的效果呢?首先,对于复杂的描述来说,在每个操作之后,大多数状态保持不变,但是,如果把状态表示为每个谓词的某种显式部分,那么,对于每个状态都必须重新推演所有的信息。为了避免这样做,可以丢弃单独的谓词显式状态表示而简单地修正单一的谓词数据库使它总是描述现有的世界状态。

按照某个给定的操作符序列的方法,简单地修正某个单一的状态表示能够工作得很好。但是,在搜索正确的操作符序列过程中又发生了些什么呢?如果有个不正确的序列被搜索到,那么可以返回到原始状态,以便试一试另一个不同的序列。即使总数据库描述搜索图上现有节点的问题状态,这也是可能做到的。

2. 检验解答与空端

当规划系统找到一个能够把初始问题状态变换为目标状态的操作符序列时,此系统就成功地求得问题的一个解答。不过,又如何知道求得了一个解答呢?对于简单的问题求解系统,这个问题可以容易地由状态描述的直接匹配来回答。但是,如果整个状态不是由显式表示而是由一个相关特性集合来描述的,那么这个问题就变得复杂得多。解决问题的方法取决于状态的表示方法。所有的表示方案,必须有可能用表示进行推理,以便发现一个状态表示是否与另一个表示相匹配。

原则上,问题的任何表示方法及其某些组合方法都可用来描述规划系统的问题状态。假定部分目标由谓词 $P(X)$ 来表示。要想知道 $P(X)$ 是否满足初始状态,就要看是否能够证明 $P(X)$ 给出了描述初始状态的断言和规定世界模型的公理(诸如这种事实:如果机械手抓住某个物体,那么它就不是空手的)。要是能够构成这样的证明,那么此问题求解过程就终止。如果不能构成这种证明,那么就必须提出一个可能解决问题的操作符序列。然后用检验初始状态同样的方法来检验这个序列。

当一个规划系统正在为某个具体问题寻求一个操作符序列时,必须注意探索一条绝不可能(至少是显得不可能)导致解答的路径的情况。同样的推理方法可以用来检验空端。所谓空端(或死端)即指无法从它达到目标的端点。

如果搜索过程是从初始状态正向推理的,那么可以删去任何导致某种状态的路径,从这种状态出发是无法达到目标状态的。也可以删去那些看起来会导致一条比从起始位置出发所得到的解释路径还要长的路径。

如果搜索过程是从目标状态逆向推理的,那么当确信无法达到初始状态,或者搜索过程进展甚微时,可以终止该路径的搜索。在采用逆向推理时,每个目标被分解为一些子目标,每个子目标又可能导出一个子子目标集。有时,能够容易地检验出:一个已知的子目标集无法同时全部得到满足。例如,机械手不可能同时既是空手又是抓住积木。任何试图要使这两个目标同时为真的路径都可被删去,因为它们无路可走。譬如,如果在试图满足目标 A 时,程序最终把问题归纳为满足目标 A 和目标 B 及 C,这就没有取得什么进展,所生成的问题甚至比原始问题还要困难,所以导致此问题的路径应当被舍弃。

3. 修正殆正确解

一个求解殆可分解问题的办法是：当执行与所提出的解答相对应的操作符序列时，检查求得的状态，并把它与期望目标加以比较。在多数情况下，所得状态与期望目标间的差别比初始状态和目标间的差别要小。可以再次调用问题求解系统，以求找到一种消除这个新差别的途径。第一个状态可与第二个状态结合起来，以形成对初始问题的一个解答。

修正一个殆正确的解答的较好办法是注意有关出错的知识，然后加以直接修正。例如，使所提出的解答不适宜的原因是它的一个操作符不能被应用，因为此操作符的先决条件未被满足。如果该操作符有两个先决条件，而且使第二个先决条件为真的操作符序列破坏了第一个先决条件，那么就可能出现这种情况。不过，如果试图按相反的次序使先决条件满足，那么也许就不会出现这个问题。

修正一个殆正确的解答的更好办法实际上不是对解答进行全面的修正而是不完全确定地让它们保留到最后的可能时刻。然后，当有尽可能多的信息可供利用时，再用一种不产生矛盾的方法来完成对解答的详细说明。这种方法可以叫做最少约定策略。它可以多种方法加以应用。一种方法是推迟决定操作符的执行顺序。这样，对于前面所举的例子，不再是任意地挑选一个满足先决条件集合的操作符顺序，而是把这些顺序留着不加以确定，直到很后面；然后，检查每个子解答的结果，以确定它们之间存在什么关系。这时，能够选择一个次序排列。

7.2　任　务　规　划

从本节起，将逐一讨论任务规划、路径规划和轨迹规划等。其中，对于任务规划，介绍了积木世界的规划、基于消解原理的规划、具有学习能力的规划系统、分层规划、基于专家系统的规划等。对于路径规划，综述了机器人路径规划的主要方法和发展趋势，研究了基于模拟退火算法的机器人局部路径规划、基于免疫进化和示例学习的机器人路径规划以及基于蚁群算法的机器人路径规划等。而对于轨迹规划，由于不属于人工智能的研究范畴，只给予简要说明。

7.2.1　积木世界的机器人规划

问题求解是一个寻求某个动作序列以达到目标的过程，机器人问题求解即寻求某个机器人的动作序列（可能包括路径等），这个序列能够使该机器人达到预期的工作目标，完成规定的工作任务。

1. 积木世界的机器人问题

机器人技术的发展为人工智能问题求解开拓了新的应用前景，并形成了一个新的研究领域——机器人学。许多问题求解系统的概念可以在机器人问题求解上进行试验研究和应用。机器人问题既比较简单，又很直观。在机器人问题的典型表示中，机器人能够执行一套动作。例如,设想有个积木世界和一个机器人。世界是几个有标记的立方形积木(在这里假定为一样大小的),它们或者互相堆叠在一起,或者摆在桌面上;机器人有可移动的机械手,它可以抓起积木块并移动积木从一处至另一处。在这个例子中,机器人能够执行的动作举例如下:

unstack(a,b):把堆放在积木 b 上的积木 a 拾起。在进行这个动作之前,要求机器人的手为空手,而且积木 a 的顶上是空的。

stack(a,b):把积木 a 堆放在积木 b 上。动作之前要求机械手必须已抓住积木 a,而且积木 b 顶上必须是空的。

pickup(a):从桌面上拾起积木 a,并抓住它不放。在动作之前要求机械手为空手,而且积木 a 顶上没有任何东西。

putdown(a):把积木 a 放置到桌面上。要求动作之前机械手已抓住积木 a。

机器人规划包括许多功能,例如识别机器人周围的世界,表述动作规划,并监视这些规划的执行。所要研究的主要是综合机器人的动作序列问题,即在某个给定初始情况下,经过某个动作序列而达到指定的目标。

采用状态描述作为数据库的产生式系统是一种最简单的问题求解系统。机器人问题的状态描述和目标描述均可用谓词逻辑公式构成。为了指定机器人所执行的操作和执行操作的结果,需要应用下列谓词:

ON(a,b):积木 a 在积木 b 之上;

ONTABLE(a):积木 a 在桌面上;

CLEAR(a):积木 a 顶上没有任何东西;

HOLDING(a):机械手正抓住积木 a;

HANDEMPTY:机械手为空手。

图 7.1(a)所示为初始布局的机器人问题。这种布局可由下列谓词公式的合取来表示:

CLEAR(B):积木 B 顶部为空;

CLEAR(C):积木 C 顶部为空;

ON(C,A):积木 C 堆在积木 A 上;

ONTABLE(A):积木 A 置于桌面上;

ONTABLE(B):积木 B 置于桌面上;

HANDEMPTY:机械手为空手。

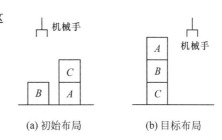

(a) 初始布局　　　(b) 目标布局

图 7.1　积木世界的机器人问题

目标在于建立一个积木堆,其中,积木 B 堆在积木 C 上面,积木 A 又堆在积木 B 上面,如图 7.1(b)所示。也可以用谓词逻辑来描述此目标为

$$ON(B,C) \land ON(A,B)$$

2. 用 F 规则求解规划序列

采用 F 规则表示机器人的动作,这是一个叫做 STRIPS 规划系统的规则,它由三部分组成。第一部分是先决条件。为了使 F 规则能够应用到状态描述中去。这个先决条件公式必须是逻辑上遵循状态描述中事实的谓词演算表达式。在应用 F 规则之前,必须

确信先决条件是真的。F 规则的第二部分是一个叫做删除表的谓词。当一条规则被应用于某个状态描述或数据库时,就从该数据库删去删除表的内容。F 规则第三部分叫做添加表。当把某条规则应用于某数据库时,就把该添加表的内容添进该数据库。对于堆积木的例子中 move 这个动作可以表示如下:

    move(X,Y,Z): 把物体 X 从物体 Y 上面移到物体 Z 上面。

    先决条件: CLEAR(X), CLEAR(Z), ON(X,Y)

    删除表: ON(X,Z), CLEAR(Z)

    添加表: ON(X,Z), CLEAR(Y)

如果 move 为此机器人仅有的操作符或适用动作,那么,可以生成如图 7.2 所示的搜索图或搜索树。

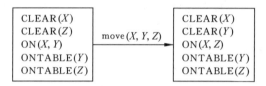

图 7.2　表示 move 动作的搜索树

下面更具体地考虑图 7.1 中所示的例子,机器人的 4 个动作(或操作符)可用 STRIPS 形式表示如下:

    (1) stack(X,Y)

    先决条件和删除表: HOLDING(X) $\wedge$ CLEAR(Y)

    添加表: HANDEMPTY, ON(X,Y)

    (2) unstack(X,Y)

    先决条件: HANDEMPTY $\wedge$ ON(X,Y) $\wedge$ CLEAR(X)

    删除表: ON(X,Y), HANDEMPTY

    添加表: HOLDING(X), CLEAR(Y)

    (3) pickup(X)

    先决条件: ONTABLE(X) $\wedge$ CLEAR(X) $\wedge$ HANDEMPTY

    删除表: ONTABLE(X) $\wedge$ HANDENPTY

    添加表: HOLDING(X)

    (4) putdown(X)

    先决条件和删除表: HOLDING(X)

    添加表: ONTABLE(X), HANDEMPTY

假定目标为图 7.1(b)所示的状态,即 ON(B,C) $\wedge$ ON(A,B)。从图 7.1(a)所示的初始状态描述开始正向操作,只有 unstack(C,A) 和 pickup(B) 两个动作可以应用 F 规则。图 7.3 给出这个问题的全部状态空间,并用粗线指出了从初始状态(用 $S0$ 标记)到目标状态(用 G 标记)的解答路径。与习惯的状态空间图画法不同的是,这个状态空间图显出问题的对称性,而没有把初始节点 $S0$ 放在图的顶点上。此外,要注意到本例中的每条规则都有一条逆规则。

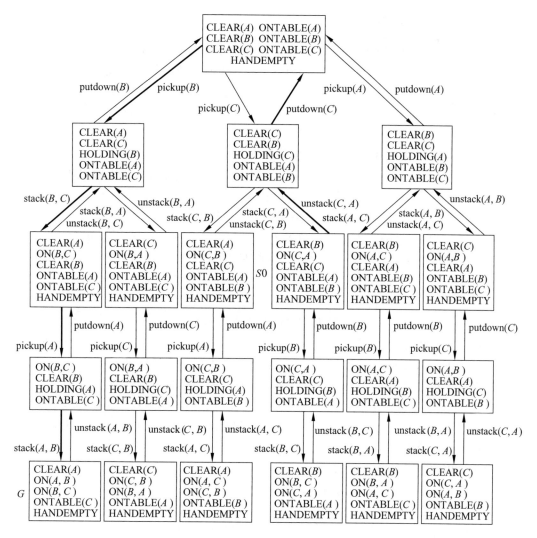

图 7.3 积木世界机器人问题的状态空间

沿着粗线所示的支路，从初始状态开始，正向地依次读出连接弧线上的 F 规则，就得到一个能够达到目标状态的动作序列于下：

{unstack(C,A),putdown(C),pickup(B),stack(B,C),pickup(A),stack(A,B)}

就把这个动作序列叫做达到这个积木世界机器人问题目标的规划。

7.2.2 基于消解原理的规划

STRIPS(STanford Research Institute Problem Solver)，即斯坦福研究所问题求解系统，是一种基于消解原理的规划，是从被求解的问题中引出一般性结论而产生规划的。7.2.1 节已经介绍过 STRIPS 系统 F 规则的组成。

1. STRIPS 系统的组成

STRIPS 是由菲克斯(Fikes)、哈特(Hart)和尼尔逊(Nilsson)3 人分别在 1971 年及 1972 年研究成功的,它是夏凯(Shakey)机器人程序控制系统的一个组成部分。这个机器人是一部设计用于围绕简单的环境移动的自推车,它能够按照简单的英语命令进行动作。夏凯包含下列 4 个主要部分:

(1) 车轮及其推进系统。

(2) 传感系统,由电视摄像机和接触杆组成。

(3) 一台不在车体上的用来执行程序设计的计算机。它能够分析由车上传感器得到的反馈信息和输入指令,并向车轮发出使其推进系统触发的信号。

(4) 无线电通信系统,用于在计算机和车轮间的数据传送。

STRIPS 是决定把哪个指令送至机器人的程序设计。该机器人世界包括一些房间、房间之间的门和可移动的箱子;在比较复杂的情况下还有电灯和窗户等。对于 STRIPS 来说,任何时候所存在的具体的、突出的实际世界都由一套谓词演算子句来描述。例如,子句

$$INROOM(ROBOT, R_2)$$

在数据库中为一断言,表明该时刻机器人在 2 号房间内。当实际情况改变时,数据库必须进行及时修正。总起来说,描述任何时刻的世界的数据库就叫做世界模型。

控制程序包含许多子程序,当这些子程序被执行时,它们将会使机器人移动通过某个门,推动某个箱子通过一个门,关上某盏电灯或者执行其他的实际动作。这些程序本身是很复杂的,但不直接涉及问题求解。对于机器人问题求解来说,这些程序有点儿像人类问题求解中走动和拾起物体等动作一样的关系。

整个 STRIPS 系统的组成如下:

(1) 世界模型。为一阶谓词演算公式。

(2) 操作符(F 规则)。包括先决条件、删除表和添加表。

(3) 操作方法。应用状态空间表示和中间-结局分析。例如:

状态:(M, G),包括初始状态、中间状态和目标状态。

初始状态:$(M_0, (G_0))$

目标状态:得到一个世界模型,其中不遗留任何未满足的目标。

2. STRIPS 系统规划过程

每个 STRIPS 问题的解答为某个实现目标的操作符序列,即达到目标的规划。下面举例说明 STRIPS 系统规划的求解过程。

例 7.1 考虑 STRIPS 系统一个比较简单的情况,即要求机器人到邻室去取回一个箱子。机器人的初始状态和目标状态的世界模型示于图 7.4 所示。

设有两个操作符,即 gothru 和 pushthru("走过"和"推过"),分别描述于下:

OP_1: gothru(d, r_1, r_2);

机器人通过房间 r_1 和房间 r_2 之间的 d,即机器人从房间 r_1 走过门 d 而进入房间 r_2。

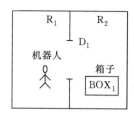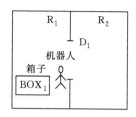

(a) 初始世界模型M₀   (b) 目标世界模型G₀

图 7.4　STRIPS 的一个简化模型

先决条件：$\text{INROOM}(\text{ROBOT}, r_1) \wedge \text{CONNECTS}(d, r_1, r_2)$；机器人在房间 r_1 内，而且门 d 连接 r_1 和 r_2 两个房间。

删除表：$\text{INROOM}(\text{ROBOT}, S)$；对于任何 S 值。

添加表：$\text{INROOM}(\text{ROBOT}, r_2)$。

OP_2：$\text{pushthru}(b, d, r_1, r_2)$

机器人把物体 b 从房间 r_1 经过门 d 推到房间 r_2。

先决条件：$\text{INROOM}(b, r_1) \wedge \text{INROOM}(\text{ROBOT}, r_1) \wedge \text{CONNECTS}(d, r_1, r_2)$。

删除表：$\text{INROOM}(\text{ROBOT}, S)$，$\text{INROOM}(b, S)$；对于任何 S。

添加表：$\text{INROOM}(\text{ROBOT}, r_2)$，$\text{INROOM}(b, r_2)$。

这个问题的差别表如表 7.1 所示。

表 7.1　差别表

差　　别	操　作　符	
	gothru	**pushthru**
机器人和物体不在同一房间内	×	
物体不在目标房间内		×
机器人不在目标房间内	×	
机器人和物体在同一房间内，但不是目标房间		×

假定这个问题的初始状态 M_0 和目标 G_0 如下：

$$M_0: \begin{cases} \text{INROOM}(\text{ROBOT}, R_1) \\ \text{INROOM}(\text{BOX}_1, R_2) \\ \text{CONNECTS}(D_1, R_1, R_2) \end{cases}$$

G_0：$\text{INROOM}(\text{ROBOT}, R_1) \wedge \text{INROOM}(\text{BOX}_1, R_1) \wedge \text{CONNECTS}(D_1, R_1, R_2)$

下面，采用中间-结局分析方法来逐步求解这个机器人规划。

(1) do GPS 的主循环迭代，until M_0 与 G_0 匹配为止。

(2) begin。

(3) G_0 不能满足 M_0，找出 M_0 与 G_0 的差别。尽管这个问题不能马上得到解决，但是如果初始数据库含有语句 $\text{INROOM}(\text{BOX}_1, R_1)$，那么这个问题的求解过程就可以得到继续。GPS 找到它们的差别 d_1 为 $\text{INROOM}(\text{BOX}_1, R_1)$，即要把箱子（物体）放到目标

房间 R_1 内。

(4) 选取操作符：一个与减少差别 d_1 有关的操作符。根据差别表,STRIPS 选取操作符：

$$OP_2: \text{pushthru}(BOX_1, d, r_1, R_1)$$

(5) 消去差别 d_1,为 OP_2 设置先决条件 G_1：

G1: $\text{INROOM}(BOX_1, r_1) \wedge \text{INROOM}(ROBOT, r_1) \wedge \text{CONNECTS}(d, r_1, R_1)$

这个先决条件被设定为子目标,而且 STRIPS 试图从 M_0 到达 G_1。尽管 G_1 仍然不能得到满足,也不可能马上找到这个问题的直接解答。不过 STRIP 发现：

如果

$$r_1 = R_2$$
$$d = D_1$$

当前数据库含有 $\text{INROOM}(ROBOT, R_1)$

那么此过程能够继续进行。现在新的子目标 G_1 为

G_1: $\text{INROOM}(BOX_1, R_2) \wedge \text{INROOM}(ROBOT, R_2) \wedge \text{CONNECTS}(D_1, R_2, R_1)$

(6) GPS(p)；重复步骤 3～5,迭代调用,以求解此问题。

步骤 3：G_1 和 M_0 的差别 d_2 为

$$\text{INROOM}(ROBOT, R_2)$$

即要求机器人移到房间 R_2。

步骤 4：根据差别表,对应于 d_2 的相关操作符为

$$OP_1: \text{gothru}(d, r_1, R_2)$$

步骤 5：OP_1 的先决条件为

G_2: $\text{INROOM}(ROBOT, R_1) \wedge \text{CONNECTS}(d, r_1, R_2)$

步骤 6：应用置换式 $r_1 = R_1$ 和 $d = D_1$,STRIPS 系统能够达到 G_2。

(7) 把操作符 $\text{gothru}(D_1, R_1, R_2)$ 作用于 M_0,求出中间状态 M_1：

删除表：$\text{INROOM}(ROBOT, R_1)$

添加表：$\text{INROOM}(ROBOT, R_2)$

$$M_1: \begin{cases} \text{INROOM}(ROBOT, R_2) \\ \text{INROOM}(BOX_1, R_2) \\ \text{CONNECTS}(D_1, R_1, R_2) \end{cases}$$

把操作符 pushthru 应用到中间状态 M_1：

删除表：$\text{INROOM}(ROBOT, R_2), \text{INROOM}(BOX_1, R_2)$

添加表：$\text{INROOM}(ROBOT, R_1), \text{INROOM}(BOX_1, R_1)$

得到另一中间状态 M_2 为

$$M_2: \begin{cases} \text{INROOM}(ROBOT, R_1) \\ \text{INROOM}(BOX_1, R_1) \\ \text{CONNECTS}(D_1, R_1, R_2) \end{cases}$$

$$M_2 = G_0$$

（8）end。

由于 M_2 与 G_0 匹配，所以我们通过中间-结局分析解答了这个机器人规划问题。在求解过程中，所用到的 STRIPS 规则为操作符 OP_1 和 OP_2，即

$$gothru(D_1,R_1,R_2),pushthru(BOX_1,D_1,R_2,R_1)$$

中间状态模型 M_1 和 M_2，即子目标 G_1 和 G_2，如图 7.5 所示。

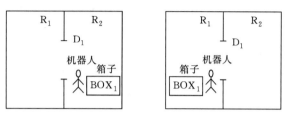

(a) 中间目标状态M_1 (b) 中间目标状态M_2

图 7.5 中间目标状态的世界模型

由图 7.5 可见，M_2 与图 7.4 的目标世界模型 G_0 相同。

因此，得到的最后规划为 $\{OP_1,OP_2\}$，即

$$\{gothru(D_1,R_1,R_2),pushthru(BOX_1,D_1,R_2,R_1)\}$$

这个机器人规划问题的搜索图如图 7.6 所示，与或树如图 7.7 所示。

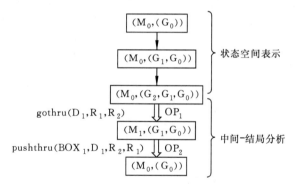

图 7.6 机器人规划例题的搜索图

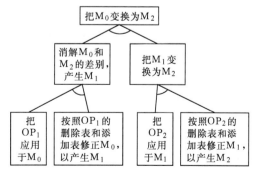

图 7.7 机器人规划例题的与或图

7.2.3　具有学习能力的规划系统

PULP-I机器人规划系统是一种具有学习能力的系统,它采用管理式学习,其作用原理是建立在类比(analogue)的基础上的。有种叫做三角表法的规则方法,实际上已具有一定程度的学习能力。

一般的机器人规划方法都把注意力集中在归结定理证明系统上,具有以逻辑演算表示的希望目标。例如上一节所叙述的STRIPS系统就是由一阶谓词公式来表示世界模型的。STRIPS采用归结定理证明系统来回答具体模型的问题,并应用一个中间-结局分析策略把模型引导至希望的目标。STRIPS虽然能够求解多种不同情况下的规划任务,但是也存在若干弱点。例如,应用归结定理证明系统可能产生许多不切题的和多余的子句,而产生这些子句需要花费一定的时间。此外,对一个目标的规划包括搜索适当的操作符序列,而组成比较长的控制动作序列需要有更多的搜索。这样一来,就需要使用极其大量的计算机内存和时间等。

应用具有学习能力的规划系统能够克服这一缺点。把管理式(监督式)学习系统应用于机器人规划,不仅能够加快规划过程,而且能够改善求解能力,以便处理各种较为复杂的任务。实际上,这种规划方法的基本观点是在现有的未规划任务和任何已知的相似任务之间应用模拟,以减少对解答的搜索。这里要介绍一个叫做PULP-I(Purdue University Learning Program)的具有学习能力的机器人规划系统,它是由美国普度大学(Purdue University)的 S. Tangwongsan 和 King-Sun Fu(傅京孙)在 1976—1979 年期间提出来的。PULP-I系统能够通过学习过程积累知识,并能在某个世界模型空间中表达出一个由适当的操作符序列组成的规划,把一个已知的初始世界模型变换为一个满足某个给定输入命令的模型。除了能够加快规划速度外,PULP-I系统还具有两个突出的优点。第一,从操作人员送到 PULP-I 的输入目标语句能够直接表示为英语句子,而不是一阶谓词演算公式。第二,在规划过程中应用辅助物体改善了系统对物体的操作能力,使操作比较灵活。

1. PULP-I系统的结构与操作方式

(1) PULP-I系统的结构

PULP-I系统的结构总图如图 7.8 所示。图中的字典、模型和过程是系统的内存部分,它们集中了所有信息。"字典"是英语词汇的集合,它的每个词汇都保持在 LISP 的特性表上。"模型"部分包括模型世界内物体现有状态的事实。例如,信息 $ROOM_4$ 是由其位置、大小、邻室以及连接这些房间的门组成的。模型的信息不是固定不变的,它可能随着环境而改变。此外,无论什么时候应用某个操作符,此模型就被适时修正。"过程"集中了预先准备好的过程知识。这种过程知识是一个表式结构,包含一个指令序列。每个指令可能是一个任务语句,这些语句与该任务的过程、局部

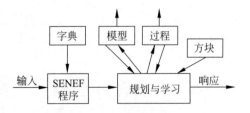

图 7.8　PULP-I 系统的结构总图

定义的物体或某个操作符有关。

"方块"集中了 LISP 程序，它配合"规划"对"模型"进行搜索和修正。方块内的一些程序是机器人的本原操作符，它们对应于一些动作程序；执行这些程序将引起模型世界内物体状态的改变。

由操作人员送到 PULP-Ⅰ的输入目标语句是用一个英语命令句子直接表示的。这个命令语句不能被立即处理来开发模拟情况，句子的意思必须通过内部表达式来提取和解码。可以把这一过程看做对输入命令的理解过程。一个叫做 SENEF（SEmantic NEtwork，Formation 程序用语义网络来表示知识。实际上，整个 PULP-Ⅰ的内部数据（知识表示）结构就是语义网络）的程序被设计用来把命令句子变换为语义网络表达式。

（2）PULP-Ⅰ系统的操作方式

PULP-Ⅰ系统具有两种操作方式，即学习方式和规划方式。在学习方式下，输入至系统的知识是由操作人员或者"教师"提供的。图 7.9 表示出在学习方式下的系统操作。系统首先把给出的过程知识分解为一个子过程的集合，本原过程知识被分解为几个知识块，每块为一知识包。然后，由任务分析程序进行试验，这个程序对知识包进行分析，并通过一个语义匹配程序求得其提取表示。

当某个命令句子送入系统时，PULP-Ⅰ就进入规划方式。图 7.10 表示 PULP-Ⅰ系统在规划方式下的结构。此规划系统的主要作用是形成一个能够把现有世界变换为满足给定命令的世界状态的规划。所生成的规划由一些本原操作符的有序排列组成。当求得一个成功的规划之后，对世界模型进行修正，同时系统输出规划时间和规划细节，以满足输入命令。

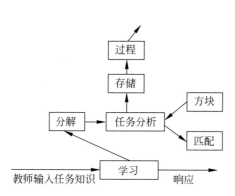

图 7.9　学习方式下 PULP-Ⅰ系统的结构

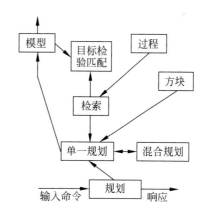

图 7.10　规划方式下 PULP-Ⅰ系统的结构

2. PULP-Ⅰ的世界模型和规划结果

PULP-Ⅰ系统能够完成一系列规划任务。图 7.11 给出了具体任务下的初始世界模型。这个规划环境由 6 个通过门道互相沟通的房间（房间 4 和房间 6 除外）。环境还包括5 个箱子、2 把椅子、1 张桌子、1 个梯子、1 辆手推车、7 个窗户和 1 个移动式机器人。可见它要比 STRIPS 系统复杂。

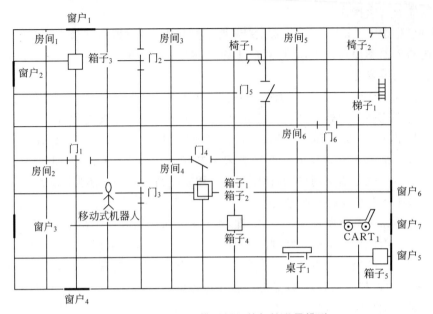

图 7.11   PULP-Ⅰ模拟例子的初始世界模型

图 7.12 对 STRIPS、ABSTRIPS 和 PULP-Ⅰ三个系统的规划速度（时间）进行了比较。与 STRIPS 及 ABSTRIPS 系统相比,PULP-Ⅰ系统的规划时间几乎可以忽略不计。这就表明,具有学习能力的机器人规划系统能够极大地提高系统的规划速度。

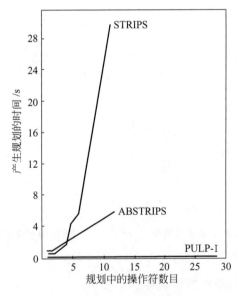

图 7.12   规划时间的比较

可以得出结论,具有学习能力的机器人问题求解与规划系统 PULP-Ⅰ已经成功地显示出规划性能的改善。这个改善不仅表现在规划速度方面,而且也表现在建立复杂的规划能力方面。

7.2.4 分层规划

要求解困难的问题,一个问题求解系统可能不得不产生出冗长的规划。为了有效地对问题进行求解,重要的是在求得一个针对问题的主要解答之前,能够暂时删去某些细节。然后设法填入适当的细节。早期的办法(Fikes,1971年)涉及宏指令的应用,它由较小的操作符构成较大的操作符。不过,这种方法并不能从操作符的实际描述中消去任何细节。在 ABSTRIPS 系统(Sacerdoti,1974年)中,研究出一种较好的方法。这个系统实际上在抽象空间的某一层进行规划,而不管抽象空间中较低层的每个先决条件。

1. 长度优先搜索

问题求解的 ABSTRIPS 方法是比较简单的。首先,全面求解此问题时只考虑那些可能具有最高临界值的先决条件,这些临界值反映出满足该先决条件的期望难度。要做到这一点,与 STRIPS 的做法完全一样,只是不考虑比最高临界值低的低层先决条件而已。完成这一步之后,应用所建立起来的初步规划作为完整规划的一个轮廓,并考虑下一个临界层的先决条件。用满足那些先决条件的操作符来证明此规划。在选择操作符时,也不管比现在考虑的这一层要低的所有低层先决条件。继续考虑越来越低层的临界先决条件的这个过程,直至全部原始规划的先决条件均被考虑到为止。因为这个过程探索规划时首先只考虑一层的细节,然后再注意规划中比这一层低一层的细节,所以把它叫做长度优先搜索。

显然,指定适当的临界值对于这个分层规划方法的成功是至关重要的。那些不能被任何操作符满足的先决条件自然是最临界的。例如,如果试图求解一个涉及机器人绕着房子内部移动的问题,而且考虑操作符 PUSHTHRUDOOR,那么存在一个大得足以能够让机器人通过的门这一先决条件是最高临界值,因为在正常情况下,如果这个先决条件不是为真,那么将一事无成。如果我们有操作符 OPENDOOR,那么打开门这一先决条件就是较低的临界值。要使分层规划系统应用类似 STRIPS 的规划进行工作,除了规划本身之外,还必须知道可能出现在某个先决条件中的每项适当的临界值。给出这些临界值之后,就能够应用许多非分层规划所采用的方法来求解基本过程。

2. NOAH 规划系统

(1) 应用最小约束策略

一个寻找非线性规划而不必考虑操作符序列的所有排列的方法是把最少约束策略应用来选择操作符执行次序的问题。所需要的是某个能够发现哪些需要的操作符的规划过程,以及这些操作符间任何需要的排序(例如,在能够执行某个已知的操作符之前,必须先执行其他一些操作符以建立该操作符的先决条件)。在应用这种过程之后,才能应用第二种方法来寻求那些能够满足所有要求约束的操作符的某个排序。问题求解系统 NOAH(Sacerdoti 在 1975 年提出并在 1977 年进一步完善)正好能够进行此项工作,它采用一种网络结构来记录它所选取的操作符之间所需要的排序。它也分层进行操作运算,即首先建立起规划的抽象轮廓,然后在后续的各步中,填入越来越多的细节。

图 7.13 说明 NOAH 系统如何求解图 7.1 所示的积木世界问题。图 7.13 中,方形框子表示已被选入规划的操作符;两头为半圆形的框子表示仍然需要满足的目标。本例中所用的操作符与至今我们使用过的操作符有点不同。如果提供了任何两个物体顶上均为空的条件,那么操作符 STACK 就能够把其中任一个物体放置在另一个物体(包括桌子)上。STACK 操作还包括拾起要移动的物体。

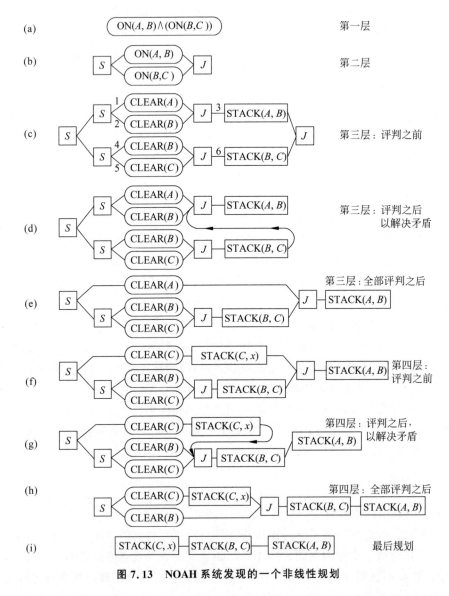

图 7.13   NOAH 系统发现的一个非线性规划

这个问题求解系统的初始状态图如图 7.13(a)所示。第一件要做的事是把这个问题分成两个子问题,如图 7.13(b)所示。这时,问题求解系统已决定采用操作符 STACK 来达到每个目标,但是它们还没有考虑这些操作符的先决条件。标记有 S 的节点表示规划中的一个分解,它的两个分量都一定要被执行,但其执行次序尚未决定。标记有 J 的节点表示规划的一个结合,两个分开的规划在此回复到一起。

在下一步(即第 3 层),考虑了 STACK 的先决条件。在这个问题表示中,这些先决条件只是两个有关积木必须顶部为空。因此,此系统记录下操作符 STACK 能够被执行前必须满足的先决条件。这一点如图 7.13(c)所示。这时,该图表明操作符有两种排序:要求只有一个(即在堆叠前必须完成清顶工作),而关系暂不考虑(即有两种堆叠法)。

(2) 检验准则

现在,NOAH 系统应用一套准则来检验规划并查出子规划间的互相作用。每个准则都是一个小程序,它对所提出的规则进行专门观测。准则法已被应用于各种规划生成系统。对于早期的系统,如 HACKER 系统,准则只用于舍弃不满足的规划。在 NOAH 系统中,准则被用来提出推定的方法以便修正所产生的规划。

第一个准则涉及的是归结矛盾准则,它所做的第一件事是建立一个在规划中被提到一次以上的所有文字的表。这个表包括下列登记项:

CLEAR(B):

　　确定节点 2:CLEAR(B)

　　否定节点 3:STACK(A,B)

　　确定节点 4:CLEAR(B)

CLEAR(C):

　　确定节点 5:CLEAR(C)

　　否定节点 6:STACK(B,C)

当某个已知文字必须为真时,产生了对操作程序的约束;但是,这个约束在执行一个操作之前可能将被另一个操作所取消。如果出现这种情况,那么要求文字为真的操作必须首先被执行。已经建立起来的表指出一个操作下必须为真的而又为另外一个操作所否定的所有文字。在执行某个操作之前,往往要求某些东西为真,但这些东西然后又被同样的操作所否定(例如,在执行 PICKUP 操作之前,要求 ARMEMPTY 为真,而在执行 PICKUP 操作之后,ARMEMPTY 又被这个同样的操作 PICKUP 所否定)。这并不会产生任何问题,因此可以从此表中删除去那些被操作所否定的先决条件,而该操作正是由这些先决条件所保证的。完成这一步之后,得到下列表:

CLEAR(B):

　　否定节点 3:STACK(A,B)

　　确定节点 4:CLEAR(B)

应用这个表,系统得出结论:由于把 A 放到 B 上可能取消把 B 放到 C 上的先决条件,所以必须首先把 B 放到 C 上面。图 7.13(d)说明了加上这个排序约束之后的规划。

第二个准则叫做消除多余先决条件准则,包括除去对子目标的多余说明。注意到,图 7.13(d)中目标 CLEAR(B)出现两次,而且本规划的最后一步才被否定。这意味着,如果 CLEAR(B)实现一次就足够了。图 7.13(e)表示出由该规划的一段中删去 CLEAR(B)而得到的结果。由于下一段的最后动作必须在上一段的最后动作之前发生,所以从上段删去 CLEAR(B)。因此,下段动作的先决条件必须比上段动作的先决条件早些确定。

现在,规划过程前进至细节的下一步,即第 4 层。得出的结论是:要使 A 顶部为空,就必须把 C 从 A 上移开。要做到这一步,C 必须已经是顶部为空的。图 7.13(f) 表明这一点的规划,接着,再次应用归结矛盾准则,就生成表示在图 7.13(g) 的规划。要产生这个规划,该准则观测到:把 B 放到 C 上会使 CLEAR(C) 为假,所以有关使 C 的顶部为空的每件事,都必须在把 B 放在 C 之前做好。下一步,调用消除多余先决条件准则。值得注意的是,CLEAR(C) 需要进行两次。在 C 可能被放置到任何地方之前,必须确定 CLEAR(C)。而把 C 放置到某处并不取消它原有的顶部为空的条件。因为在把 B 放到 C 上之前,必须把 C 放置于某处,而后者是要求 C 的顶部为空的另一提法。因为我们知道,当我们准备好要把 B 放到 C 上面时,C 应该是顶部为空的。因此,CLEAR(C) 可从下段路径中删除。在规划的这一点上,系统观测到:余下的目标 CLEAR(C) 和 CLEAR(B) 在初始状态中均为真。因此,所产生的最后规划如图 7.13(i) 所示。

这个例子提供了一个方法的粗略要点。这个方法表明,我们可以把分层规划和最少约定策略十分直接地结合起来,以求得非线性规划而不产生一个庞大的搜索树。

7.2.5 基于专家系统的规划

基于专家系统的规划主要用于机器人高层规划。虽然具有管理式学习能力的机器人规划系统能够加快规划过程,并改善问题求解能力,但是它仍然存在一些问题。首先,这种表达子句的语义网络结构过于复杂,因而设计技术较难。其次,与复杂的系统内部数据结构有关的是,PULP-I 系统具有许多子系统。而且需要花费大量时间来编写程序。再次,尽管 PULP-I 系统的执行速度要比 STRIPS 系列快得多,然而它仍然不够快。

我们在 30 多年前就已开始研究用专家系统的技术来进行不同层次的机器人规划和程序设计。本节将结合作者对机器人规划专家系统的研究,介绍基于专家系统的机器人规划。

1. 系统结构和规划机理

机器人规划专家系统就是用专家系统的结构和技术建立起来的机器人规划系统。大多数成功的专家系统都是以基于规则系统(rule-based system)的结构来模仿人类的综合机理的。在这里,我们也采用基于规则的专家系统来建立机器人规划系统。

(1) 系统结构及规划机理

基于规则的机器人规划专家系统由 5 个部分组成,如图 7.14 所示。

① 知识库。用于存储某些特定领域的专家知识和经验,包括机器人工作环境的世界模型、初始状态、物体描述等事实和可行操作或规则等。为了简化结构图,我们把表征系统目前状况的总数据库或称为综合数据库(global database)看做知识库的一部分。一般的,正如图 7.14 所示,总数据库(黑板)是专家系统的一个单独组成部分。

② 控制策略。它包含综合机理,确定系统应当应用什么规则以及采取什么方式去寻找该规则。当使用 PROLOG 语言时,其控制策略为搜索、匹配和回溯(searching, matching and backtracking)。

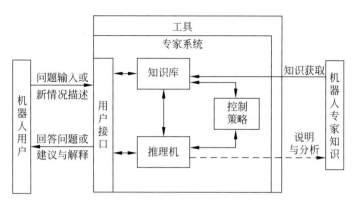

图 7.14　机器人规划专家系统的结构

③ 推理机。用于记忆所采用的规则和控制策略及推理策略。根据知识库的信息，推理机能够使整个机器人规划系统以逻辑方式协调地工作，进行推理，做出决策，寻找出理想的机器人操作序列。有时，把这一部分叫做规划形成器。

④ 知识获取。首先获取某特定域的专家知识。然后用程序设计语言（如 PROLOG 和 LISP 等）把这些知识变换为计算机程序。最后把它们存入知识库待用。

⑤ 解释与说明。通过用户接口，在专家系统与用户之间进行交互作用（对话），从而使用户能够输入数据、提出问题、知道推理结果以及了解推理过程等。

此外，要建立专家系统，还需要有一定的工具，包括计算机系统或网络、操作系统和程序设计语言以及其他支援软件和硬件。对于本节所研究的机器人规划系统，我们采用 DUALVAX11/780 计算机、VM/UNIX 操作系统和 C-PROLOG 编程语言。

当每条规则被采用或某个操作被执行之后，总数据库就要发生变化。基于规则的专家系统的目标就是要通过逐条执行规则及其有关操作来逐步地改变总数据库的状况，直到得到一个可接受的数据库（称为目标数据库）为止。把这些相关操作依次集合起来，就形成操作序列，它给出机器人运动所必须遵循的操作及其操作顺序。例如，对于机器人搬运作业。规划序列给出搬运机器人把某个或某些特定零部件或工件从初始位置搬运至目标位置所需要进行的工艺动作。

（2）任务级机器人规划三要素

任务级机器人规划就是要寻找简化机器人编程的方法，采用任务级编程语言使机器人易于编程，以开拓机器人的通用性和适应性。

任务规划是机器人高层规划最重要的一个方面，它包含下列 3 个要素：

① 建立模型。建立机器人工作环境的世界模型（world model）涉及大量的知识表示，其中主要有：任务环境内所有物体及机器人的几何描述（如物体形状尺寸和机器人的机械结构等）、机器人运动特性描述（如关节界限、速度和加速度极限和传感器特性等）以及物体固有特性和机械手连杆描述（如物体的质量、惯量和连杆参数等）。

此外，还必须为每个新任务提供其他物体的几何、运动和物理模型。

② 任务说明。由机器人工作环境内各物体的相对位置来定义模型状态，并由状态的变换次序来规定任务。这些状态有初始状态、各中间状态及目标状态等。为了说明任务，

可以采用 CAD 系统以期望的姿态来确定物体的在模型内的位置;也可以由机器人本身来规定机器人的相对位置和物体的特性。不过,这种做法难以解释与修正。比较好的方法是,采用一套维持物体间相对位置所需要的符号空间关系。这样,就能够用某个符号操作序列来说明与规定任务,使问题得到简化。

③ 程序综合。任务级机器人规划的最后一步是综合机械手的程序。例如,对于抓取规划,要设计出抓住点的程序,这与机械手的姿态及被抓物体的描述特性有关。这个抓取点必须是稳定的。又如,对于运动规划,如果属于自由运动,那么就要综合出避开障碍物的程序;如果是制导和依从运动,那么就要考虑采用传感器的运动方式来进行程序综合。

2. ROPES 机器人规划系统

现在举例说明应用专家系统的机器人规划系统。这是一个不很复杂的例子。我们采用基于规则的系统和 C-PROLOG 程序设计语言来建立这一系统,并称为 ROPES 系统,即 RObot Planning Expert Systems(机器人规划专家系统)。

(1) 系统简化框图

ROPES 系统的简化框图如图 7.15 所示。

要建立一个专家系统,首先必须仔细、准确地获取专家知识。本系统的专家知识包括来自专家和个人经验,教科书、手册、论文和其他参考文献的知识。把所获取的专家知识用计算机程序和语句表示后存储在知识库中。推理规则也放在知识库内。这些程序和规则均用 C-PROLOG 语言编制。本系统的主要控制策略为搜索、匹配和回溯。

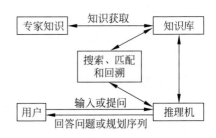

图 7.15　ROPES 系统简化框图

在系统终端的程序操作员(用户),输入初始数据,提出问题,并与推理机对话;然后,由推理机器在终端得到答案和推理结果,即规划序列。

(2) 世界模型与假设

ROPES 系统含有几个子系统,它们分别用于进行机器人的任务规划、路径规划、搬运作业规划以及寻找机器人无碰撞路径。这里仅以搬运作业规划系统为例来说明本系统的一些具体问题。

图 7.16 表示机器人装配线的世界模型。由图可见,该装配流水线经过 6 个工段(工段 1～工段 6)。有 6 个门道连接各有关工段。在装配线旁装设有 10 台装配机器人(机$_1$～机$_{10}$)和 10 个工作台(台$_1$～台$_{10}$)。在流水线所在车间两侧的料架上,放置着 10 种待装配零件,它们具有不同的形状、尺寸和重量。此外,还有 1 台流动搬运机器人和 1 部搬运小车。这台机器人能够把所需零件从料架送到指定的工作台上,供装配机器人用于装配。当所搬运的零配件的尺寸较大或较重时,搬运机器人需要用小搬运车来运送它们。我们称这种零部件为"重型"的。

除图 7.16 所提出的装配线模型外,我们还可以用图 7.17 来表示搬运机器人的可能操作次序。

为便于表示知识、描述规则和理解规划结果,给出本系统的一些定义如下:

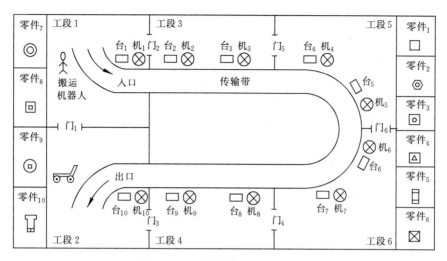

图 7.16　机器人装配线环境模型

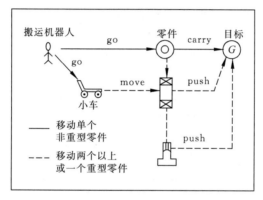

图 7.17　搬运机器人操作流程图

go(A,B)：搬运机器人从位置 A 走到位置 B，

其中

A＝(area$A$,Xa,Ya)：工段 A 内位置(Xa,Ya)，

B＝(area$B$,Xb,Yb)：工段 B 内位置(Xb,Yb)，

Xa,Ya：工段 A 内笛卡儿坐标的水平和垂直坐标公尺数，

Xb,Yb：工段 B 内的坐标公尺数，

gothru(A,B)：搬运机器人从位置 A 走过某个门而到达位置 B，

carry(A,B)：搬运机器人抓住物体从位置 A 送至位置 B，

carrythru(A,B)：搬运机器人抓住物体从位置 A 经过某个门而到达位置 B，

move(A,B)：搬运机器人移动小车从位置 A 至位置 B，

movethru(A,B)：搬运机器人移动小车从位置 A 经过某个门而到达位置 B，

push(A,B)：搬运机器人用小车把重型零件从位置 A 推至位置 B，

pushthru(A,B)：搬运机器人用小车把重型零件从位置 A 经过某门推至位置 B，

loadon(M,N)：搬运机器人把某个重型零件 M 装到小车 N 上，

unload(M,N)：搬运机器人把某个重零件 M 从小车 N 上卸下，

transfer(M,cartl,G)：搬运机器人把重型零件 M 从小车 cartl 上卸至目标位置 G 上。

（3）规划与执行结果

前已述及，本规划系统是采用基于规则的专家系统和 C-PROLOG 语言来产生规划序列的。本规划系统共使用 15 条规则，每条规则包含两条子规则，因此实际上共使用 30 条规则。把这些规则存入系统的知识库内。这些规则与 C-PROLOG 的可估价谓词（evaluated predicates）一起使用，能够很快得到推理结果。下面对几个系统的规划性能进行比较。

ROPES 系统是用 C-PROLOG 语言在美国普度大学普度工程计算机网络（PECN）上的 DUAL-VAX11/780 计算机和 VM/UNIX(4.2BSD)操作系统上实现的。而 PULP-Ⅰ系统则是用解释 LISP 在普度大学普度计算机网络（PCN）的 CDC-6500 计算机上执行的。STRIPS 和 ABSTRIPS 各系统是用部分编译 LISP（不包括垃圾收集）在 PDP-10 计算机上进行求解的。据估计，CDC-6500 计算机的实际平均运算速度要比 PDP-10 快 8 倍。但是，由于 PDP-10 所具有的部分编译和清除垃圾堆的能力，其数据处理速度实际上只比 CDC-6500 稍微慢一点。DUAL-VAX11/780 和 VM/UNIX 系统的运算速度也比 CDC-6500 要慢许多倍。不过，为了便于比较，在此我们用同样的计算时间单位来处理这 4 个系统，并对它们进行直接比较。

表 7.2 比较这 4 个系统的复杂性，其中，用 PULP-24 系统来代表 ROPES 系统。从表 7.2 可以清楚地看出，ROPES 系统最为复杂，PULP-Ⅰ系统次之，而 STRIPS 和 ABSTRIPS 系统最简单。

表 7.2　各规划系统世界模型的比较

系 统 名 称	物 体 数 目				
	房间	门	箱子	其他	总计
STRIPS	5	4	3	1	13
ABSTRIPS	7	8	3	0	18
PULP-Ⅰ	6	6	5	12	27
PULP-24	6	7	5	15	33

这 4 个系统的规划速度用曲线表示在图 7.18 的对数坐标上，从曲线可知，PULP-Ⅰ的规划速度要比 STRIPS 和 ABSTRIPS 快得多。

表 7.3 仔细地比较 PULP-Ⅰ和 ROPES 两系统的规划速度。从图 7.18 和表 7.3 可见，ROPES(PULP-24)系统的规划速度要比 PULP-Ⅰ系统快得多。

（4）结论与讨论

① 本规划系统是 ROPES 系统的一个子系统，是以 C-PROLOG 为核心语言，于 1985 年在美国普度大学的 DUAL-VAX11/780 计算机上实现的，并获得良好的规划结果。与 STRIPS、ABSTRIPS 以及 PULP-Ⅰ比较，本系统具有更好的规划性能和更快的规划速度。

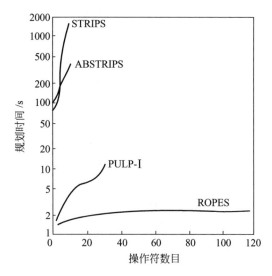

图 7.18　规划速度的比较

表 7.3　规划时间的比较

操作符数目	CPU 规划时间/s		操作符数目	CPU 规划时间/s	
	PULP-I	PULP-24		PULP-I	PULP-24
2	1.582	1.571	49	⋯	2.767
6	2.615	1.717	53	⋯	2.950
10	4.093	1.850	62	⋯	3.217
19	6.511	1.967	75	⋯	3.233
26	6.266	2.150	96	⋯	3.483
34	12.225	⋯	117	⋯	3.517

② 本系统能够输出某个指定任务的所有可能解答序列,而以前的其他系统只能给出任意一个解。当引入"cut"谓词后,本系统也只输出单一解;它不是"最优"解,而是个"满意"解。

③ 当涉及某些不确定任务时,规划将变得复杂起来。这时,概率、可信度和(或)模糊理论可被用于表示知识和任务,并求解此类问题。

④ C-PROLOG 语言对许多规划和决策系统是十分合适和有效的;它比 LISP 更加有效而且简单。在微型机上建立高效率的规划系统应当是研究的一个方向。

⑤ 当规划系统的操作符数目增大时,本系统的规划时间增加得很少,而 PULP-I 系统的规划时间却几乎是线性增加的。因此,ROPES 系统特别适用于大规模的规划系统,而 PULP-I 只能用于具有较少操作符数目的系统。

7.3　运动路径规划

各种移动体在复杂环境中运动时,需要进行导航与控制,而有效的导航与控制又需要优化的决策和规划。移动智能机器人就是一种典型的移动体。移动智能机器人是一类能够通过传感器感知环境和自身状态,实现在有障碍物的环境中面向目标的自主运动,从而完成一定作业功能的机器人系统。本节以机器人为例讨论移动体的规划问题,有时把这种规划称为机器人规划。

导航技术是移动机器人技术的核心,而路径规划(path planning)是导航研究的一个重要环节和课题。所谓路径规划是指移动机器人按照某一性能指标(如距离、时间、能量等)搜索一条从起始状态到达目标状态的最优或次优路径。路径规划主要涉及的问题包括:利用获得的移动机器人环境信息建立较为合理的模型,再用某种算法寻找一条从起始状态到达目标状态的最优或近似最优的无碰撞路径;能够处理环境模型中的不确定因素和路径跟踪中出现的误差,使外界物体对机器人的影响降到最小;利用已知的所有信息来引导机器人的动作,从而得到相对更优的行为决策。如何快速有效地完成移动机器人在复杂环境中的导航任务仍将是今后研究的主要方向之一。怎样把各种方法的优点融合到一起以达到更好的效果也是一个有待探讨的问题。本节介绍我们在路径规划方面的一些最新研究成果。

7.3.1 机器人路径规划的主要方法和发展趋势

1. 移动机器人路径规划的主要方法

移动机器人路径规划方法主要有以下三种类型。

(1) 基于事例的学习规划方法

基于事例的学习规划方法依靠过去的经验进行学习及问题求解,一个新的事例可以通过修改事例库中与当前情况相似的旧的事例来获得。将其应用于移动机器人的路径规划中可以描述为:首先,利用路径规划所用到的或已产生的信息建立一个事例库,库中的任一事例包含每一次规划时的环境信息和路径信息,这些事例可以通过特定的索引取得。然后,把由当前规划任务和环境信息产生的事例与事例库中的事例进行匹配,以寻找出一个最优匹配事例,然后对该事例进行修正,并以此作为最后的结果。移动机器人导航需要良好的自适应性和稳定性,而基于事例的方法能满足这个需求。

(2) 基于环境模型的规划方法

基于环境模型的规划方法首先需要建立一个关于机器人运动环境的环境模型。在很多情况下,由于移动机器人的工作环境具有不确定性(包括非结构性、动态性等),使得移动机器人无法建立全局环境模型,而只能根据传感器信息实时地建立局部环境模型,因此局部模型的实时性、可靠性成为影响移动机器人是否可以安全、连续和平稳运动的关键因素。环境建模的方法基本上可以分为两类,即网络/图建模方法和基于网格的建模方法。前者主要包括自由空间法,顶点图像法、广义锥法等,它们可得到比较精确的解,但所耗费的计算量相当大,不适合于实际的应用。而后者在实现上要简单许多,所以应用比较广泛,其典型代表就是四叉树建模法及其扩展算法等。

基于环境模型的规划方法根据掌握环境信息的完整程度可以细分为环境信息完全已知的全局路径规划和环境信息完全未知或部分未知的局部路径规划。由于环境模型是已知的,全局路径规划的设计标准是尽量使规划的效果达到最优。在此领域已经有了许多成熟的方法,包括可视图法、切线图法、Voronoi 图法、拓扑法、惩罚函数法、栅格法等。

作为当前规划研究的热点问题,局部路径规划得到了深入细致的研究。对环境信息完全未知的情况,机器人没有任何先验信息,因此规划是以提高机器人的避障能力为主,而效果作为其次。已经提出和应用的方法有增量式的 D* Lite 算法和基于滚动窗口的规划方法等。环境部分未知时的规划方法主要有人工势场法、模糊逻辑算法、遗传算法、人工神经网络、模拟退火算法、蚁群优化算法、粒子群算法和启发式搜索方法等。启发式搜索方法有 A* 法、增量式图搜索算法(又称作 Dynamic A* 算法)、.D* 和 Focussed D* 等。美国于 1996 年 12 月发射了"火星探路者"探测器,其"索杰纳"火星车所采用路径规划方法就是 D* 算法,能自主判断出前进道路上的障碍物,并通过实时重规划来做出后面行动的决策。

(3)基于行为的路径规划方法

基于行为的方法由 Brooks 在他著名的包容式结构中建立,它是受生物系统的启发而产生的自主机器人设计技术,它采用类似动物进化的自底向上的原理体系,尝试从简单的智能体来建立一个复杂的系统。将其用于解决移动机器人路径规划问题是一种新的发展趋势,它把导航问题分解为许多相对独立的行为单元,比如跟踪、避碰、目标制导等。这些行为单元是一些由传感器和执行器组成的完整的运动控制单元,具有相应的导航功能,各行为单元所采用的行为方式各不相同,这些单元通过相互协调工作来完成导航任务。

基于行为的方法大体可以分为反射式行为、反应式行为和慎思行为 3 种类型。反射式行为类似于青蛙的膝跳反射,是一种瞬间的应激性本能反应,它可以对突发性情况做出迅速反应,如移动机器人在运动中紧急停止等,但该方法不具备智能性,一般是与其他方法结合使用。慎思行为利用已知的全局环境模型为智能体系统到达某个特定目标提供最优动作序列,适合于复杂静态环境下的规划,移动机器人在运动中的实时重规划就是一种慎思行为,机器人可能出现倒退的动作以走出危险区域,但由于慎思规划需要一定的时间去执行,所以它对于环境中不可预知的改变反应较慢。反应式行为和慎思行为可以通过传感器数据、全局知识、反应速度、推理论证能力和计算的复杂性这几方面来加以区分。近来,在慎思行为的发展中出现了一种类似于人的大脑记忆的陈述性认知行为,应用此种规划不仅仅依靠传感器和已有的先验信息,还取决于所要到达的目标。比如对于距离较远且暂时不可见的目标,有可能存在一个行为分叉点,即有几种行为可供采用,机器人要择优选择,这种决策性行为就是陈述性认知行为。将它用于路径规划能使移动机器人具有更高的智能,但由于决策的复杂性,该方法难以用于实际,这方面工作还有待进一步研究。

2. 路径规划的发展趋势

随着移动机器人应用范围的扩大,移动机器人路径规划对规划技术的要求也越来越高,单个规划方法有时不能很好地解决某些规划问题,所以新的发展趋向于将多种方法相结合。

(1)基于反应式行为规划与基于慎思行为规划的结合

基于反应式行为的规划方法在能建立静态环境模型的前提下可取得不错的规划效

果,但它不适合于环境中存在一些非模型障碍物(如桌子、人等)的情况。为此,一些学者提出了混合控制的结构,即将慎思行为与反应式行为相结合,可以较好地解决这种类型的问题。

(2)全局路径规划与局部路径规划的结合

全局规划一般是建立在已知环境信息的基础上,适应范围相对有限;局部规划能适用于环境未知的情况,但有时反应速度不快,对规划系统品质的要求较高,因此如果把两者结合就可以达到更好的规划效果。

(3)传统规划方法与新的智能方法之间的结合

一些新的智能技术近年来已被引入路径规划,也促进使了各种方法的融合发展,例如人工势场与神经网络、模糊控制的结合等。

7.3.2   基于模拟退火算法的机器人局部路径规划

1. 局部规划方法概述

反应式规划方法的优点在于能够对环境的即时变化做出响应,计算代价小、能够实时运行,可以应用于未知以及动态环境。缺点在于忽视了全局信息的积累,在复杂环境下的局部陷阱内可能形成长期无效的徘徊和振荡。

在基于图式的反应式行为设计中,采用可视化势场来表征机器人对环境的感知图式(perception schema)。障碍以及要躲避的"天敌"形成排斥力场,而目标形成吸引力场。机器人行为可以用势场中的基本图式来表示,最终行为图式(motion schema)则由势场中矢量合成来确定。

在图 7.19 基于图式的机器人路径规划过程中,经历了路径保持(stay-on-path)、静态避障(avoid-static-obstacle)和趋向目标(move-to-goal)等基本图式。在行为图式的向量合成时有可能形成合力为零的区域,机器人在该区域中将出现速度为零的情况,此时通过附加的噪声(noise)扰动来摆脱静止区域。

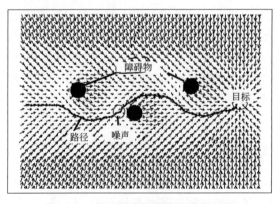

图 7.19   基于图式的反应式路径规划

对于机器人而言,感知区域外的未知环境中障碍分布状态可以当作一个随机事件。依赖局部的感知信息进行运动必然具有一定的随机性,其规划也是一个随机决策过程。

处于随机漫游状态下的移动机器人如同液态环境中进行布朗运动的粒子。在大多数局部路径规划方法中,主要考虑了传感器感知信息的约束,而对局部陷阱的约束则考虑不多,而局部陷阱的约束往往对机器人运动影响更为严重。在未知环境下,局部规划应当将有目的性的目标趋向行为与漫游扰动下进行目标搜索的随机性行为相结合,体现目标、局部陷阱以及传感器信息对移动机器人局部行为的综合约束。

把移动机器人在未知环境下的运动看做液体粒子在势场环境中的定向运动与随机布朗运动相结合的过程。在机器人的局部规划中,把向目标方向运动的有向性与通过布朗运动进行可行路径搜索的随机性相结合。机器人首先按照局部滚动窗口内目标方向优先的搜索原则,确定机器人下一步的运动方向。通过监控距离势能的变化判断机器人处于局部陷阱时,对目标方向角施加一个扰动量。目标方向增加了一个偏移量后,意味着机器人将沿附加了扰动噪声的目标方向搜索路径,运用模拟退火(SA)方法来评估该扰动的修正量。通过随机扰动,引导机器人克服局部势能陷阱。当机器人运行到一个新的势能最小值区域时,意味着已经脱离原来的势能陷阱区域,此时结束扰动状态恢复目标趋向运动。

2. 基于模拟退火的扰动规则设计

模拟退火(simulated annealing,SA)算法是一种随机搜索算法,其原理是依据金属物质退火过程和优化问题之间的相似性。物质在加热的时候,粒子间的布朗运动增强,到达一定强度后再进行退火,粒子热运动减弱,并逐渐趋于有序,最后达到稳定。模拟退火优化过程是一个马尔可夫(Markov)决策过程,基于马尔可夫过程理论,可以证明模拟退火算法以概率 1 收敛于全局最优值。SA 是一种解决组合优化问题的通用算法,只要优化问题能提供一个候选方案的适应性函数或费用函数,即可使用 SA 对它求解。模拟退火方法通常应用于组合优化问题,典型的如TSP 问题、大规模集成电路设计等。把机器人在未知环境下的随机漫游行为看做液体中粒子的布朗运动,则可以对其随机性的扰动应用 SA 方法来引导机器人向势能减小的方向上运动,从而实现未知环境下的在线动态规划。结合图 7.20,对其原理与步骤说明如下。

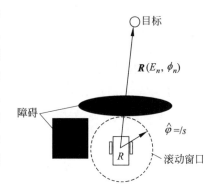

图 7.20 基于滚动窗口的局部规划

(1) 确定滚动优化窗口

滚动窗口以机器人的参考坐标为中心,窗口的大小及形状与机器人自身的外形、传感器的感知区域有关,常设计为矩形、圆形或半圆形区域,机器人在每一步的行动决策中,在滚动区域内搜索满足避碰条件的局部优化解。

(2) 计算势能函数与方向函数

设机器人的当前坐标为 $R(x_r, y_r)$,目标点的坐标为 $G(x_g, y_g)$,$\boldsymbol{R}$ 是由 $R(x_r, y_r)$ 指向 $G(x_g, y_g)$ 的矢量,矢量 $\boldsymbol{R}$ 的模与方向角为

$$E_n = \sqrt{(x_g - x_r)^2 + (y_g - y_r)^2} \tag{7.1}$$

$$\phi_n = \arctan \frac{y_g - y_r}{x_g - x_r} \tag{7.2}$$

E_n 代表了机器人在目标距离势场中的势能，ϕ_n 代表了机器人势能减小的梯度方向，方向函数 ϕ_n 根据机器人的位置不断修正，始终指向目标位置。下标 n 表示时刻。

（3）建立局部寻优的评估函数

局部规划针对滚动窗口内各个方向上的障碍分布进行机器人可通过性评估，筛选出满足无碰撞通行条件的行进方向集合 $S = \{s_i, i = 1, 2, \cdots\}$。对可行集合 S 中的元素进行评估。当向目标方向前进时，一个本能的选择是尽可能按照与目标方向夹角最小的方向前进。设在当前时刻 n，机器人 $R(x_r, y_r)$ 至目标 $G(x_g, y_g)$ 的方向角为 ϕ_n，机器人航向角为 θ_n，待定的预瞄目标方向为 $\hat{\varphi}_n$；选择 $s_i \in S$ 作为预瞄目标时的方向角设为 $\hat{\varphi}_{n, s_i}$。

定义目标函数为

$$f(\hat{\varphi}_{n, s_i}) = k_1 \mid \hat{\varphi}_{n, s_i} - (\phi_n + \delta) \mid + k_2 \mid \hat{\varphi}_{n, s_i} - \theta_n \mid \tag{7.3}$$

其中，$\mid \hat{\varphi}_{n, s_i} - (\phi_n + \delta) \mid$ 代表了机器人转向目标方向的趋势，δ 是在处于局部势能陷阱情况下施加的扰动噪声，$\mid \hat{\varphi}_{n, s_i} - \theta_n \mid$ 则体现了从当前航向转动到预瞄方向所需的代价，k_1 和 k_2 是正的加权系数。按照公式（7.3）的目标函数确定此刻的预瞄方向为

$$\hat{\varphi}_n = \hat{\varphi}_{n, s_j}, \quad \text{iff} \quad f(\hat{\varphi}_{n, s_j}) = \min\{f(\hat{\varphi}_{n, s_i}), s_i \in S, i = 1, 2, 3, \cdots\} \tag{7.4}$$

显然 $(\phi_n + \delta)$ 对机器人的运动方向具有重要的指导性。当 $\delta = 0$ 时，机器人将优先向目标方向 ϕ_n 搜索满足无障碍的前进方向；当 $\delta \neq 0$ 时移动机器人将按照附加扰动偏移后的目标方向搜索前进。

（4）局部陷阱的判断

令 $E_{\min} = \min\{E_i, i = 0, 1, \cdots, n - 1\}$，机器人向目标方向 ϕ_n 搜索满足无障碍的前进方向，将逐渐接近目标，导致 E_n 减小。令

$$\Delta \hat{E} = E_n - E_{\min} \tag{7.5}$$

在无障碍环境或障碍引起的势场改变度不大的环境，E 呈现单调下降的形态。此时 $\Delta \hat{E} < 0$，并且 $E_{\min}$ 不断被当前时刻的势能值 E_n 所更新。在较复杂环境下，由于障碍的“围困”可能出现局部势能陷阱，出现 $\Delta \hat{E} > 0$ 的情况。根据 $\Delta \hat{E}$ 的变化来判断是否处于局部陷阱，并触发机器人进入方向角扰动状态：

$$\delta = \begin{cases} 0, & \Delta \hat{E} < 0 \\ \delta_i, & \Delta \hat{E} \geqslant 0 \end{cases} \tag{7.6}$$

（5）扰动角度 δ 的产生

计算机器人与局部势能陷阱位置 $E_{\min}$ 之间的方位角 ψ：

$$\psi = \arctan \frac{y_{\min} - y_r}{x_{\min} - x_r} \tag{7.7}$$

其中,$x_{\min}$,$y_{\min}$ 是局部势能陷阱位置的坐标。随机产生扰动量 $\delta = \delta_i$,考虑目标位置、局部势能陷阱位置、传感器感知信息等因素对是否接受该随机扰动进行判别。

(6) 扰动量 $\delta = \delta_i$ 作用效果的评价:

扰动量 δ 使得机器人偏离目标航向,扰动后向新的方向前进,存在三种可能:

① 未能摆脱障碍,在某一个新的局部势能极小值点被困;

② 摆脱障碍,但未向理想的方向前进,而是向势能增加的方向远离最终的目标;

③ 成功摆脱障碍,并沿着接近目标位置的方向前进。

为了引导机器人的随机扰动向目标距离势能减小的方向前进,采用 SA 算法评价机器人在 $\delta = \delta_i$ 下的运动。将势能 E_n 模拟为粒子(机器人)的内能,温度 T 演化成时变控制参数,则优化过程为:"产生新解 δ_i,并对每个新解赋予初始的温度 $T = T_0 \rightarrow$ 计算在 δ_i 扰动控制作用下机器人运动产生势能差 $\Delta E_n \rightarrow$ 按照公式(7.8)Metropolis 抽样法的概率值决定是否更新 δ_i"。不断重复这一迭代过程,并逐步衰减 T 值。

$$P\{\delta_i = \text{TRUE} \mid \Delta E_n\} = \min\left\{1, \exp\left(-\frac{\Delta E_n}{bT}\right)\right\} \tag{7.8}$$

$$\Delta E_n = E_n - E_{n-1} \tag{7.9}$$

$$T = c^m T_0 \tag{7.10}$$

其中,b 是 Boltzmann 常数;c 是温度下降的衰减比例因子,并且 $c \in (0,1)$;n 是机器人移动的步序计数。在按照步骤(5)的规则产生一个扰动量 δ_i 时,赋予初始退火温度 $T = T_0$,退火步序计数 $m = 0$,m 以机器人移动一个身长为一个单位进行递增。在扰动初始期间,由于 T 较大,可以允许以较大的概率在大势能扰动下维持 δ_i。随着退火步序计数 m 的增长,势能 ΔE_n 的增长受限制的概率为

$$P\{\delta_i = \text{FALSE} \mid \Delta E_n\} = 1 - P\{\delta_i = \text{TRUE} \mid \Delta E_n\} \tag{7.11}$$

当 $\delta_i = \text{FALSE}$ 的判断成立时,按照步骤(5)规则更新扰动量 δ_i。

在机器人的运动中,由于局部信息的有限性,使得局部规划存在盲目性。因此在以某个确定的规则来求解时,则可能出现在某种环境约束下陷入局部陷阱中不能解脱。移动机器人在每个退火温度上进行一次扰动,产生一个新的扰动量 δ_i 时,重新开始一个退火过程。此外,由于 SA 算法收敛速度较慢,因此,当机器人到达一个距离势能 $E_n < E_{\min} - \varepsilon(\varepsilon > 0)$ 的区域时,意味着机器人已经摆脱了局部陷阱,令 $\delta = 0$,即结束扰动控制,恢复目标趋向行为。

3. 基于 SA 的局部规划程序设计

基于 SA 扰动控制的局部规划程序流程图见图 7.21。

子程序的说明如下:

(1) 初始化参数(InitialPara):预置机器人初始状态 $\{x_r, y_r, \theta\}$;目标位置 $\{x_g, y_g\}$;令起始位置为初始的势能最小值位置 $\{x_{\min}, y_{\min}\} = \{x_r, y_r\}$,计算初始化势能最小值 $E_{\min}$;初始扰动 $\delta = 0$,步序计数 $n = 0$;退火初始温度 $T_0 = 100$,常数项:$b = 0.1$,$c = 0.9$。

(2) 搜索局部目标方向(LocalSearch):移动机器人局部规划的滚动窗口是以一个机器人身长为半径的半圆,按照上一节的 SA 设计规则的步骤(3)搜索局部目标方向 $\hat{\varphi}$。

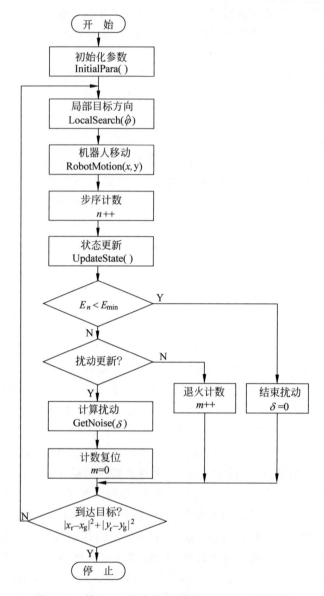

图 7.21   基于 SA 扰动控制的局部规划程序流程图

（3）更新状态参数（UpdateState）：机器人向局部目标方向 $\hat{\varphi}$ 移动一个步长后，计算势能 E_n，更新势能最小值 E_{min} 以及最小值的位置 $\{x_{min}, y_{min}\}$，更新传感器信息。

（4）计算扰动量（GetNoise）与判断扰动更新（UpdateNoise）：根据上一节的 SA 设计规则的步骤（5），在目标方位约束、局部势能陷阱约束以及传感器信息约束下，计算扰动量 δ，并根据步骤（6）来判断是否更新扰动量。

7.3.3   免疫进化和示例学习的机器人路径规划

下面介绍一种快速而有效地实现导航的路径规划算法——基于示例学习和免疫的进

化路径规划。

　　进化计算的收敛速度较慢,经常要耗费大量的机器时间,达不到在线规划和实时导航的要求。如果仅有选择、交叉和变异的标准进化计算用于路径规划,理论上说使用最优保存策略时能以概率 1 进化出最佳路径,但进化的代数将是一个巨大的数字。通常基于进化的路径规划和导航都考虑了机器人导航特点,设计了新的进化算子。针对这种环境前后有一些相似性的情况,将过去进化过程中的经验(性能好的个体)通过示例表达并存入示例库,然后在新的进化过程中选取部分示例加入种群,同时将生命科学中的免疫原理和进化算法相结合,构造一类进化算法,满足在线规划下的实时性要求。算法中免疫算子是通过疫苗接种和免疫选择两个步骤来完成,并使用了按模拟退火原理的免疫选择算子。

1. 个体的编码方法

　　一条路径是从起点到终点、若干线段组成的折线,线段的端点叫节点(用平面坐标 (x,y) 表示),绕过了障碍物的路径为可行路径。一条路径对应进化种群中的一个个体,一个基因用其节点坐标 (x,y) 和状态量 b 组成的表来表示,b 刻划节点是否在障碍物内和本节点与下一节点组成的线段是否与障碍物相交,以及记录使用绕过障碍物的免疫操作状态(后面详细说明)。个体 X 可表示如下:

$$X = \{(x_1,y_1,b_1),(x_2,y_2,b_2),\cdots,(x_n,y_n,b_n)\}$$

其中,(x_1,y_1),(x_n,y_n) 是固定的,分别表示起止。

　　群体的大小是预先给定的常数 N,按随机方式产生 $n-2$ 个坐标点 (x_2,y_2),$\cdots$,(x_{n-1},y_{n-1})。

2. 适应度函数

　　所要讨论的问题是求一条最短路径,要求路径与障碍物不交,并保证机器人能安全行驶。据此适应度函数可取为

$$\text{Fit}(X) = \text{dist}(X) + r\varphi(X) + c\phi(X) \tag{7.12}$$

其中,r 和 c 为正常数,$\text{dist}(X)$、$\varphi(X)$ 和 $\phi(X)$ 的定义如下:

$\text{dist}(X) = \sum_{i=1}^{n-1} d(m_i,m_{i+1})$ 为路径总长,$d(m_i,m_{i+1})$ 为两相交节点 m_i 和 m_{i+1} 之间的距离,$\varphi(X)$ 为路径与障碍物相交的线段个数,$\phi(X) = \max_{i=2}^{n-1} C_i$ 为节点的安全度,其中

$$C_i = \begin{cases} g_i - \tau, & \text{如果 } g_i \geqslant \tau \\ e^{\tau - g_i} - 1, & \text{否则} \end{cases}$$

其中,g_i 为线段 $\overline{m_i m_{i+1}}$ 到所有检测到的障碍物的距离,τ 为预先定义的安全距离参数。

3. 免疫和进化算子

　　交叉算子:由选择方式选择两个个体,以两者中较短的一个的节点数为取值上限,以 1 为下限,产生一个服从均匀分布的随机数,以此数为交叉点,对两个个体进行交叉操作。记交叉操作的概率为 p_c。

Ⅰ**型变异算子**：在路径上随机选一个节点(非起点和终点)，将此节点的 x 坐标和 y 坐标分别用全问题空间内随机产生的值代之。

Ⅱ**型变异算子**：在路径上随机选一个节点(x,y)(非起点和终点)，将此节点的 x 坐标和 y 坐标用原来的坐标附近的一个随机值取代之。

免疫算子(immune operator)是关键的进化算子，如何设计免疫算子呢? 首先对问题进行分析，路径规划的关键目标是避障，因此绕过障碍物所需要的信息就是重要的特征信息。设计绕过障碍物的免疫算子(或免疫操作)，如图 7.22 所示，试图绕过挡住了道路的障碍物。

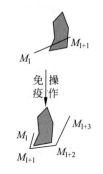

图 7.22   免疫算子

从机器人运动角度分析，直线运行是最理想的，随着环境的复杂化，运行的路线随之复杂化，特别是转角大的点，运动控制难度变大、前进速度变小。为了提高路径光滑度，转角大的点(用曲率来度量)要裁角。绕过障碍物的免疫操作产生的路径上的节点有时前后顺序错位，需要交换某些节点的前后顺序; 有时有多余的节点，需要删除。为此使用了文中的裁角算子、交换算子和删除算子。

4. 算法描述与免疫、进化算子分析

构造的算法如下:

```
开始
{
初始化群体;
评价群体的适应度;
若不满足停机条件则循环执行:
{
从示例库中取出若干个体替换最差个体;
交叉操作;
Ⅰ型变异操作;
Ⅱ型变异操作;
删除操作;
交换操作;
裁角;
免疫操作接种疫苗;
免疫选择;
评价群体的适应度;
淘汰部分个体,保持种群规模;
}
}
```

在进行免疫操作的接种疫苗后进行免疫选择，就是将免疫操作产生的个体 X' 与其父本 X 进行比较，如果适应度值改进了，则替代其父本，否则按概率 $p(X) = \exp((\text{fit}(X) - \text{fit}(X'))/T_k)$ 替代其父本。

如果没有相似环境的示例库，也就是说是一个全新的环境，需要通过离线的免疫进化规划，这时是在算法中删除"从示例库中取出若干个体替换最差个体"。当满足停机条件时，将种群中的个体加入示例库存中。当环境发生变化时，就按上述算法进行，要不断地从示例库中取出示例加入当前进化种群,将过去进化过程中取得的经验发挥出来,加快进化速度。

如果环境多次发生变化,每发生一次,示例库中示例的数量就会增加,对此可以考虑按"先进先出"的方式对示例库存贮,将部分最早存入的示例删除,因为环境经过多次变化,最早的经验也许已经过时了。

如何在学习经验的同时适应环境的新变化,就是进化算子的任务了,特别是免疫算子。下面分析免疫算子等的作用,从整个免疫进化算法的算子构造来看,免疫算子主要作用是局部性的,进化算法是起全局作用的,因此构造的算法是全局收敛性能较好的进化算法和局部优化能力较强的免疫算子的结合;从抗体适应度提高能力来分析,结合式(7.12),绕过障碍物的免疫算子能将不可行路径变换为可行路径,裁角算子能使运动路径变得更光滑,但对不可行路径进行光滑化的免疫操作,其意义小于可行路径进行光滑化,这从公式(7.12)的系数的确定上体现出来。在这种情况下,不可行路径进行光滑化的免疫操作概率应当小于绕过障碍物的免疫操作概率。如果都是可行路径,进行光滑化的免疫操作概率将适当增大。

状态表中保存了绕过障碍物的免疫操作的记录,指明光滑化和删除节点操作的使用频率,绕过障碍物的免疫操作产生的几个节点,在其后的几代进化中,应当使用较大的概率进行删除操作和光滑化操作。

状态表由如下几个部分组成:本节点到下一节点组成的线段是否与障碍物相交;绕过障碍物的免疫操作记录,若此节点在当代使用绕过障碍物的免疫操作或 I 型变异操作,则置此处为某个整数 k(后面的仿真实验中 $k=6$),若是 II 型变异操作,则置此处为 $k/2$,如果使用了光滑化和删除节点操作,则此值减 1;当此值为 0 时,进行光滑化和删除节点操作的概率为 p_{d0}(仿真实验取 0.2),否则为 p_{d1}(仿真实验取 0.8)。

7.3.4   基于蚁群算法的机器人路径规划

很多路径规划方法,如基于进化算法路径规划、基于遗传算法的路径规划算法等,存在计算代价过大、可行解构造困难等问题,在复杂环境中很难设计进化算子和遗传算子。可引入蚁群优化算法来克服这些缺点,但用蚁群算法来解决复杂环境中的路径规划问题也存在一些困难。本小节首先介绍蚁群优化(ACO)算法,然后介绍一种基于蚁群算法的移动机器人路径规划方法。

1. 蚁群优化算法的简介

生物学家们发现自然界中的蚂蚁群在觅食过程中具有一些显著自组织行为的特征,例如:①蚂蚁在移动过程中会释放一种称为信息素的物质;②释放的信息素会随着时间的推移而逐步减少,蚂蚁能在一个特定的范围内觉察出是否有同类的信息素轨迹存在;③蚂蚁会沿着信息素轨迹多的路径移动等。正是基于这些基本特征,蚂蚁能找到一条从蚁巢到食物源的最短路径。此外,蚁群还有极强的适应环境的能力,如图 7.23 所示,在蚁群经过的路线上突然出现障碍物时,蚁群能够很快重新找到新的最优路径。

这种蚁群的觅食行为激发了广大科学工作者的灵感,从而产生了蚁群优化算法

(a) 蚁群在蚁巢和食物源之间的路径上移动

(b) 路径上出现障碍物，蚁群以同样的概率向左、右方向行进

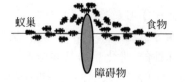

(c) 较短路径上的信息素以更快的速度增加

(d) 所有的蚂蚁都选择较短的路径

图 7.23 蚁群的自适应行为

（ACO）。蚁群算法是对真实蚁群协作过程的模拟。每只蚂蚁在候选解的空间中独立地对解进行搜索，并在所寻得的解上留下一定的信息量。解的性能越好，蚂蚁留在其上的信息量越大，而信息量越大的解被再次选择的可能性也越大。在算法的初级阶段所有解上的信息量是相同的，随着算法的推进较优解上的信息量逐渐增加，算法最终收敛到最优解或近似最优解。以求解平面上 n 个城市的 TSP 问题为例说明蚁群系统的基本模型。n 个城市的 TSP 问题就是寻找通过 n 个城市各一次且最后回到出发点的最短路径。设 m 是蚁群中蚂蚁的数量，$d_{ij}(i,j=1,2,\cdots,n)$ 表示城市 i 和城市 j 之间的距离，$\tau_{ij}(t)$ 表示 t 时刻在 ij 连线上残留的信息量。任一蚂蚁 $k(k=1,2,\cdots,m)$ 在运动过程中，按下式的概率转移规则决定转移方向。

$$p_{ij}^{k}=\begin{cases}\dfrac{\tau_{ij}^{n}(t)\eta_{ij}^{n}(t)}{\displaystyle\sum_{S\in \text{allowed}_k}\tau_{ij}^{n}(t)\eta_{ij}^{n}(t)}, & \text{假如 } j\in \text{allowed}_k\\[4mm] 0, & \text{否则}\end{cases}$$

其中，p_{ij}^{k} 表示在 t 时刻蚂蚁 k 由位置 i 转移到位置 j 的概率；η_{ij} 表示由城市 i 转移到城市 j 的期望程度，一般取 $\eta_{ij}=1/d_{ij}$；$\text{allowed}_k=\{0,1,\cdots,n-1\}-\text{tabu}_k$ 为蚂蚁 k 下一步允许选择的城市。随着时间的推移，以前留下的信息将逐渐消逝，用参数 $(1-\rho)$ 表示信息挥发程度，经过 n 个时刻，各个蚂蚁完成一次循环，各路径上信息量要根据下式作调整

$$\begin{cases}\tau_{ij}(t+n)=\rho(t)\tau_{ij}(t)+\Delta\tau_{ij}, & \rho\in(0,1)\\[2mm] \Delta\tau_{ij}=\displaystyle\sum_{k=1}^{m}\Delta\tau_{ij}^{k}\end{cases}$$

其中，$\Delta\tau_{ij}^{k}$ 表示第 k 只蚂蚁在本次循环中留在路径 ij 上的信息量，$\Delta\tau_{ij}$ 表示本次循环中路径 ij 上信息量的增量。

$$\Delta\tau_{ij}^{k}=\begin{cases}\dfrac{Q}{L_k}, & \text{若第 } k \text{ 只蚂蚁在本次循环中经过 } ij\\[3mm] 0, & \text{否则}\end{cases}$$

其中，Q 为常数，L_k 表示第 k 只蚂蚁在本次循环中所走路径的长度；在初始时刻，$\tau_{ij}(0)=C,\Delta\tau_{ij}=0(i,j=0,1,\cdots,n-1)$。蚁群系统基本模型中的参数 Q,C,α,β,ρ 的选择一般由

实验方法确定,算法的停止条件可取固定进化代数或当进化趋势不明显时便停止计算。

2. 基于蚁群算法的路径规划

机器人的路径规划问题非常类似于蚂蚁的觅食行为,机器人的路径规划问题可以看成从蚂蚁巢穴出发绕过一些障碍物寻找食物的过程,只要在巢穴有足够多的蚂蚁,这些蚂蚁一定能避开障碍物找到一条从巢穴到达食物的最短路径,图7.23就是蚁群绕过障碍物找到一条从巢穴到食物的路径的例子。大多数国外文献的研究集中在多机器人系统中模拟蚁群通信与协作方式。一些学者研究了基于ACO的机器人路径规划问题。为了使蚂蚁能找到食物(目标点),在食物附近建立一个气味区,蚂蚁只要进入气味区,就会沿着气味的方向找到食物。在障碍区,由于障碍物能阻隔食物的气味,蚂蚁闻不到食物气味,只能根据启发式信息素或随机选择行走路径。规划出的完整机器人行走路径由三部分组成:机器人的起始位置到蚂蚁初始位置的路径、蚂蚁初始位置到蚂蚁进入气味区位置的路径和蚂蚁进入气味区位置到终点位置的路径。

(1) 环境建模

设机器人在二维平面上的有限运动区域(环境地图)上行走,其内部分布着有限多个凸型静态障碍物。为简单起见将机器人模型化为点状机器人,同时行走区域中的静态障碍物根据机器人的实际尺寸及其安全性要求进行了相应"膨化"处理,并使得"膨化"后的障碍物边界为安全区域,且各障碍物之间及障碍物与区域边界不相交。

环境信息的描述要考虑三个重要因素:①如何将环境信息存入计算机;②便于使用;③问题求解的效率较高。采用二维笛卡儿矩形栅格表示环境,每个矩形栅格有一个概率,概率为1时表示存在障碍物,为0时不存在障碍物,机器人能自由通过。栅格大小的选取直接影响着算法的性能,栅格选得小,环境分辨率高,但抗干扰能力弱,环境信息存储量大,决策速度慢;栅格选得大,抗干扰能力强,环境信息存储量小,决策速度快,但分辨率下降,在密集障碍物环境中发现路径的能力减弱。

(2) 邻近区的建立

一般来说,蚂蚁在巢穴附近活动,在巢穴附近没有任何障碍物,蚂蚁可以在这片区域自由行走。这样在这巢穴建立一个邻近区,蚂蚁随机放入这区域后,自由地穿过障碍区向着食物方向觅食。邻近区可以是一个扇区或三角区,如图7.24(a)、(b)所示的阴影区。邻近区的建立方法是:找到从起点朝终点方向到障碍物的最近垂直距离d,如图7.24(c)所示,以此距离为半径或三角形的高度建立扇区或三角区。

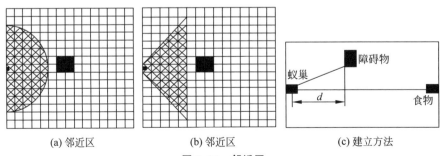

(a) 邻近区   (b) 邻近区   (c) 建立方法

图7.24 邻近区

（3）气味区的建立

任何一种食物都有气味，这种气味吸引蚂蚁朝其爬行，因此建立一个如图 7.25 所示的食物气味区。只要蚂蚁进入气味区，蚂蚁就还会闻到气味，朝着食物地点爬行。在非气味区，由于障碍物阻隔，蚂蚁闻不到气味，只能按后面介绍的方法（6）选择可行路径。当蚂蚁进入气味区时，它就会朝着食物方向前进最终找到食物。气味区建立方法是：从食物朝着起始位置方向直线扫描，没有遇到障碍物之前的区域为气味区。

（4）路径的构成

路径由三部分构成：机器人的起始位置到蚂蚁初始位置的路径、蚂蚁初始位置到蚂蚁进入气味区位置的路径和蚂蚁进入气味区位置到终点位置的路径，如图 7.26 所示，分别设为 path0、path1 和 path2，所以总的路径长度 $L_{\text{path}} = L_{\text{path0}} + L_{\text{path1}} + L_{\text{path2}}$。

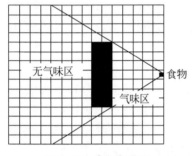

图 7.25   食物气味区

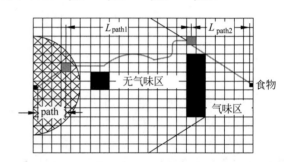

图 7.26   路径构成

（5）路径的调整

蚂蚁走过的路径是弯弯曲曲的，必须调整为光滑路径。调整方法如图 7.27 所示：从开始点 S 出发不断寻找直到找到点 Q，使得 Q 的下一个点 G 与 S 的连线穿过了障碍物，而 Q 以前的点（包括 Q 点）与 S 的连线没有穿越障碍物，连接 Q 与 S，这时 $\overline{SQ}$ 上离障碍物最近的一点为 D，则 SD 就是要找的路径。下一步设 D 为 S，再在 S 与 G 之间寻找 D，直到 S 点与 G 重合。所得到的连线即为调整后的路径。显然 $\overline{SD}$ 为 S 到 D 的最短距离，而 $\overline{DG} < \overline{DQ} + \overline{QG}$，所以线段 $\overline{SDG}$ 是沿着曲线 SG 绕过障碍物的最短路径。设总的栅格数为 N，从起点到终点的直线距离的栅格数为 M，则其最坏时间复杂度为 $O(N^2)$，最好时间复杂度为 $O(M^2)$。

（6）路径方向的选择

蚂蚁沿食物方向可选择三个行走栅格，如图 7.28 所示分别编号：$0,1,2$。每只蚂蚁根据三个方向的概率选择一个行走方向，移至下一个栅格。

在时刻 t，蚂蚁 k 从栅格 i 沿 $j(j \in \{0,1,2\})$ 方向转移到下一栅格的概率 $p_{ij}^{k}(t)$ 为

$$p_{ij}^{k}(t) = \begin{cases} \dfrac{[\tau_{ij}(t)]^{\alpha} \cdot [\eta_{ij}(t)]^{\beta}}{\sum\limits_{S \in J_k(i)} [\tau_{ij}(t)]^{\alpha} \cdot [\eta_{ij}(t)]^{\beta}}, & j \in J_k(i) \\ 0, & \text{否则} \end{cases} \tag{7.13}$$

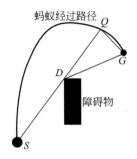

图 7.27 路径调整方法

图 7.28 路径方向选择

其中,$J_k(i) = \{0,1,2\} - \text{tabu}_k$ 表示蚂蚁 k 下一步允许选择的栅格集合。列表 tabu_k 记录了蚂蚁 k 刚刚走过栅格。α 和 β 分别表示信息素和启发式因子的相对重要程度。式(7.13)中的 η_{ij} 是一个启发式因子,表示蚂蚁从栅格 i 沿 $j(j \in \{0,1,2\})$ 方向转移到下一个栅格的期望程度。在蚂蚁系统(AS)中,η_{ij} 通常取城市 i 与城市 j 之间距离的倒数。由于栅格之间的距离相等,不妨取 1,于是式(7.13)变成

$$p_{ij}^k(t) = \begin{cases} \dfrac{[\tau_{ij}(t)]^\alpha}{\displaystyle\sum_{s \in J_k(i)} [\tau_{ij}(t)]^\alpha}, & j \in J_k(i) \\ 0, & \text{否则} \end{cases} \tag{7.14}$$

蚂蚁选择方向的方法:如果每一个可选择的方向的转移概率相等则随机选择一个方向,否则根据式(7.14)选择概率最大的方向,作为蚂蚁下一步的行走方向。

(7) 信息素的更新

一只蚂蚁在栅格上沿三个方向中的一个方向到下一个栅格,故在每个栅格设三个信息素,每个信息素根据下式更新。

$$\tau_{ij}(t+n) = \rho\tau_{ij}(t) + \Delta\tau_{ij} \tag{7.15}$$

$$\Delta\tau_{ij} = \sum_{k=1}^{m} \Delta\tau_{ij}^k \tag{7.16}$$

其中,$\Delta\tau_{ij}$ 表示本次迭代栅格 i 沿 $j(j \in \{0,1,2\})$ 方向信息素的增量。$\Delta\tau_{ij}^k$ 表示第 k 只蚂蚁在本次迭代中栅格 i 沿 $j(j \in \{0,1,2\})$ 方向的信息素量,用 ρ 表示在某条路径上信息素轨迹挥发后的剩余度,ρ 可取 0.9。如果蚂蚁 k 没有经过栅格 i 沿 j 方向到达下一个栅格,则 $\Delta\tau_{ij}^k$ 的值为 0,$\Delta\tau_{ij}^k$ 表示为

$$\Delta\tau_{ij}^k = \begin{cases} \dfrac{Q}{L_k}, & \text{蚂蚁 } k \text{ 经 } i \text{ 栅格沿 } j \text{ 方向} \\ 0, & \text{否则} \end{cases} \tag{7.17}$$

其中,Q 为正常数,L_k 表示第 k 只蚂蚁在本次周游中所走过路径调整以后的长度。

(8) 算法描述

基于蚁群算法的路径规划(PPACO)步骤如下:

步骤 1 环境建模;

步骤 2 建立巢穴邻近区和食物产生的气味区;

步骤 3   在邻近区放置足够多的蚂蚁;

步骤 4   每只蚂蚁根据(6)中的方法选择下一个行走的栅格;

步骤 5   如果有蚂蚁产生了无效路径,则将该蚂蚁删除,否则直到该蚂蚁到达气味区并沿气味方向找到食物为止;

步骤 6   调整蚂蚁走过的有效路径并保存调整后路径中的最优路径;

步骤 7   按(7)中更改有效路径的信息素。

重复步骤 3~7 直到达到某个迭代次数或运行时间超过最大限度为止,结束整个算法。

7.4   轨迹规划简介

轨迹规划,往往称为机器人轨迹规划,属于低层规划,基本上不涉及人工智能问题,而是在机械手运动学和动力学的基础上,讨论在关节空间和笛卡儿空间中机器人运动的轨迹规划和轨迹生成方法。所谓轨迹,是指机械手在运动过程中的位移、速度和加速度。而轨迹规划是根据作业任务的要求,计算出预期的运动轨迹。首先对机器人的任务、运动路径和轨迹进行描述。轨迹规划器只要求用户输入有关路径和轨迹的若干约束和简单描述,而复杂的细节问题则由规划器解决。例如,用户只需给出抓手的目标位姿,由规划器确定到达该目标的路径点、持续时间、运动速度等轨迹参数,并在计算机内部描述所要求的轨迹。最后,对内部描述的轨迹,实时计算机器人运动的位移、速度和加速度,生成运动轨迹。

通常将机械手的运动看做是工具坐标系相对于工作坐标系的运动。这种描述方法既适用于各种机械手,也适用于同一机械手上装夹的各种工具。

对抓放作业的机器人(如用于上、下料),需要描述它的起始状态和目标状态,即工具坐标系的起始值和目标值。在此,用“点”这个词来表示工具坐标系的位置和姿态(简称位姿),例如起始点和目标点等。对于另外一些作业,如弧焊和曲面加工等,不仅要规定机械手的起始点和终止点,而且要指明两点之间的若干中间点(称路径点),必须沿特定的路径运动(路径约束)。这类运动称为连续路径运动或轮廓运动,而前者称为点到点运动。

在规划机器人的运动轨迹时,还需要弄清楚在其路径上是否存在障碍物(障碍约束)。根据有无路径约束和障碍约束的组合,可把轨迹规划划分为四类。轨迹规划器可形象地看成一个黑箱,其输入包括路径的设定和约束,输出的是机械手末端手部的位姿序列,表示手部在各离散时刻的中间位形。机械手最常用的轨迹规划方法有两种:第一种方法要求用户对于选定的转变结点(插值点)上的位姿、速度和加速度给出一组显式约束(例如连续性和光滑程度等),轨迹规划器从某一类函数(例如 n 次多项式)中选取参数化轨迹,对结点进行插值,并满足约束条件。第二种方法要求用户给出运动路径的解析式;如为直角坐标空间中的直线路径,轨迹规划器在关节空间或直角坐标空间中确定一条轨迹来逼近预定的路径。

轨迹规划既可在关节空间也可在直角空间中进行,但是所规划的轨迹函数都必须连续和平滑,使得操作臂的运动平稳。在关节空间进行规划时,是将关节变量表示成时间的函数,并规划它的一阶和二阶时间导数;在直角空间进行规划是指将手部位姿、速度和加速度表示为时间的函数。而相应的关节位移、速度和加速度由手部的信息导出。通常通过运动学反解得出关节位移,用逆雅可比求出关节速度,用逆雅可比及其导数求解关节加速度。

用户根据作业给出各个路径结点后,规划器的任务包含:解变换方程、进行运动学反解和插值运算等;在关节空间进行规划时,大量工作是对关节变量的插值运算。

对轨迹规划感兴趣的读者,请参阅机器人学的相关著作。

7.5　小　结

本章探讨智能规划问题,即机器人规划问题。首先论述智能规划的概念、定义、分类和作用,并说明执行机器人规划系统任务的一般方法。从规划问题的实质对智能规划进行分类,将它们分为任务规划、路径规划和轨迹规划。然后,分节依次研究了任务规划、路径规划和轨迹规划。

任务规划从积木世界的机器人规划入手,逐步深入地开展对机器人规划的讨论。所讨论的机器人规划包括下列几种方法:

(1) 规则演绎法。用 F 规则求解规划序列。

(2) 逻辑演算(消解原理)和通用搜索法。STRIPS 和 ABSTRIPS 系统即属此法。

(3) 具有学习能力的规划系统。如 PULP-Ⅰ系统,它采用类比技术和语义网络表示。

(4) 分层规划方法。如 NOAH 规划系统,它特别适用于非线性规划。

(5) 基于专家系统的规划。如 ROPES 规划系统,它具有更快的规划速度、更强的规划能力和更大的适应性。

还有其他一些机器人任务规划系统,如三角表规划法(具有最初步的学习能力)、应用目标集的非线性规划以及应用最小约束策略的非线性规划等。限于篇幅,恕不一一介绍。

在路径规划部分,讨论了机器人路径规划的主要方法和发展趋势,介绍了我们的最新研究成果,包括基于模拟退火算法的机器人局部路径规划、基于免疫进化和示例学习的机器人路径规划以及基于蚁群算法的机器人路径规划等。路径规划还有许多规划方法,本章只是给出了一些示例,与大家交流。这些研究实例,都是以计算智能为基础的,而实际上存在许多传统人工智能的规划方法。我们并不是说传统人工智能的规划方法再没有用处,而是限于篇幅未能更多地对它们加以介绍。

至于轨迹规划,由于把它归类于低层规划,不属于人工智能范畴,所以只作简介,不予深入讨论。

值得指出:第一,智能机器人规划已发展为综合应用多种方法的规划。第二,智能机器人规划方法和技术已应用到图像处理、计算机视觉、作战决策与指挥、生产过程规划与监控以及机器人学各领域,并将获得更为广泛的应用。第三,智能机器人规划尚有一些进一步深入研究的问题,如动态和不确定性环境下的规划、多机器人协调规划和实时规划等。今后,一定会有更先进的智能机器人规划系统和技术问世。

习　题　7

7-1　结合实例叙述智能规划的概念和作用。

7-2　你认为智能规划应如何分类比较科学和可行？

7-3　有哪几种重要的任务规划系统？它们各有什么特点？你认为哪种规划方法有较大的发展前景？

7-4　令 $\text{right}(x),\text{left}(x),\text{up}(x)$ 和 $\text{down}(x)$ 分别表示八数码难题中单元 x 左边、右边、上面和下面的单元（如果这样的单元存在的话）。试写出 STRIPS 规划来模拟向上移动 B（空格）、向下移动 B、向左移动 B 和向右移动 B 等动作。

7-5　考虑设计一个清扫厨房的规划问题。

（1）写出一套可能要用的 STRIPS 型操作符。当你描述这些操作符时，要考虑到下列情况：

- 清扫火炉或电冰箱会弄脏地板。
- 要清扫烘箱，必须应用烘箱清洗器，然后搬走此清洗器。
- 在清扫地板之前，必须先行清扫。
- 在清扫地板之前，必须先把垃圾筒拿出去。
- 清扫电冰箱造成垃圾污物，并把工作台弄脏。
- 清洗工作台或地板使洗涤盘弄脏。

（2）写出一个清扫厨房的可能初始状态描述，并写出一个可描述的（但很可能难以得到的）目标描述。

（3）说明如何把 STRIPS 规划技术用来求解这个问题。（提示：你可能想修正添加条件的定义，以便当某个条件添加至数据库时，如果出现它的否定的话，就能自动删去此否定）。

7-6　曲颈瓶 F1 和 F2 的容积分别为 C1 和 C2。公式 CONT(X,Y) 表示瓶子 X 含有 Y 容量单位的液体。试写出 STRIPS 规划来模拟下列动作：

（1）把 F1 内的全部液体倒进 F2 内。

（2）用 F1 的部分液体把 F2 装满。

7-7　机器人 Rover 正在房外，想进入房内，但不能开门让自己进去，而只能喊叫，让叫声促使开门。另一机器人 Max 在房间内，他能够开门并喜欢平静。Max 通常可以把门打开来使 Rover 停止叫喊。假设 Max 和 Rover 各有一个 STRIPS 规划生成系统和规划执行系统。试说明 Max 和 Rover 的 STRIPS 规则和动作，并描述导致平衡状态的规划序列和执行步骤。

7-8　用本章讨论过的任何规划生成系统，解决图 7.29 所示机械手堆积木问题。

7-9　考虑图 7.30 所示的寻找路径问题。

（1）对所示物体和障碍物（阴影部分）建立一个结构空间。其中，物体的初始位置有两种情况，一种如图所示，另一种情况是把物体旋转 $90°$。

（2）应用结构空间，描述一个寻求上述无碰撞路径的过程（程序）把问题限于无旋转的二维问题。

7-10　指出你的过程结构空间求得的图 7.30 问题的路径,并叙述如何把你在上题中所得结论推广至包括旋转情况。

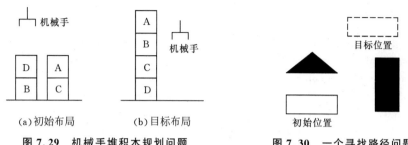

图 7.29　机械手堆积木规划问题　　　　图 7.30　一个寻找路径问题

7-11　图 7.31 表示机器人工作的世界模型。要求机器人 ROBOT 把 3 个箱子 BOX_1、BOX_2 和 BOX_3 移到如图 7.31(b)所示目标位置,试用专家系统方法建立本规划,并给出规划序列。

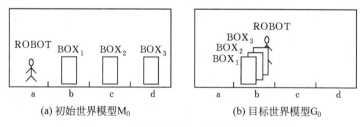

图 7.31　移动箱子于一处的机器人规划

7-12　图 7.32 表示机器人工作的世界模型。要求机器人把箱子从房间 R_2 初始位置移至房间 R_1 目标位置。试建立本机器人规划专家系统,并给出规划结果。

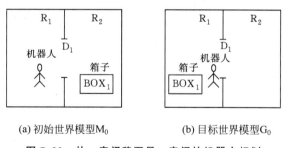

图 7.32　从一房间移至另一房间的机器人规划

7-13　路径规划的作用是什么? 你是否进行过路径规划研究?

7-14　除了本章介绍的路径规划方法外,你知道哪些其他的路径规划方法,包括传统人工智能规划方法?

7-15　轨迹规划是什么概念? 为什么说它不属于人工智能范畴?

参 考 文 献

1. Barr A, Feigenbaum E A. Handbook of Artificial Intelligence [M]. Vol. 1 & Vol. 2, William Kaufmann Inc.,1981.

2. Cai Zixing, et al. Key Techniques of Navigation Control for Mobile Robots under Unknown Environment[M]. Beijing: Science Press, 2016.

3. Cai Zixing, Peng Z. Cooperative coevolutionary adaptive genetic algorithm in path planning of cooperative multi-mobile robot system[J]. Journal of Intelligent and Robotic Systems: Theories and Applications, 2002, 33(1): 61-71.

4. Cai Zixing, Fu K S. Expert system based robot planning[J]. Control Theory and Applications, 1988, 5(2): 30-37.

5. Cai Zixing, Fu K S. Robot planning expert systems [C]. Proceedings of IEEE International Conference on Robotics and Automation, Vol. 3, San Francisco: IEEE Computer Society Press, 1986: 1973-1978.

6. Cai Zixing, Jiang Z. A Multirobotic pathfinding based on expert system[M]// Preprints of IFAC/IFIP/IMACS Int. Symposium on Robot Control. Pergamon Press, 1991: 539-543.

7. Cai Zixing, Tang S. A Multirobotic planning based on expert system[J]. High Technology Letters, 1995, 1(1): 76-81.

8. Cai Zixing, Yu Lingli, Xiao Chang, et al. Path planning for mobile robots in irregular environment using immune evolutionary algorithm [C]. The 17th IFAC world congress, July, 2008, Seoul, Korea.

9. Cai Zixing. A Knowledge based flexible assembly planner [C]. IFIP Transaction, B-1. North Holland,1992: 365-371.

10. Cai Zixing. An expert system for robotic transfer planning[J]. Computer Science and Technology, 1988, 3(2): 153-160.

11. Cai Zixing. Intelligent Control: Principles, Techniques and Applications [M]. Singapore-New Jersey: World Scientific Publishers, 1997.

12. Cai Zixing. Robot path finding with collision avoidance[J]. Computer Science and Technology, 1989, 4(3): 229-235.

13. Cai Zixing. Some research works on expert system in AI course at Purdue[C]. Proceedings of IEEE International Conference on Robotics and Automation, Vol. 3, San Francisco: IEEE Computer Society Press, 1986: 1980-1985.

14. Dean T, Allen J, Aloimonos Y. Artificial Intelligence: Theory and Practice[M]. Pearson Education North Asia and Publishing House of Electronics Industry,2003.

15. Dorigo M,Maniezzo V, Colorni A. Ant system: optimization by a colony of cooperating agent[J]. IEEE Transactions on Systems, Man and Cybernetics, 1996, 26(1): 1-13.

16. Du J, Quo W, Tu X. A multi-mobile agent based information management system [C]. Networking, Sensing and Control, IEEE Proceedings, March, 2005: 71-73.

17. Ernst G W, Newll A. GPS,A Case Study in Generality and Problem Solving[M]. New York: Academic Press,1969.

18. Fu K S,Gonzalez R C,Lee C S G. Robotics: Control, Sensing, Vision and Intelligence[M]. New York: McGraw Hill,1987.

19. Ghallab M,Nau D,Traverso P. The actor's view of automated planning and acting: A position paper

[J]. Artificial Intelligence，2014，208：1-17.

20. Hanheide M，Göbelbecker M，Horn G S，et al. Robot task planning and explanation in open and uncertain worlds[EB/OL]. Artificial Intelligence. Available at：http://www. science direct. com/science/article/pii/S000437021500123X，2015.

21. Honig W，Preiss J A，Kumar T K S，et al. Trajectory planning for quadrotor swarms[J]. IEEE Transactions on Robotics，2018，34(4)：856-869.

22. Ji J，Khajepour A，Melek W，et al. Path planning and tracking for vehicle collision avoidance based on model predictive control with multiconstraints[J]. IEEE Trans. Vehicle Technology，2017，66(2)：952-964.

23. Lynch K M，Park F C. Modern Robotics：Mechanics，Planning，and Control[M]. Cambridge University Press，2017.

24. Mac T T，Copot C，Tran D T，et al. De. Heuristic approaches in robot path planning：A survey[J]. Robotics and Autonomous Systems，2016，86：13-28.

25. Mihelj M，Bajd T，Ude A，et al. Trajectory planning[J]. Robotics，2019：123-132.

26. Nau D，Ghallab M，Traverso P. Automated Planning and Acting[M]. Cambridge：Cambridge University Press，2016.

27. Orozco-Rosas U，Montiel O，Sepúlveda R. Mobile robot path planning using membrane evolutionary artificial potential field[J]. Applied Soft Computing，2019，77：236-251.

28. Richter C，Bry A，Roy N. Polynomial trajectory planning for quadrotor flight[C]. Presented at Robotics：Science and Systems，Workshop on Resource-Efficient Integration of Perception，Control and Navigation for Micro Aerial Vehicles，2013.

29. Russell S，Norvig P. Artificial Intelligence：A Modern Approach[M]. New Jersey：Prentice-Hall，1995，2003.

30. Sacerdoti E D. Planning in a hierarchy of abstraction spaces[J]. Artificial Intelligence，1974，5：115-135.

31. Tangwongsan S，Fu K S. Application of learning to robotic planning[J]. International Journal of Computer and Information Science，1979，8(4)：303-333.

32. Wagner G，Choset H. Subdimensional expansion for multirobot path planning[J]. Artificial Intelligence，2015，219：1-24.

33. Wang L F，Tan K C，Chew C M. Evolutionary Robotics from Algorithms to Implementations[M]. Singapore：World Scientific，2006.

34. Zhang Y，Sreedharan S，Kulkarni A，et al. Plan explicability and predictability for robot task planning[Z]. arXiv：1511. 08158 [cs. AI]，November 2015.

35. Zou X B，Cai Z X，Sun G R. Non-smooth environment modeling and global path planning for mobile robots[J]. Journal of Central South University of Technology，2003，10(3)：248-254.

36. Zou Xiaobing，Cai Zixing. Evolutionary path-planning method for mobile robot based on approximate voronoi boundary network[C]. Proceedings of The 2002 International Conference on Control and Automation，June 16-19，2002：135-136.

37. 蔡自兴，刘丽珏，蔡竞峰，等. 人工智能及其应用[M]. 5 版. 北京：清华大学出版社，2016.

38. 蔡自兴，姚莉. 人工智能及其在决策系统中的应用[M]. 长沙：国防科技大学出版社，2006.

39. 蔡自兴，傅京孙. ROPES：一个新的机器人规划系统[J]. 式识别与人工智能，1987，1(1)：77-85.

40. 蔡自兴，贺汉根，陈虹. 未知环境中移动机器人导航控制理论与方法[M]. 北京：科学出版社，2009.

41. 蔡自兴，刘娟. 进化机器人研究进展[J]. 控制理论与应用，2002，19(10)：493-499.

42. 蔡自兴,郑敏捷,邹小兵. 基于激光雷达的移动机器人实时避障策略[J]. 中南大学学报(自然科学版),2006,37(2):324-329.

43. 蔡自兴,周翔,李枚毅,等.基于功能/行为集成的自主式移动机器人进化控制体系结构[J]. 机器人,2000,22(3):169-175.

44. 蔡自兴,邹小兵. 移动机器人环境认知理论与技术研究[J]. 机器人,2004,26(1):87-91.

45. 蔡自兴,谢斌. 机器人学[M]. 3版. 北京:清华大学出版社,2015.

46. 蔡自兴. 机器人原理及其应用[M]. 长沙:中南工业大学出版社,1988.

47. 蔡自兴. 一个机器人搬运规划专家系统[J]. 计算机学报,1988,11(4):242-250.

48. 蔡自兴. 一种用于机器人高层规划的专家系统[J]. 高技术通讯,1995,5(1):21-24.

49. 蔡自兴,等. 智能车辆感知、建图和目标跟踪技术[M]. 北京:科学出版社,2019.

50. 蔡自兴,陈爱斌. 人工智能辞典[M]. 北京:化学工业出版社,2008.

51. 多里戈,Stutzle T. 蚁群优化[M]. 张军,等译. 北京:清华大学出版社,2007.

52. 傅京孙,蔡自兴,徐光祐. 人工智能及其应用[M]. 北京:清华大学出版社,1987.

53. 格尔拉布,Nau D,Traverso P. 自动规划:理论和实践[M]. 姜云飞,等译. 北京:清华大学出版社,2008.

54. 黄明登,肖晓明,蔡自兴,等.环境特征提取在移动机器人导航中的应用[J]. 控制工程,2007,14(3):332-335.

55. 李枚毅,蔡自兴.改进的进化编程及其在机器人路径规划中的应用[J]. 机器人,2000,22(6):490-494.

56. 彭志红. 合作式多移动机器人系统的路径规划、鲁棒辨识及鲁棒控制研究[D]. 长沙:中南大学,2000.

57. 徐昕. 增强学习及其在机器人导航与控制中的应用与研究[D]. 长沙:国防科技大学,2002.

58. 赵慧,蔡自兴,邹小兵. 基于模糊ART和Q学习的路径规划[G]//中国人工智能学会第十届学术年会论文集,广州,2003:834-838.

59. 郑敏捷,蔡自兴,于金霞.一种动态环境下移动机器人的避障策略[J].高技术通讯,2006,16(8):813-819.

60. 邹小兵,蔡自兴,刘娟,等. 一种移动机器人的局部路径规划方法[G]//中国人工智能学会第九届学术年会论文集,北京,2001:947-950.

61. 邹小兵,蔡自兴. 基于传感器信息的环境非光滑建模与路径规划[J]. 自然科学进展,2002,12(11):1188-1192.

第 8 章

自然语言理解

语言是人类有别于其他动物的一个重要标志。自然语言是区别于形式语言或人工语言(如逻辑语言和编程语言等)的人际交流的口头语言和(语音)书面语言(文字)。自然语言作为人类表达和交流思想最基本和最直接的工具,在人类社会活动中到处存在。婴儿呱呱落地的第一声啼哭,就是用语言(声音)向全世界宣布自己的降临。

本章将首先讨论自然语言处理(natural language processing, NLP)的概念、发展简史、研究意义以及系统组成与模型等;接着,逐一研究自然语言的语法分析、语义分析和语境分析;然后,探讨语言的自动生成和机器翻译等重要问题;最后举例介绍自然语言理解系统。

8.1 自然语言理解概述

自 1954 年第一个机器翻译系统问世以来,经过半个多世纪的艰苦努力,计算机科学家、语言学家、心理学家们已在受限语言理解和面向领域的语言理解的研究中取得了不少重要的研究成果,并获得越来越广泛的应用。尤其是近 20 年取得了有目共睹的丰硕成果和长足进展。但是,要让自然语言理解研究最终实现机器真正理解人类语言这一目标,仍然任重道远。

什么是语言和语言理解?自然语言理解与人类的哪些智能有关?自然语言理解研究是如何发展的?理解自然语言的计算机系统是如何组成的以及它们的模型为何?等等。这些问题是研究自然语言理解时感兴趣的。

8.1.1 语言与语言理解

语言是人类进行通信的自然媒介,它包括口语、书面语以及形体语(如哑语和旗语)等。一种比较正规的提法是:语言是用于传递信息的表示方法、约定和规则的集合。语言由语句组成,每个语句又由单词组成;组成语句和语言时,应遵循一定的语法与语义规则。语言由语音、词汇和语法构成。语音和文字是构成语言的两个基本属性。如果没有各种口语和书面语,如英语、华语、法语和德语等,人类之间的充分和有效交流就难以想象。语言是随着人类社会和人类自身的发展而不断进化的。现代语言允许任何一个具有正常语言能力的人与他人交流思想感情和技术等。

要研究自然语言理解,首先必须对自然语言的构成有个基本认识。

　　语言是音义结合的词汇和语法体系,是实现思维活动的物质形式。语言是一个符号体系,但与其他符号体系又有所区别。

　　语言是以词为基本单位的,词汇又受到语法的支配才可构成有意义的和可理解的句子,句子按一定的形式再构成篇章等。词汇又可分为词和熟语。熟语就是一些词的固定组合,如汉语中的成语。词又由词素构成,如"教师"是由"教"和"师"这两个词素所构成的。同样在英语中"teacher"也是由"teach"和"-er"这两个词素所构成的。词素是构成词的最小的有意义的单位。"教"这个词素本身有教育和指导的意义,而"师"则包含了"人"的意义。同样,英语中的"-er"也是一个表示"人"的后缀。

　　语法是语言的组织规律。语法规则制约着如何把词素构成词,词构成词组和句子。语言正是在这种严密的制约关系中构成的。用词素构成词的规则叫构词规则,如教＋师→教师,teach＋er→teacher。一个词又有不同的词形、单数、复数、阴性、阳性等。这种构造词形的规则称为构形法,如教师＋们→教师们,teacher＋s→teachers。这里只是在原来的词后面加上一个复数意义的词素,所构成的并不是一个新的词,而是同一词的复数形式。构形法和构词法称为词法。词法中的另一部分就是句法。句法也可分成两部分:词组构造法和造句法。词组构造法是词搭配成词组的规则,如红＋铅笔→红铅笔,red＋pencil→red pencil。这里"红"是一个修饰铅笔的形容词,它与名词"铅笔"组合成了一个新的名词。造句法则是用词或词组造句的规则,"我是计算机科学系的学生",这是按照汉语造句法构造的句子,"I am a student in the department of computer science"是英语造句法产生的同等句子。虽然汉语和英语的造句法不同,但它们都是正确的和有意义的句子。图 8.1 是上述构造的一个完整的图解。

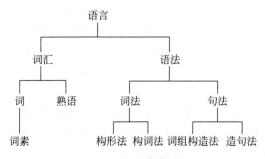

图 8.1　语言的构成

　　另一方面,语言是音义结合的,每个词汇有其语音形式。一个词的发音由一个或多个音节组合而成,音节又由音素构成,音素分为元音音素和辅音音素。自然语言中所涉及的音素并不多,一种语言一般只有几十个音素。由一个发音动作所构成的最小的语音单位就是音素。

　　迄今为止,对语言理解尚无统一的和权威的定义。按照考虑问题的角度不同而有不同的解释。从微观上讲,语言理解是指从自然语言到机器(计算机系统)内部之间的一种映射。从宏观上看,语言理解是指机器能够执行人类所期望的某些语言功能。这些功能包括:①回答有关提问;②提取材料摘要;③不同词语叙述;④不同语言翻译。

　　然而,对自然语言的理解却是一个十分艰难的任务。即使建立一个只能理解片言断语的计算机系统,也是很不容易的。这中间有大量的极为复杂的编码和解码问题。一个能够理解自然语言的计算机系统就像一个人那样需要上下文知识以及根据这些知识和信息进行推理的过程。自然语言不仅有语义、语法和语音问题,而且还存在模糊性等问题。具体地说,自然语言理解的困难是由下列3个因素引起的:①目标表示的复杂性;②映射类型的多样性;③源表达中各元素间交互程度的差异性。

自然语言理解是语言学、逻辑学、生理学、心理学、计算机科学和数学等相关学科发展和结合而形成的一门交叉学科,它能够理解口头语言或书面语言。语言交流是一种基于知识的通信。怎样才算理解了语言呢?归纳起来主要有下列几个方面:

(1) 能够理解句子的正确词序规则和概念,又能理解不含规则的句子。

(2) 知道词的确切含义、形式、词类及构词法。

(3) 了解词的语义分类以及词的多义性和歧义性。

(4) 指定和不定特性及所有(隶属)特性。

(5) 问题领域的结构知识和时间概念。

(6) 语言的语气信息和韵律表现。

(7) 有关语言表达形式的文学知识。

(8) 论域的背景知识。

由此可见,语言的理解与交流需要一个相当庞大和复杂的知识体系。如果没有人工智能的参与,自然语言理解就无法实现。

8.1.2 自然语言处理的概念和定义

我们把人类千百年来自然形成的用于交际的书面和口头语言,如汉语、英语、法语和西班牙语等,称为自然语言,以区别于人工(人造)语言,如计算机程序设计语言 BASIC、C、LISP、PROLOG、JAVA、Python 等。据统计,人类历史上以语言文字记载的知识约占知识总量的 80%。在计算机应用上,约有 85%用于语言文字的信息处理。语言信息处理技术已成为国家现代化水平的一个重要标志。

自然语言处理也称为计算语言学(computing linguistics),是一门理解和产生人类语言内容的学科,也是计算机科学与机器学习的子领域。自然语言处理是用计算机对人类的口头和书面形式的自然语言进行加工处理和应用的技术,它是一门涉及语言学、数学、计算机科学和控制论(cybernetics)等多学科交叉的边缘学科,是人工智能学科和智能科学的一个重要分支,也是人工智能的早期的和活跃的研究领域之一。

自然语言处理包括自然语言理解和自然语言生成两个方面。自然语言理解系统把自然语言转化为计算机程序更易于处理和理解的形式。自然语言生成系统则把与自然语言有关的计算机数据转化为自然语言。自然语言理解又被称计算语言学。不过,自然语言处理和自然语言理解的研究内容通常大致相当。自然语言理解与自然语言处理往往互为通融。自然语言生成又往往与机器翻译等同,涉及文本翻译和语音翻译。其中,同步语音翻译就是人们长期追求的一个梦想。

国际上对自然语言处理和自然语言理解尚无统一的定义。下面给出几个有代表性的不尽相同的定义。

定义 8.1　自然语言处理是研究人类交际和人机通信的语言问题的一门学科。它要开发表示语言能力和性能的模型,建立实现这种语言模型过程的计算框架,提出不断完善这些过程和模型的辨识方法,以及探究实际系统的评价技术。(NLP could be defined as the discipline that studies the linguistic aspects of human-human and human-machine communication, develops models of linguistic competence and performance, employs computational frameworks to implement process incorporating such models, identifies methodologies for iterative refinement of such processes/models, and investigates techniques for evaluating the result systems.)(Bill Manaris,1999)

定义 8.2　自然语言处理是人工智能领域的主要内容,即利用计算机等工具对人类特有的语言信息(包括口语信息和文字信息)进行各种加工,并建立各种类型的人-机-人系统。自然语言理解是其核心,其中包括语音和语符的自动识别以及语音的自动合成。(刘涌泉,2002)

定义 8.3　自然语言处理是利用计算机工具对人类特有的书面形式和口头形式的语言进行各种类型处理和加工的技术。(冯志伟,1996)

定义 8.4　自然语言处理是用计算机对自然语言的音、形、义等语言信息进行加工和操作,包括对字、词、短语、句子和篇章的输入、输出、识别、转换、压缩、存储、检索、分析、理解和生成等的处理技术。它是在语言学、计算机科学、控制论、人工智能、认知心理学和数学等相关学科的基础上形成的一门边缘学科。(蔡自兴,2008)

此外,还有其他一些关于自然语言处理和自然语言理解的定义。如果读者发现某些或某一不同的定义,不要感到突然,也不要认为只有上面给出的定义才是正确的。由于侧重面不同或专业背景差别,每种定义都应有可取之处。

8.1.3　自然语言处理的研究领域和意义

1. 自然语言理解的研究领域和方向

自然语言处理具有非常广泛的研究领域和研究方向。下面按照应用领域的不同,给出一些研究方向。

(1) 文字识别(text recognition,或 optical character recognition,OCR)

文字识别借助计算机系统自动识别印刷体或手写体文字,把它们转换为可供计算机处理的电子文本。对于文字识别,主要研究字符的图像识别,但对于高性能的文字识别系统,往往也要同时研究语言理解技术问题。

(2) 语音识别(speech recognition)

语音识别也被称为自动语音识别(automatic speech recognition,ASR),其目标是将人类语音中的词汇内容转换为计算机可读的书面语表示。语音识别技术的应用包括语音拨号、语音导航、室内设备控制、语音文档检索、简单的听写数据录入等。

(3) 机器翻译(machine translation)

机器翻译研究借助计算机程序把文字或演讲从一种自然语言自动翻译成另一种自然语言。简单来说,机器翻译是通过把一个自然语言的字词变换为另一个自然语言的字词。

使用语料库技术,可自动进行更加复杂的翻译。

(4) 自动文摘(automatic summarization 或 automatic abstracting)

自动文摘是应用计算机对指定的文章做摘要的过程,即把原文档的主要内容和含义自动归纳,提炼并形成摘要或缩写。常用的自动文摘是机械文摘,根据文章的外在特征提取能够表达该文中心意思的部分原文句子,并把它们组成连贯的摘要。

(5) 句法分析(syntax parsing,或 syntax analysis)

句法分析又称自然语言语法分析(parsing in natural language)。它运用自然语言的句法和其他相关知识来确定组成输入句各成分的功能,以建立一种数据结构并用于获取输入句意义的技术。

(6) 文本分类(text categorization/document classification)

文本分类又称为文档分类,是在给定的分类体系和分类标准下,根据文本内容利用计算机自动判别文本类别,实现文本自动归类的过程,包括学习和分类两个过程。首先有一些文本及其属类的标准,学习系统从标注的数据中学到一个函数(分类器),分类系统利用学到的分类器对新给出的文本进行分类。

(7) 信息检索(information retrieval)

信息检索又称为情报检索,是利用计算机系统从海量文档中查找用户需要的相关文档的查询方法和查询过程。简而言之,信息检索是搜寻信息的科学,例如在海量文件中搜寻信息、文件和描述文件的元数据或在数据库(包括相关的独立数据库或是超文本的网络数据库)中进行搜寻。

(8) 信息获取(information extraction)

信息获取主要是指利用计算机从大量的结构化或半结构化的文本中自动抽取特定的一类信息(例如事件和事实等),并使其形成结构化数据,填入数据库供用户查询使用的过程。其广泛目标是允许计算非结构化的资料。

(9) 信息过滤(information filtering)

信息过滤是指应用计算机系统自动识别和过滤那些满足特定条件的文档信息。一般指对网络有害信息的自动识别和过滤,主要用于信息安全和防护等。也就是说,信息过滤是根据某些特定要求,过滤或删除互联网某些敏感信息的过程。

(10) 自然语言生成(natural language generation)

自然语言生成是指将句法或语义信息的内部表示转换为由自然语言符号组成的符号串的过程,一种从深层结构到表层结构的转换技术,是自然语言理解的逆过程。从生成的结果看,有语句生成、语段生成和篇章生成等形式,其中以语句生成更为基本和重要。

(11) 中文自动分词(Chinese word segmentation)

中文自动分词是指使用计算机自动对中文文本进行词语的切分,即像英文那样使得中文句子中的词之间存在空格加以标识。中文自动分词被认为是中文自然语言处理中的一个最基本的环节。

(12) 语音合成(speech synthesis)

语音合成又称为文语转换(text-to-speech conversion),是将书面文本自动转换成对应的语音表征。

(13) 问答系统(question answering system)

问答系统是借助计算机系统对人提出问题的理解,通过自动推理等方法,在相关知识资源中自动求解答案,并对问题做出相应的回答。有时,回答技术与语音技术、多模态输入/输出技术以及人机交互技术相结合,构成人机对话系统。

此外,还有语言教学(language teaching)、词性标注(part-of-speech tagging)、自动校对(automatic proofreading)以及讲话者识别/辨识/验证(speaker recognition/identification/verification)等。

2. 自然语言理解研究的意义

作为语言信息处理的一个高层重要方向,自然语言理解一直是人工智能界所关注的核心课题之一。现在,自然语言理解是继专家系统和机器学习之后人工智能又一重要的和富有活力的应用研究领域。如果计算机能够真正理解自然语言,人机间的信息交流能够以人们所熟悉的自然语言来进行,那必将对人类社会进步、经济发展和改善人民生活产生重大影响,极大地方便人类的生产活动和日常生活,具有无法估量的社会效益和经济价值。

自然语言理解研究和应用的重大进展也将是人工智能和智能科学的一项重大突破,必将对科学技术的其他领域做出特别贡献,促进其他学科和部门的进一步发展,并对人们的生活产生深远的影响。随着计算机的快速发展,计算机越来越广泛地进入我们的日常工作和生活,计算机与自然语言相结合的领域也越来越广阔。继机器翻译之后,信息检索、文本分类、篇章理解、自动文摘、自动校对、词典自动编辑、文字自动识别等领域都在不同程度上要求计算机具备自动分析、理解和生成自然语言的能力。特别是国际互联网和物联网的迅速扩展,网络上的信息资源加速度增长,在海量信息面前,人们迫切希望计算机能够具备自然语言的知识,能够帮助人们准确地获取所需的网上信息。自然语言理解研究可以使得计算机在一定程度上理解人类自然语言,从而帮助人们完成机器翻译、信息提取、信息检索、文本分类等各项工作。这对提高工作效率,丰富生活内容,推动相关领域和部门的发展都具有巨大的价值和意义。

语言是思维的载体和人际交流的工具。人类已经迈入 21 世纪,计算机可处理的自然语言文本数量空前增长,面向海量信息的文本挖掘、信息提取、跨语言信息处理、人机交互等应用需求急速增长。随着我国现代化建设的发展,信息处理技术的自动化愈来愈显得紧迫。人类历史上用语言文字形式记载和流传的知识占到知识总量的 80% 以上。据统计,目前计算机的应用范围,用于数学计算的仅占 10%,用于过程控制的不到 5%,其余 85% 以上都是用于语言文字和信息处理的,并且随着计算机的普及和性能的提高、价格的降低,这一趋势还在增大。语言信息处理的技术水平和每年所处理的信息总量已经成为衡量一个国家现代化技术水平的重要标志之一。可以说,汉语自然语言理解作为中文信息自动化处理的关键技术,每提高一步给我国的科学技术、文化教育、经济建设、国家安全所带来的效益,将是无法用金钱的数额来计算的。

8.1.4 自然语言理解研究的基本方法和进展

1. 自然语言理解研究的基本方法

自然语言处理存在两种不同的研究方法,即理性主义(rationalist)和经验主义(empiricist)。

理性主义的主要理论是:人的很大一部分语言知识是天生的,由遗传决定的。其代表人物是美国语言学家乔姆斯基(N. Chomsky),他的"内在语言功能"理论认为,小孩在接收到极为有限的信息量情况下,在那么小的年龄如何学会如此复杂的语言理解能力,这是很难知道的。因此,理性主义方法试图通过假定人的语言能力是与生俱来的、固有的一种本能,来回避这些困难问题。

在技术上,理性主义主张建立符号处理系统由人工编写一般由规则表示的初始的语言表示体系,构造相应的推理程序;然后系统根据规则和程序把自然语言理解为符号结构。这样,在自然语言处理系统中,首先根据编写好的词法规则由词法分析器对输入句子的单词进行语法分析;然后,根据设计好的语词法规则由词法分析器对输入句子进行语法结构分析;最后,根据变换规则把语法结构映射到以逻辑公式、语义网络和中间语言等表示的语义符号。

经验主义的主要理论是从假定人脑是具有一些认知能力开始的,但人脑并非一开始就具有一些具体的处理原则和对具体语言成分的处理方法,而是孩子的大脑一开始具有处理联想、模式识别和归纳等处理能力,这些能力能够使孩子充分利用感官输入来掌握具体的自然语言结构。

在技术上,经验主义主张建立特定的数学模型来学习复杂的和广泛的语言结构,然后应用统计学、机器学习和模式识别等方法来训练模型参数,以扩大语言的使用规模。经验主义的自然语言处理方法是以统计方法为基础的,因而又称经验主义方法为统计自然语言处理方法。统计自然语言处理需要收集一些文本作为建立统计模型的基础,这些文本叫做语料(corpus)。经过筛选、加工和标注处理的大批量语料构成的数据库叫做语料库(corpus base)。统计处理方法一般是建立在大规模语料库基础上的,因而又称为基于语料的自然语言处理方法。

2. 自然语言理解的历史和发展状况

对自然语言处理的研究可以追溯到 20 世纪 20 年代。不过,一般认为自然语言处理的研究是从机器翻译系统的研究开始的。电子计算机的出现才使得自然语言理解和处理成为可能。由于计算机能够进行符号处理,所以有可能应用计算机来处理和理解语言。随着计算机技术和人工智能总体技术的发展,自然语言理解不断取得进展。

可以把自然语言处理的发展过程粗略地划分为萌芽起步时期、复苏发展时期和以大规模真实文本处理为代表的繁荣发展时期。

(1) 萌芽起步时期(20 世纪 40 年代—60 年代中期)

这个时期,自然语言处理的经验主义方法处于统治地位。机器翻译是自然语言理解最早的研究领域。20 世纪 40 年代末期，人们期望能够用计算机翻译剧增的科技资料。美苏两国在 1949 年开始了俄-英和英-俄文字的机器翻译研究。由于早期研究中理论和技术的局限，所开发的机译系统的技术水平较低，不能满足实际应用的要求。1954 年，美国乔治敦（Georgetown）大学与 IBM 公司合作，在 IBM 701 计算机上将俄语翻译成英语，进行了第一次机器翻译试验。尽管这次试验使用的机器词汇仅仅有 250 个俄语单词，机器语法规则也只有 6 条，但是，它第一次显示了机器翻译的可行性。

1956 年，乔姆斯基提出形式语言和转换生成语法的理论，把自然语言和程序设计语言置于同一层面，使用统一的数学方法来对它们进行定义和解释。他建立的转换生成文法 TG 使语言学研究进入定量研究阶段，也促进了程序设计语言的发展。乔姆斯基所建立的语法体系仍然是自然语言理解研究中语法分析所必须依赖的语法体系。

机器翻译作为自然语言处理的核心研究领域，在这个时期经历了不平坦的发展道路。第一代机器翻译系统设计上的粗糙带来翻译质量的不佳。随着研究的深入，人们看到的不是机器翻译的成功，而是一个又一个它无法克服的局限。1966 年 11 月，美国科学院下属的语言自动处理咨询委员会向美国国家基金会提交了一份关于机器翻译的咨询报告。该报告对机器翻译下了一个否定性的结论，称"尽管在机器翻译上投入了巨大的努力，但使用开发这种技术，在可预见的将来没有成功的希望。"

在此后一段时间内，机器翻译的研究跌到低谷。在这段时期，研究人员开始反思机器翻译失败的原因，由此也引发了对自然语言理解本质更深刻的关注。

（2）复苏发展时期（20 世纪 60 年代后期—80 年代）

自然语言处理领域的研究在这个时期被理性主义方法所控制。人们更关心思维科学，通过建立很多小的系统来模拟智能行为。这个时期，计算语言学理论得到长足进步，逐渐成熟。这个时期自然语言理解系统的发展可分为 60 年代以关键词匹配技术为主的阶段和 70 年代以句法-语义分析技术为主的阶段。

1968 年麻省理工学院（MIT）开发成功了 SRI 系统 ELIZA。语义信息检索（semantic information retrieval，SIR）系统能够记住用户通过英语告诉它的事实，然后演绎这些事实，回答用户提出的问题。ELIZA 系统能够模拟心理医师（机器）同患者（用户）的谈话。

该时期取得许多重要的理论研究成果，包括约束管辖理论、扩充转移网络、词汇功能语法、功能合一语法、广义短语结构语法和句法分析算法等。这些成果为自然语言自动句法分析奠定了良好的理论基础。在语义分析方面，提出了格语法、语义网络、优选语义学和蒙塔格语法等。其中，蒙塔格语法提出了利用数理逻辑研究自然语言的语法结构和语义关系的设想，为自然语言处理研究开辟了一条新的途径。

自然语言理解研究在句法和语义分析方面的重要进展还表现在建立了一些有影响的自然语言处理系统，在语言分析的深度和难度上有了很大进步。例如，伍兹（Woods）设计的 LUNAR 人机接口允许用普通英语同数据库对话，用于协助地质学家查找、比较和评价"阿波罗 11"飞船带回的月球标本的化学分析数据。又如，威诺甘德（Winogand）开发的 SHRDLU 语言理解对话系统是一个限定性的人机对话系统，它把句法、语义、推理、上下文和背景知识灵活地结合于一体，成功地实现了人-机对话，并被用于指挥机器人的积木分类和堆叠试验。机器人系统能够接受人的自然语言指令，进行积木的堆叠操作，并能回答或者提出比较简单的问题。

进入 20 世纪 80 年代之后,自然语言理解的应用研究进一步开展,机器学习研究也十分活跃,并出现了许多具有较高水平的实用化系统。其中比较著名的有美国的 METAL 和 LOGOS,日本的 PIVOT 和 HICAT,法国的 ARIANE 以及德国的 SUSY 等系统;这些系统是自然语言理解研究的重要成果,表明自然语言理解在理论上和应用上取得了重要进展。

这一时期取得的研究成果不仅为自然语言理解的进一步发展打下了坚实的理论基础,而且对现在的人类语言能力研究以及促进认知科学、语言学、心理学和人工智能等相关学科的发展都具有重要的理论意义和现实意义。

(3)繁荣发展时期(20 世纪 90 年代至今)

从 20 世纪 90 年代起,自然语言处理研究者越来越多地开展实用化和工程化的解决方法研究,经验主义方法被重新认识并得到迅速发展,使得一批商品化的自然语言人机接口和机器翻译系统进入国际市场。例如,美国人工智能公司(AIC)生产的英语人机接口系统 Intellect、欧洲共同体在美国乔治敦大学开发的机译系统 SYSTRAN 和 IBM 公司的基于噪声信道模型的统计机器翻译模型及其实现翻译系统等。

这个时期自然语言处理研究的突出标志是基于语料库的统计方法用于自然语言处理,提出了语料库语言学,并发挥重要作用。由于语料库语言学从大规模真实语料中获取语言知识,使得对自然语言规律的认识更为客观和准确,因而引起了越来越多研究者的兴趣。随着计算机网络的快速发展和广泛应用,语料的获取更为便捷,语料库的规模更大,质量更高,而语料库语言学的兴起反过来又推动了自然语言处理其他相关技术的快速发展,一系列基于统计模型的自然语言处理系统得到开发。近 10 多年来,基于大规模语料的统计机器学习方法及其在自然语言处理中的应用开始得到关注和研究,基于语料库的机器翻译方法获得充分发展,也结束了基于规则的机器翻译系统一统天下的单一局面。例如,英国利希(Leech)领导的研究小组利用具有词类标记的语料库 LOB,设计了 CLAWS 系统,能够根据这种统计信息,对 LOB 语料库的 100 万个词的语料进行词类自然标注,其准确率达 96%。

此外,隐马尔可夫模型等统计方法在语音识别中的成功应用对自然语言处理的发展起到了重要的推动作用。

深度学习架构和算法已经在 NLP 研究中获得越来越多的应用。在过去 10 年里,神经网络基于密集矢量表示已经在各种 NLP 上取得了优异成果。这种趋势是源于嵌入词和深度学习方法的成功应用。深度学习可实现多级自动功能的学习。相比之下,基于传统机器学习的 NLP 系统在很大程度上依赖于手工制作的功能;这种手工制作的功能非常耗时且通常不完整。NLP 研究早期分析一句话可能需要 7min,而现在数百万网页的自然语言文档可以在不到 1 秒的时间内处理完毕。目前已经提出了许多基于深度学习的复杂算法用来处理困难的 NLP 问题,如循环神经网络(递归神经网络,RNN)、卷积神经网络(CNNs)以及记忆增强策略、注意机制、无监督模型、强化学习方法和深度生成语言模型等。深度学习研究的进展将导致 NLP 进一步取得实质性甚至突破性进展。

十分有趣的是,在人工智能各学派对不同观点进行激烈辩论的同时,20 世纪 80 年代末期至 90 年代初期的自然语言处理学界,理性主义和经验主义两种观点也争论得面红耳赤。直到最近 10 年,人们才从空泛的辩论中冷静下来,开始认识到:无论是理想主义还是经验主义,都不可能单独解决自然语言处理这一复杂问题,只有两者结合起来寻找融合的解决办法,以至建立新的集成理论方法,才是自然语言处理研究的康庄大道。两者方法从互相对立到互相结合和共同发展,使得自然语言处理研究进入一个前所未有的繁荣发展时期。

20 世纪 80 年代以来提出和进行的智能计算机研究,也对自然语言理解提出了新的要求。近 10 年来又提出了对多媒体计算机的研究。新型的智能计算机和多媒体计算机均要求设计出更为友好的人机界面,使自然语言、文字、图像和声音等信号都能直接输入计算机。要求计算机能以自然语言与人进行对话交流,就需要计算机具有自然语言能力,尤其是口语理解和生成能力。口语理解研究促进人机对话系统走向实用化。自然语言是表示知识最为直接的方法。因此,自然语言理解的研究也为专家系统的知识获取提供了新的途径。此外,自然语言理解的研究已经促进计算机辅助语言教学(CALI)和计算机语言设计(CLD)等的发展。已经可以看出,21 世纪自然语言理解的研究可能取得新的突破,并获得更为广泛应用。

3. 国内自然语言理解的研究概况

我国的自然语言理解研究以汉语为研究对象,利用计算机对书面形式和口头形式的汉语进行信息处理,是自然语言处理技术在汉语文字应用研究。由于汉语属于意合语,与英语、法语等印欧语系语种不同,欧语系语种的各种语法、语义理论无法直接套用在汉语上,这使得汉语自然语言理解研究工作的难度更大。1956 年国内开始了俄汉机译研究,并于 1959 年获得成功。但当时的技术主要是词对词翻译和模式匹配,缺乏句法和语义分析,几乎谈不上理解。20 世纪 60—70 年代的研究工作由于历史原因而完全停顿。实际上从 1978 年我国才开始真正意义上的汉语理解研究。

国内的自然语言理解研究经历了以语形分析为主的基于语法规则的早期阶段、注重语义分析基于语义规则的中期阶段、基于语料库统计方法的近期阶段和基于统计与规则并举的现阶段等几个阶段。在机器翻译、语料库研究、汉语电子语言词典等方面取得了显著成果。

4. 自然语言理解研究的发展趋势

综合上述对自然语言发展过程的讨论,可以归纳出下列目前国际自然语言处理研究的某些发展趋势。

(1) 基于句法-语义规则的理性主义方法和以模型和统计为基础的经验主义"轮流执政",各自控制自然语言处理研究的局面的时期已经结束。两种方法从互相对立到互相结合和共同发展,研究者已开始携起手来,优势互补,浅层处理与深层处理并重,统计与规则方法并重,形成混合的系统,寻找融合的解决办法,以求建立新的集成理论方法,使自然语言处理研究进入一个前所未有的繁荣发展时期。

(2) 语料库语言学能够从大规模真实语料中获取语言知识,使得对自然语言规律的认识更为客观和准确,并使大规模真实文本的处理成为自然语言处理的主要战略目标。而语料库语言学的兴起反过来又推动了自然语言处理其他相关技术的快速发展,一系列基于统计模型的自然语言处理系统得到开发。

(3)经验主义主张建立特定的数学模型来学习复杂的和广泛的语言结构,然后应用统计学、机器学习和模式识别等方法来训练模型参数,以扩大语言的使用规模。它是以统计方法为基础的,因而统计数学方法日益受到重视,自然语言处理中越来越多地使用机器自动学习的方法来获取语言知识。

(4)自然语言处理中越来越重视词汇的作用,出现了强烈的"词汇主义"的倾向。继语料库之后,词汇知识库的建造成为一个新的普遍关注的研究问题。

(5)创建口语对话系统和语音转换引擎。早期的基于文本的对话现已扩大到包括移动设备上的语音对话,用于信息访问和基于任务的应用。

(6)挖掘社交媒体提供有关健康或金融等信息,并识别人的情绪和提供情绪产品与服务。

语音处理已取得突破性进展,并广泛应用于各行各业,促进产业发展,受益亿万民众。

8.1.5　自然语言理解过程的层次

语言虽然表示成一连串的文字符号或者一串声音流,但其内部事实上是一个层次化的结构,从语言的构成中就可以清楚地看到这种层次性。一个文字表达的句子是由词素→词或词形→词组或句子,而用声音表达的句子则是由音素→音节→音词→音句,其中每个层次都受到语法规则的制约。因此,语言的分析和理解过程也应当是一个层次化的过程。许多现代语言学家把这一过程分为 5 个层次:语音分析、词法分析、句法分析、语义分析和语用分析。虽然这种层次之间并非是完全隔离的,但是这种层次化的划分的确有助于更好地体现语言本身的构成。

1. 语音分析

在有声语言中,最小可独立的声音单元是音素,音素是一个或一组音,它可与其他音素相区别。如 pin 和 bin 中分别有/p/和/b/这两个不同的音素,但 pin,spin 和 tip 中的音素/p/是同一个音素,它对应了一组略有差异的音。语音分析则是根据音位规则,从语音流中区分出一个个独立的音素,再根据音位形态规则找出一个个音节及其对应的词素或词。

2. 词法分析

词法分析的主要目的是找出词汇的各个词素,从中获得语言学信息,如 unchangeable 是由 un-change-able 构成的。在英语等语言中,找出句子中的一个个词汇是很容易的事情,因为词与词之间是有空格来分隔的。但是要找出各个词素就复杂得多,如 importable,它可以是 im-port-able 或 import-able。这是因为 im,port 和 import 都是词素。而在汉语中要找出一个个词素则是再容易不过的事情,因为汉语中的每个字就是一个词素。但是要切分出各个词就远不是那么容易。如"我们研究所有东西",可以是"我们——研究所——有——东西"也可是"我们——研究——所有——东西"。

通过词法分析可以从词素中获得许多语言学信息。英语中词尾中的词素"s"通常表示名词复数,或动词第三人称单数,"ly"是副词的后缀,而"ed"通常是动词的过去式与过去分词等,这些信息对于句法分析都是非常有用的。另一方面,一个词可有许多的派生、变形,如 work,可变化出 works,worked,working,worker,workings,workable,workability 等。这些词若全部放入词典将是非常庞大的,而它们的词根只有一个。

3. 句法分析

句法分析是对句子和短语的结构进行分析。在语言自动处理的研究中,句法分析的研究是最为集中的,这与乔姆斯基的贡献是分不开的。自动句法分析的方法很多,有短语结构语法、格语法、扩充转移网络、功能语法等。句法分析的最大单位就是一个句子。分析的目的就是找出词、短语等的相互关系以及各自在句子中的作用等,并以一种层次结构来加以表达。这种层次结构可为反映从属关系,直接成分关系,也可是语法功能关系。

4. 语义分析

对于语言中的实词而言,每个词都是用来称呼事物,表达概念。句子是由词组成的,句子的意义与词义是直接相关的,但也不是词义的简单相加。"我打他"和"他打我"词是完全相同的,但表达的意义是完全相反的。因此,还应当考虑句子的结构意义。英语中 a red table(一张红色的桌子),它的结构意义是形容词在名词之前修饰名词,但在法语中却不同,one table rouge(一张桌子红色的),形容词在被修饰的名词之后。语义分析就是通过分析找出词义、结构意义及其结合意义,从而确定语言所表达的真正含义或概念。在语言自动理解中,语义和语境越来越成为一个重要的研究内容。

5. 语用分析

语用学(pragramatics)又称为语用论或语言实用学,是符号学的一个分支,是研究语言符号和使用者关系的一种理论。具体地说,语用学研究语言所存在的外界环境对语言使用者的影响,描述语言的环境知识以及语言与语言使用者在给定语言环境中的关系。关注语用信息的自然语言处理系统更侧重于讲话者/听话者的模型设定,而非处理嵌入给定话语的结构信息。已经提出一些语言环境计算模型,用于描述讲话者及其通信目的,听话者及其对讲话者信息的重组方式。构建这些模型的难点在于如何把自然语言处理的各个方面和各种不确定的生理、心理、社会、文化(如语言表达能力、情感情绪、社区或语区、教育背景)等因素集中于一个完整的模型。

8.2 词 法 分 析

词法分析(lexical analysis)是编译程序的一部分,它构造和分析源程序中的词,如常数、标识符、运算符和保留字等,并把源程序中的词变换为内部表示形式,然后按内部表示形式传送给编译程序的其余部分。词法分析是理解单词的基础,其主要目的是从句子中切分出单词,找出词汇的各个词素,从中获得单词的语言学信息并确定单词的词义。例如

misunderstanding 是由 mis-understand-ing 构成的,其词义由这 3 部分构成。不同的语言
对词法分析有不同的要求,例如英语和汉语就有较大的差距。汉语中的每个字就是一个
因素,所以要找出各个词素是相当容易的,但要切分出各个词就非常困难。

英语等语言的单词之间是用空格自然分开的,很容易切分一个单词,很方便找出句子
的每个词汇。不过,英语单词有词性、数、时态、派生、变形等变化,因而要找出各个词素就
复杂得多,需要对词尾或词头进行分析。如 uncomfortable 可以是 un-comfort-able 或
uncomfort-able,因为 un,comfort 和 able 都是词素。

一般地,词法分析可以从词素中获得许多有用的语言信息。例如,英语中构成词尾的
词素“s”通常表示名词复数,或动词第三人称单数,而“ly”则是副词的后缀,“ed”是动词的
过去时或过去分词等。这些信息对于句法分析是非常有用的。此外,一个词可有许多的
派生和变形,如 program 可变化出 programs,programmed,programming,programmer
和 programmable 等。如果把这些词都收入词典那将是非常庞大的,但它们的词根只有
一个。自然语言理解系统中的电子词典一般只放入词根,以支持词素分析,从而可极大地
压缩电子词典的规模。

一个英语词法分析的算法如下:

```
repeat
    look for study in dictionary
    if not found
    then modify the study
until study is found or not further modification possible
```

它可以对那些按英语语法规则变化的英语单词进行分析,其中 study 是一个变量,初始值
就是当前的单词。

例如,对于单词:matches,studies 可以做到如下的分析:

matches	studies	词典中查不到
matche	studie	修改 1:去掉"-s"
match	studi	修改 2:去掉"-e"
	study	修改 3:把 i 变成 y

这样,在修改 2 的时候,就可以找到 match,在修改 3 的时候就可以找到 study。

词义判断是英语词法分析的难点。词常有多种解释,查词典往往无法判断。要判断
单词的词义只能通过对句子中的其他相关单词和词组进行分析。譬如,对于单词
“diamond”有 3 种解释:菱形、棒球场、钻石。请看下面的句子:

John saw Steve's diamond shimmering from across the room.

其中的 diamond 词义必定是钻石,因为只有钻石才能闪光,而菱形和棒球场是不会闪光的。

8.3　句法分析

上两节介绍了语言分析过程的各个层次和词法分析。本节起将讨论句法分析、语义
分析和语用分析等问题。

句法分析主要有两个作用:①分析句子或短语结构,确定构成句子的各个词、短语之间的关系以及各自在句子中的作用等,并将这些关系表达为层次结构。②规范句法结构,在分析句子过程中,把分析句子各成分间关系的推导过程用树图表达,使这种图成为句法分析树。句法分析是由专门设计的分析器进行的,其分析过程就是构造句法树的过程,对每个输入的合法语句转换为一棵句法分析树。

在 8.1.4 节中已经介绍过,分析自然语言处理分为基于规则的方法和基于统计的方法两种。下面介绍基于规则的各种方法。

8.3.1   短语结构语法

在基于规则的方法中,短语结构语法和乔姆斯基语法是两种描述自然语言和程序设计语言强有力的形式化工具,可于对被分析句子进行形式化描述和分析。

定义 8.5   一个短语结构语法 G 由 4 个部分组成:

- T 为终结符集合,终结符是指被定义的那个语言的词(或符号)。
- N 为非终结符号集合,这些符号不能出现在最终生成的句子中,是专门用来描述语法的。显然,T 和 N 不相交,两者共同组成了符号集 V,因此有

$$V = T \cup N, \quad T \cap N = \varnothing$$

- P 为产生式规则集,具有 $a \rightarrow b$ 的形式,式中,$a \in V^+$,$b \in V^*$,$a \neq b$。V^* 表示由 V 中的符号构成的全部符号串集合,V^+ 表示 V^* 中除空串(空集合)$\varnothing$ 之外的其他符号串的集合。
- S 为起始符,是集合 N 的一个成员。

可以把短语结构语法 G 描述为如下四元组形式:

$$G = (T, N, S, P)$$

只要给出这 4 个部分,就可以定义一个具体的形式语言。

短语结构语法的基本运算就是把一个符号串重写为另一个符号串。如果 $a \rightarrow b$ 为一产生式规则,那么可通过 b 置换 a,重写任一包含子符号串 a 的符号串,记这个过程为"$\Rightarrow$"。如果 $u, v \in V^*$,且有 $uav \Rightarrow ubv$,那么就说 uav 直接产生 ubv,或者说 ubv 是由 uav 直接推导得出的。如果以不同的顺序使用产生式规则,那么就可以从同一符号产生许多不同的符号串。一部短语结构语法定义的语言 $L(G)$ 就是从起始符 S 推导出符号串 W 的集合。即一个符号串要属于 $L(G)$ 必须满足以下两个条件:

(1) 该符号串只包含终结符 T。

(2) 该符号串能根据语法 G 从起始符 S 推导出来。

从上述定义可见,采用短语结构语法定义的某种语言是由一系列产生式规则组成的。下面给出一个简单的短语结构语法。

例 8.1 $G = (T, N, S, P)$

$T = \{the, man, killed, a, deer, likes\}$
$N = \{S, NP, VP, N, ART, V, Prep, PP\}$
$S = S$
$P:$ (1) $S \rightarrow NP + VP$

　(2) NP→N
　(3) NP→ART+N
　(4) VP→V
　(5) VP→V+NP
　(6) ART→the ｜a
　(7) N→man ｜deer
　(8) V→killed ｜likes

8.3.2　乔姆斯基形式语法

　　乔姆斯基汲取了香农的有限状态马尔可夫过程的思想,以有限自动机为工具来刻画语言的语法,并把有限状态语言定义为有限状态语法生成的语言,于 1956 年建立了自然语言的有限状态模型。他以数学中的公理化方法研究自然语言,采用代数和集合论把形式语言定义为符号序列,根据形式语法中使用的规则集,定义了 4 种类型的语法:①无约束短语结构语法,又称 0 型语法;②上下文有关语法,又称 1 型语法;③上下文无关语法,又称 2 型语法;④正则语法,即有限状态语法,又称 3 型语法。

　　型号越高所受的约束越多,生成能力就越弱,能生成的语言集就越小,描述能力就越弱。

1. 无约束短语结构语法

　　无约束短语结构语法是乔姆斯基形式语法中生成能力最强的一种形式语法,它不对短语结构语法的产生式规则的两边做更多的限制,仅要求 x 中至少含有 1 个非终结符,即

$$x \rightarrow y(x \in V^+, y \in V^*)$$

　　0 型语法是非递归的语法,即无法在读入一个符号串后最终判断出这个字符串是否是由这种语法定义的语言中的一个句子。因此,0 型语法很少用于自然语言处理。

2. 上下文有关语法

　　上下文有关语法是一种满足以下约束的短语结构语法:对于形式为

$$x \rightarrow y$$

的产生式规则,y 的长度(即符号串 y 中的符号个数)总是大于或等于 x 的长度,而且 x,$y \in V^*$。

　　例如,

$$AB \rightarrow CDE$$

是上下文有关语法中一条合法的产生式规则,但是

$$ABC \rightarrow DE$$

则不是。

　　这一约束可以保证上下文有关语法是递归的,即如果编写一个程序,在读入一个符号后能最终判断出这个字符串是否是由这种语法所定义的语言中的一个句子。

自然语言是上下文有关的语言,上下文有关语言需要用 1 型文法描述。文法规则允许其左部有多个符号(至少包括一个非终结符),以指示上下文相关性,即对非终结符进行替换时,需要考虑该符号所处的上下文环境。但要求规则的右部符号的个数不少于左部,以确保语言的递归性。对于下列产生式规则:

$$aAb \rightarrow ayb \quad (A \in N, y \neq \varnothing, a \text{ 和 } b \text{ 不能同时为 } \varnothing)$$

当用替换 A 时,只能在上下文为 a 和 b 时才可以进行。

不过在实际当中,由于上下文无关语言的句法分析远比上下文有关语言有效,人们希望在增强上下文无关语言的句法分析的基础上,实现自然语言的自动理解,后面我们将要介绍的扩充转移网络就是基于这种思想实现的一种自然语言句法分析技术。

3. 上下文无关语法

上下文无关语法的每一条规则都采用如下的形式:

$$A \rightarrow x$$

其中,$A \in N$,$x \in V^+$,即每条产生式规则的左侧必须是一个单独的非终结符。在这种体系中,规则被应用时不依赖于符号 A 所处的上下文,因此称为上下文无关语法。

4. 正则语法

正则语法只能生成非常简单的句子。它有两种形式:左线性语法和右线性语法。在一部左线性语法中,所有规则必须采用如下形式:

$$A \rightarrow Bt \quad \text{或} \quad A \rightarrow t$$

其中,A,$B \in N$,$t \in T$,即 A、B 都是单独的非终结符,t 是单独的终结符。而在一部右线性语法中,所有的规则必须如下书写:

$$A \rightarrow tB \quad \text{或} \quad A \rightarrow t$$

8.3.3 转移网络

可以用转移网络(transition network,TN)来进行句法分析。转移网络在自动机理论中用于表示语法。在句法分析中的转移网络由节点和弧组成,节点表示状态,弧对应于符号,通过该符号从一个给定状态转移到另一状态。相应的转移网络如图 8.2 所示,图中,$q_0, q_1, \cdots, q_T$ 是状态,q_0 是初态,q_T 是终态。弧上给出了状态转移的条件以及转移的方向。该网络可用于分析句子也可用于生成句子。

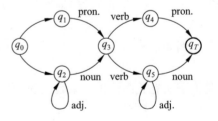

图 8.2 转移网络(TN)

例如,用 TN 来识别句子 The little orange ducks swallow flies 的过程见表 8.1(这里忽略了词法分析,网络如图 8.3 所示)。

表 8.1 句子识别过程

词	当前状态	弧	新状态
the	a	$a \xrightarrow{\text{det.}} b$	b
little	b	$b \xrightarrow{\text{adj.}} b$	b
orange	b	$b \xrightarrow{\text{adj.}} b$	b
ducks	b	$b \xrightarrow{\text{noun}} c$	c
swallow	c	$c \xrightarrow{\text{verb}} e$	e
flies	e	$e \xrightarrow{\text{noun}} f$	F(识别)

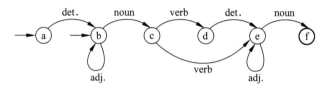

图 8.3 转移网络实例

识别过程到达 F 状态(终态),所以该句子被成功地识别了。分析结果如图 8.4 所示。从上述过程中可以看出,这个句子还可以在网络中走其他弧,如词 ducks 也可以走弧 $c \xrightarrow{\text{verb}} d$,但接下来的 swallow 就找不到合适的弧了。此时对应于这个路径,该句子就被拒识了。由此看出,网络识别的过程中应找出各种可能的路径,因此算法要采用并行或回溯机制。

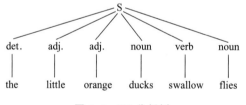

图 8.4 TN 分析树

(1) 并行算法。关键是在任何一个状态都要选择所有可以到达下一个状态的弧,同时进行试验。

(2) 回溯算法。是在所有可以通过的弧中选出一条往下走,并保留其他的可能性,以便必要时可回过来选择之。这种方式需要一个堆栈结构。

8.3.4 扩充转移网络

扩充转移网络(augmented transition network,ATN)是由伍兹在 1970 年提出的,曾用于 LUNAR 人机接口系统。1975 年卡普兰(Kaplan)对其作了一些改进。ATN 语法属于增强型的上下文无关语法,即用上下文无关文法描述句子的文法结构,同时提供有效方式把理解语句所需的各种知识加到分析系统,以增强分析功能。ATN 是由一组网络所构成的,每个网络都有一个网络名,每条弧上的条件扩展为条件加上操作。这种条件和操作采用寄存器的方法来实现,在分析树的各个成分结构上都放上寄存器,用来存放句法功能和句法特征,条件和操作将对它们不断地进行访问和设置。ATN 弧上的标记也可以是其他网络的标记名,因此 ATN 是一种递归网络。在 ATN 中还有一种空弧 jump,它不对应一个句法成分也不对应一个输入词汇。

　　ATN 的每个寄存器由两部分构成:句法特征寄存器和句法功能寄存器。在特征寄存器中,每一维特征都有一个特征名和一组特征值,以及一个缺省值来表示。如“数”的特征维可有两个特征值“单数”和“复数”,缺省值可以是空值。英语中动词的形式可以用一维特征来表示:

Form:present, past, present-participle, past-participle.
Default:present.

功能寄存器则反映了句法成分之间的关系和功能。

　　分析树的每个节点都有一个寄存器,寄存器的上半部分是特征寄存器,下半部分是功能寄存器。

　　图 8.5 所示是一个简单的名词短语(NP)的扩充转移网络,网络中弧上的条件和操作如下:

NP-1：$f \xrightarrow{\text{det.}} g$

　　　　A：Number ⟵ ＊. Number

NP-4：$g \xrightarrow{\text{noun}} h$

　　　　C：Number＝＊. Number or ∅

　　　　A：Number ⟵ ＊. Number

NP-5：$f \xrightarrow{\text{pronoun}} h$

　　　　A：Number ⟵ ＊. Number

NP-6：$f \xrightarrow{\text{proper}} h$

　　　　C：Number＝＊. Number or ∅

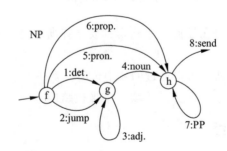

图 8.5　名词短语(NP)的扩充转移网络

　　该网络主要是用来检查 NP 中的数的一致值问题。其中用到的特征是 Number(数),它有两个值 singular(单数)和 plural(复数),缺省值是∅(空)。C 是弧上的条件,A

是弧上的操作，＊是当前词，proper 是专用名词，det. 是限定词，PP 是介词短语，
＊.Number 是当前词的"数"。该扩充转移网络有一个网络名 NP。网络 NP 可以是其他
网络的一个子网络，也可包含其他网络，如其中的 PP 就是一个子网络，这就是网络的递
归性。弧 NP-1 将当前词的 Number 放入当前 NP 的 Number 中，而弧 NP-4 则要求当前
noun 的 Number 与 NP 的 Number 相同时，或者 NP 的 Number 为空时，将 noun 作为
NP 的 Number，这就要求 det. 的数和 noun 的数是一致的。因此，this book，the book，the
books，these books 都可顺利通过这一网络，但是 this books 或 these book 就无法通过。
如果当前 NP 是一个代词（pron.）或者专用名词（proper），那么网络就从 NP-5 或 NP-6 通
过，这时 NP 的数就是代词或专用名词的数。PP 是一个修饰前面名词的介词短语，一旦
到达 PP 弧就马上转入子网络 PP。

图 8.6 是一个句子的 ATN，主要用来识别主、被动态的句子，从中可以看到功能寄存
器的应用。S 网络中所涉及的功能名和特征维包括：

功能名：Subject（主语），Direct-Obj（直接宾语），

          Main-Verb（谓语动词）Auxs.（助动词），

          Modifiers（修饰语）。

特征维：Voice（语态）：Active（主动态），Passive（被动态），缺省值是 Actire。

          Type（动词类型）：Be，Do，Have，Modal，Non-Aux，缺省值是 Non-Aux。

          Form（动词式）：Inf（不定式），Present（现在式），Past（过去式），Pres-Part
（现在分词），Past-Part（过去分词），缺省值是 Present。

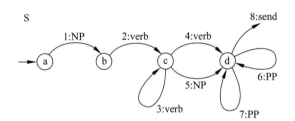

图 8.6　句子的扩充转移网络

网络描述如下：

S-1：a $\xrightarrow{\text{NP}}$ b

    A：Subject←— ＊.

S-2：b $\xrightarrow{\text{verb}}$ c

    A：Main-Verb←— ＊.

S-3：c $\xrightarrow{\text{verb}}$ c

    C：Main-Verb. Type＝Be，Do，Have or Modal

    A：Auxs⇐Main-Verb，Main-Verb←— ＊.

S-4：c $\xrightarrow{\text{verb}}$ d

    D：＊.Form＝Past-part and Main-Verb. Type＝Be

A：Voice←—Passive，Auxs⇐Main-Verb，

　　Main-Verb←— * . Direct-Obj←—Subject，

　　Subject←—dummy-NP.

S-5：c $\xrightarrow{\text{NP}}$ d

A：Direct-Obj←— * .

S-6：d $\xrightarrow{\text{PP}}$ d

A：Modifiers⇐ * .

S-7：d $\xrightarrow{\text{PP}}$ d

C：Voice＝Passive and Subject＝dummy-NP and * . Prep＝"by".

A：Subject←— * . Prep-Object.

S-8：d $\xrightarrow{\text{Send}}$ No Conditions，actions or initializations.

S-8 是赋值操作，Subject ←— * 即把当前成分放入名为 Subject 的功能寄存器（当前成分做主语）。⇐是一种添加操作，Auxs⇐Main-Verb 就是将当前的谓语动词添加到 Auxs 功能寄存器中（原来 Auxs 可能已有内容）。S 网络中，当弧 S-2 遇到第一个动词时，就把它置入 Main-Verb，但是在接下来的弧 S-3 中发现 Main-Verb 中刚才被置入的是助动词，网络操作就把 Main-Verb 中的内容添加到 Auxs 寄存器的尾部。若 Auxs 是空时，添加操作与赋值是相同的，但是当 Auxs 非空时（有几个助动词）这是一个添加操作。另外，网络中有一种 dummy 节点，这是一种空节点，用来表示一种形式上的或者预示的成分，例如形式上的主语等。弧 S-4 和 S-7 就是对于被动态句子的分析和处理。弧 S-4 主要是识别被动态的谓语动词，一旦确认是被动态，则将当前的主语作为直接宾语，弧 S-7 是处理被动态句子中 by 所引导的介词短语，该介词的宾语就是实际上的主语。

当然作为一完整的 ATN 是相当复杂的，在实现过程中还必须解决许多问题，如非确定性分析、弧的顺序、非直接支配关系的处理等。ATN 方法在自然语言理解的研究中得到了广泛的应用。

8.3.5　词汇功能语法

词汇功能语法（lexical function grammar，LFG）是由卡普兰和布鲁斯南（Bresnan）在 1982 年提出的，它是一种功能语法，它更强调词汇的作用。LFG 用一种结构来表达特征、功能、词汇和成分的顺序。ATN 语法和转换语法都是有方向性的，ATN 语法的条件和操作要求语法的使用是有方向的，因为寄存器只有在被设置过之后才可被访问。LFG 的一个重要工作就是通过互不矛盾的多层描述来消除这种有序性限制。

LFG 对句子的描述分为两部分：直接成分结构（constituent structure，C-Structure）和功能结构（functional structure，F-structure），C-structure 是由上下文无关语法产生的表层分析结果。在此基础上，经一系列代数变换产生 F-structure。LFG 采用两种规则：加入下标的上下文无关语法规则和词汇规则。表 8.2 给出了一些词汇功能语法的规则和词条，其中↑表示当前成分的上一层次的直接成分，如规则中 NP 的↑就是 S，VP 的↑也

是 S；↓ 则表示当前成分。因此，(↑Subject)＝↓ 就表示 S 的主语是当前 NP。"〈〉"中表达的是句法模式，'Hand＝〈(↑Subject)，(↑Object)，(↑Object-2)〉，表示谓语动词 hand 要有一个主语、一个直接宾语和一个间接宾语。

表 8.2　LFG 语法与词典

Grammar rules：

S→NP　VP
(↑Subject)＝↓　　↑＝↓

NP→Determiner Noun

VP→Verb NP　NP
↑＝↓ (↑Object)＝↓ (↑Object-2)＝↓

Lexical entries：

A	Determiner	(↑Definiteness)＝Indefinite
		(↑Number)＝Singular
baby	Noun	(↑Number)＝Singular
		(↑Predicate)＝'Baby'
girl	Noun	(↑Number)＝Singular
		(↑Predicate)＝'Girl'
handed	Verb	(↑Tense)＝Past
		(↑Predicate)＝Hand＜(↑Subject)，(↑Object)，
		(↑Object-2)＞
the	Determiner	(↑Definiteness)＝Definite
toys	Noun	(↑Number)＝Plural
		(↑Predicate)＝'Toy'

用 LFG 语法对句子进行分析的过程如下：

（1）用上下文无关语法分析获得 C-structure，不考虑语法中的下标；该 C-structure 就是一棵直接成分树；

（2）将各个非叶节点定义为变量，根据词汇规则和语法规则中的下标，建立功能描述（一组方程式）；

（3）对方程式作代数变换，求出各个变量，获得功能结构 F-structure。

上述过程如果能够得到一组以上解，则句子就是可识别的，并获得一个以上分析结果。分析获得多个解则说明原句子中存在着歧义现象，无解则说明无法识别。图 8.7 就是句子 A girl handed her baby the toys 的分析过程。方程的建立只要将↑用父节点变量来替代，↓用当前节点来代替即可。规则 S NP VP 的下标有两组：一个是(↑Subject)＝↓，替换得到$(x_1, \text{Subject}) = x_2$；另一个是↑＝↓，即 $x_1 = x_3$。方程式$(x_1 \vee \text{Subject}) = x_2$ 的意义就是"x_1 的主语是 x_2"，因此，上面两个方程式直接可用方程变换得到 $x_1 = x_3 = [\text{Subject} = x_2]$。在词汇规则中，词 a 对应了两条规则(↑Definiteness)＝Indefinite，(↑Number)＝Singular，词 a 的父节点就是 NP，即 x_2，所以得到方程式$(x_2 \text{Definiteness}) = $Indefinite，$(x_2 \text{Number}) = $Singular。上述方程式通过解的合并和替代最终就可以获得图 8.7 中的 F-structure——一个语法功能的分析树。

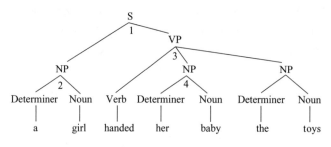

图 8.7 LFG 的一个语法功能的分析树

LFG 同样也可以用于句子的生成。分析和生成的区别仅在于第一步,分析是由句子到 C-structure,而生成则是由上下文无关语法直接产生 C-structure 和句子。同样,如果通过求解最终可有一个以上的解,则该句子就是正确的。

8.4 语 义 分 析

建立句法结构只是语言理解模型中的一个步骤,进一步则要求进行语义分析以获得语言所表达的意义。第一步是要确定每个词在句子中所表达的词义,这涉及到词义和句法结构上的歧义问题,如英语词 go 可有 50 种以上的意义。但即使一个词的词义很多,在一定的上下文条件下,在词组中,其意义通常是惟一的。这是由于受到了约束的原因。这种约束关系可以通过语义分析来获得词义和句子的意义。第二步则更为复杂,那就是要根据已有的背景知识来确定语义,这就需要进一步的推理从而得出正确的结果。如已知“张经理开车去了商店”,要回答“张经理是否坐进汽车?”这样的问题,就首先要从“开车”这个词义中得出“开车”与“坐进汽车”这两个概念之间的关系,只有这样才能正确地回答这个问题。

语义分析一般采用语义网络表示和逻辑表示两种方法。在 2.3 节和 2.4 节中,我们已分别介绍过谓词逻辑表示和语义网络表示,讨论了谓词逻辑的语言和语义网络的语义等。在阅读本节内容时可返回前面复习这些内容。作为例子,下面首先介绍一种语义的逻辑解析方法,然后简介语义文法和格文法等。

1. 语义的逻辑分析法

逻辑形式表达是一种框架式的结构,它表达一个特定形式的事例及其一系列附加的事实,如“Jack kissed Jill”,可以用如下逻辑形式来表达:

(PAST S1 KISS-ACTION[AGENT(NAME j1 PERSON"Jack")][THEME NAME(NAME j2 PERSON"Jill")])

它表达了一个过去的事例 S1。PAST 是一个操作符,表示结构的类型是过去的,S1 是事例的名,KISS-ACTION 是事例的形式,AGENT 和 THEME 是对象的描述,有施事和主位。

逻辑形式表达对应的句法结构可以是不同的,但表达意义应当是不变的。the arrival of George at the station 和 George arrived at the station 在句法上一个是名词短语,而另一个是句子,但它们的逻辑形式是相同的。

(DEF/SING a1 ARRIVE-EVENT(AGENT a1 (NAME g1 PERSON"George"))(TO-LOC a1 (DEF S4 STATION)))

(PAST a2 ARRIVE-EVENT[AGENT a1(NAME g1 PERSON "George")][TO-LOC a1 (NAME S4 STATION)])

在句法结构和逻辑形式的定义基础上,就可以运用语义解析规则,从而使最终的逻辑形式能有效地约束歧义。解析规则也是一种模式的映射变换。

(S SUBJ + animate
MAIN-V+action-verb)

这一模式可以匹配任何一个有一个动作和一个有生命的主语体的句子。映射规则的形式为

(S SUBJ+animate MAIN-V+action-verb)(?* T(MAIN-V))[AGENT V(SUBJ)]

其中,"?"表示尚无事件的时态信息," * "代表一个新的事例。如果有一个句法结构:

(S MAIN-V ran
SUBJ (NP TDE the HEAD man)
TENSE past)

运用上述映射(这里假设 NP 的映射是用其他规则)得到:

(?r1 RUN1[AGENT (DEF/SING m1 MAN)])

时态信息可采用另一个映射规则:

(S TENSE past)(PAST ? ?)

合并上述的映射就可最终获得逻辑形式表示:

(PAST r1 RUN1[AGENT(DEF/SING m1 MAN)])

这里只是一个简单的例子。在规则的应用中,还需要有很多的解析策略。

2. 语义分析文法

已经开发出多种语义分析文法,如语义文法和格文法等。语义文法是一种把文法知识和语义知识组合起来,并以统一的方式定义的文法规则集,是上下文无关的和形态上与自然语言文法相同的文法。它使用能够表示语义类型的符号,而不采用 NP,VP,PP 等表示句法成分的非终止符,因而可定义包含语义信息的文法规则。语义文法能够排除无意义的句子,具有较高的效率,而且可以略去对语义没有影响的句法问题。其缺点是应用时需要数量很大的文法规则,因而只适用于受到严格限制的领域。

格文法允许以动词为中心构造分析结果,虽然其文法规则只描述句法,但其分析结果产生的结构却对应于语义关系,而非严格的句法关系。在这种表示中,一个语句包含的名词词组和介词词组都用它们在句子中与动词的关系来表示,称为格,而称这种表示结构为格文法。传统语法中的格只表示一个词或短语在句子中的功能,如主格、宾格等,也只反映词尾的变化规则,因而称为表层格。在格文法中,格表示的是语义方面的关系,反映的

是句子中包含的思想、观念和概念等,因而称为深层格。与短语结构语法相比,格文法对句子的深层语义有更好的描述;无论句子的表层形式如何变化,如陈述句变为疑问句,肯定句变为否定句,主动语态变为被动语态等,其底层的语义关系和各名词所代表的格关系都不会产生相应变化。格文法与类型层次结合能够从语义上对 ANT 进行解释。

8.5 句子的自动理解

句子一般有简单句和复合句之分。简单句的理解比复合句要容易,又是理解复合句的基础。因此,我们首先讨论简单句的理解,然后讨论复合句的理解。

8.5.1 简单句的理解方法

由于简单句是可以独立存在的,因而为了理解一个简单句,即建立起一个和该简单句相对应的机内表达,需要做以下两方面的工作:

(1) 理解语句中的每一个词。

(2) 以这些词为基础组成一个可以表达整个语句意义的结构。

第一项工作看起来很容易,似乎只是查一下字典就可以解决。而实际上由于许多单词有不止一种含义,因而只由单词本身往往不能确定其在句中的确切含义,需要通过语法分析和上下文关系等才能最终确定。例如,单词 diamond 有“菱形”“棒球场”“钻石”三种意思,在语句

I'll meet you at the diamond.

中,由于“at”后面需要一个时间或地点名词作为它的宾语,因而显然这里的“diamond”是“棒球场”的含义,而不能是其他含义。

第二项也是一个比较困难的工作。因为要联合单词来构成表示一个句子意义的结构,需要依赖各种信息源,其中包括所用语言的知识、语句所涉及领域的知识以及有关该语言使用者应共同遵守的习惯用法的知识。

1. 关键字匹配法

最简单的自然语言理解方法,也许要算是关键字匹配法了,它在一些特定场合下是有效的。其方法简单归纳起来是这样的:在程序中规定匹配和动作两种类型的样本。然后建立一种由匹配样本到动作样本的映射。当输入语句与匹配样本相匹配时,就去执行相应样本所规定的动作,这样从外表看来似乎机器真正实现了能理解用户问话的目的。

这种关键字匹配的方法,在类似的数据库咨询系统中作为自然语言接口,显得特别有效,虽然它不具有任何意义下的理解。

2. 句法分析树法

关键字匹配法虽然简单,但却忽略了语句中的大量信息,为确保语句含义的细节不被忽略,必须确定其语句结构上的细节,这就是要进行文法分析。为此,必须首先给出说明

该特定语言中符号串结构的文法,以便为每个符合文法规则的语句产生一个称为文法分析树的结构。

下面给出一个英语子集的简单文法:

```
S→NP VP
NP→the NP1
NP→NP1
ADJS→∈|ADJ ADJS
VP→V
VP→V NP
N→Joe|boy|ball
ADJ→little|dig
V→hit|ran
```

其中,大写的是非终结符,而小写的是终结符,∈表示空字符串。

图 8.8 是使用该文法对语句"Joe hit the ball."进行句法分析而建立的文法分析树。

使用给定文法,对输入语句进行分析找到一个文法分析树的过程,可以看成是一个搜索过程。为实现该过程,可以使用自顶向下的处理方法,这和正向推理有些相像,它首先从起始符开始,然后应用 P 中的规则,一层一层地向下产生树的各个分支,直到一个完整的句子结构被生成出来为止。如果该结构与输入语句相匹配,则成功结束;否则,便从顶层重新开始,生成其他的句子结构,直到结束为止。也可以使用自底向上的处理方法,这和逆向推理有些相像,它以输

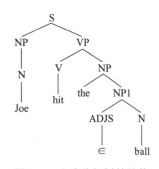

图 8.8 文法分析树的结构

入语句的词为基础,首先从 P 中查找规则,试图把这些词归并成较大的结构成分,如短语或子句等,然后再对这些成分进行进一步的组合,反向生成文法分析树,直到树的根节点是起始符为止。

3. 语义分析

只是根据词性信息来分析一个语句文法结构,是不能保证其正确性的,这是因为有些句子的文法结构,需要借助于词义信息来确定,也就是要进行语义分析。我们已在 8.4 节中讨论过语义分析问题。

进行语义分析的一种简单方法是使用语义文法。所谓语义文法,是在传统的短语结构文法的基础上,将 N(名词)、V(动词)等语法类别的概念,用所讨论领域的专门类别来代替。

对于语义文法的分析方法,可以使用与分析纯的文法结构相类似的方法。

8.5.2 复合句的理解方法

正像上述介绍的,简单句的理解不涉及句与句之间的关系,它的理解过程是首先赋单词以意义,然后再给整个语句赋以一种结构。而一组语句的理解,无论它是一个文章选段

还是一段对话节录,均要求发现句子之间的相互关系。在特定的文章中,这些关系的发现,对于理解起着十分重要的作用。

这种关系包括以下几种:相同的事物、事物的一部分、与行动有关的事物、行动的一部分、因果关系和计划次序等。

要理解这些复杂的关系,必须具有相当广泛领域的知识,也就是要依赖于大型的知识库,而且知识库的组织形式对能否正确理解这些关系,起着很重要的作用。

如果知识库的容量较大。则有一点是比较重要的。即如何将问题的焦点集中于知识库的相关部分。第 2 章介绍的一些知识表示方法,如语义网络和剧本等将有助于这项工作的进行。

例如,我们来看一下如下的文章片段:

接着,把水泵固定到工作台上。螺栓就放在小塑料袋中。

第二句中的螺栓,应该理解为是用来固定水泵的螺栓。因此,如果在理解全句时,就把需用的螺栓置于“焦点”,则全句的理解就不成什么问题了。为此,我们需要表示出和“固定”有关的知识,以便当见到“固定”时,能方便地提取出来。

图 8.9 给出一个和固定水泵有关的分区语义网络,具有 4 个分区:S_0 分区含有一些一般的概念,如美元、兑换和螺栓等;S_1 分区含有与购买螺栓有关的特殊实体;S_2 分区含有把水泵固定在工作台上这一操作的特殊实体;S_3 分区含有与同一固定操作有关的特殊实体等。运用分区语义网络,利用其分区在某些层次上的关联,可以较好地处理集中焦点的问题。当某一分区为焦点时,则某高层分区内的元素即变为可观察的了。对于上例,当第二句被理解时,因其讲的是“将水泵固定在工作台上”这一事件,因而图 8.9 分区语义网络表示焦点处于 S_2 分区。由于 S_0 分区的层次高于 S_2 分区,所以 S_0 分区是可以观察的。当理解第二句时,显然“螺栓”不能与 S_2 分区的任何元素匹配,因而焦点区由 S_2 变成更低一级的 S_3 分区,并且使得“螺栓”与 B_1 匹配,匹配的结果使得第二句中的“螺栓”必定是第一句中用来进行固定的螺栓,从而使得前后两个句子成为一个前后连贯的文章片断。

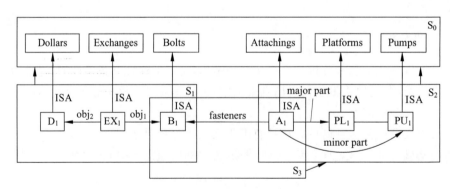

图 8.9　分区语义网络的结构

当输入的文章片断描述的是有关人或物的行为等情节时,可以使用目标结构的方法来帮助理解。

对于这样的情节,弄清楚人物的目标及其如何达到目标是理解的重点所在。为了便于理解,对于常常出现的各种目标,可以编写好相应的规划,一旦需要时就去调用它们,这样,当情节中某些信息省略时,也可以通过这些规划推导出来。

8.6 语料库语言学

语料库是存放语言材料的数据库,而语料库语言学就是基于语料库进行语言学研究的学科。语料库语言学的研究基础是大规模真实语料。

1. 语料库语言学的发展、定义和研究内容

作为自然语言处理的一个分支,基于统计方法的语料库的研究主要涉及机器可读的自然语言文本的采集、存储、检索、统计、词性和句法标注、句法语义分析,以及语料库在语言定量分析、词典编纂、机器翻译等领域中的应用等。

最早的语料库始于 20 世纪 50 年代末 60 年代初。美国布朗大学的弗朗艾斯(Franeis)和库塞拉(KuCera)于 1961 年建成布朗语料库(Brown Corpus),收词 100 万。

由于基于语料库的机器翻译获得了一定的成功,到了 20 世纪 80 年代,语料库的研究呈现出迅猛发展的趋势和空前繁荣的景象,一大批语料库相继建成。规模相当于 Brown 语料库的 LOB 语料库于 1983 年建成。Brown 语料库和 LOB 语料库都分别进行了词性的自动标注,前者使用规则的方法,后者使用统计的方法。Brown 语料库和 LOB 语料库都是语料库建设的经典之作。这个时期,语料库的规模也逐渐扩大,收词约 2000 万的 COBUILD 语料库,由英国的科林斯(Collins)出版社和伯明翰(Birmingham)大学合作建成。1987 年科林斯出版社在 COBUILD 语料库的支持下,编纂出版了 *Collins COBUILD English Language Dictionary*,是语料库在词典编纂中的应用的典型例子。

20 世纪 90 年代语料库的规模不断扩大,千万词级语料库和上亿词级语料库(如法语语料库 Tresor de la Langue Francaise)相继出现,加工的深度也从词性标注扩展到句法和语义的标注。例如,美国宾夕法尼亚大学的 PTB(Penn Tree Bank)就是一个经过句法标注的语料库。

1990 年举行的第 13 届国际计算机语言学大会提出:处理大规模真实文本将是今后相当长时期内的战略目标。这种以大规模真实文本处理为基础的研究方法使自然语言处理研究进入一个新的阶段。

目前已对语料库语言学给出一些定义。

定义 8.6 根据篇章材料对语言的研究称为语料库语言学(Aijmer,1991)。

定义 8.7 基于现实生活中的语言应用实例进行的语言研究称为语料库语言学(McEnery,1996)。

定义 8.8 以语料为语言描写的起点或者以语料为验证有关语言假说的方法称为语料库语言学。

通过对大量真实文本的分析处理,能够从中获取理解自然语言所需要的各种知识,建立相应的知识库,实现以知识为基础的智能自然语言理解系统。通过对语料库的加工处理,使语料从生语料变为有价值的熟语料。

随着统计方法在自然语言处理中的广泛应用,近年来语料库语言学已成为一个引人注目的研究方向,甚至发展为语言研究的主流,对语言研究的许多领域产生日益重要的影响。

语料库语言学具有广泛的研究内容,归纳起来大致涉及三方面的内容,即语料库的建设与编纂、语料库的加工与管理、语料库的应用等。

2. 语料库语言学的特点

语料库语言学(以下简称本方法或本系统)是建立在大规模真实文本处理的基础上的。与以往的基于句法-语义分析方法(以下简称以往方法或以往系统)比较,它具有如下特点:

(1) 理论基础不同。以往方法是基于句法-语义分析方法,属于理性主义方法范畴,而本方法是基于大规模真实文本处理的方法,属于经验主义方法范畴。

(2) 处理方法不同。以往系统主要依赖语言学的理论和方法,是基于规则的方法,而本系统是基于统计学方法的语料库处理系统,还依赖于大量文本的统计性质分析。

(3) 试验规模不同。以往系统多采用经过细心选择的少数例子进行试验,而本系统需要处理从各种出版物上收录的数以百万计的真实文本。

(4) 语法分析范围要求不同。以往系统比较简单,能够进行完全的语法分析,而由于真实文本的复杂性,本系统几乎不可能对所有句子进行完全的语法分析,只要求对必要部分进行分析。

(5) 处理文件涉及领域不同。以往系统一般只涉及某个较窄的领域,而本系统则能够面向较宽的领域,甚至与领域无关,即系统运行时不需要用到特定的相关领域知识。

(6) 文本格式不同。以往系统处理的文本只是一些纯文本,而本系统要面向真实文本。真实文本大多是经过文字处理软件加工后含有排版信息的文本,其处理技术值得重视。

(7) 应用对象不同。以往系统只适合"故事"性文本的处理,而本系统基于大规模真实语料,要走向实用化,需要处理大量的真实新闻语料。

(8) 评价方式不同。以往系统只应用少量人为设计的例子进行评价,而本系统要应用大量真实文本进行较大规模的客观和定量评价,必须兼顾系统质量和系统处理速度。

3. 语料库的类型

按照划分标准的不同,可以把语料库分为多种类型。例如,单语种语料库和多语种语料库(按语种分)、单媒体语料库和多媒体语料库(按记载媒体分)、国家语料库和国际语料库(按地域区别分)、通用语料库和专用语料库(按使用领域分)、平衡语料库和平行语料库(按分布性分)、共时语料库和历时语料库(按语料时间段分)以及生语料库和标注(熟)语料库(按语料加工与否分)等。

比较有影响的典型语料库包括美国的宾夕法尼亚树库(Penn Tree Bank,PTB)和LDC 中文树库(Chinese Tree Bank,CTB)、欧盟的面向口语翻译技术的词典和语料库(Lexica and Speech-to-Speech Translation Technologies,LC-STAR)、捷克的布拉格依存

树库(Prague Dependency Treebank,PDT)以及我国的北京大学语料库等。

对语料库类型、典型语料库、语料库建模和汉语语料库等的深入探讨已超出本书篇幅和范围,需要进一步了解相关内容的读者,请参阅自然语言处理或自然语言理解的专著和教材。

8.7 语音识别

顾名思义,语音识别(speech recognition)就是利用机器将语音信号转换成文本信息,其最终目的是让机器能够听懂人的语言。语音识别技术,也被称为自动语音识别,是指让机器通过识别和理解把语音信号转变为计算机可读的文本或命令的高新科技。语音识别涉及模式识别、信号信息处理、语音学、语言学、生理学、心理学、人工智能、计算机科学和神经生物学等多个学科,关系密切。语音识别技术正逐步发展为计算机信息处理技术中的关键技术,成为一个具有巨大竞争力的新兴高技术产业,广泛应用于工业、家电、通信、汽车电子、医疗、家庭服务、消费、电子产品等各个领域。

8.7.1 语音识别基本原理

语音识别的本质是一种基于语音特征参数的模式识别,即通过学习,系统能够把输入的语音按一定模式进行分类,进而根据判定准则找出最佳匹配结果。模式匹配原理已经被应用于大多数语音识别系统中。图 8.10 是基于模式匹配原理的语音识别系统基本原理框图。一般的模式识别包括预处理、特征提取、模式匹配等基本模块。

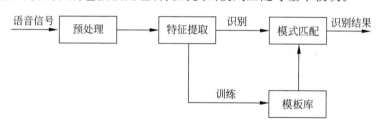

图 8.10 语音识别系统原理框图

图 8.11 表示语音识别系统识别过程的框架。

首先对输入语音进行预处理,语音信号通过麦克风采集,经过采样和 A/D 转换后由模拟信号转变为数字信号。然后对语音的数字信号进行预加重、分帧、加窗、端点检测和噪声滤波等预处理。预处理过的语音信号将按照特定的特征提取方法提取出最能够表现这段语音信号特征的参数,这些特征参数按时间序列构成了这段语音信号的特征序列。常用的特征参数包括基音周期、共振峰、短时平均能量或幅度、线性预测系数、感知加权预测系数、短时平均过零率、线性预测倒谱系数、自相关函数、梅尔倒谱系数、小波变换系数、经验模态分解系数、伽马通滤波器系数等。在训练过程中,获得的特征参数通过不同的训练方法获得声学(语音)模型和语言模型,然后存入模板库(解码模块)。在解码过程中,新采集的语音信号经过处理获得特征参数后,与模板库中的模型进行模式匹配,并结合一些专家知识得出识别结果输出。

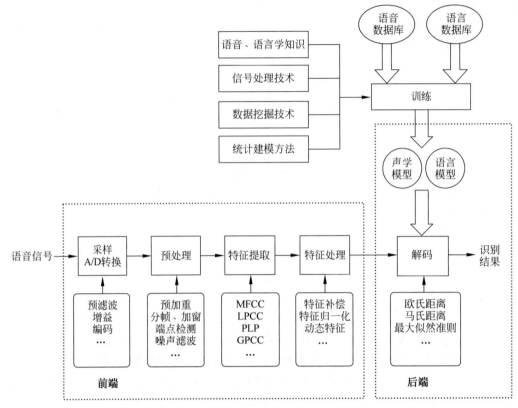

图 8.11　语音识别系统框架

8.7.2　语音识别关键技术

通过机器识别语音需要应对不同人员的不同声音、不同语速、不同内容以及不同的环境。语音信号具有多变性、动态性、瞬时性和连续性等特点,这些因素都是语音识别发展的制约条件。下面就语音识别的特征提取与模型训练、语音识别方法和语音识别程序 3 个方面来介绍语音识别的关键技术。

1. 特征提取与模型训练

(1) 声学特征提取

模拟的语音信号采样得到波形数据后,送入特征提取模块,提取出合适的声学特征参数,供后续声学模型训练使用。好的声学特征应当考虑以下 3 个方面的因素。第一,应当具有较优的区分特性,以使声学模型不同的建模单元可以方便准确的建模。其次,特征提取也可以认为是语音信息的压缩编码过程,既需要将信道、说话人的因素消除,保留与内容相关的信息,又需要在不损失过多有用信息的情况下使用尽量低的参数维度,便于高效准确地进行模型训练。最后,需要考虑鲁棒性,即对环境噪声的抗干扰能力。

（2）声学模型

现在的主流语音识别系统都采用隐马尔可夫模型（HMM）作为声学模型，这是因为 HMM 具有很多优良特性。HMM 模型的状态跳转模型很适合人类语音的短时平稳特性，可以对不断产生的观测值（语音信号）进行方便的统计建模；与 HNN 相伴生的动态规划算法可以有效地实现对可变长度的时间序列进行分段和分类处理；HMM 的应用范围广泛，只要选择不同的生成概率密度，离散分布或者连续分布都可以使用 HNM 进行建模。HMM 以及与之相关的技术在语音识别系统中处于核心地位。自从鲍姆（Baum）与伊索（Easo）于 1967 年提出 HMM 理论以来，它在语音信号处理及相关领域的应用范围变得越来越广泛，在语音识别领域起到关键作用。

基于统计的语音识别模型常用的就是 HMM 模型 $\lambda(N, M, \pi, A, B)$，涉及 HMM 模型的相关理论包括模型结构选取、模型初始化、模型参数重估以及相应识别算法等。

（3）语言模型与语言处理

语言模型包括由识别语音命令构成的语法网络或由统计方法构成的语言模型，语言处理可以进行语法分析和语义分析。

语言模型对中、大词汇量的语音识别系统特别重要。当分类发生错误时可以根据语言学模型、语法结构、语义学进行判断与纠正，特别是一些同音字则必须通过上下文结构才能确定词义。语言学理论包括语义结构、语法规则、语言的数学描述模型等。目前比较成功的语言模型通常是采用统计语法的语言模型与基于规则语法结构命令的语言模型。语法结构可以限定不同词之间的相互连接关系，减少识别系统的搜索空间，有利于提高系统的语音识别效率。

2. 语音识别主要方法

语音识别技术常用的方法有如下 4 种：

（1）基于语言学和声学的方法

最早应用于语音识别的方法是基于语言学和声学的方法，由于这种识别方法涉及的知识系统过于困难，因而现在并没有得到大规模的普及应用。

（2）随机模型法

随机模型法是语音识别技术的主流方法，主要采用特征提取、模板训练、模板分类及模板判断等步骤对语音进行识别。该方法目前应用较为成熟，涉及的技术一般有 3 种：动态时间规整（DTW）、隐马尔可夫模型（HMM）算法和矢量量化（VQ）技术。其中，HMM 算法具有简便优质的优点，在语音识别性能方面更为优异。因此，如今大部分语音识别系统都使用 HMM 算法。

（3）人工神经网络方法

人工神经网络（ANN）方法是在语音识别发展的后期才出现的一种新的识别方法，它是一种模拟人类神经活动的方法，同时具有人的一些特性，如自适应和自学习等。由于本方法具备较强的归类能力和非线性映射能力，因而在语音识别技术中具有很高的应用价值。将 ANN 与传统的方法结合，取长补短，发挥各自优势，使得语音识别的效率得到了显著的提升。

（4）概率语法分析法

概率语法分析法是一种能够识别大长度语段的技术，主要是为了"区别语言特征"，对于不同层次的知识利用相应层次的知识来解决。这种方法最大的不足就是，建立一个有效、适宜的知识系统存在着一定的困难。

3. 语音识别程序

语音识别程序的主要技术涉及语音识别的工作模式、环境设置、语音字典的设置和编译、编制识别主程序等。

（1）语音识别的工作模式

语音识别具有两种工作模式，即识别模式和命令模式。语音识别程序的实现也要根据两种不同模式采用不同类型的程序。识别模式的工作原理是：引擎系统在后台直接给出一个词库和识别模板库，任何系统都不需要再进一步对识别语法进行改动，只需要根据识别引擎提供的主程序源代码进行改写就可以了。命令模式实现比较困难，词典必须由程序员自己编写，然后再进行编程，最后还要根据语音词典进行处理和更正。识别模式与命令模式最大的不同就是，程序员是否要根据词典内容进行代码的核对与修改。

（2）语音识别环境设置

一般语音识别程序的环境设置步骤包括计算机电信集成服务器的硬件默认参数采集与设定、识别硬件采集卡初始化、引擎端口设置等几个部分。

（3）语音字典的设置与编译

语音字典的设置包括语法、识别语音的规则、语音模板制作等内容，根据语音平台的规则来进行。在语音字典设置时，首先要设置语音识别核心包，再根据自己编译的语音的规则来完成字典的全部设置。

（4）编制识别主程序

在编译语音识别程序的最后阶段，程序员需要为主程序编写图形用户界面（graphical user interface，GUI），以便于用户与计算机进行交互操作。

8.7.3　语音识别技术的发展

科学家在研制计算机的过程中一直探索开发语音识别技术。经过近半个世纪的发展，现在数以百万计的人经常与汽车、智能电话/手机、聊天机器人和客户服务呼叫中心内的计算机进行语音交互。

1952 年 AT&T 贝尔研究所戴维斯（Davis）等人研制了世界上第一个能识别 10 个英文数字发音的实验系统 Audry。1960 年英国伦敦学院的丹尼斯（Denes）等人开发了第一个计算机语音识别系统。成规模的语音识别研究开始于 20 世纪 70 年代，并在小词汇量和孤立词的识别方面取得了实质性进展。20 世纪 80 年代以后，语音识别研究的重点逐渐转向大词汇量和非特定人的连续语音识别。同时，语音识别在研究思路上也发生了重大变化，由传统的基于标准模板匹配的技术思路开始转至基于统计模型的技术思路，以隐马尔可夫模型（HMM）方法为代表的基于统计模型方法逐渐在语音识别研究中占据主导地位。HMM 能够很好地描述语音信号的短时平稳特性，并且将声学、语言学、句法等知识集成到统一框架中。此后,HMM 的研究和应用逐渐成为了主流。例如,第一个"非特定人连续语音识别系统"是当时还在卡耐基梅隆大学攻读博士学位的李开复研发的 SPHINX 系统,其核心框架就是 GMM-HMM 框架,其中 GMM(Gaussian mixture model,高斯混合模型)用来对语音的观察概率进行建模,HMM 则对语音的时序进行建模。20 世纪 80 年代后期,人工神经网络也成为了语音识别研究的一个方向。但这种浅层神经网络在语音识别任务上的效果一般,表现并不如 GMM-HMM 模型。20 世纪 90 年代开始,语音识别掀起了第一次研究和产业应用的小高潮,主要得益于基于 GMM-HMM 声学模型的区分性训练准则和模型自适应方法的提出。这时期剑桥发布的 HTK 开源工具包大幅降低了语音识别研究的门槛。此后将近 10 年的时间里,语音识别的研究进展一直比较缓慢,基于 GMM-HMM 框架的语音识别系统整体效果还远远达不到实用化水平,语音识别的研究和应用陷入了瓶颈困境。

2006 年欣顿(G. Hinton)提出使用受限玻耳兹曼机(RBM)对神经网络的节点进行初始化,即深度置信网络(deep belief network,DBN)。DBN 解决了深度神经网络训练过程中容易陷入局部最优的问题,自此深度学习的大潮正式拉开。2009 年,欣顿和他的学生默哈买德(D. Mohamed)将 DBN 应用在语音识别声学建模中,并且在小词汇量连续语音识别数据库上获得成功。2011 年 DNN 在大词汇量连续语音识别上获得成功,语音识别效果取得了近 10 年来最大的突破。从此,基于深度神经网络的建模方式正式取代 GMM-HMM,成为语音识别的主流建模方式。

由于循环神经网络具有更强的长时建模能力,使得 RNN 也逐渐替代 DNN 成为语音识别的主流建模方案。科大讯飞结合传统的 DNN 框架和 RNN 的特点,研发出了一种名为前馈型序列记忆网络(feed-forward sequential memory network,FSMN)的新框架,采用非循环的前馈结构,达到了和 BLSTM-RNN 相当的效果。

中国的语音识别研究起始于 1958 年,由中国科学院声学所利用电子管电路识别 10 个元音。由于当时条件的限制,中国的语音识别研究工作一直处于缓慢发展的阶段。直至 1973 年,中国科学院声学所开始了计算机语音识别。进入 20 世纪 80 年代以来,随着计算机应用技术在我国逐渐普及和应用以及数字信号技术的进一步发展,国内许多单位具备了研究语音识别技术的基本条件。与此同时,国际上语音识别技术在经过了多年的沉寂之后重新成为研究热点。在这种形式下,国内许多单位纷纷投入这项研究工作中。

1986 年,语音识别作为智能计算机系统研究的一个重要组成部分而被列为专门研究课题。在"863"计划的支持下,中国开始组织语音识别技术的研究,并决定了每隔两年召开一次语音识别的专题会议。自此,中国语音识别技术进入了一个新的发展阶段。

进入 20 世纪 90 年代后,语音识别技术开始应用于全球市场,许多著名科技互联网公司,都为语音识别技术的开发和研究投入巨资。进入 21 世纪,语音识别技术研究重点转变为即兴口语和自然对话以及多种语种的同声翻译。这几年中,即兴口语和自然对话以及多种语种的同声翻译研究已取得一些重大突破,相关语音识别新产品层出不穷,准确率日益提高,已经进入了实用阶段。

现在,语音识别在移动终端上的应用最为火热,语音对话机器人、语音助手、互动工具等层出不穷,许多互联网公司纷纷投入人力、物力和财力展开此方面的研究和应用,目的是通过语音交互的新颖和便利模式迅速占领客户群。

世界各国著名的人工智能公司争先恐后开发语音识别产品,投放市场。其中比较有影响的公司和产品有苹果的 Siri、谷歌的 Google Now 和 GoogleHome、微软的 Cortana(小冰)、亚马孙的 Echo 和 Polly、脸书的 Jibbigo、IBM 的 ViaVoice、阿里巴巴的小蜜、科大讯飞的咪咕灵犀和 SR301、百度的 RavenH、腾讯的叮当智能屏、思必驰的 AISpeech 以及五花八门、丰富多彩的聊天机器人产品等。

8.7.4　语音识别技术展望

针对语音识别技术发展中存在的问题,特对语音识别技术的发展提出如下看法。

1. 改善语言模型和核心算法

目前使用的语言模型只是一种概率模型,还没有用到以语言学为基础的文法模型,而要使计算机理解人类的语言,就必须在这一点上取得进展,这是一个相当艰难的工作。此外,随着硬件资源的不断发展,一些核心算法如特征提取、搜索算法或者自适应算法将有可能进一步改进。

2. 提高语音识别的自适应能力

语音识别技术必须在自适应方面有进一步的提高,做到不受特定人、口音或者方言的影响。现实世界的用户类型是多种多样的,就声音特征来讲有男音、女音和童音的区别,此外,许多人的发音离标准发音差距甚远,这就涉及对口音或方言的处理。如果语音识别能做到自动适应大多数人的声线特征,那可能比提高一二个百分点识别率更重要。

3. 突破语音识别的鲁棒性

语音识别技术需要能排除各种环境因素的影响。目前,对语音识别效果影响最大的就是环境杂音或噪声。要在某些带宽特别窄的信道上传输语音,以及水声通信、地下通信、战略及保密话音通信等情况下实现有效的语音识别,就必须处理声音信号的特殊特征。语音识别技术要进一步应用,就必须在语音识别的鲁棒性方面取得重大突破。

4. 实现多语言混合识别以及无限词汇识别

简单地说,目前使用的声学模型和语音模型过于局限,以至用户只能使用特定语音进行特定词汇的识别。这一方面是由于模型的局限,另一方面也受限于硬件资源。随着两方面技术的进步,将来的语音和声学模型可能会做到将多种语言混合纳入,因此用户就可以不必在语种之间来回切换。

5. 应用多语种交流系统

如果语音识别技术在上述几个方面确实取得了突破性进展,那么多语种交流系统的出现就是顺理成章的事情,这将是语音识别技术、机器翻译技术以及语音合成技术的完美结合。最终,多语种自由交流系统将带给我们全新的生活空间。

比尔盖茨曾说过："语音技术将使计算机丢下鼠标键盘"。随着计算机的小型化,键盘鼠标已经成为了计算机发展的一大阻碍。一些科学家也说过:"计算机的下一代革命就是从图形界面到语音用户接口"。这表明了语音识别技术的发展无疑改变了人们的生活。

近年来,随着互联网的快速发展,以及手机等智能移动终端的普遍应用,可以从多个渠道获取大量文本或语音方面的语料,这为语音识别中的语言模型和声学模型的训练提供了丰富的资源,使得构建通用大规模语言模型和声学模型成为可能。

在语音识别中,训练数据的匹配和丰富性是推动系统性能提升的最重要因素之一,但是语料的标注和分析需要长期的积累和沉淀;如今,随着大数据技术的重大突破,大规模语料资源的积累将提到战略高度。

可以预测在近5～10年内,语音识别系统的应用将更加广泛。各种各样的语音识别系统新产品将更多地出现在市场上。人们也将调整自己的说话方式以适应各种各样的识别系统。

8.8 文本的自动翻译——机器翻译

机器翻译是用计算机实现不同语言间的翻译。被翻译的语言称为源语言,翻译成的结果语言称为目标语言。因此,机器翻译就是实现从源语言到目标语言转换的过程。

电子计算机出现之后不久,人们就想使用它来进行机器翻译。只有在理解的基础上才能进行正确的翻译,否则,将遇到一些难以解决的困难。

(1) 词的多义性。源语言可能一词多义,而目的语言要表达这些不同的含义需要使用不同的词汇。为选择正确的词,必须了解所表达的含义是什么。

(2) 文法多义性。对源语言中合乎文法规则但具有多义的句子,其每一可能的意思均可在目的语言中使用不同的文法结构来表达。

(3) 代词重复使用。源语言中的一个代词可指多个事物,但在目的语言中要有不同的代词,正确地选用代词需要了解其确切的指代对象。

(4) 成语。必须识别源语言中的成语,它们不能直接按字面意思翻译成目的语言。

如果不能较好地克服这些困难,就不能实现真正的翻译。

机器翻译,就是让机器模拟人的翻译过程。人在进行翻译之前,必须掌握两种语言的词汇和语法。机器也是这样,它在进行翻译之前,在它的存储器中已存储了语言学工作者编好的并由数学工作者加工过的机器词典和机器语法。人进行翻译时所经历的过程,机器也同样遵照执行:先查词典得到词的意义和一些基本的语法特征(如词类等),如果查到的词不止一个意义,那么就要根据上下文选取所需的意义。在弄清词汇意义和基本语法特征之后,就要进一步明确各个词之间的关系。此后,根据译语的要求组成译文(包括改变词序、翻译原文词的一些形态特征及修辞)。

机器翻译的过程一般包括4个阶段:原文输入、原文分析(查词典和语法分析)、译文综合(调整词序、修辞和从译文词典中取词)和译文输出。下面以英汉机器翻译为例,简要地说明机器翻译的整个过程。

1. 原文输入

由于计算机只能接受二进制数字,所以字母和符号必须按照一定的编码法转换成二进制数字。例如 What are computers 这 3 个词就要变为下面这样 3 大串二进制代码:

```
What      110110 100111 100000 110011
are       100000 110001 110100
computers 100010 101110 101100 101111 110100
          110011 100100 110001 110010
```

2. 原文分析

原文分析包括两个阶段:查词典和语法分析。

(1) 查词典。通过查词典,给出词或词组的译文代码和语法信息,为以后的语法分析及译文的输出提供条件。机器翻译中的词典按其任务不同而分成以下几种:

① 综合词典:它是机器所能翻译的文献的词汇大全,一般包括原文词及其语法特征(如词类)、语义特征和译文代码,以及对其中某些词进一步加工的指示信息(如同形词特征、多义词特征等)。

② 成语词典:为了提高翻译速度和质量,可以把成语词典放到综合词典前面。例如,at the same time,不必经过综合词典得到每个词的信息后再到成语词典去找,可直接得到“副词状语”特征和“同时”的译文。

③ 同形词典:专门用来区分英语中有语法同形现象的词。例如 close 一词,经过综合词典加工未得到任何具体的词类,而只得到该词是形/动同形词的指示信息。该词转到这里后,按照同形词典所提供的检验方法,来确定它在句中到底是用作形容词还是动词。同形词典是根据语言中各类词的形态特征和分布规律构成的。例如,动词、形容词同形的图示中,就有这样的规则:colse 后有 er,est 为形容词,处于“冠词＋close＋名词”和“形容词＋close＋名词”等环境时也为形容词……

④ (分离)结构词典:某些词在语言中与其他词可构成一种可嵌套的固定格式,我们给这类词定为分离结构词。根据这种固定搭配关系,可以简便而又切实地给出一些词的词义和语法特征(尤其是介词),从而减轻了语法分析部分的负担。例如:effect of...on。

⑤ 多义词典:语言中一词多义现象很普遍,为了解决多义词问题,必须把源语的各个词划分为一定的类属组。例如,名词就要细分为专有名词、物体类名词、不可数物质名词、抽象名词、方式方法类名词、时间类名词、地点类名词等。利用这样的语义类别来区分多义现象,是一种比较普遍的方法。例如 effect 一词,当它前面是专有名词(例如人名)时,要选择“效应”为其词义,如 Barret effect“巴勒特效应”;当它处在表示“过程”意义的动名词之后时就要译为“作用”,如 deoxidizing effect“脱氧作用”。这种利用语义搭配的办法,并非万能,但能解决相当一部分问题。

通过查词典,原文句中的词在语法类别上便可成为单功能的词,在词义上成为单义词(某些介词和连词除外)。这样就给下一步语法分析创造了有利条件。

(2) 语法分析。在词典加工之后,输入句就进入语法分析阶段。语法分析的任务是:

进一步明确某些词的形态特征；切分句子；找出词与词之间句法上的联系，同时得出英汉语的中介成分。一句话，为下一步译文综合做好充分准备。

根据英汉语对比研究发现，翻译英语句子除了翻译各个词的意义之外，主要是调整词序和翻译一些形态成分。为了调整词序，首先必须弄清需要调整什么，即找出调整的对象。根据分析，英语句子一般可以分为这样一些词组：动词词组、名词词组、介词词组、形容词词组、分词词组、不定式词组、副词词组。正是这些词组承担着各种句法功能：谓语、主语、宾语、定语、状语……，其中除谓语外，其他词都可以作为调整的对象。

如何把这些词组正确地分析出来，是语法分析部分的一个主要任务。上述几种词组中需要专门处理的，实际上只是动词词组和名词词组。不定式词组和分词词组可以说是动词词组的一部分，可以与动词同时加工；动词前有 to，且又不属于动词词组，一般为不定式词组；-ed 词如不属于动词词组，又不是用作形容词，便是分词词组；-ing 词比较复杂，如不属于动词词组，还可能是某种动名词，如既不属动词词组，又不为动名词，则是分词词组。形容词词组确定起来很方便，因为可以构成形容词词组的形容词在词典中已得到"后置形容词"特征。只要这类形容词出现在"名词＋后置形容词＋介词＋名词"这样的结构中，形容词词组便可确定。介词词组更为简单，只要同其后的名词词组连结起来也就构成了。比较麻烦的是名词词组的构成，因为要解决由连词 and 和逗号引起的一系列问题。

3. 译文综合

译文综合比较简单，事实上它的一部分工作（如该调整哪些成分和调整到什么地方）在上一阶段已经完成。

译文综合的主要任务是把应该移位的成分调动一下。

如何调动，即采取什么加工方法，是一个不平常的问题。根据层次结构原则，下述方法被认为是一种合理的加工方法：首先加工间接成分，从后向前依次取词加工，也就是从句子的最外层向内层加工；其次是加工直接成分，依成分取词加工；如果是复句，还要分别情况进行加工：对一般复句，在调整各分句内部各种成分之后，各分句都作为一个相对独立的语段处理，采用从句末（即从句点）向前依次选取语段的方法加工；对包孕式复句，采用先加工插入句，再加工主句的方法。因为如不提前加工插入句，主句中跟它有联系的那个成分一旦移位，它就失去了自己的联系词，整个关系就要混乱。

译文综合的第二个任务是修辞加工，即根据修辞的要求增补或删掉一些词，譬如可以根据英语不定冠词、数词与某类名词搭配增补汉语量词"个""种""本""条""根"等；再如若有 even（甚至）这样的词出现，谓语前可加上"也"字；又如若主语中有 every（每个）、each（每个）、all（所有）、everybody（每个人）等词，谓语前可加上"都"字，等等。

译文综合的第三个任务是查汉文词典，根据译文代码（实际是汉文词典中汉文词的顺序号）找出汉字的代码。

4. 译文输出

通过汉字输出装置将汉字代码转换成文字，打印出译文来。

目前世界上已有十多个面向应用的机器翻译规则系统。其中一些是机助翻译系统，有的甚至只是让机器帮助查词典,但是据说也能把翻译效率提高50%。这些系统都还存在一些问题,有的系统,人在其中参与太多,有所谓"译前加工""译后加工""译间加工",离真正的实际应用还有一段距离。

8.9　自然语言理解系统的主要模型

语言交流是一种基于知识的通信处理,说话者和听话者都是在作信息处理。确切地说人类尚未揭开人脑处理和理解语言的奥秘,要想用计算机的符号处理和推理功能来实现语言理解,首先要具备一些基本的处理能力。下面讨论语言理解的模型。

1. 基本模型

说话者都有一个明确的说话目的,如表达一个观点,传达某一信息,或指使对方去干某事,然后通过处理生成一串文字或声音供接收者处理。其中说话者要选择用词、句子结构、重音、语调,等等。还必须融入以前或上一段谈话时所积累的知识等。图8.12表示自然语言理解的基本模型。

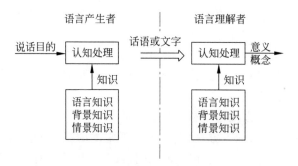

图 8.12　语言理解的基本模型

2. 单边模型

从语言产生或接收单边来看,认知处理过程如图8.13所示。

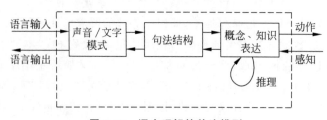

图 8.13　语言理解的单边模型

对于语言输入来说,首先是声音或文字识别,然后是语言的句法分析,建立句法结构,最后是语义概念的表达和推理。

3. 层次模型

语言的构成是层次化的,语言的处理也应当是一个层次化的过程。分层可以使一个非常复杂的过程分解为一个个模块化的、模块间相互独立的、有步骤的过程,如图 8.14 所示。从图上方向下走是一个语言理解的过程,而自底向上是一个语言生成的过程。

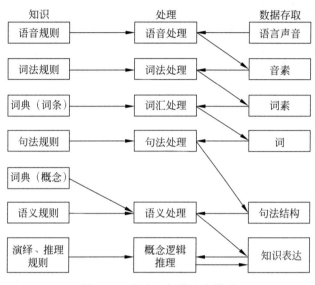

图 8.14 语言理解的层次模型

图 8.14 左边的知识是长期存储的,而右边的数据则是短期存储的。上述分层模型提供了一个顺序逐层处理的过程,但是正如上面已经提到的,事实上人对语言的处理也并不是完全按照如此逐层进行的。人们常常要从语义的角度来理解句法结构,从句法结构的角度来分析词类,不然则无法理解。在生活中经常会碰到一些话,它们完全不合传统的语法,但却同样可以被人听懂和理解就是这个道理。因此,如果系统严格地按这种逐层方式来工作是很靠不住的,只要在低层次上稍有问题,整个理解过程就会完全崩溃。比如在输入时,文字中只要有一个词拼写错误,整个句子就变成无法理解的了。而事实上人在处理时完全具备了这种容错的能力。

更为完善的模型可以通过保留上述分层模型,但打破层次界限来建立,典型地可采用"黑板"系统的方式进行。在上述分层模型中,将所有的数据存取都放入"黑板",各个处理层都可以访问,而且处理结果再写入"黑板"。这样,每个处理器不限于只能用上一级的结果,而可以使用所有层次的信息。

8.10 自然语言理解系统应用举例

自然语言理解研究虽然尚存在不少困难的问题,但已有较大进展,并已获得越来越广泛的应用。下面介绍两个应用实例,即自然语言自动理解系统和自然语言问答系统。

8.10.1　自然语言自动理解系统

下面列举两个自然语言自动理解系统。

1. 指挥机器人的自然语言理解系统 SHRDLU

SHRDLU 系统是由 MIT 研制的,这个系统能用自然语言来指挥机器手在桌面上摆弄积木,按一定的要求重新安排积木块的空间位置。SHRDLU 可与用户进行人-机对话,接收自然语言,把它变为相应的指令,并进行逻辑推理,从而回答关于桌面上积木世界的各种问题。系统在 LISP 的基础上设计了一种 MICRO PLANNER 程序语言,用它来表示各种指令、事实和推理过程。如"the pyramid is on the table"(棱锥体在桌子上),MICRO PLANNER 可以把它变换成如下形式(ON PYRAMID TABLE)。如果要把积木 x 放到另一块积木 y 上,则可进行如下推理:

```
(THE GOAL (ON ?x ?y)
    (OR (ON-TOP ?x ?y)
        (AND(CLEAR-TOP ?x)
        (CLEAR-TOP ?y)
        (PUT-ON ?x ?y)))
```

其表达的意义是:要把 x 放在 y 上,如果 x 不在 y 上,那么首先就要清除 x 上的一切东西(CLEAR-TOP ? x),然后再清除 y 上的一切东西,最后才把 x 放到 y 之上(PUT-ON ? x ? y)。在 SHRDLU 系统的语法中,不仅包含句法方面的特征,而且还包括语式、时态、语态等特征,并且把句法同语义结合在一起。当输入"Can the table picks up blocks?"(桌子能拿起积木吗?)时,机器在分析句子的同时还可以在语义上做出判断,只有动物属性的东西才能"pick up"(拿起)东西,从而回答"No"。系统把句法分析、语义分析同逻辑推理结合在一起,取得了良好的结果。

2. 自然语言情报检索系统 LUNAR

LUNAR 系统是由伍兹于 1972 年研制成功的一个自然语言情报检索系统,具有语义分析能力,用于帮助地质学家比较从月球卫星 Apollo 11 上得到的月球岩石和土壤组成的化学成分数据。这个系统具有一定的实用性,为地质学家们提供了一个有用的工具,也显示了自然语言理解系统对科学和生产的积极作用。

LUNAR 系统的工作过程可分为 3 个阶段。

第一阶段:句法分析

系统采用 ATN 及语义探索的方法产生人提出的问题的推导树。LUNAR 能处理大部分英语提问句型,有 3500 个词汇,可解决时态、语式、指代、比较级、关系从句等语法现象。如英语句子 Give me the modal analysis of P205 in those samples.(给我做出这些样本中 P205 的常规分析。)What samples contain P205? (哪种样本中含有 P205?)等。

第二阶段:语义解析

在这个阶段中,系统采用形式化的方法来表示提问语言所包含的语义,例如

(TEST(CONTAIN S10046 OLIV))

其中,TEST 是一个操作,CONTAIN 是一个谓词,S10046 和 DLIV 都是标志符,代表了数据库中所存的事物,S10046 是标本号,OLIV 是一种矿石。形式表达中还有多种量词,如 QUANT,EVERY 等。例如:

(FOR EVERY $x1$/(SEQ TYPE C):T;(PRINTOUT $x1$))

它的含义是:枚举出所有类型为 C 的样本,并打印出来。

第三阶段:回答问题

在这个阶段中将产生对提问的回答,如:

提问:(Do any samples have greater than 13 percent aluminium)(举出任何含铝量大于 13％的样本)

分析后的形式化表达为

(TEST (FOR SOME $x1$/(SEQ SAMPLES):T;(CONTAIN $x1$(NPR $*$ $x2$/'AL203)(GREATER THAN 13 PCT))))

回答:(yes)

然后 LUNAR 系统可枚举出一些含铝量大于 13％的样本。

8.10.2 自然语言问答系统

下面介绍一个简单的自然语言问答系统。与上述例子不同的是,本例不是用 LISP 语言编程的,而是用 PROLOG 语言编程的。

简单的自然语言问答系统,至少要做 3 件事:

(1) 分析一语句,同时构造它的逻辑表示,检查它的语义正确性。

(2) 如果可能的话,转换该逻辑形式为 Horn 子句。

(3) 如果该语句是陈述句,则在知识库中增加该子句,否则认为该子句为一个问题,并演绎地检索相应的答案。

此 3 项功能主要有谓词 talk 完成,talk 的定义是:

talk(Sentence,Reply):-Parse(Sentence,LF,-Type),
          clausify(LF,Clause,Freevars),!,
          reply(Type,Ereevars,Clause,Reply).
talk(Sentence,error('too difficult')).

上述定义中引出 3 个谓词,即 parse,clausify,reply 分别对应上述 3 项功能。

1. 谓词 parse 表达句法分析能力

parse 主要根据文法规则记号系统的规定,执行分析和转换任务,给出相应的逻辑表示和该语句的类型,它的定义是:

parse(Sentence,LF,assertion):   s(finite,LF,nogap,Sentence,□).
parse(Sentence,LF,query):   q(LF,Sentence,□).

第一子句由文法系统 s 确定,如成功,则给出相应的逻辑形式和语句类型 assertion。第二子句由文法系统 q 确定,如成功,则给出相应的逻辑形式 LF 和语句类型 query。在第一子句中 finite 限制该系统仅处理一般时态,当然如果想处理更复杂的时态,只要增加一些子句和文法系统规则就行了。

2. 谓词 clausify 表达生成子句的能力

反映语句语义的 LF,由 clausify 谓词转换成 Horn 子句的情形。

当然,并非所有的 LF 均能转换成 Horn 子句,能转换 Horn 子句有下列 3 种情况:

(1) 如果表达式的最外层是全称量词,则可以立即去掉此量词并对其余部分继续此转换过程:

clausify(all(X,F0),F,[X|V]):-clausify(F0,F,V).

(2) 如果表达式是蕴涵式,并且结论部分只有一个文字,并且前提中不含有蕴涵符:

clausify(A0⇒C0,(C:A),V):-
        clausify_literal(C0,C),
        clausify_antecedent(A0,A,V).

(3) 最后一种情况是单文字可以变成单位子句:

clausify(C0,C□):-
        clausify_literal(C0,C).

3. 谓词 reply 表达回答功能

Talk 的第 3 个功能就是回答功能,这分两种情况:其一是针对陈述句的,它将该陈述句的 Horn 子句形式插入到 PROLOG 数据库中;其二是针对提问的,提问的形式已经变换成如下形式:

answer(Answer):-Condition

此时直接由 PROLOG 系统求解出所有满足 Condition 的解,如有解,则给出所有解;如无解,则回答 no。这功能很简单,我们可直接从定义中看出:

reply(assertion,-FreeVars,Assertion,
        asserted(Assertion)):
        assert(Assertion),!.
reply(query,Freevars,
        (answer(Answer):-Condition),Reply):-
        (setof(Answer,FreeVars^Condition,
        Answers)-> Reply＝Answers
        ;Reply＝[no]),!.

Talk 是整个自然语言回答系统的核心谓词。要构造成真正的系统,尚需要一个界面程序,此界程序的功能是给出某一提示符,接受用户的语句,执行 talk 功能,打印 talk 返回的结果,这是一个很短的管理程序,定义是:

```
main_loop:_
write('>>'),
read_sent(words),
talk(Words,Reply),
print_reply(Reply),
main_loop.
```

其中,read_sent 能接受一个英文句子,并把它变成一些单词的表。

8.11 小 结

本章所讨论的自然语言理解/自然语言处理是人工智能研究较早的研究领域,正受到人们前所未有的重视,并已取得一些重要的进展。

自然语言理解是一个困难的和富有挑战性的研究任务,它需要大量的和广泛的知识,包括词法、语法、语义和语音等语言学和语音学知识以及相关背景知识。在研究自然语言理解时,可能用到多种知识表示和推理方法。这一点已在本章中充分地体现出来。

在讨论了有关"语言"及其"理解"时,把语言定义为人类进行通信的媒介,而把理解看做从自然语句到机器表示的一种映射以及机器执行人类语言的功能。然后,把自然语言理解分解为词法分析、语音分析、语法分析、句法分句和语义分析等层次。后续内容主要是围绕这些层次展开的。这些层次是互相影响和互相制约的,并且最终从整体上解决语言理解问题。

词法分析构造和分析源程序中的词,并把源程序中的词变换为内部表示形式,然后按照内部表示形式传送给编译程序的其余部分。词法分析是理解单词的基础,其主要目的是从句子中切分出单词,找出词汇的各个词素,从中获得单词的语言学信息并确定单词的词义。

句法分析的主要作用为分析句子或短语结构和规范句法结构。句法分析方法包括短语结构语法、乔姆斯基形式语法、转移网络、扩充转移网络和词汇功能语法(LFG)等。这些分析建立了句法结构,为理解语言打下重要基础。

建立句法结构只是语言理解模型中的一个步骤,需要进一步进行语义分析以获得语言所表达的意义。语义分析一般采用语义网络表示和逻辑表示两种方法。对语义的解析确定每个词在句子中的词义。在句法结构和逻辑形式定义的基础上,运用语义解析规则使逻辑形式有效地约束歧义,以求得正确的理解。

在句子的自然理解一节讨论了简单句的理解和复合句的理解问题。对简单句的理解包括对句子每个词的理解和组成一个表达语句意义的结构。用到的简单句理解方法有关键字匹配法、句法分析树和语义等。对复合句的理解则需要发现句子之间的关系。要理解句子间的复杂关系,需要依靠大型知识库。为了建立这种知识库,需要采用一些合适的知识表示方法;分区语义网络是一种可行的表示方法。

语料库是存放语言材料的数据库,而语料库语言学就是基于语料库进行语言学研究的学科,基于现实生活中语言应用实例进行的语言研究。语料库语言学的研究基础是大规模真实语料。语料库语言学这一节介绍了语料库语言学的发展、定义、研究内容和特点以及语料库类型和典型语料库等。

语音识别技术,也被称为自动语音识别,是让机器通过识别和理解把语音信号转变为计算机可读的文本或命令。语音识别的本质是一种基于语音特征参数的模式识别,一般的模式识别包括预处理、特征提取、模式匹配等基本模块。语音识别的关键技术包括特征提取与模型训练、语音识别方法和语音识别程序 3 个方面。随着大数据、互联网、云计算和人工智能的快速发展,语音识别技术将取得更大的突破。可以预计,语音识别系统的应用将更加广泛,各种各样的语音识别系统产品将更多地出现在市场上,为人类科技、经济和生活提供更多、更好、更方便和更满意的服务。

机器翻译是用计算机实现不同语言间的翻译。机器翻译是建立在自然语言理解和语言自动生成的基础上的。机器翻译就是让机器模拟人的翻译过程。机器翻译包括原义输入、原义分析、译文综合和译文输出 4 个阶段。

语言交流是一种基于知识的通信处理,说话者和听话者都是在作信息处理。说话者都有一个明确的说话目的,要选择用词、句子结构、重音、语调等。还必须融入以前或上一段谈话时所积累的知识等。这就需要建立自然语言理解的模型,包括基本模型、单边模型和层次模型等。

本章最后一节举出自然语言理解系统的两个应用实例,它们是自然语言自动理解系统以及自然语言问答系统。从这些实例可以看到自然语言理解的重要作用。随着人工智能、语言学、逻辑学、数学、认知科学、控制论和计算机科学技术的发展,必将开发出更多的自然语言实用系统,使自然语言理解获得更广泛和有效的应用。

创建口语对话系统和语音转换引擎是自然语言处理的新的研究方向。基于文本的对话现已扩大到包括移动设备上的语音对话,用于信息访问和基于任务的应用。挖掘社交媒体提供有关健康或金融等信息,并识别人的情绪和提供情绪产品与服务,已成为自然语言的一个重要开发应用领域。

深度学习架构和算法已经在 NLP 研究中获得越来越多的应用。研究者们提出了许多基于深度学习的复杂算法用来处理困难的 NLP 问题,如循环神经网络(递归神经网络,RNN)、卷积神经网络(CNNs)以及记忆增强策略和强化学习方法等。深度学习研究的进展将导致 NLP 进一步取得实质性甚至突破性进展。

习 题 8

8-1 什么是语言和语言理解?自然语言理解过程有哪些层次,各层次的功能如何?

8-2 什么是自然语言理解?它有哪些研究领域?

8-3 试述自然语言理解的基本方法和研究进展。

8-4 什么是词法分析?试举例说明。

8-5 什么是句法分析?有哪些句法分析方法?

8-6 什么是乔姆斯基语法体系?说明各种语言对文法规则表示形式的限制。

8-7 转移网络和扩充转移网络的原理是什么?为什么说扩充转移网络使句法分析器具有分析上下文有关语言的能力?

8-8   写出下列上下文无关语法所对应的转移网络：

S→NP VP
NP→Adjective Noun
NP→Determiner Noun PP
NP→Determiner Noun
VP→Verb Adverb NP
VP→Verb
VP→Verb Adverb
VP→Verb PP
PP→Proposition NP

8-9   考虑下列句子：

The old man's glasses were filled with sherry.

选择单词 glasses 合适的意思需要什么信息？什么信息意味着不合适的意思？

8-10   考虑下列句子：

Put the red block on the blue block on the table.

（1）写出句中符合句法规则的所有有效的句法分析。

（2）如何用语义信息和环境知识选择该命令的恰当含义？

8-11   对下列每个语句给出句法分析树：

（1）David wanted to go to the movie with Linda.

（2）David wanted to go to the movie with Georgy William.

（3）He heard the story listening to the radio.

（4）He heard the boys listening to the radio.

8-12   考虑一用户与一交互操作系统之间进行英语对话的问题。

（1）写出语义文法以确定对话所用语言。这些语言应确保进行基本操作，如描述事件、复制和删除文件、编译程序和检索文件目录等。

（2）用你的语义文法对下列各语句进行文法分析：

Copy from new test mss into old test mss.
Copy to old test mss out of new test mss.

（3）用标准的英语文法对上述两语句进行分析，列出所用文法片断。

（4）上述（2）与（3）的文法有何差别？这种差别与句法和语义文法之间的差别有何关系？

8-13   机器翻译一般涉及哪些过程或步骤？每个过程的主要功能是什么？

8-14   某大学开发出一个学生学籍管理数据库。试写出适于查询该数据库内容的匹配样本。

8-15   试设计一个特定应用领域的自然语言问答系统。

8-16   试述语音识别的工作原理。

8-17   语音识别的关键技术是什么？

8-18   语音识别研究有何进展？试举一例加以说明。

8-19   深度学习模型和算法对自然语言处理起到什么作用？

8-20   哪些深度学习模型在自然语言处理中获得广泛应用？

参 考 文 献

1. Amodei D, Anubhai R, Battenberg E, et al. Deep Speech 2: End-To-End Speech Recognition in English and Mandarin[Z]. https://arxiv.org/abs/1512.02595, 2015.

2. Bahdanau D, Cho K, Bengio Y. Neural machine translation by jointly learning to align and translate [C]. In Proceedings of International Conference on Learning Representations, 2015.

3. Bengio Y, Ducharme R, Vincent P, et al. A neural probabilistic language model[J]. Journal of Machine Learning Research, 2003, 3(2): 1137-1155.

4. Bengio Y, Courville A, Vincent P. Representation Learning: A Review and New Perspectives[J]. IEEE Transactions on Pattern Analysis and Machine, Special Issue Learning Deep Architectures, 2013, 35(8): 1798-828.

5. Cambria E, White B. Jumping NLP curves: A review of natural language processing research[J]. IEEE Computational Intelligence Magazine, 2014, 9(2): 48-57.

6. Chen M X, Firat, Bapna A, et al. The best of both worlds: Combining recent advances in neural machine translation[Z]. arXiv preprint arXiv: 1804.09849, 2018.

7. Chen Z H, Jain M, Wang Y Q, et al. End-to-end contextual speech recognition using class language models and a token passing decoder[C]. IEEE International Conference on Acoustics, Speech and Signal Processing(ICASSP), Brighton, UK, May, 2019.

8. Collobert R, Weston J, Bottou L, et al. Natural language processing (almost) from scratch. Journal of Machine Learning Research, 2011, 12(7): 2493-2537.

9. Devlin J, Chang M W, Lee K, et al. "BERT: Pre-training of deep bidirectional transformers for language understanding"[Z]. arXiv preprint arXiv: 1810.04805, 2018.

10. Dong Y, Li D. Automatic Speech Recognition: A Deep Learning Approach [M]. Springer Publishing Company, Incorporated, 2014.

11. Elman J L. Distributed representations, simple recurrent networks, and grammatical structure[J]. Machine learning, 1991, 7(2-3): 195-225.

12. Erman L D, Hayes-Roth F, Lesser V R, et al. The hearsay II speech understanding system: Integrating knowledge to resolve uncertainty[J]. Computer Survey, 1980, 12(2): 213-253.

13. Garten J, Kennedy B, Hoover J, et al. Incorporating demographic embedding into language understanding[J]. Cognitive Science, 2019, 43 (1), doi: 10.1111/cogs.12701.

14. Glenberg A M, Robertson D A. Symbol grounding and meaning: A comparison of high-dimensional and embodied theories of meaning[J]. Journal of Memory and Language, 2000, 43(3): 379-401.

15. Goldberg Y. A primer on neural network models for natural language processing[J]. Journal of Artificial Intelligence Research, 2016, 57: 345-420.

16. Henderson, Peter, Islam, et al. Deep reinforcement learning that matters[C]. Proceedings of the Thirty-Second AAAI Conference on Artificial Intelligence, 2018: 3207-3214.

17. Hirschberg J, Manning C D. Advances in natural language processing[J]. Science, 2015, 349 (6245): 261-266.

18. Huang X, Deng L. An overview of modern speech recognition [M]// Handbook of Natural

Language Processing, 2nd ed. London, U. K. : Chapman & Hall/CRC Press, 2010: 339-366.

19. Huang X, Acero A, Hon H W, et al. Spoken Language Processing[M]. New York: Prentice Hall, 2001.

20. Huang Xuedong. Big data for speech and language processing [C]. 2018 IEEE International Conference on Big Data (Big Data), 2018.

21. Jean S, Cho K, Memisevic R, et al. On using very large target vocabulary for neural machine translation[EB/OL]. http://arxiv. org/abs/1412,2007, 2015.

22. Jordan M I, Mitchell T M. Machine learning: Trends, perspectives, and prospects[J]. Science, 2015, 349(6245): 255-260.

23. Kang H, Yoo S J, Han D. Senti-lexicon and improved Naïve Bayes algorithms for sentiment analysis of restaurant reviews[J]. Expert Systems with Applications, 2012, 39: 6000-6010.

24. Keshavarz H, Abadeh M S. ALGA: Adaptive lexicon learning using genetic algorithm for sentiment analysis of microblogs[J]. Knowledge Based Systems, 2017, 122: 1-16.

25. Kumar A, Irsoy O, Su J, et al. Ask me anything: dynamic memory networks for natural language processing[Z]. arXiv preprint arXiv: 1506.07285,2015.

26. Lawrence S, Giles C L, Tsoi A C,et al. Face recognition: A convolutional neural-network approach [J]. IEEE Transactions on Neural Networks, 1997, 8(1): 98-113.

27. Lee K, Lam M, Pedarsani R, et al. Speeding up distributed machine learning using codes[C]. IEEE Transactions on Information Theory, 2017.

28. Leech G, Garside R, Bryant M. CLAWS4: The Tagging of the British National Corpus [C]. Proceedings of the 15th International Conference on Computational Linguistics. Kyoto, Japan, 1994: 622-628.

29. Leech G. Corpora and Theories of Linguistic Performance[M]// Directions in Corpus Linguistics. Svarvik. Berlin: Mouton de Gruyter, 1992: 105-122.

30. Li J, Jurafsky D. Do multi-sense embeddings improve natural language understanding? [C]. Proceedings of the 2015 Conference on Empirical Methods in Natural Language Processing, 2015: 1722-1732.

31. Luger G F. Artificial Intelligence: Structures and Strategies for Complex Problem Solving[M]. 4th ed. Pearson Education Ltd., 2002.

32. Manaris B. Natural language processing: A human-computer interaction perspective[J]. Advance in Computer, 1999, 47(1): 1-16.

33. Manning C D, Surdeanu M, Bauer J, et al. The Stanford Core NLP Natural Language Processing Toolkit [C]. Proceedings of the 52nd Annual Meeting of the Association for Computational Linguistics, System Demonstrations, Association for Computational Linguistics, Stroudsburg, PA, 2014: 55-60.

34. Miikkulainen R, Liang J, Meyerson E, et al. Evolving deep neural networks[Z]. arXiv preprint arXiv: 1703.00548, 2017.

35. Mikolov T, Chen K, Corrado G,et al. Efficient estimation of word representations in vector space [Z]. arXiv preprint arXiv: 1301.3781, 2013.

36. Mikolov T, Karafi'at M, Burget L, et al. Recurrent neural network based language model[C]. INTERSPEECH 2010, 11th Annual Conference of the International Speech Communication Association, Makuhari, Chiba, Japan, September 26-30, 2010: 1045-1048.

37. Mikolov T, Sutskever I, Chen K, et al. Distributed representations of words and phrases and their compositionality[J]. Advances in Neural Information Processing Systems, 2013, 26: 3111-3119.

38. Murthy S K. Automatic construction of decision trees from data：A multi-disciplinary survey[J]. Data Mining and Knowledge Discovery，1998，(2)：345-389.

39. Nilsson N J. Artificial Intelligence：A New Synthesis[M]. Morgan Kaufmann，1998.

40. Papineni K，Roukos S，Ward T，et al. BLEU：a method for automatic evaluation of machine translation[M]. In ACL，2002.

41. Russell S，Norvig P. Artificial Intelligence：A Modern Approach[M]. New Jersey：Prentice Hall，1995,2003.

42. Socher R，Lin C，Manning C C，et al. Parsing natural scenes and natural language with recursive neural networks[J]. Proceedings of the 28th International Conference on Machine Learning (ICML-11)，2011：129-136.

43. Socher R，Perelygin A，Wu J. Y，et al. Recursive deep models for semantic compositionality over a sentiment treebank[C]. Proceedings of the Conference on Empirical Methods in Natural Language Processing (EMNLP)，Vol. 1631，2013：1642.

44. Vaswani A，Bengio S，Brevdo E，et al. Tensor2 to tensor for neural machine translation[Z]. CoRR，abs/1803.07416，2018.

45. Wang A，Singh A，Michael J，et al. Glue：A multi-task benchmark and analysis platform for natural language understanding[Z]. arXiv preprint，arXiv：1804.07461，2018.

46. Weston J，Bengio S，Usunier N. Wsabie：Scaling up to large vocabulary image annotation[C]. Proceedings of the 22nd International Joint Conference on Artificial Intelligence，Barcelona，Catalonia，Spain，July 16-22，2011：2764-2770.

47. Woods W A. Transition network grammars for natural language analysis[J]. Communication of the ACM，1970,13(10)：591-606.

48. Xiong W，Droppo J，Huang X,et al. Achieving human parity in conversational speech recognition [Z]. arXiv (https://arxiv.org/abs/1610.05256v2)，2016.

49. Xiong W，Wu L F，Alleva F，et al. The Microsoft 2017 conversational speech recognition system [C]. 2018 IEEE International Conference on Acoustics，Speech and Signal Processing (ICASSP)，2018：5934-5938.

50. Yoshioka T，Chen Z，Dimitriadis D，et al. Meeting Transcription Using Virtual Microphone Arrays [Z]. arXiv preprint，arXiv：1905.02545，2019.

51. Young T，Hazarika D，Poria S,et al. Recent Trends in Deep Learning Based Natural Language Processing[J]. IEEE Computational Intelligence Magazine，2017，13：55-75.

52. Zhang X，Zhou X，Lin M,et al. An extremely efficient convolutional neural network for mobile devices[Z]. arXiv：1707.01083，2017.

53. 冰块鳞片,真磐石甲,毁灭之角,等.百度百科[EB/OL]. https://baike.baidu.com/item/%E8%-AF%AD%E9%9F%B3%E8%AF%86%E5%88%AB%E6%8A%80%E6%9C%AF/5732447? fr＝aladdin.

54. 蔡自兴,陈爱斌. 人工智能辞典[M]. 北京：化学工业出版社,2008.

55. 冯志伟. 自然语言的计算机处理[M]. 上海：上海外语教育出版社,1996.

56. 傅京孙,蔡自兴,徐光祐. 人工智能及其应用[M]. 北京：清华大学出版社，1987.

57. 李志远. 语音识别技术概述[J]. 中国新通信,2018,20(17)：74-75.

58. 林圣晔. 语音识别技术[J]. 数码设计,2019(4)：182-183.

59. 刘开瑛,郭炳炎. 自然语言处理[M]. 北京：科技出版社,1991.

60. 灵声讯.语音识别技术简述（概念→原理）[EB/OL]. 2019-04-12. 知乎 https://zhuanlan.zhihu.com/p/62171354.

61. 刘小冬. 自然语言理解综述[J]. 统计与信息论坛,2007,22(2)：5-12.

62. 马红妹. 汉英机器翻译上下文语境的表示与应用研究[D]. 长沙：国防科技大学,2002.

63. 齐璇. 汉语语义知识的表示及其在汉英机译中的应用[D]. 长沙：国防科技大学,2002.

64. 田维. 你了解语音识别技术吗？[EB/OL]. 2019-05-24 13：33. 新华网,http://www.xinhuanet. com/science/2019-05/24/c_138084801.htm.

65. 王灿辉,张敏,马少平. 自然语言处理在信息检索中的应用综述[J]. 中文信息学报,2007,21(2)： 35-45.

66. 王海坤,潘嘉,刘聪. 语音识别技术的研究进展与展望[EB/OL]. DXKX 电信科学,2018-03-07. https://mp.weixin.qq.com/s? src＝11&timestamp＝1567580547&ver＝1831&signature＝wpV＊- b0WhgPFt2u4bSmSBw8ME1QFL64b3KqYwBRctV-WzwDVGIUlEb7aLaq4KBR＊FcIxjIP8AikpR2- FpWEitNJVjn3xdq7TCU15q6coYZpGNbC-xOoyjln00etXdzzixf&new＝1.

67. 王钢. 普通语言学基础[M]. 长沙：湖南教育出版社,1988.

68. 伍谦光. 语义学导论[M]. 2 版. 长沙：湖南教育出版社,1995.

69. 姚天顺,朱靖波,张瑓,等. 自然语言理解——一种让机器懂得人类语言的研究[M]. 北京：清华大 学出版社,2002.

70. 雨田. 语音识别技术的发展及难点分析[EB/OL]. PoisonApple,2018 年 01 月 02 日,电子发烧友. http://www.elecfans.com/video/yinpinjishu/20180102610023.html.

71. 余贞斌. 自然语言理解的研究[D]. 上海：华东师范大学,2005.

72. 周昌乐. 认知逻辑导论[M]. 北京：清华大学出版社,南宁：广西科技出版社,2001.

73. 周昌乐. 心脑计算举要[M]. 北京：清华大学出版社,2003.

74. 朱拉夫斯基,Martin J H. 自然语言处理综论[M]. 冯志伟,等译. 北京：电子工业出版社,2005.

75. 宗成庆. 统计自然语言处理[M]. 北京：清华大学出版社,2008.

结 束 语

任何新生事物的成长都不是一帆风顺的。在科学上,每当一门新科学或新学科诞生时或一种新思想问世,往往要遭到种种非议和反对,甚至受到迫害。哥白尼和他的"日心说"不就是这样吗?不过,真正的科学与任何其他真理一样,是永远无法压制的。真理终要取得胜利,真、善、美终将战胜假、恶、丑。现在,连宗教偏见最深的罗马梵蒂冈,也不得不为哥白尼平反。

人工智能也不例外。在孕育于人类社会的母胎时,人工智能就引起人们的争议。作为一门新的学科,自1956年问世60多年来,人工智能也是在比较艰难的环境中顽强地拼搏与成长的。一方面,社会上对人工智能的科学性有所怀疑,或者对人工智能的发展产生恐惧。在一些国家(如苏联),甚至曾把人工智能视为反科学的异端邪说。在我国那"史无前例"的年代里,也有人把人工智能作为迷信来批判,以致连"人工智能"这个名词也不敢正面公开提及。另一方面,科学界包括人工智能界内部也有一部分人对人工智能表示怀疑。

长期以来,人工智能三大学派之间就不同观点进行了认真而又激烈的辩论以至争论。我们曾在本书第二版的第三版中比较详细地介绍三大学派在理论、方法和技术路线上的争论。现在,随着包括人工智能在内的科学技术的进步和时间的推移,各学派从辩论中冷静下来之后,逐渐认识到:无论是符号主义、连接主义或行为主义,任何一个学派都不可能独自完全解决历史赋予人工智能的复杂问题求解的重大使命;只有各派携手合作,取长补短,寻找解决问题的集成理论和方法,才能使人工智能取得更好和更大的发展,迎来人工智能前所未有的春天!因此,再没有必要过多地介绍这些争论了。

近年来,随着人工智能科技的快速发展和人工智能产业的强势兴起,人工智能的本领越来越大,应用领域越来越广。人类社会在热烈拥抱人工智能新时代的同时,也有一些人对人工智能可能产生的负面影响表示担忧,甚至担心人工智能及其智能机器人会威胁到人类的安全、发展和生存。

人类有足够的智慧创造人工智能,也一定有充分的能力发挥人工智能的长处,防止人工智能的隐患,让人工智能成为人类永远的助手和朋友,永远造福人类社会。"无边落木萧萧下,不尽长江滚滚来"。人工智能研究必将排除千难万险,犹如滚滚长江,后浪推前浪,一浪更比一浪高地向前发展。人工智能科学已迎来了它的科学的春天。

对于人工智能的未来发展,我们一向持乐观态度。我们相信人工智能有更加美好的未来;尽管这一天的到来,需要付出辛勤劳动和昂贵代价,需要好几代人的持续奋斗。

人工智能已对人类的社会、经济、科技、文化和人民生活的各个方面产生重要的影响,并将继续发挥重要作用。这是有目共睹的,读者可以进行调查研究,提出自己在这方面的见解。基于同样理由,对于人工智能的发展展望,读者也能够做出卓有见地的评价。此外,人工智能还有一些重要的研究和应用领域,如机器视觉、机器人学、智能控制、智能决策、智能制造、智慧医疗、智能网络和机器博弈等。限于篇幅,本书只好割爱,需要的读者可参阅相关著作。

　　在人工智能未来的发展过程中也可能会遇到新的困难,甚至遭受到较大的挫折。广大人工智能研究者也可能为此承受巨大风险。但是,我们是乐观的科学工作者。我们引用国际著名的人工智能专家费根鲍姆的一段话作为本书的结束:能推理的动物已经(也许是不可避免地)制成了能推理的机器,尽管这种大胆的(有些人认为是鲁莽的)投资有着种种明显的风险,但是,无论如何我们已经开始干了……不管阴影有多么黑,险恶有多么大,我们切不可被吓住而不敢走向光明的未来。

　　近年来,国内外人工智能出现前所未有的良好发展环境,各种人工智能新思想和新技术如雨后春笋般破土而出,人工智能的产业和应用领域更加拓展,人工智能市场和新产品充满生机,人工智能的人才队伍日益壮大。我们相信,人工智能在发展良机面前,广大人工智能工作者和全国人民一定能够抓住机遇,戒骄戒躁,创造新的辉煌,迎接人工智能发展的新时代。人工智能技术和产品就在大家身旁,就出现在我们面前,人工智能新时代已经到来。

索　引

15 puzzle problem　45

A

A* 算法(Algorithm A*)　93-96,128,329
AND/OR graph(与/或图)　48

B

八数码难题(8 puzzle problem)　86,88
贝叶斯方法(Bayes method)　120,122
贝叶斯公式(Bayes formula)　120,122
贝叶斯推理(Bayes inference)　29
本体(ontology)　67-74
本体承诺(ontological commitment)　68-69
蝙蝠算法(bat algorithm)　153
变量(variable)　45
变量标准化(standardization of variable)　97
变量符号(variable symbol)　52
变异算子(mutation operator)　154,158
补(complement)　150
不精确推理(inexact reasoning)　116
不精确性(imprecision)　116
不确定性(uncertainty)　116-118
不确定性算法(algorithm with uncertainty)　118
不确定性推理(reasoning with uncertainty)　116-118
部分匹配(part matching)　263

C

槽(slot)　197-200
层次界限(level bound)　387
插值(interpolation)　123,124
产生式(production)　29
产业化(industrialization)　8
长度优先搜索(length first search)　319
常量符号(constant symbol)　52
常识(common knowledge)　6
程序综合(program synthesis)　324
重言式(tautology)　100,103-104
抽象空间(abstraction space)　319
初始描述(initial description)　264
初始问题(original problem)　47
初始状态(initial state)　45-47

触发(firing)　105,312,332
传感器(sensor)　20
传感系统(sensory system)　312
传教士和野人问题(missionaries and cannibals problem)　129
词法分析(lexical analysis)　353,384
词汇功能语法(lexical function grammar, LFG)　368
粗糙集(rough set)　8,279
存在量词(existential quantifier)　53

D

大数据(big data)　1
殆正确解(almost correct solution)　308
当前状态(current state)　169
等代价搜索(uniform cost search)　88,89
低层规划(planning at lower level)　301,342,343
递归网络(recursive networks)　139,143,366
调度问题(scheduling problem)　174,178
迭代(iteration)　26,274
定理证明(theorem proving)　30
动态程序设计(dynamic programming)　284
动态规划(dynamic planning)　301
断言(assertion)　69,105

E

二次分配问题(quadratic assignment problem, QAP)　174,178

F

罚函数(penalty function)　329
反向传播(BP backward propagation)　8,13,266,268-271
反向推理(backward reasoning)　220
反演树(refutation tree)　102-104
梵塔难题(Tower of Hanoi puzzle)　47-49
仿生学派(Bionicsism)　2,12
非单调推理(nonmonotonic reasoning)　38,104,129
非经典逻辑(nonclassical logic)　116,129
非经典推理(nonclassical reasoning)　23-25,129
非终叶节点(nonterminal node)　50,51,280
分布式表示(distributed representation)　287